普通高等教育“十二五”规划教材

现代机械工程图学解题指导

主　编　刘　虹
副主编　黄笑梅　屈新怀
参　编　丁必荣　刘　炀　吕　堃
主　审　焦永和

机械工业出版社

本书根据国内工程图学教育发展的需求，将机械制图和计算机绘图及三维实体造型有机结合，为帮助广大工科学子提高空间分析能力和创新能力，作者在总结多年教学实践的基础上撰写而成，并贯彻了新的国家标准。全书共分11章，包括点、直线和平面的投影；立体、截交线和相贯线；组合体；轴测图；机件的常用表达方法；标准件和常用件；零件图；装配图；计算机绘图基础；Inventor 三维实体造型方法；考题范例和试卷浅析等。

本书与《现代机械工程图学》教材相配套，既可作为高等工科院校及自学考试的学生学习现代机械工程图学课程的辅助教材，又可作为教师及工程技术人员的参考书。

图书在版编目（CIP）数据

现代机械工程图学解题指导/刘虹主编；黄笑梅等编.
—北京：机械工业出版社，2011.8（2017.9重印）
普通高等教育“十二五”规划教材
ISBN 978-7-111-34227-4

Ⅰ.①现…　Ⅱ.①刘…②黄…　Ⅲ.①机械制图-高等学校-题解　Ⅳ.①TH126-44

中国版本图书馆CIP数据核字（2011）第142933号

机械工业出版社（北京市百万庄大街22号　邮政编码100037）
策划编辑：刘小慧　舒　恬
责任编辑：刘小慧　舒　恬　程足芬　邓海平
版式设计：霍永明　　责任校对：胡艳萍
封面设计：张　静　　责任印制：孙　炜
北京京丰印刷厂印刷
2017年9月第1版・第4次印刷
184mm×260mm・17印张・418千字
标准书号：ISBN 978-7-111-34227-4
定价：31.00元

凡购本书，如有缺页、倒页、脱页，由本社发行部调换

电话服务
社服务中心：（010）88361066
销售一部：（010）68326294
销售二部：（010）88379649
读者购书热线：（010）88379203

网络服务
门户网：http：//www.cmpbook.com
教材网：http：//www.cmpedu.com

前　言

“现代机械工程图学”是工科院校学生必须掌握的一门技术基础课，是一门立体形象思维很强的课程，要不断地由物画图、由图想物，它的主要任务是解决平面图样（二维）与空间实体（三维）相互转换的矛盾。我们在教学中常听到学生抱怨：“课能听懂，书也能看懂，但见到题目就无从下手”。为解决同学们的这一难题，使之尽快学好这门课程，掌握读图、绘图的方法。我们结合多年的教学实践经验，编写了本书。本书针对学生经常遇到的困难，从培养分析问题、解决问题的能力和创新能力角度出发，将各章节的知识点、重点和难点进行梳理；根据课程特点，讲述如何学好本课程，学习中应注意哪些问题，避免在学习上走弯路，并教会学生解题的具体方法。书中提供的解题方法尽量贴近学生的思维方式，力求总结出一套符合学生思维方式的解题技巧。全书还通过大量题解图例，使学生尽快提高解题能力。本书既可作为高等学校工科各专业学生学习现代机械工程图学课程的辅助教材，也可帮助教师归纳课程重点和解题思路，拓展与本课程紧密相关的学科知识，因此，也是教师教学的有效参考书。

本书在编写时，博采众长，由浅入深，由易到难，全面考虑了工科各专业应掌握的基本知识和要求，尽量覆盖所有的知识点。本书将机械制图和计算机绘图有机地结合，紧跟学科发展需要，特别是将三维实体造型技术引入书中，使学生尽快掌握计算机绘图知识，不断提高计算机绘图水平，同时三维实体造型还有利于培养学生的空间想象力和创新思维能力。书中所选例题部分为作者自行设计，有些是首次与读者见面。书中还为读者提供了大量立体图，有助于培养学生的解题能力。

本书由刘虹任主编，黄笑梅和屈新怀任副主编。全书共分 11 章，每章分为四部分，即内容要点、解题要领、习题与解答和自测题。参加本书编写的有刘虹（第 3 章 3.3 节，第 8 章）、刘炀（第 3 章 3.1、3.2、3.4 节）、黄笑梅（第 5 章，第 7 章）、屈新怀（第 1 章，第 2 章）、吕堃（第 6 章）、丁必荣（第 4 章，第 9 章，第 10 章，第 11 章），全书由刘虹审校定稿，北京理工大学的焦永和教授主审。

在撰写及成书过程中，得到机械工业出版社、合肥工业大学教材科及合肥工业大学工程图学系的大力支持和帮助，对此深表感谢。本书在撰写过程中，参考了一些同类书籍（具体书目作为参考文献列于书后），在此向作者表示感谢。

由于编者水平有限，书中缺点和错误在所难免，有些问题尚需深入探讨，敬请读者批评指正。

编　者

目　录

前言

第1章　点、直线和平面的投影 …………… 1

1.1　内容要点 …………… 1

1.2　解题要领 …………… 1

1.3　习题与解答 …………… 2

1.3.1　点的投影 …………… 2

1.3.2　直线的投影 …………… 4

1.3.3　平面的投影 …………… 12

1.3.4　换面法 …………… 31

1.4　自测题 …………… 38

第2章　立体、截交线和相贯线 …………… 39

2.1　内容要点 …………… 39

2.2　解题要领 …………… 39

2.3　习题与解答 …………… 40

2.3.1　立体的投影及表面取点、取线 …………… 40

2.3.2　平面与立体表面相交，求截交线的投影 …………… 45

2.3.3　两立体相交，求相贯线的投影 …………… 55

2.4　自测题 …………… 66

第3章　组合体 …………… 68

3.1　内容要点 …………… 68

3.2　解题要领 …………… 68

3.3　习题与解答 …………… 69

3.3.1　画组合体三视图及标注尺寸 …………… 69

3.3.2　补画视图中所缺的图线 …………… 73

3.3.3　根据两视图补画第三视图 …………… 86

3.3.4　构形设计 …………… 99

3.4　自测题 …………… 102

第4章　轴测图 …………… 103

4.1　内容要点 …………… 103

4.2　解题要领 …………… 103

4.3　习题与解答 …………… 103

4.3.1　基本体的正等轴测图 …………… 103

4.3.2　组合体的正等轴测图 …………… 105

4.3.3　斜二等轴测图 …………… 107

4.3.4　轴测剖视图 …………… 109

4.4　自测题 …………… 110

第5章　机件常用的表达方法 …………… 111

5.1　内容要点 …………… 111

5.2　解题要领 …………… 112

5.3　习题与解答 …………… 112

5.3.1　视图 …………… 112

5.3.2　剖视图 …………… 117

5.3.3　断面图及规定画法 …………… 136

5.3.4　机件表达方法的综合应用 …………… 140

5.4　自测题 …………… 144

第6章　标准件和常用件 …………… 145

6.1　内容要点 …………… 145

6.2　解题要领 …………… 145

6.3　习题与解答 …………… 145

6.3.1　螺纹及螺纹联接件 …………… 145

6.3.2　键联接 …………… 151

6.3.3　轴承与弹簧 …………… 153

6.3.4　齿轮 …………… 153

6.4　自测题 …………… 156

第7章　零件图 …………… 158

7.1　内容要点 …………… 158

7.2　解题要领 …………… 158

7.3　习题与解答 …………… 158

7.3.1　由轴测图画零件图 …………… 158

7.3.2　表面结构的表示法 …………… 165

7.3.3　极限与配合 …………… 165

7.3.4　读零件图 …………… 166

7.4　自测题 …………… 183

第8章　装配图 …………… 184

8.1　内容要点 …………… 184

8.2　解题要领 …………… 184

8.3　习题与解答 …………… 185

8.3.1　由零件图拼画装配图 …………… 185

8.3.2　由装配图拆画零件图 …………… 193

8.4　自测题 …… 206
第9章　计算机绘图基础 …… 207
9.1　内容要点 …… 207
9.2　解题要领 …… 207
9.3　习题与解答 …… 209
9.3.1　工程图样的计算机绘制 …… 209
9.3.2　尺寸标注 …… 213
9.3.3　工程图样中的文本注释 …… 216
9.4　自测题 …… 219
第10章　Inventor三维实体造型方法 …… 222
10.1　内容要点 …… 222
10.2　解题要领 …… 222
10.3　习题与解答 …… 224
10.3.1　草图的创建与编辑 …… 224
10.3.2　特征的创建与编辑 …… 226
10.3.3　部件装配 …… 229
10.3.4　工程图和表达视图 …… 230
10.4　自测题 …… 231
第11章　考题范例和试卷浅析 …… 233
11.1　工程图学试卷A与分析 …… 233
11.1.1　试卷A …… 233
11.1.2　试卷A浅析 …… 236
11.1.3　试卷A参考答案 …… 237
11.2　工程图学试卷B与分析 …… 241
11.2.1　试卷B …… 241
11.2.2　试卷B浅析 …… 244
11.2.3　试卷B参考答案 …… 245
11.3　工程图学试卷C与分析 …… 249
11.3.1　试卷C …… 249
11.3.2　试卷C浅析 …… 252
11.3.3　试卷C参考答案 …… 253
11.4　工程图学试卷D与分析 …… 256
11.4.1　试卷D …… 256
11.4.2　试卷D浅析 …… 260
11.4.3　试卷D参考答案 …… 260
参考文献 …… 263
读者信息反馈表 …… 265

第 1 章　点、直线和平面的投影

1.1　内容要点

本章基于正投影的原理，从三面投影体系的建立开始，论述了空间几何元素点、直线、平面的投影及有关投影的几个重要性质、定理；讨论了点、直线、平面之间的相对位置及其在投影图上的反映。

知识结构图：

- 点、直线和平面
  - 投影
    - 点、直线、平面在第一分角中各种位置的投影特性
    - 求直线、平面的倾角，线段实长，平面图形实形
  - 相对位置
    - 直线上点的投影特性
    - 在平面上取点和直线的方法
    - 平行、相交、交叉两直线的投影特性及直角定理
    - 直线、平面与特殊位置面平行、相交、垂直的投影作法
    - 直线、平面与一般位置面平行、相交、垂直的投影作法

本章习题围绕上述内容设置，主要包括：

（1）求一般位置直线的实长和倾角，以及平面图形的实形。

（2）在已知直线上取点的作图法（直线上的点的投影具有从属性和定比性）。

（3）在已知平面上取点和直线的作图法（利用点和直线在平面上的几何条件作图）。

（4）求直线与平面相交的交点、两平面相交的交线的投影并判别其可见性。

（5）直线与平面平行、平面与平面平行的基本作图法。

（6）直线与平面垂直、平面与平面垂直的基本作图法（利用直角投影定理及直线与平面垂直的几何条件）。

（7）点、直线、平面之间的定位问题及度量问题。

1.2　解题要领

在解答本章习题时，应从题给条件及要求出发，根据投影的基本理论、性质、定理，充分运用平面几何、立体几何知识，分析题给条件的几何要素在空间的位置，几何要素之间的相对位置关系以及它们在投影图上的反映，确定解题方法及步骤。解题时要求题目理解准确，理论运用熟练，解题思路清晰，作图步骤清楚。

在学习本章内容时，既要注重理论知识的学习，又要注重空间想象力的培养。一般来说，我们研究的对象与生活周围常见的模型有关，在学习初期，要注意利用生活空间中的一些常见模型（如墙面、地面可看作投影面）来思考问题，以此来训练和提高自己的空间想象、空间分析和空间构思能力。其次，对书本上已经归纳的投影规律、定理等要认真地领

会，并结合平面几何、立体几何知识，通过着重研究各种图例，达到能够灵活运用这些投影规律和定理的能力。在学习过程中还应养成良好的作图习惯，要勤作图、作好图。

1.3 习题与解答

1.3.1 点的投影

1-1 第一分角点 A 与 H 面的距离等于其与 V 面的距离，并已知 a'，试画出 A 点的其他两面投影（图 1-1a）。

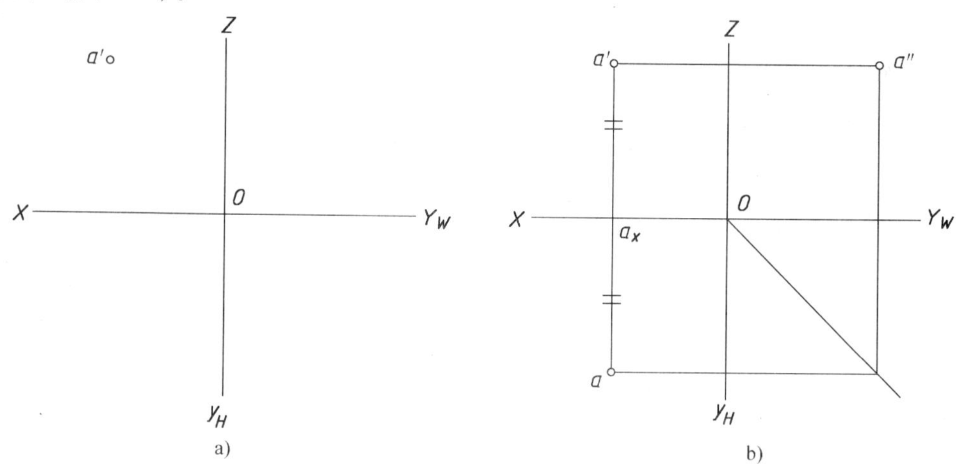

图 1-1

【解题分析】

点 A 在第Ⅰ分角的角平分面上，故其 Z 坐标值等于 Y 坐标值，据此可求出 a 和 a''。

【作图步骤】

（1）由 a' 作 OX 轴的垂线，垂足为 a_x，并延长。

（2）在该延长线上量取 $aa_x = a'a_x$，得 a。

（3）利用 45°辅助线作出 a''，作图结果如图 1-1b 所示。

1-2 指出图 1-2 中的错误，并改正。

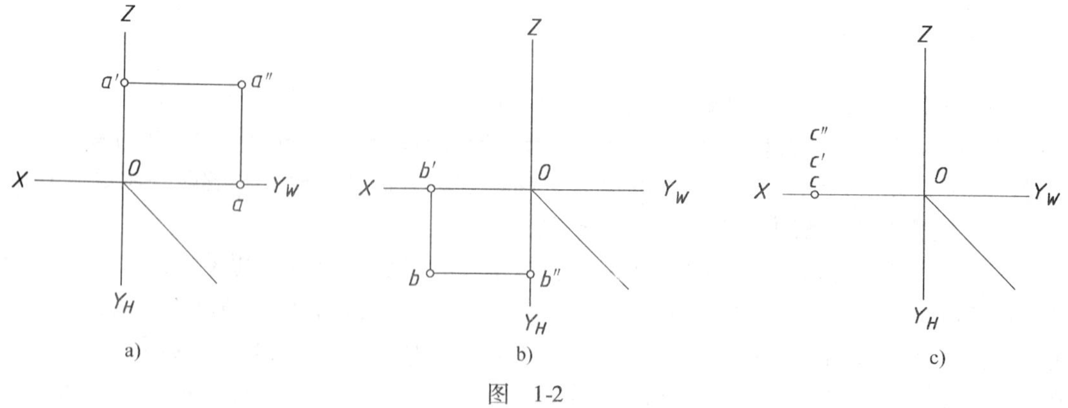

图 1-2

【解题分析】

由 a'、a''可知空间点 A 在 W 面上，a 应同时在 Y 轴及 H 面上，所以 a 应在 Y_H 轴上。空间点 B 在 H 面上，b''应同时在 Y 轴及 W 面上，所以 b''应在 Y_W 轴上。由 c、c'可知空间点 C 在 X 轴上，故 c''应画在原点处。

【作图步骤】

作图步骤略。作图结果分别如图 1-3a、b、c 所示。

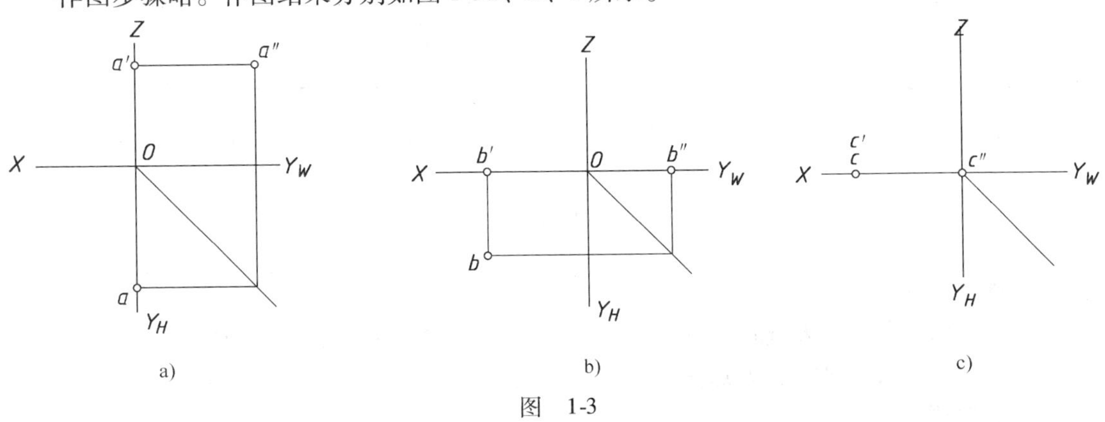

图　1-3

1-3　点 B 在点 A 之左 10mm、之上 15mm、之后 7mm，点 C 在点 A 的正后方且距 A 点 7mm，求作 B、C 两点的三面投影，重影点需判别可见性（图 1-4a）。

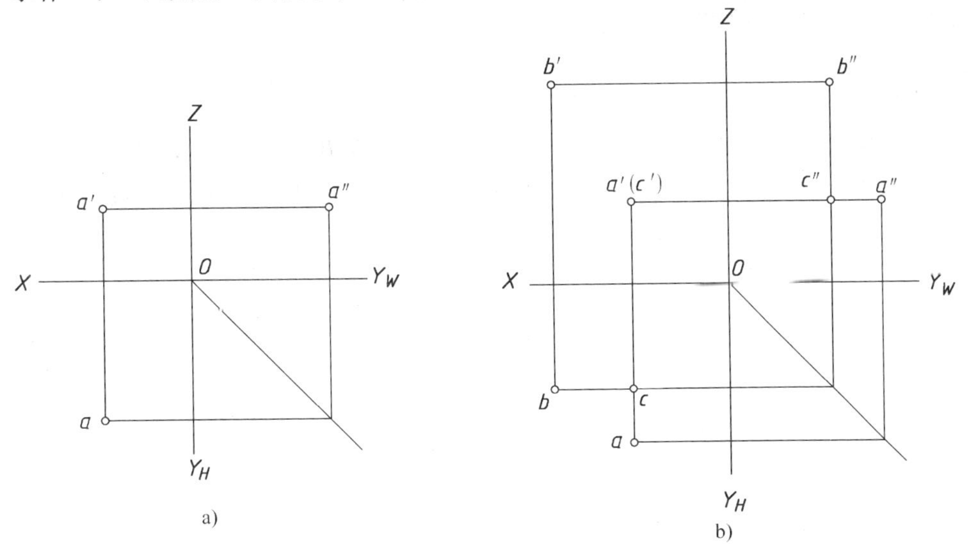

图　1-4

【解题分析】

在 OX 轴下方，距 OX 轴越近表明点越靠后，其 Y 坐标值越小。据题意可知 B、C 两点的 Y 坐标值都比 A 点小 7mm，点 B 在点 C 的左边。A、C 两点为 V 面的重影点，A 在 C 的正前方，故 a'可见，c'不可见。

【作图步骤】

作图步骤略。作图结果如图 1-4b 所示。

1-4 点 A 与点 B（12，10，15）对称于 OX 轴，作出点 A 与点 B 的直观图及投影图（图 1-5a）。

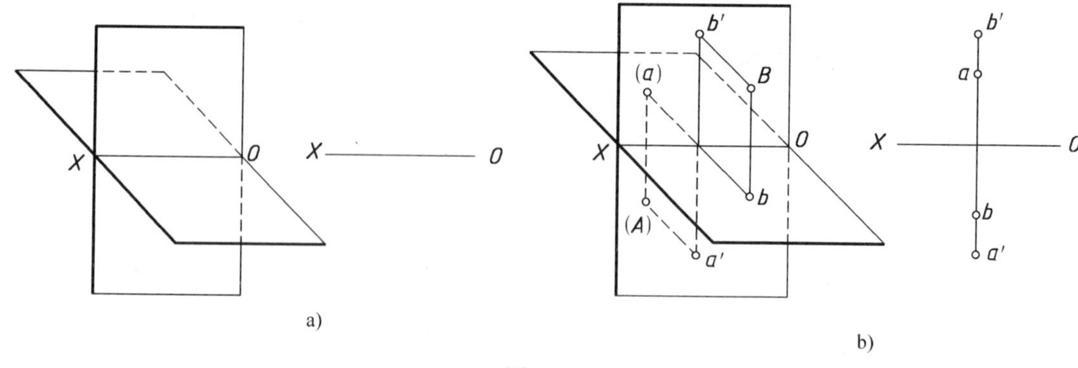

a)

b)

图 1-5

【解题分析】

点 A 与点 B 对称于 OX 轴，表示空间点 A 与点 B 的连线垂直相交于 OX 轴，故点 A 的坐标应为（12，-10，-15），即点 A 在第三分角内。

【作图步骤】

（1）按坐标数值作点 B 的投影。

（2）在同一条投影连线上，在 OX 轴的上方量取 10mm，得 a，在 OX 轴的下方量取 15mm，得 a'，作图结果如图 1-5b 所示。

1.3.2 直线的投影

1-5 已知 A 点的水平投影 a，AB 为铅垂线，且 A 点在 B 点上方，$AB=BC=25$mm，BC 为水平线，C 点距 V 面为 20mm，距 H 面为 10mm，试完成 AB、BC、AC 的两面投影（图 1-6a）。

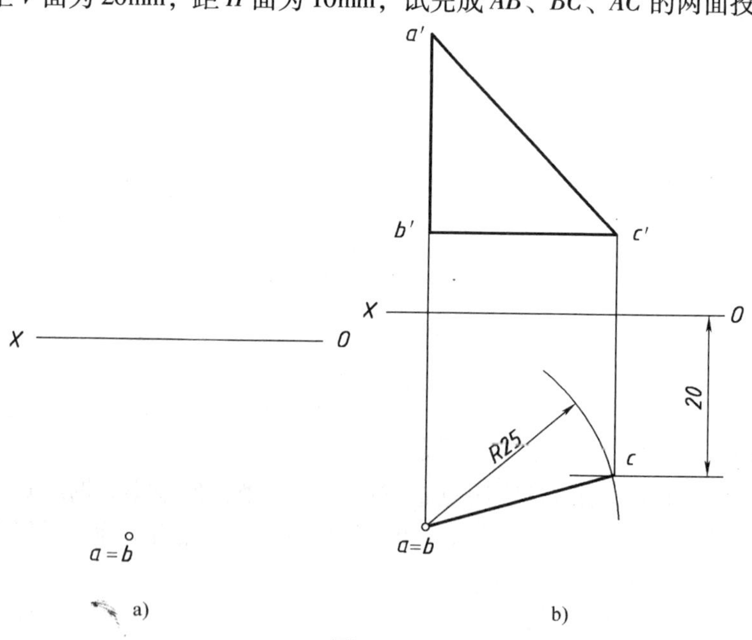

a)

b)

图 1-6

【解题分析】

因为 BC 为水平线，所以其水平投影 $bc=25$mm，正面投影 $b'c'$平行于 OX 轴，又知 c、c'距 OX 轴分别为 20mm、10mm，这样可先求出 C 点的两面投影，再求出 b'。因为 AB 是铅垂线，所以 $a'b'=25$mm，由此求出 a'，如图 1-6b 所示。

【作图步骤】

（1）以 a 为圆心、25mm 为半径画弧，由 OX 轴向下量取 20mm，交所画弧线于 c 点。

（2）由 c 作投影连线，并在该线上从 OX 轴向上量取 10mm，得 c'。

（3）过 c'作 $c'b'$平行于 OX 轴，得 b'。

（4）由 b'竖直向上量取 25mm，得 a'点。

1-6 在已知直线 AB 上求一点 $M(m',m)$，使其将 AB 分成 1∶3 的两段，再求一点 $N(n',n)$，使 $AN=25$mm（图 1-7a）。

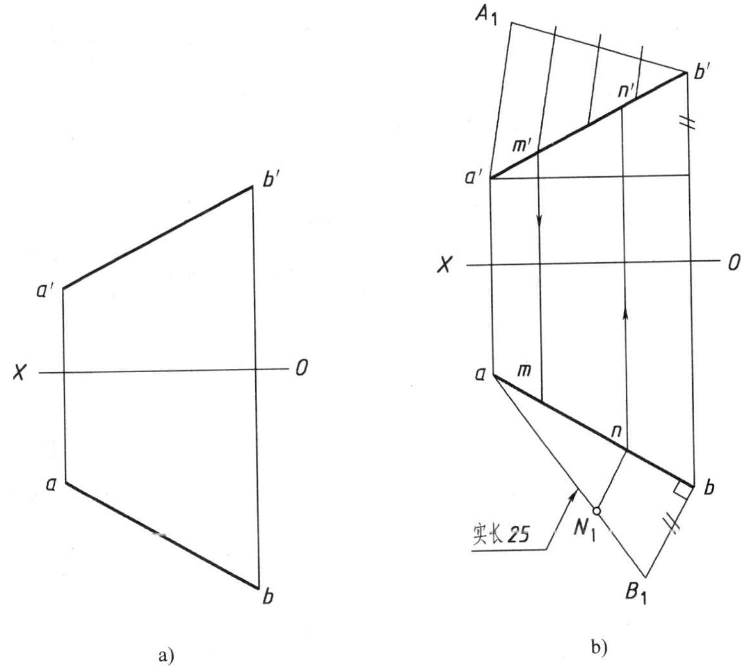

图 1-7

【解题分析】

M 点将 AB 分为 1∶3 的两段，可先把 AB 四等分，即可求得 M 点；AB 上的 N 点是决定 $AN=25$mm 的一点，因此，先要利用直角三角形法求出 AB 的实长才能决定 N。

【作图步骤】

（1）由 b'任引一条斜线，将其四等分，端点 A_1 与 a'相连，由第三点作 A_1a'的平行线，得 m'，再作出 m。

（2）在水平投影上作直角三角形，求得 $AB=aB_1$，量取 $aN_1=25$mm，作出 N_1，返回投影上得 n、n'，如图 1-7b 所示。

1-7 已知直线 AB 的两投影，求 AB 上与 H 面、V 面等距的点 C 的两面投影（图 1-8a）。

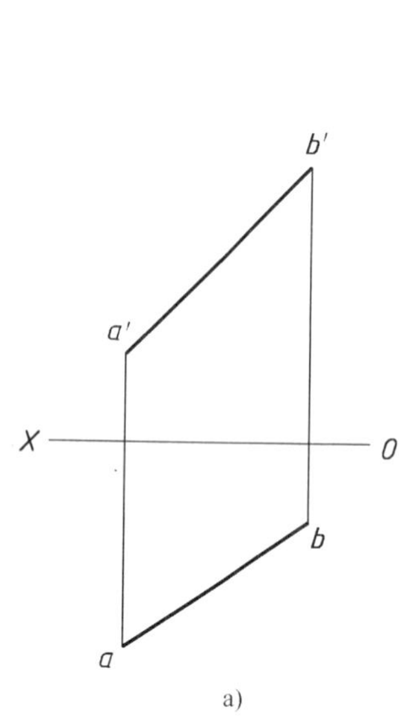

a)

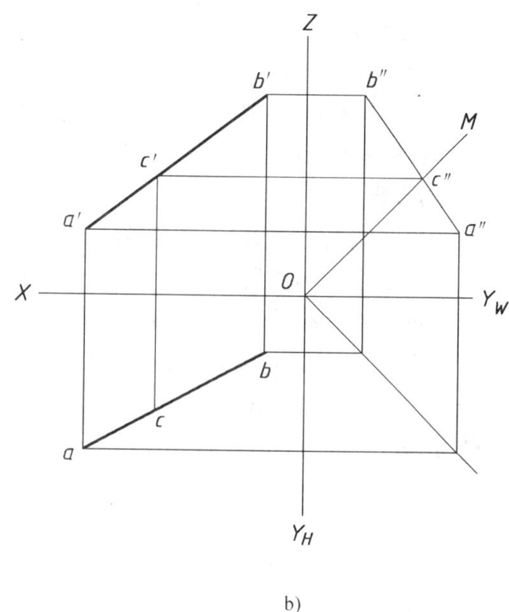

b)

图　1-8

【解题分析】

点 C 与 H 面、V 面等距，即 $Y_C = Z_C$，故利用平面几何原理作 $a'b'$ 对称于 OX 轴的直线 a_1b_1，则 a_1b_1 与 ab 的交点即为 C 点的水平投影。又因点的侧面投影能同时反映其 Y、Z 两坐标，故也可以借助侧面投影作图。

【作图步骤】

（1）求出直线 AB 的侧面投影 $a''b''$。

（2）过原点作 ZOY_W 的分角线 OM，交 $a''b''$ 于 c''，由 c'' 作出 c' 及 c，如图 1-8b 所示。

1-8　已知直线 AB 及点 C，作直线 DC 交 AB 于点 D，交点 D 距 OX 轴 30mm（图 1-9a）。

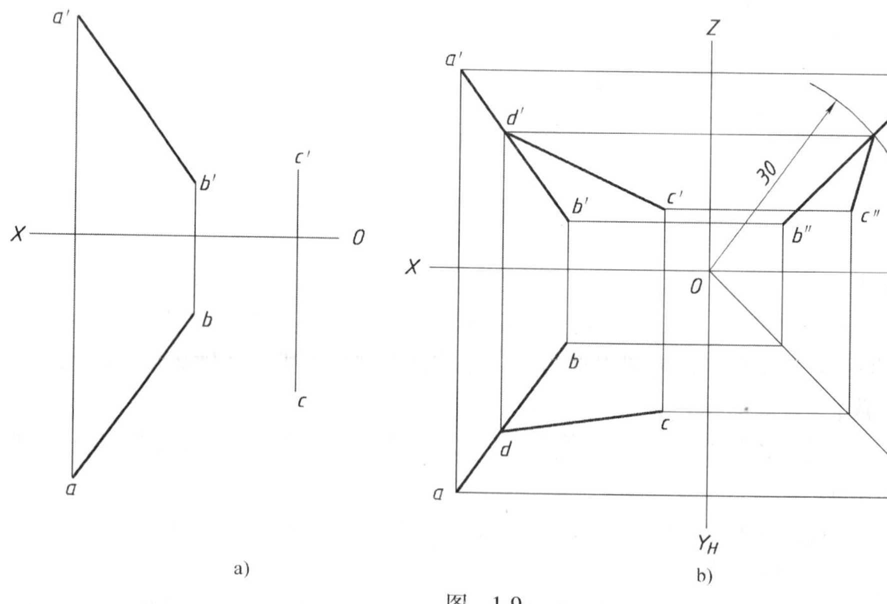

a)　　b)

图　1-9

【解题分析】

本题作图要点是在直线 AB 上确定距 OX 轴为 30mm 的点 D，由于 X 轴在侧面投影中积聚为一点 O，因此空间一点与 OX 轴的距离可以在侧面投影中反映出来。

【作图步骤】

（1）求出 AB 及 C 的侧面投影 $a''b''$、c''。

（2）以 O 为圆心，30mm 为半径画弧交 $a''b''$于 d''，由 d''作出 d'及 d。

（3）连接 cd、$c'd'$、$c''d''$即为所求，如图 1-9b 所示。

1-9　求直线 AB 的 α 角、直线 CD 的 β 角（图 1-10a）。

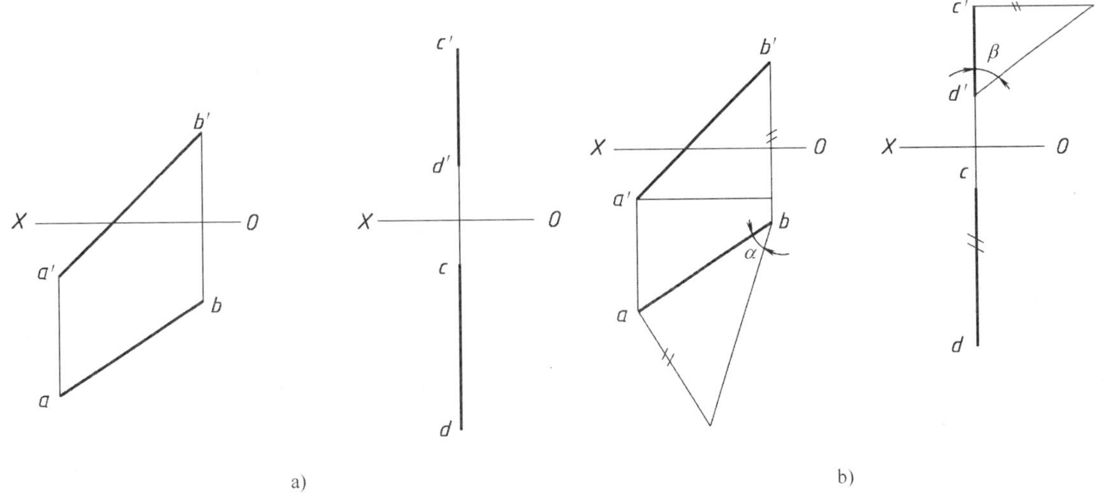

图　1-10

【解题分析】

求 AB 的 α 角，须用 AB 的水平投影和 AB 两点的 Z 坐标差组成直角三角形（Z 坐标差不受线段端点在 OX 轴上或下的位置影响），水平投影长和斜边的夹角即为 α；求 CD 的 β 角，须用 CD 的正面投影长和 CD 两点的 Y 坐标差组成直角三角形，这里的 Y 坐标差就等于 cd，正面投影长和斜边的夹角即为所求的 β 角。

【作图步骤】

作图步骤略。作图结果如图 1-10b 所示。

1-10　已知直线 AB 实长等于 38mm，其 $\beta=30°$，且已知 AB 的部分投影（图 1-11a），试补全直线 AB 的两投影。

【解题分析】

由直线 AB 的部分正面投影和 β 角可组成直角三角形，利用 AB 实长可求 A、B 两点的 Y 坐标差，由此可作出 b 和 b'点。

【作图步骤】

作图步骤略。作图结果如图 1-11b 所示。

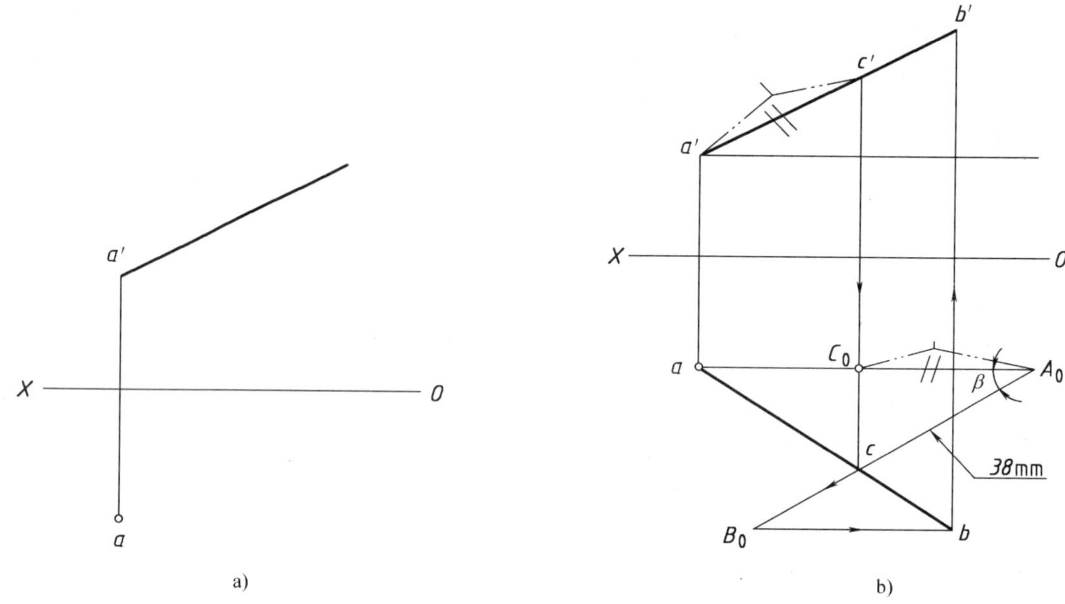

图 1-11

1-11 作一直线平行于直线 *EF*，且与 *AB*、*CD* 两直线都相交（图 1-12a）。

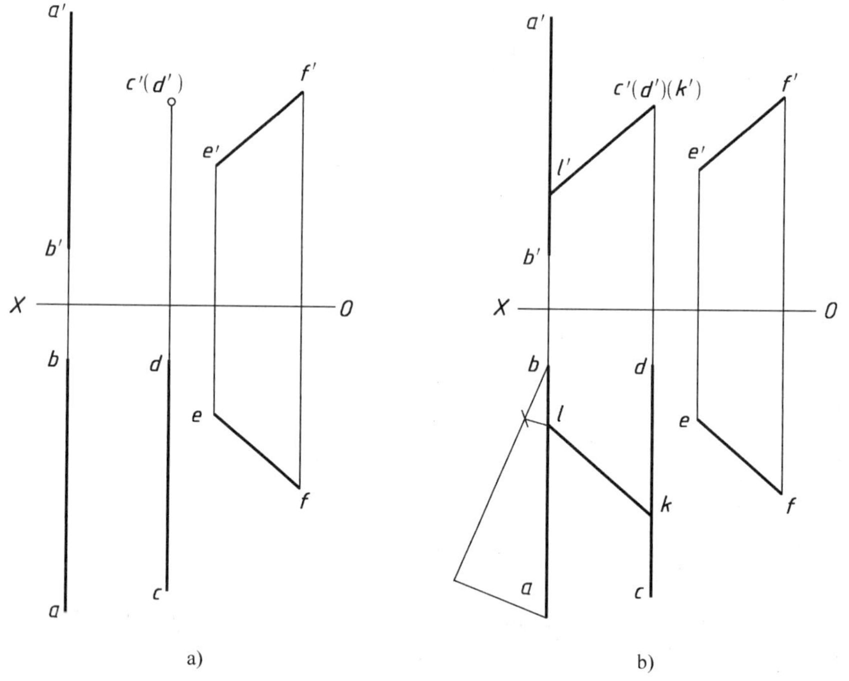

图 1-12

【解题分析】

所给直线 *EF* 为一般位置直线，直线 *CD* 为正垂线，因此，在正面投影中作过 *c*′(*d*′)且与 *e*′*f*′平行的线段即得直线 *KL* 的正面投影 *k*′*l*′；直线 *AB* 是侧平线，要确定其上的点 *L* 的水

平投影 l，则要用点分线段成比例的特性，引比例线段求得。

【作图步骤】

作图步骤略。作图结果如图 1-12b 所示。

1-12 作直线 MN 与直线 EF 正交，且与 AB、CD 两直线都相交（图 1-13a）。

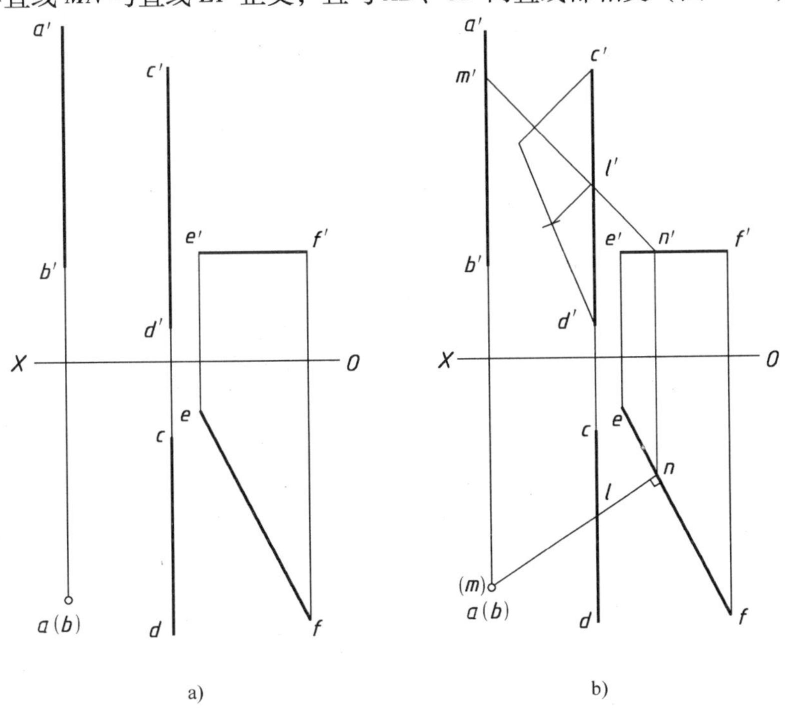

图 1-13

【解题分析】

直线 MN 与 EF 正交，且 EF 为水平线，由直角投影定理可知其水平投影上成直角，而 AB 为铅垂线，交线 MN 的水平投影 mn 必过 a（b），由此可先作出水平投影。

【作图步骤】

过 $a(b)$ 作 mn 垂直于 ef，垂足为 n；过 n 引投影连线交 $e'f'$ 于 n'；再确定 MN 与 CD 的交点 L 的正面投影 l'；连 n'、l' 并延长至 $a'b'$ 得 m'。作图结果如图 1-13b 所示。

1-13 作两交叉直线的公垂线 EF，分别与 AB、CD 交于 E、F，并标出 AB、CD 间的真实距离（图 1-14）。

【解题分析】

图 1-14a 中直线 AB 为铅垂线，与其垂直的直线必定是水平线；CD 为一般位置直线，但与之垂直的水平线可以在水平投影中表现为直角。图 1-14b 中 CD 为侧平线，与侧平线垂直的直线必定是侧垂线，而 AB 又是正垂线，EF 的正面投影必过 $a'(b')$。

【作图步骤】

在图 1-14a 中，过 $a(b)$ 作 cd 的垂线交 cd 于 f，由 f 引投影连线交 $c'd'$ 于 f'，过 f' 作 OX 轴的平行线交 $a'b'$ 于 e'，即得 EF 的两面投影，作图结果如图 1-15a 所示。在图 1-14b 中，过 $a'(b')$ 作 OX 轴的平行线交 $c'd'$ 于 f'，在 cd 上确定 f 点（利用点分线段成比例的特性作图），

过 f 作 OX 轴的平行线交 ab 于 e，作图结果如图 1-15b 所示。

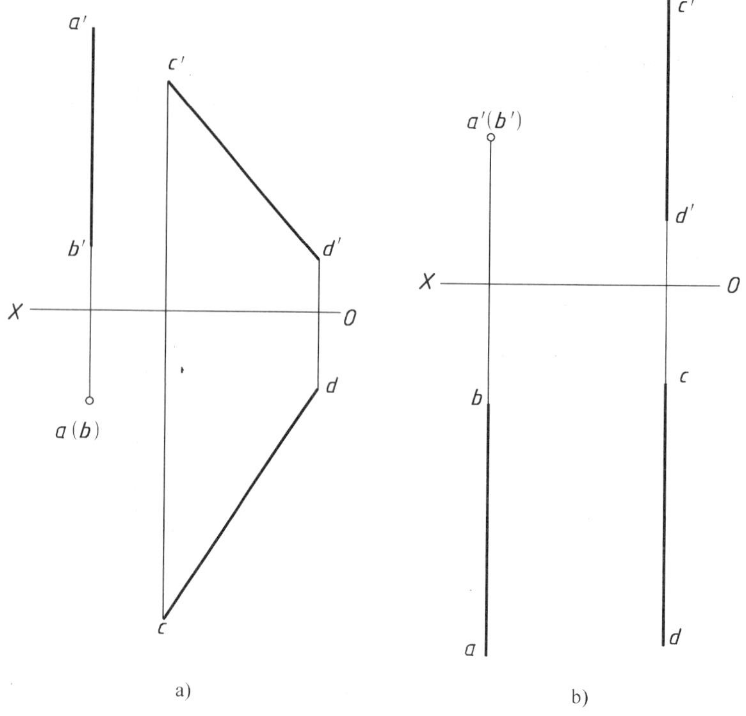

图 1-14

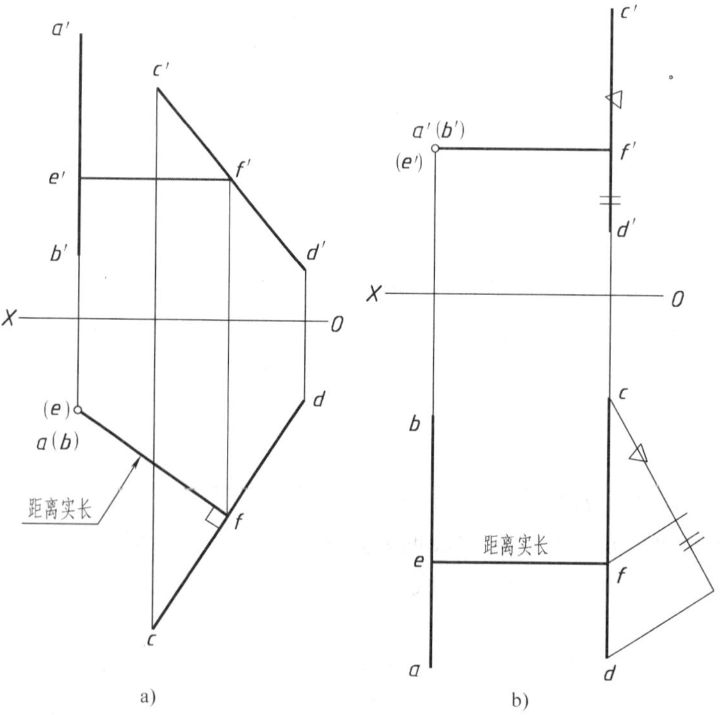

图 1-15

1-14 作直线 MN 的两面投影，其 α 角等于30°，N 点在直线 AB 上（图1-16a）。

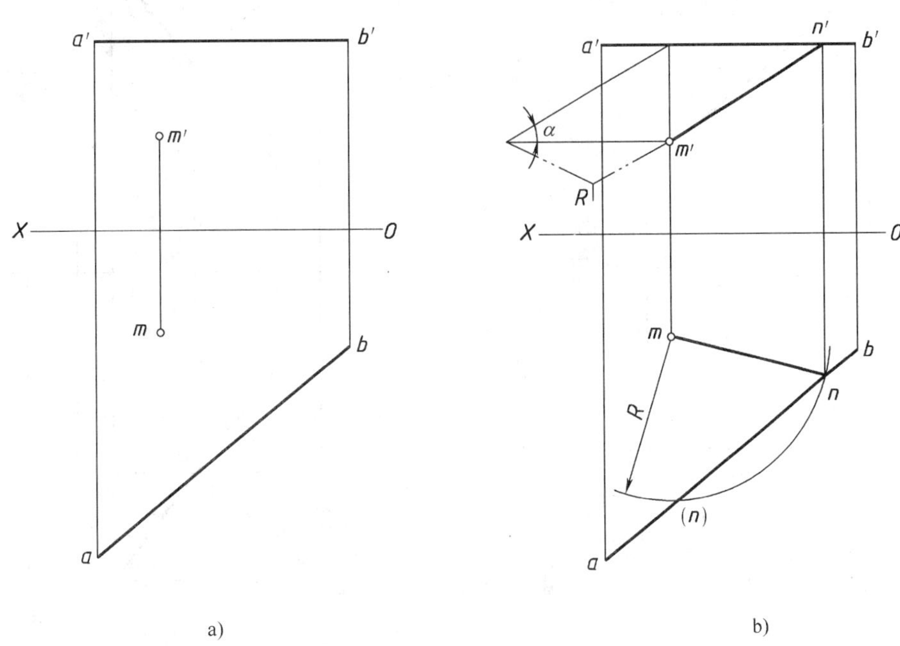

图 1-16

【解题分析】

N 点在水平线 AB 上，从正面投影可看出，MN 两端点的 Z 坐标差无论 N 点在 AB 的哪一处都是一样的。以该坐标差为一直角边，它和 α 角构成一直角三角形，另一直角边即为要求的 MN 的水平投影。

【作图步骤】

（1）由 m' 点引 $a'b'$ 的垂线，以此垂线为一直角边，它和 α 角构成直角三角形。

（2）以另一直角边的长为半径、以 m 为圆心作圆弧交 ab 于 n，由 n 引投影连线交 $a'b'$ 于 n'，作图结果如图1-16b所示。

1-15 作直线 CD 的垂直平分线 EF，点 E 距 V 面40mm，$EF=CD$ 且同时也被 CD 平分（图1-17a）。

【解题分析】

CD 为正平线，EF 的正面投影必在 CD 正面投影的垂直平分线上；E 点距 V 面40mm，则 E 点到 CD 中点 O 的 Y 坐标差是一定的，由于 $EF=CD$，且同时也被 CD 平分，则 $OE=OC$。由 OE 的 Y 坐标差和实长构造直角三角形，即可求得 OE 的正面投影。

【作图步骤】

（1）作 $c'd'$ 的中垂线得 o' 点，并在 cd 上定出 o 点。

（2）过 o 引 cd 垂线并在其上截取到 OX 轴为40mm的一点，以 o 点到此点距离为一直角边，$o'c'$ 长为斜边作一直角三角形，则另一直角边为 $o'e'$，由 e' 得出 e。

（3）由 $OE=OF$ 定出 f 和 f'，如图1-17b所示。

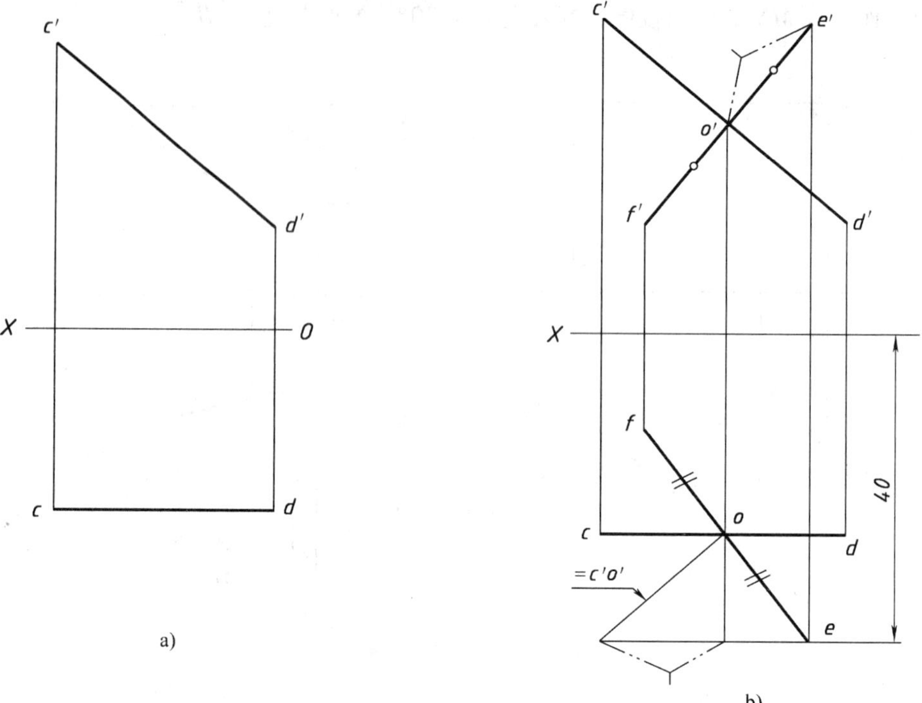

图 1-17

1.3.3 平面的投影

1-16 完成等腰直角△*ABC* 的两面投影。已知 *AC* 为斜边，顶点 *B* 在直线 *NC* 上（图 1-18a）。

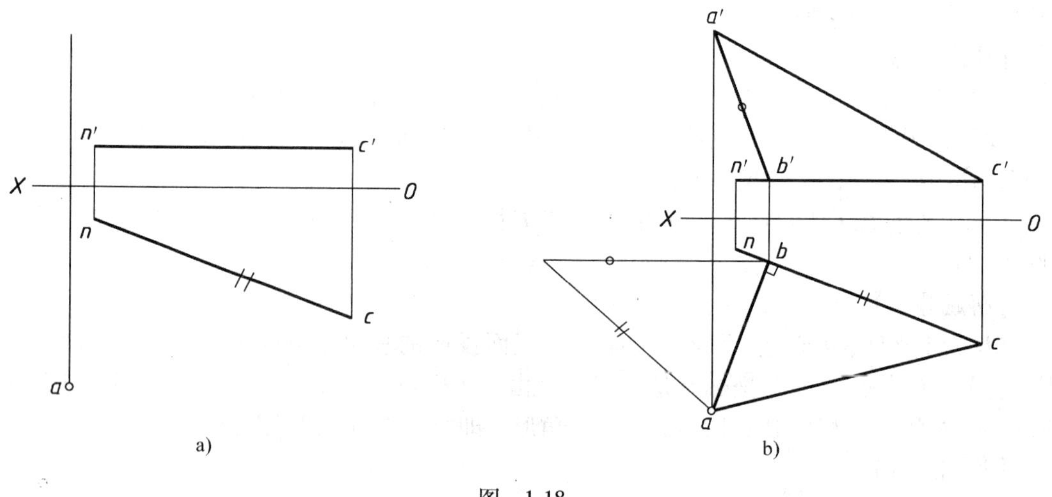

图 1-18

【解题分析】

ABC 是等腰直角三角形，*AB* 垂直且等于 *BC*。*B* 在 *NC* 上，*BC* 是水平线，水平投影 *ab*

$\perp bc$ 且 $bc=BC$，再利用直角三角形法作出 a'。

【作图步骤】

（1）由 a 作 ab 垂直于 cn，垂足为 b，在 $c'n'$ 上定出 b'。

（2）以 AB 的 Y 坐标差为直角边及 AB 的实长（等于 bc）为斜边作直角三角形，则另一直角边为 $a'b'$ 长，如图1-18b所示。

1-17 求作等边△ABC，使 BC 边在直线 EF 上（图1-19a）。

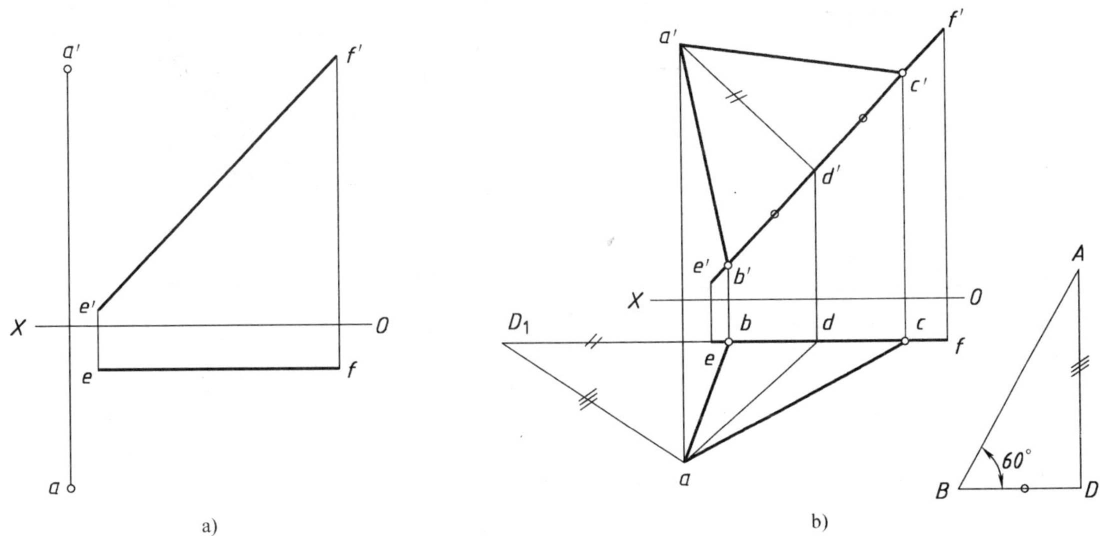

图 1-19

【解题分析】

等边三角形的高垂直且平分底边。图中 EF 为正平线，BC 又在 EF 上，则 BC 边的高 AD 在 V 面上的投影 $a'd'$ 垂直于 $e'f'$。因此先作出高 AD 并求出其实长，再由 AD 实长作出该等边三角形的实形，得实长 BC。

【作图步骤】

（1）由 a' 引垂线交 $e'f'$ 于 d'，同时得 d。以 ad 坐标差和 $a'd'$ 为直角边作直角三角形，求得 AD 实长 aD_1。

（2）以 AD 实长为直角边作一角为60°的直角△ADB，斜边为等边三角形的边长，另一直角边为边长 BC 的一半，如图1-19b所示。

1-18 补全平面图形的水平投影（图1-20a）。

【解题分析】

该平面图形为五边形，由题可知，其中 A、B、C 三点的两面投影，所以该五边形平面已确定，又知属于这个平面的另外两个顶点的正面投影，所以只要根据点在平面上的几何条件作图，就可求出这两点的水平投影，从而完成平面图形的水平投影。

【作图步骤】

作图步骤略。作图结果如图1-20b所示。

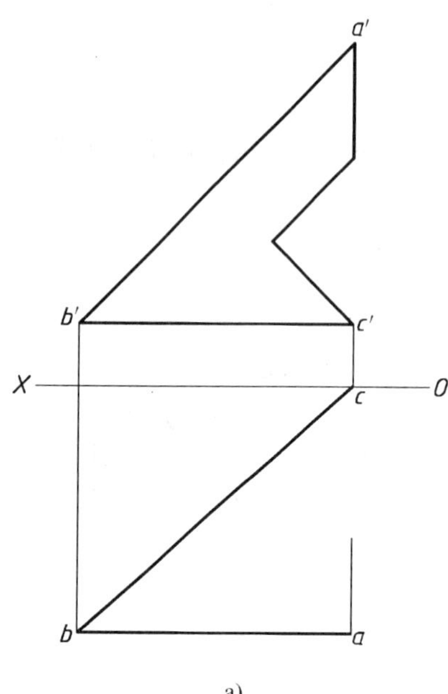

a)

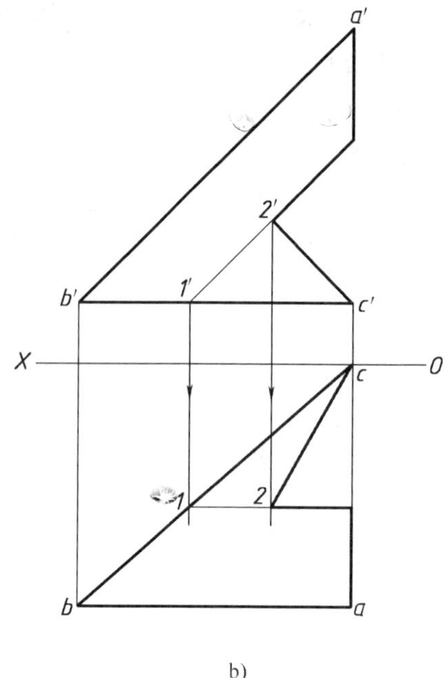

b)

图 1-20

1-19 已知 *AB* 为正平线，试补全平面图形 *ABCDE* 的水平投影（图 1-21a）。

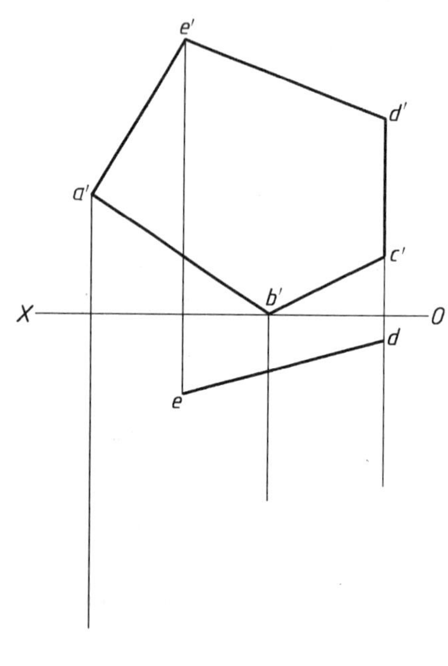

a)

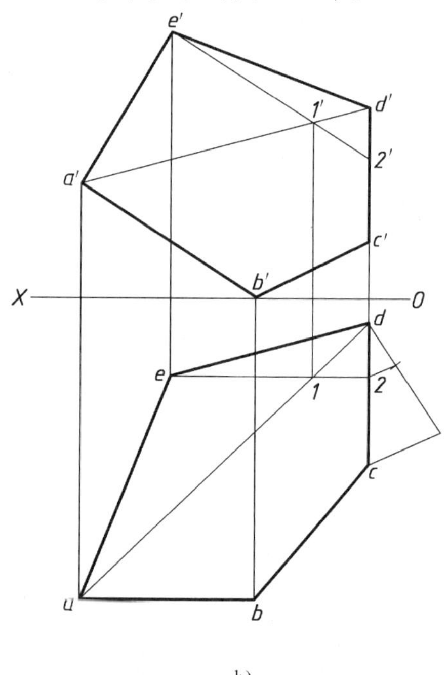

b)

图 1-21

【解题分析】

该题的关键是如何把握 *AB* 是正平线这个条件。虽然 *AB* 的水平投影无法直接作出，但在该平面内，过 E 同样可作出与 AB 平行的正平线。

【作图步骤】

（1）过 e'引 $e'2'$平行于 $a'b'$交 $c'd'$于 $2'$，过 e 作 $e2$ 平行于 OX 轴，用点分线段成定比的特性作出 c；

（2）由 $a'd'$、$e'2'$的交点 $1'$求出 1，连 $d1$ 延长求出 a，由于 AB 是正平线，则 ab 平行于 OX，根据 b'求出 b，连接 $abcd$，完成水平投影，结果如图 1-21b 所示。

1-20　在△ABC 平面内取一点 M，使其距 H 面 16mm，距 V 面 28mm（图 1-22a）。

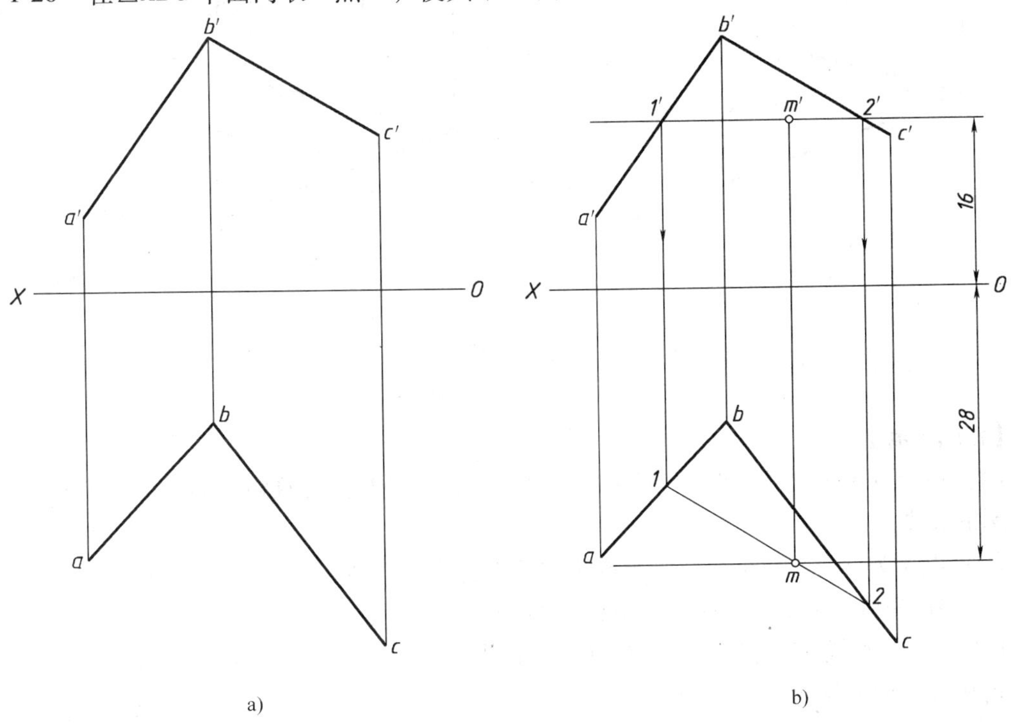

图　1-22

【解题分析】

M 点在距 H 面 16mm 且在 ABC 面内的一条水平线上，同时 M 点满足距 V 面 28mm。可先作出水平线，然后在此线上找一距 V 面 28mm 的点即可。

【作图步骤】

（1）距 OX 轴上方 16mm 引平行 OX 轴的线交 $a'b'$于 $1'$，$b'c'$于 $2'$。

（2）距 OX 轴下方 28mm 引平行 OX 轴的线交 12 与 m。在 $1'2'$上由 m 定出 m'，如图 1-22b 所示。

1-21　过△ABC 的顶点 A，作属于该平面的两直线，此两直线与 H 面都成 60°角（图 1-23a）。

【解题分析】

作属于△ABC 的直线需过 A 点及 ABC 面上的另一点，据题意，该点可在 BC 边上取。因为 BC 边是水平线，其上任一点距点 A 的 Z 坐标差是定值，可利用该坐标差及 α 角构成直角三角形，另一直角边就是所求直线水平投影的长度。

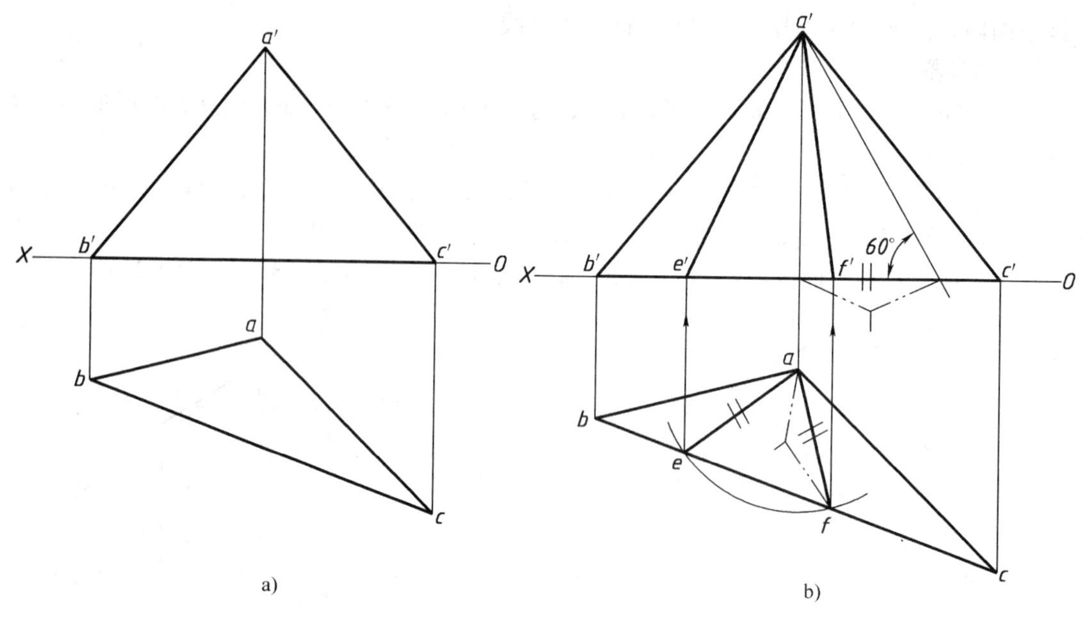

图 1-23

【作图步骤】

（1）以点 a'和直线 $b'c'$上任一点的 Z 坐标差及 $\alpha=60°$作一直角三角形，得所求直线水平投影的长度。

（2）以 a 为圆心，所求直线水平投影的长度为半径画弧，交 bc 于 e、f 两点，再定出 e'、f'。AE、AF 为所求两直线，作图结果如图 1-23b 所示。

1-22　已知直线 AB 为某平面内对 H 面的最大斜度线，试作该平面，并求该平面对 H 面的倾角和对 V 面的倾角（图 1-24a）。

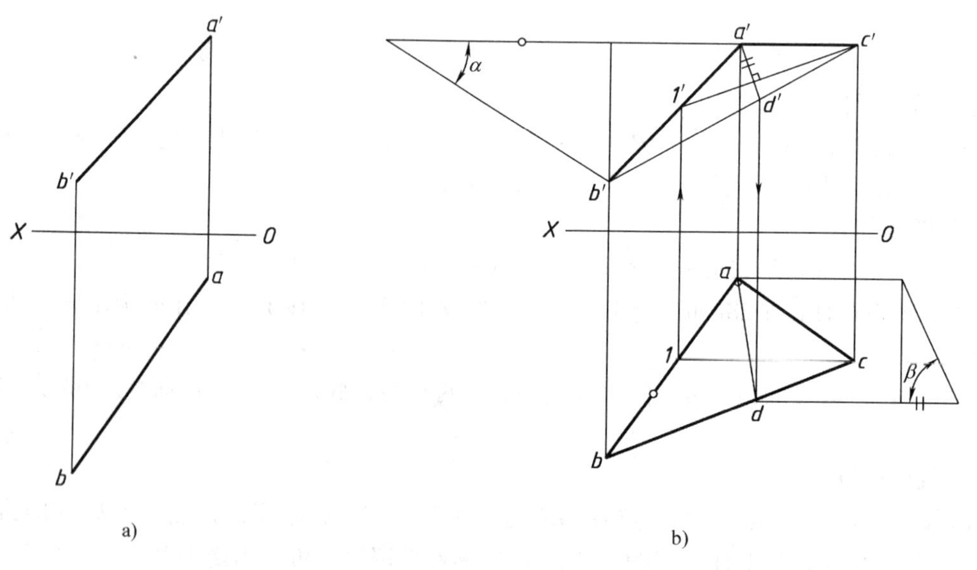

图 1-24

【解题分析】

AB 是对 H 面的最大斜度线，由最大斜度线的概念可知：AB 与 H 面的夹角就是 α；并且 AB 和垂直相交于 AB 的水平线可构成平面，再找出该平面上对 V 面的最大斜度线，从而求出该平面对 V 面的倾角 β。

【作图步骤】

（1）过 A 作水平线 AC，且使 $AC \perp AB$，则 ABC 构成一平面，即为所求平面。

（2）过作 C 正平线 $C\,\mathrm{I}$，再作 $AD \perp C\,\mathrm{I}$。

（3）求出 AB 与 H 面的夹角 α；AD 与 V 面的夹角 β。作图结果如图 1-24b 所示。

1-23　已知△ABC 平面与 H 面夹角 $\alpha = 30°$，AB 边平行于 H 面，试通过求最大斜度线的方法作出 c'（图 1-25a）。

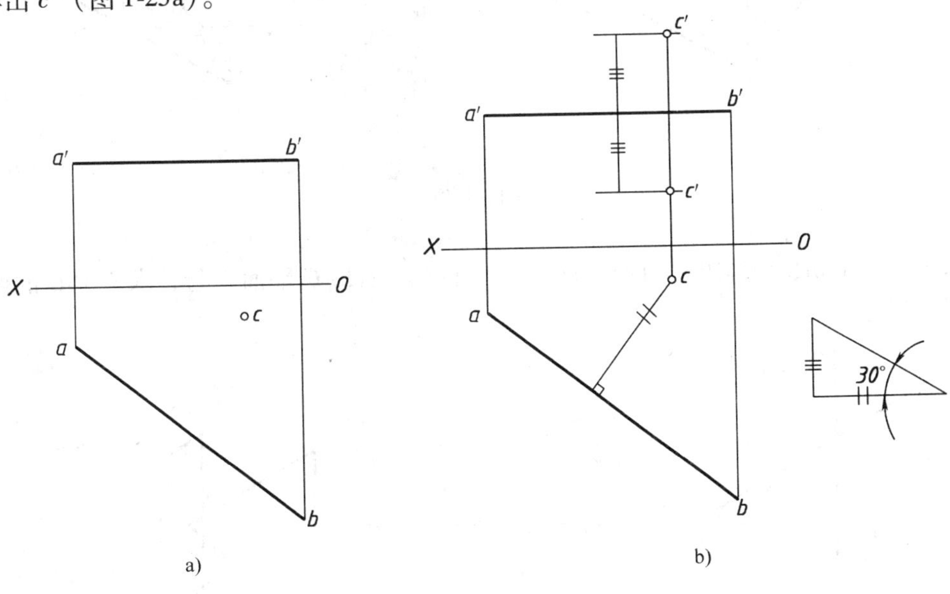

图　1-25

【解题分析】

由于 AB 是水平线，过 C 作 AB 的垂线，该垂线就是 ABC 平面对 H 面的最大斜度线。

【作图步骤】

过 c 作 ab 的垂线，以垂线的长度及 α 角作一直角三角形；以另一直角边的长度为 Z 坐标差从 $a'b'$向上或向下量得 c'（两解），作图结果如图 1-25b 所示。

1-24　已知直线 MN 与△ABC 平面交于点 N，且点 N 距 V 面 24mm，补全 MN 的两面投影（图 1-26a）。

【解题分析】

该题所给的平面 ABC 是一般位置面，点 N 是 MN 与平面的交点，既在线上又在面上，可利用属于面上的点的投影特性及 N 点距 V 面 24mm 投影作图。

【作图步骤】

先作出距 V 面 24mm 且属于 ABC 面的辅助线；利用已知的 $m'n'$部分投影，再在该线上定出 n'，作出 n，连接 mn，作图结果如图 1-26b 所示。

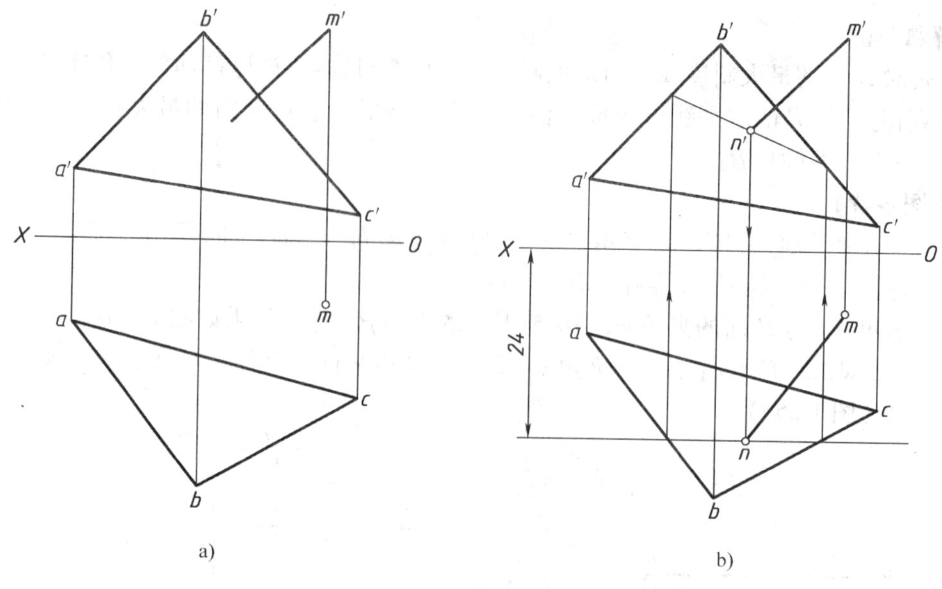

图　1-26

1-25　已知 ABC 为等边三角形，且△ABC 平面与△EFG 平面平行，求△ABC 的两面投影（图 1-27a）。

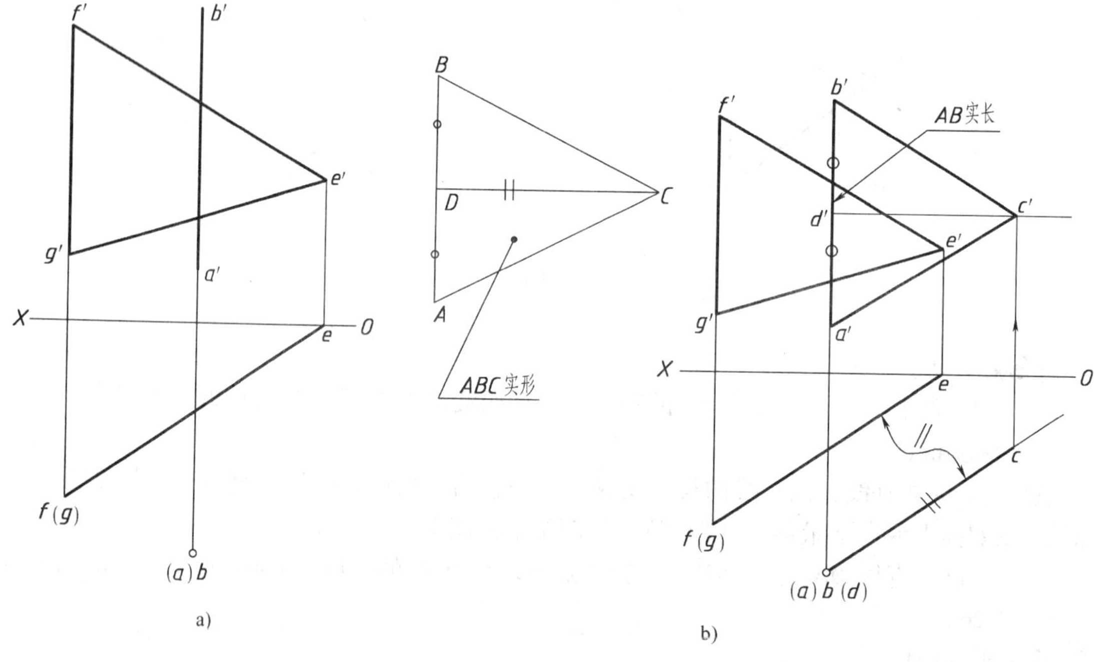

图　1-27

【解题分析】

因为等边△ABC 的边 AB 为铅垂线，所以由 $AB=a'b'$为已知条件可作出 ABC 的实形。因为 AB 上的高 CD 垂直于 AB，所以 CD 应为水平线，即 $cd=CD$，又因为 ABC 平行于铅垂面

EFG，所以 $abc // efg$，这样可求出 c；由 d'为 $a'b'$的中点，且 $c'd' // OX$，求出 $c'd'$。

【作图步骤】

（1）以 $a'b'(=AB)$为边长作出等边△ABC 的实形，并作 AB 的高 CD。

（2）在 AB 上定出其中点 D 的两投影 d 和 d'。过 $(a)b(d)$作直线平行于 $ef(g)$，在该直线上量得 $cd=CD$，得 c 点。

（3）由 d'点作 $c'd' // OX$ 轴，交 c 的投影连线于 c'点，连接 $a'c'$和 $b'c'$，作图结果如图 1-27b 所示。

1-26　求△ABC 与△DEF 的交线 KL，并判别可见性（图 1-28a）。

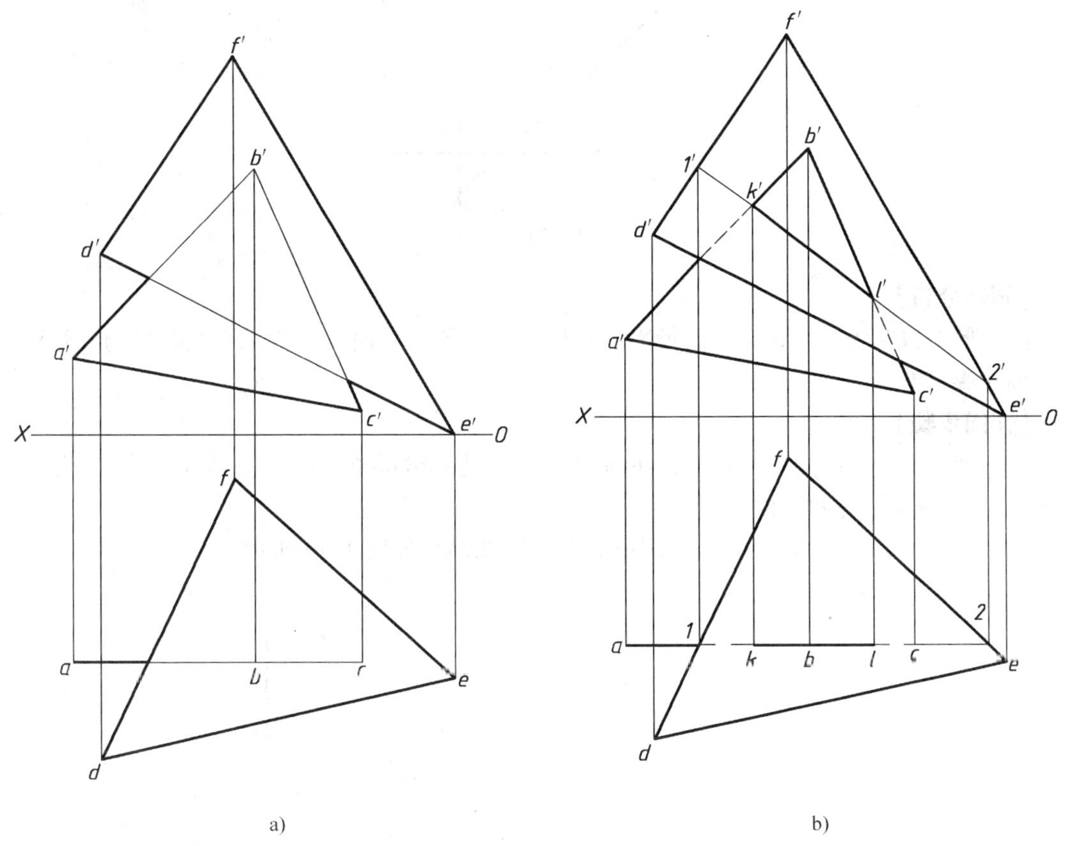

a)　　b)

图 1-28

【解题分析】

由于正平面 ABC 的水平投影 abc 有积聚性，故交线的水平投影一定在 abc 上，交线的正面投影可利用在一般面上取线的方法求出。

【作图步骤】

（1）由正平面的水平投影 abc 定出与一般面交线的水平投影 12。

（2）在一般面上定出 $1'2'$，两面共有部分为 $k'l'$、kl。

（3）再判别可见性，如图 1-28b 所示。

1-27　求△ABC 与□$DEFG$ 的交线 KL，并判别可见性（图 1-29）。

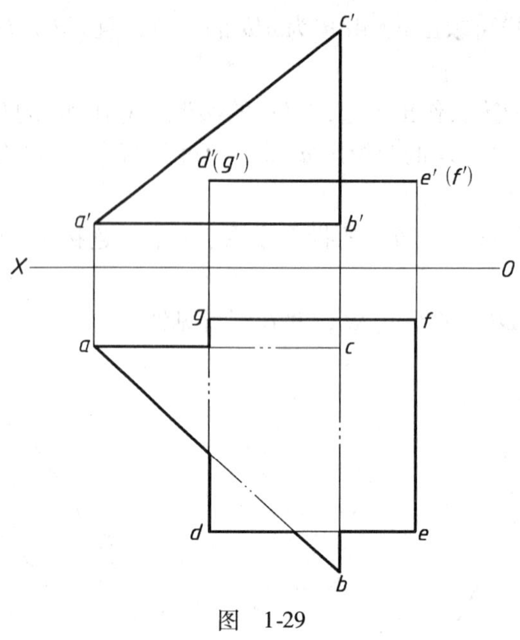

图 1-29

【解题分析】

四边形 *DEFG* 为水平面，*V* 面投影有积聚性，因此两平面交线为水平线，且与 *AB* 平行，其 *V* 面投影已知。

【作图步骤】

（1）延长 *d'e'f'g'* 交 *a'c'* 于 1′，在 *ac* 上作 1，过 1 作 *ab* 的平行线，交 *dg* 于 *k*，交 *bc* 于 *l*。求出 *k'l'*，*LK* 即为两平面交线。

（2）利用重影点（Ⅱ、Ⅲ）判别可见性。作图结果如图 1-30 所示。

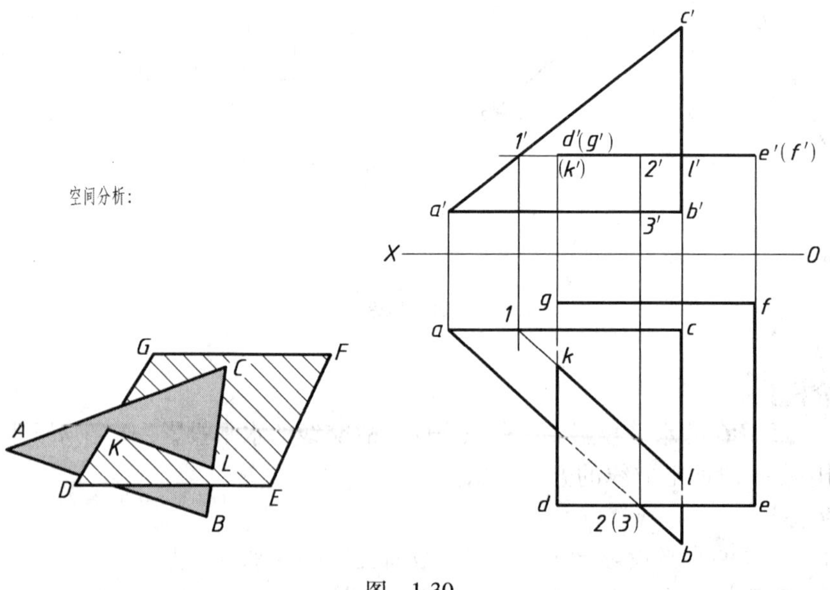

图 1-30

1-28　求直线与平面的交点 *K*，并判别可见性（图 1-31）。

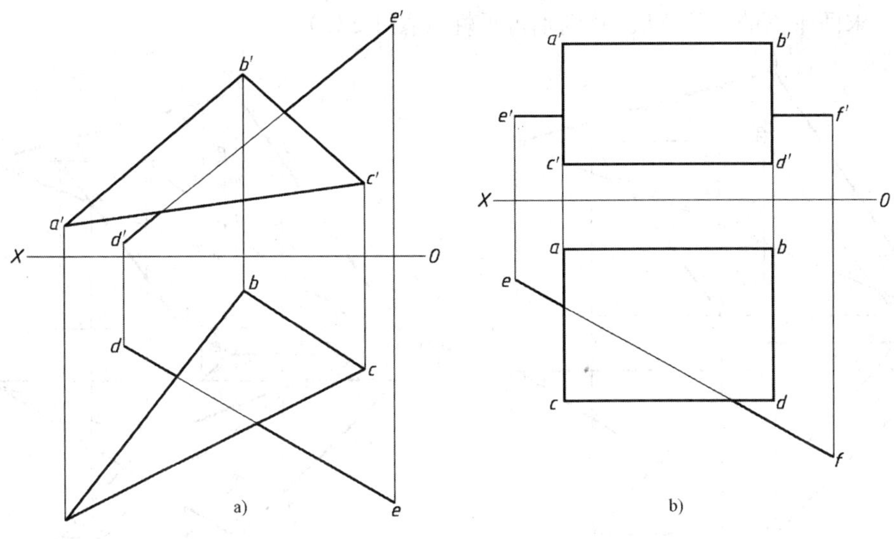

图 1-31

【解题分析】

题中所给直线与平面均为一般位置线、面。先过一般线作一辅助平面 P，求出平面 P 与已知平面的交线ⅠⅡ，ⅠⅡ与已知直线的交点 K，即为所求。P 为把直线某投影作为积聚性投影的特殊面。

【作图步骤】

作图步骤略。作图结果如图 1-32 所示。

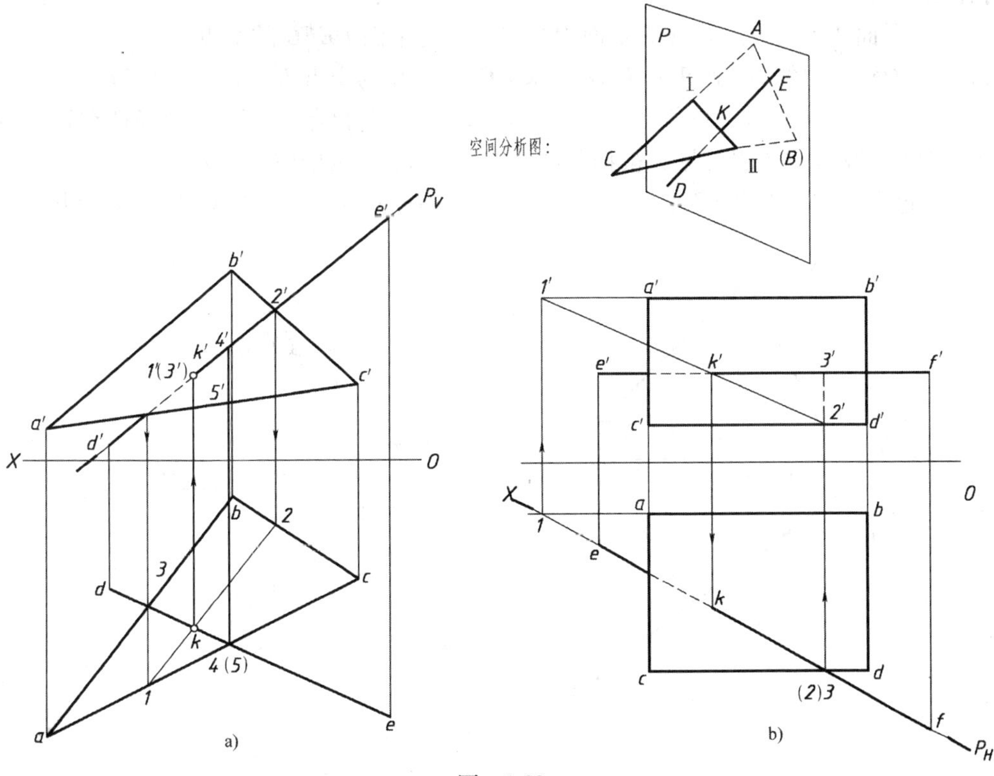

图 1-32

1-29　求两平面的交线 KL，并判别可见性（图 1-33a）。

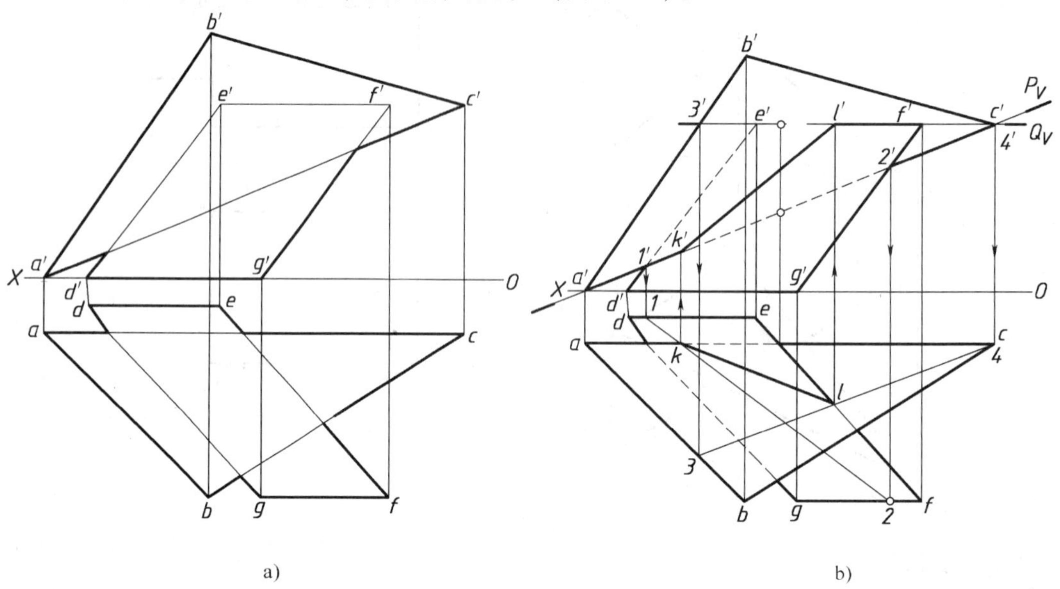

a)　　b)

图　1-33

【解题分析】

本题所给两平面均为一般位置面。利用一平面上两直线（尽可能是投影重叠部分的直线）与另一平面产生两交点来求其交线。利用重影点判别可见性。

【作图步骤】

（1）过平面 ABC 中的 AC 作正垂面 P_V，求 AC 与平面 $DEFG$ 的交点 K。

（2）过 $DEFG$ 中的 EF 作正垂面 Q_V，求 EF 与 ABC 的交点 L，交线即为 KL。

（3）利用重影点判别可见性：如 AC 与 FG 的正面重影点在 $2'$ 处，而 FG 在该处在前，因此正面投影 $2'$ 处的 $2'f'l'$ 可见，被挡住的 $k'2'$ 画成虚线，如图 1-33b 所示。

1-30　过点 A 作一直线 AB 平行于△CDE，且直线 AB 上所有点与 H 面、V 面等距（图 1-34a）。

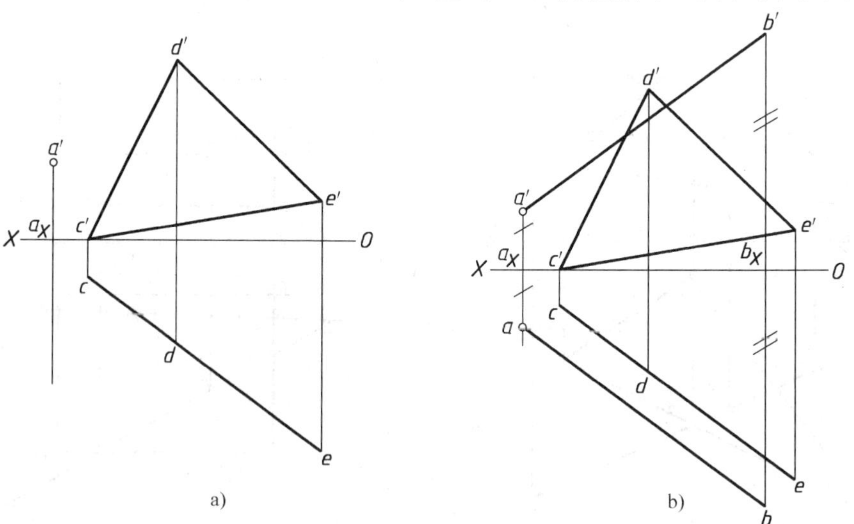

a)　　b)

图　1-34

【解题分析】

CDE 为铅垂面，*AB* 平行于 *CDE*，故 $ab//cde$。*A* 点与 *B* 点的 *Y* 坐标等于 *Z* 坐标。

【作图步骤】

（1）在 $a'a_x$ 的延长线上量取 $a'a_x = aa_x$。

（2）过 *a* 作 $ab//cde$。

（3）作 $bb' \perp OX$，交 *OX* 于 b_x，量取 $b'b_x = bb_x$，求出 b'点，连接 $a'b'$完成作图，作图结果如图 1-34b 所示。

1-31　已知直线 $MN = 30\text{mm}$，点 *N* 在点 *M* 之后，且直线 *MN* 与 △*ABC* 平行，试完成直线 *MN* 和 △*ABC* 的两面投影（图 1-35a）。

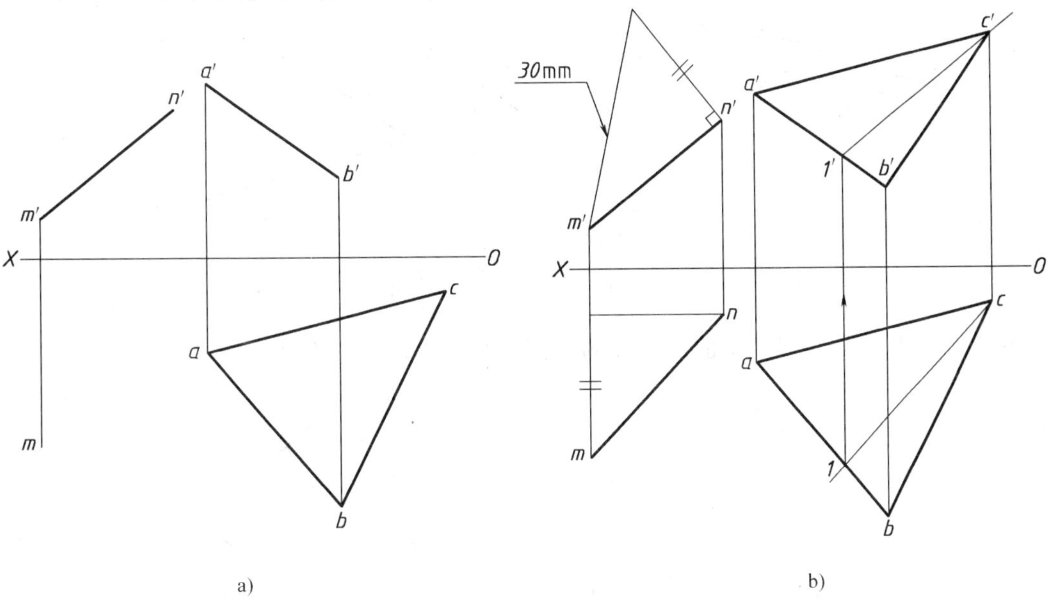

a)　　b)

图　1-35

【解题分析】

因为直线 *MN* 的实长、$m'n'$投影已知、可利用直角三角形法求出水平投影 *mn*；再根据直线与平面平行的几何条件，利用 *A*、*B* 的两投影及 *c* 作出 c'。

【作图步骤】

作图步骤略。作图结果如图 1-35b 所示。

1-32　作直线 *KL*，使其与已知直线 *AB*、*CD* 均相交，与直线 *EF* 平行（图 1-36）。

【解题分析】

如空间分析图所示：包含已知直线 *AB* 作一平面平行于直线 *EF*，求出直线 *CD* 与

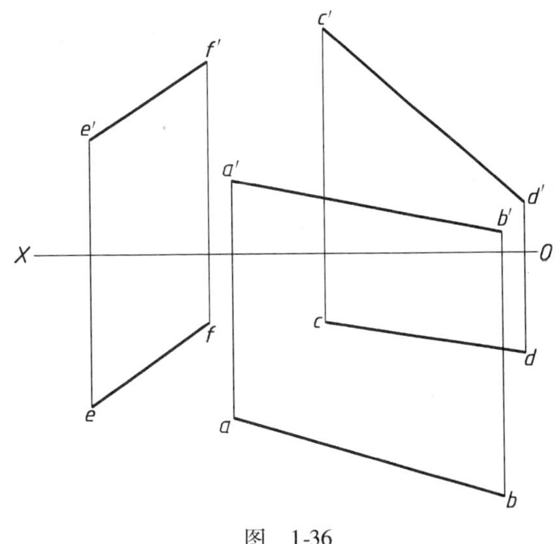

图　1-36

该平面的交点 *K*，过 *K* 作 *KL*//*EF* 交 *AB* 于 *L*，*KL* 即为所求。

【作图步骤】

作图步骤略。作图结果如图 1-37 所示。

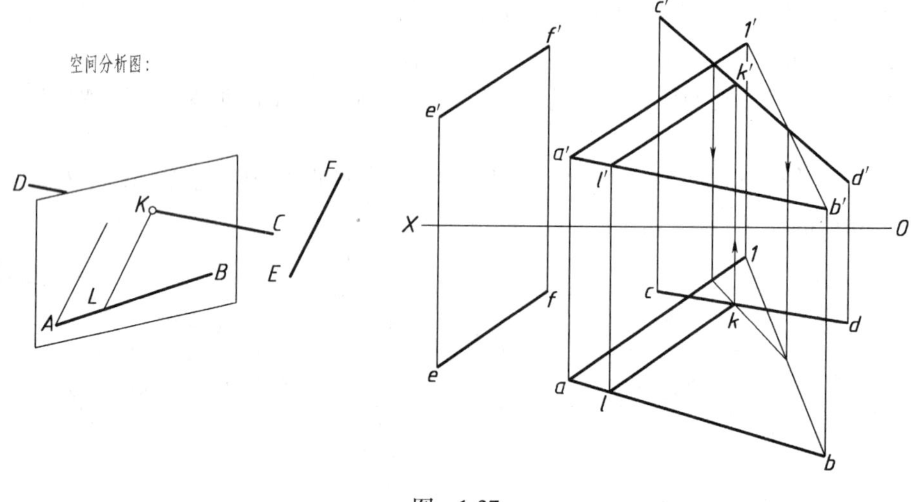

图 1-37

1-33 求点 *K* 到△*ABC* 平面的距离的两面投影和实长（图 1-38）。

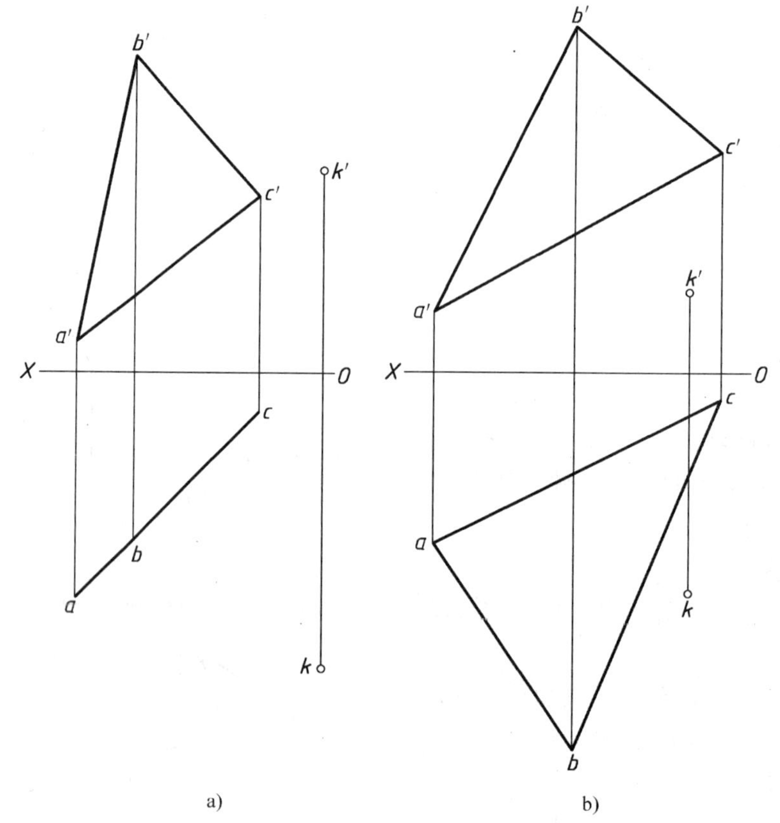

图 1-38

【解题分析】

该题所给平面分为铅垂面和一般面两种情况。在图1-38a中，由点K向铅垂面引垂线，该垂线一定为水平线，水平投影反映直角，垂足D的水平投影d在abc上，距离实长$KD=kd$。在图1-38b中，所给平面为一般面，根据直线与平面垂直的定理作出垂线（一般线）；求得垂足（一般线与一般面相交）；再求实长。

【作图步骤】

在图1-38a中，由水平投影k作abc的垂线，交点为d。由正面投影$k'd'//Ox$，得$k'd'$。kd为距离实长，如图1-39a所示。

在图1-38b中，先在平面内作出正平线、水平线，过k'引线垂直于正平线的正面投影，过k引线垂直于水平线的水平投影，即得垂线。再求该垂线与一般面的交点D，最后求出KD实长。具体作法如图1-39b所示。

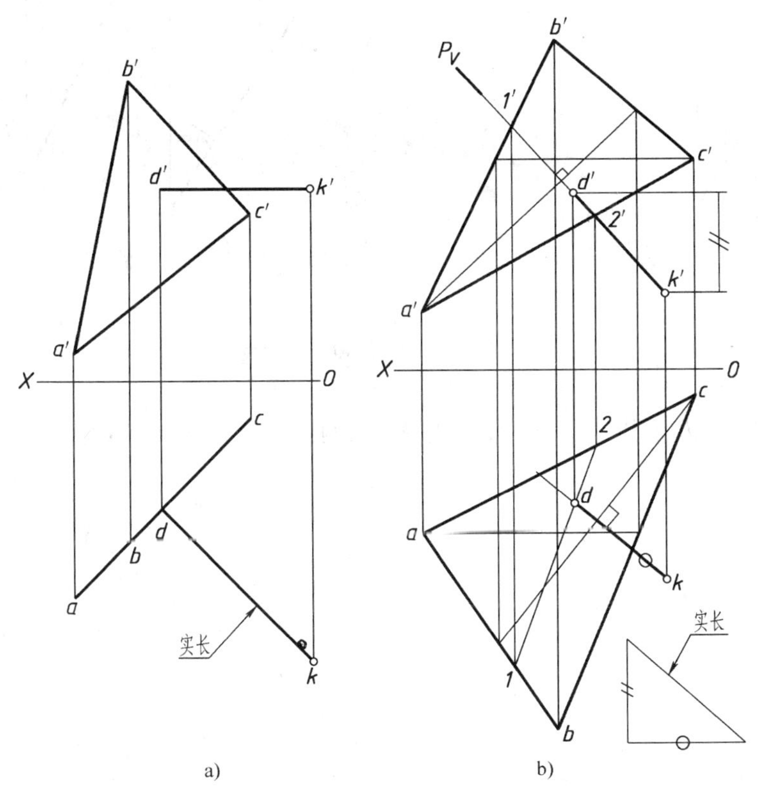

图　1-39

1-34　已知平面ABC垂直于平面EFG，补画EFG的水平投影（图1-40a）。

【解题分析】

如果能在EFG平面内作一条与ABC平面垂直的直线，则两平面垂直的关系确定。由于ABC为铅垂面，所以垂直于ABC平面的直线必为水平线。

【作图步骤】

（1）过G作一水平线GⅠ，水平投影$g1$垂直平面ABC的水平投影abc。

（2）连接$f1$并延长交e'的投影连线于e，连接efg，即为所求。作图结果如图1-40b所示。

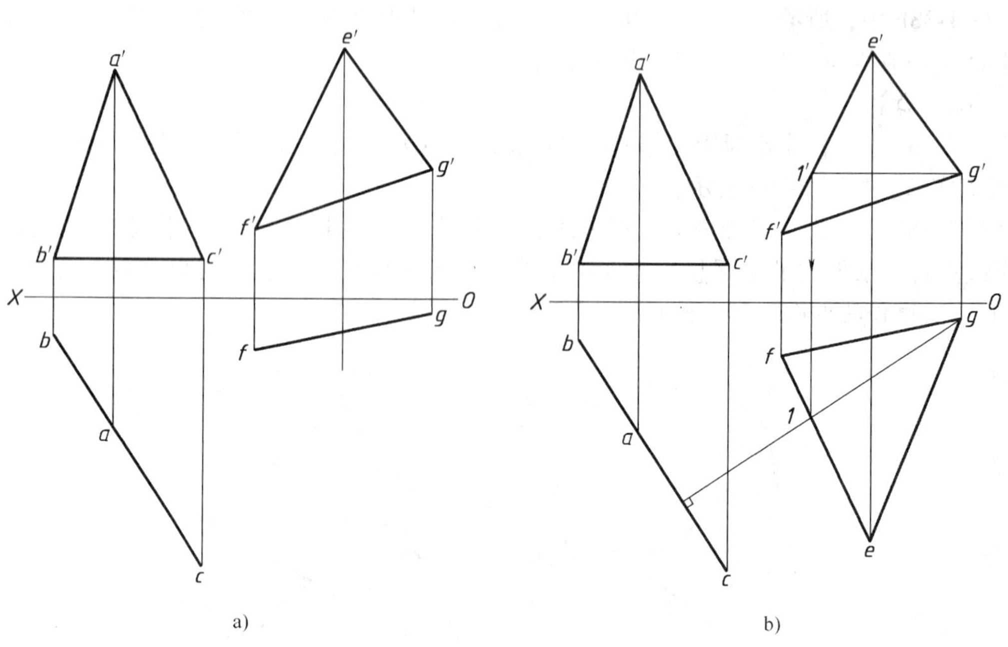

图 1-40

1-35 在直线AB上找一点C，使C与K、L两点等距（图1-41a）。

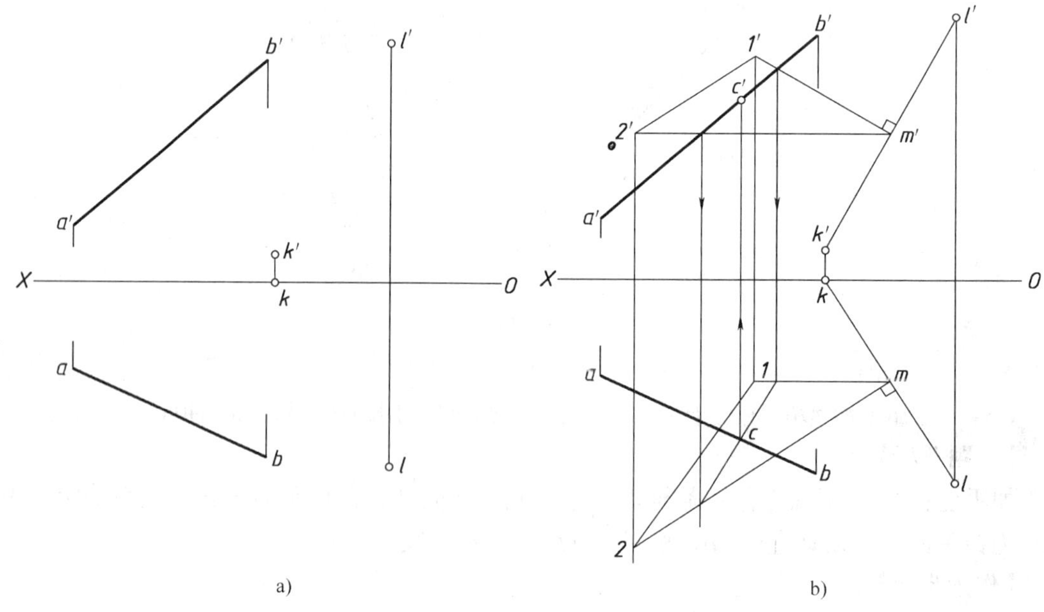

图 1-41

【解题分析】

与 K、L 两点距离相等的点的轨迹为 KL 的中垂面，该中垂面与直线 ab 的交点就是所求的 C 点。

【作图步骤】

（1）连接 KL 并作 KL 的中点 M。

（2）过 M 作平面 MⅠⅡ垂直于 KL。

（3）求 MⅠⅡ与 AB 的交点 C。作图结果如图 1-41b 所示。

1-36　过点 A 作一直线与平面 $CDEF$ 平行，并与直线 MN 垂直（图 1-42）。

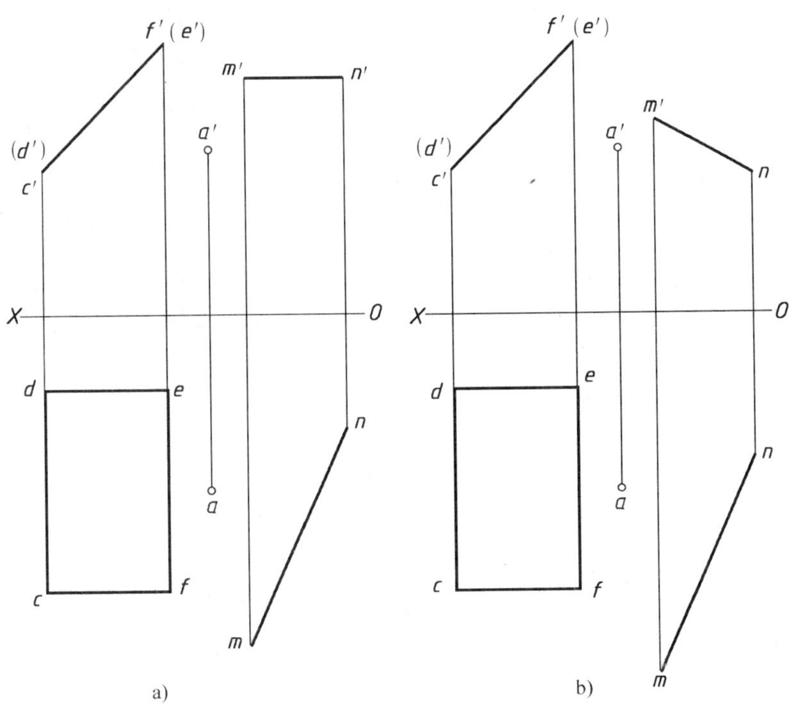

图　1-42

【解题分析】

该题中平面 $CDEF$ 是正垂面，所求直线的正面投影应平行于 $c'd'e'f'$。而直线 MN 给出两种情况，一种为水平线（图 1-42a），一种为一般线（图 1-42b）。第一种情况较为简单，第二种情况则需过 A 作 MN 的垂面，然后在该垂面内过点 A 作直线平行于正垂面 $CDEF$。

【作图步骤】

第一种情况略，结果如图 1-43a 所示。

第二种情况：

（1）过 A 作直线 MN 的垂面。

（2）过 a' 作 $a'b' /\!/ c'd'e'f'$，并在第一步所作的垂面内作出 AB 的水平投影 ab 即可，如图 1-43b 所示。

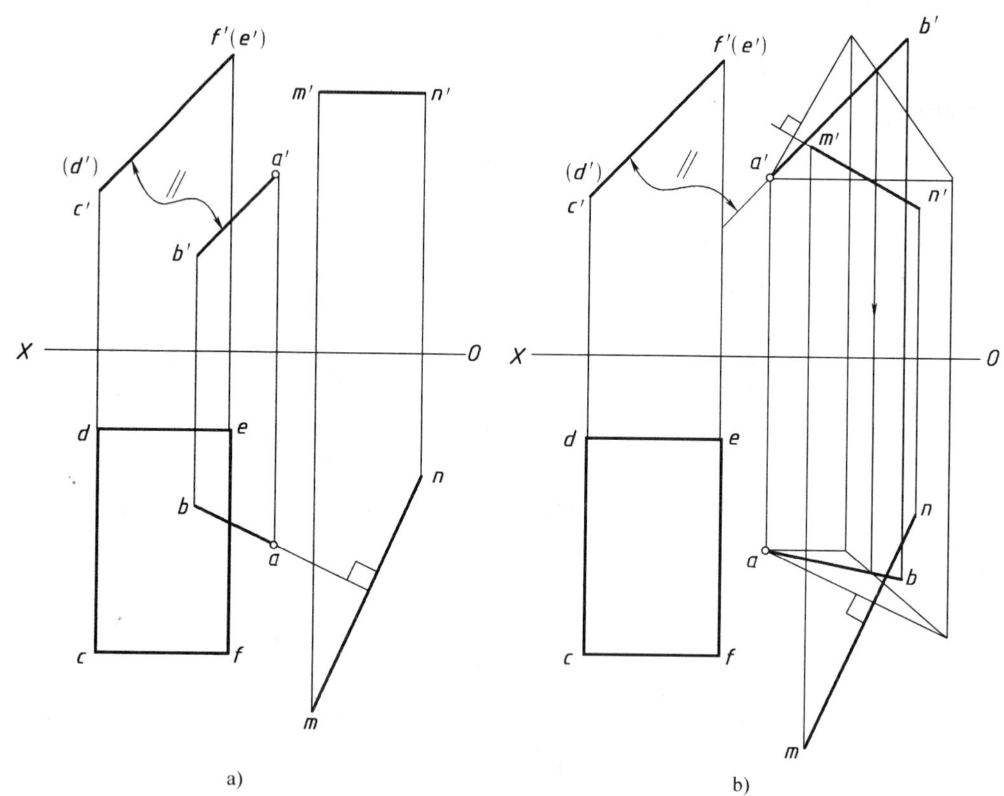

图 1-43

1-37 作等腰△*ABC* 的投影图，已知一腰为 *AB*，底边在直线 *BM* 上（图 1-44a）。

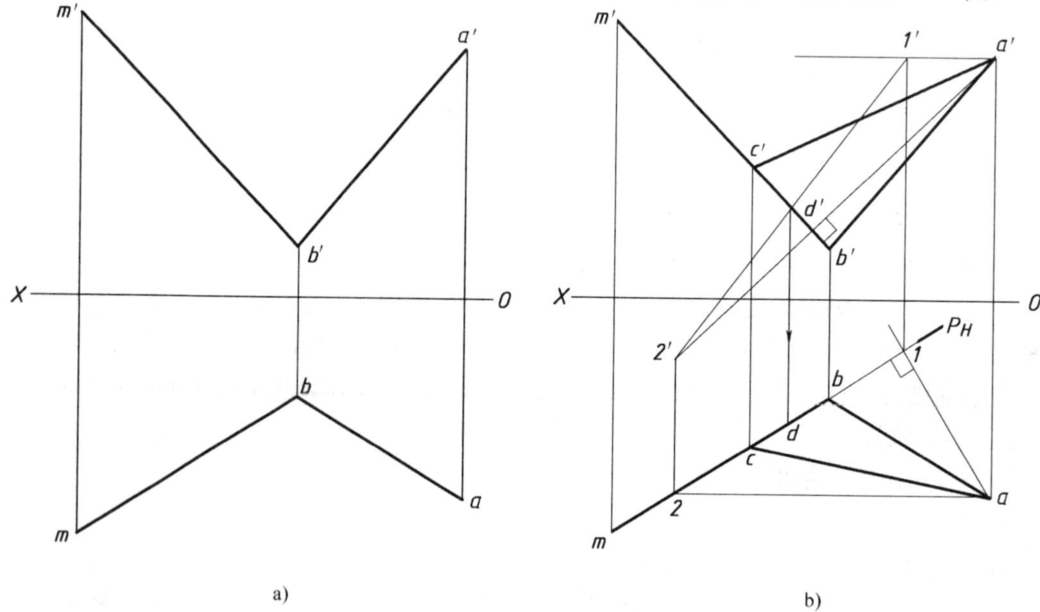

图 1-44

【解题分析】

等腰△ABC 底边 BC 的高 AD 垂直平分 BC。因此，过顶点 A 作底边的垂面 AⅠⅡ，求出该垂面与底边的交点 D（垂足）的两投影。根据点在线上点分线段成定比的性质，即可求出 C 点。

【作图步骤】

（1）过顶点 A 作直线 BM 的垂面 AⅠⅡ。

（2）求垂面 AⅠⅡ与 BM 的交点得垂足 D。

（3）由于 D 点平分底边，则可决定底边的另一端点 C。作图结果如图 1-44b 所示。

1-38　已知 BC 是等腰△ABC 的底边，高 AD 为 45mm，完成 ABC 的水平投影（图 1-45）。

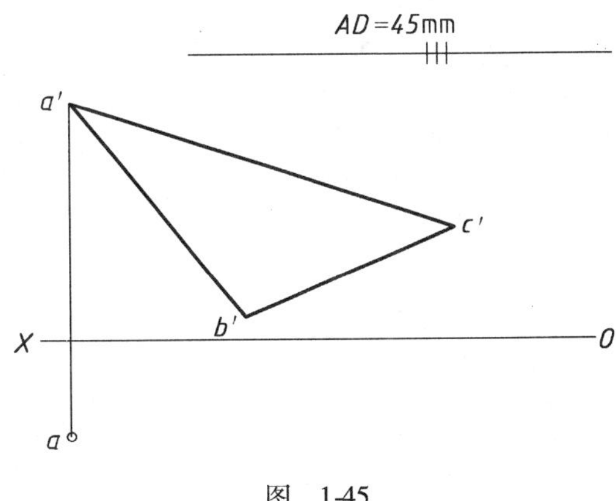

图　1-45

【解题分析】

由已知条件可先求得 D 点的两投影。据等腰三角形的高 AD 垂直于底边 BC 可知 BC 位于 AD 的垂面上，作出该垂面 DⅠⅡ，因 b′c′已知，所以可在该垂面上取线 bc。

【作图步骤】

（1）作 b′c′的中点 d′，连 a′d′，利用直角三角形法求出 ad。

（2）作 AD 的垂面 DⅠⅡ，则 BC 属于 DⅠⅡ。

（3）延长 b′c′交 1′2′于 3′点，在水平投影 12 上作出 3 点，连接 d3 并延长交 b′、c′的投影连线于 b、c。作图结果如图 1-46 所示。

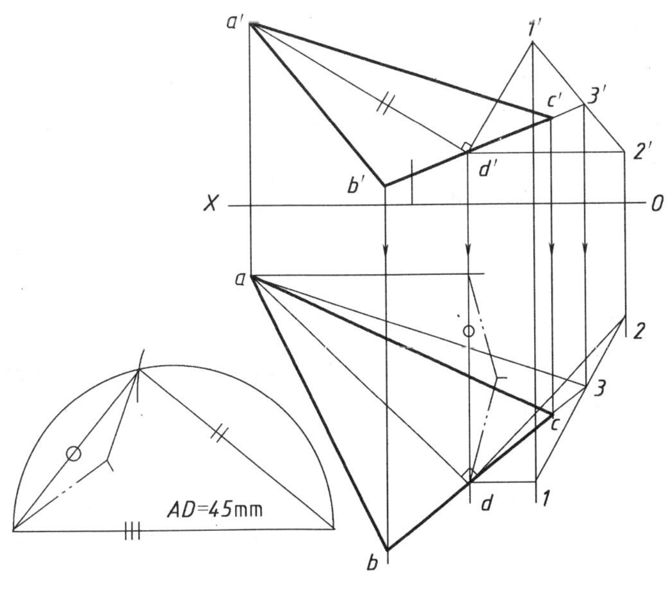

图　1-46

1-39 以水平线 BC 为边作一正方形 $BCDE$，使之垂直于△ABC（图 1-47a）。

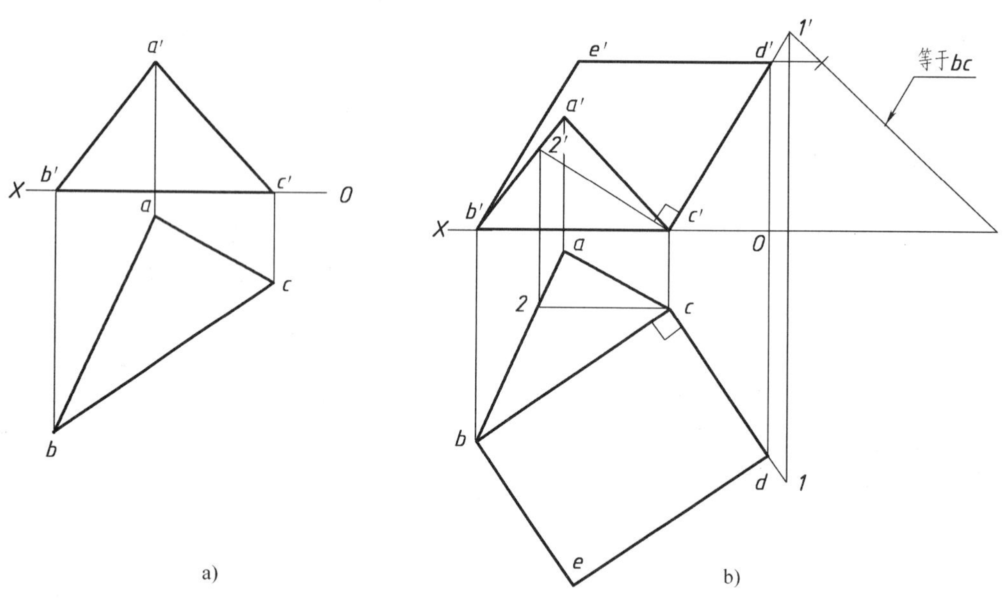

图 1-47

【解题分析】

与△ABC 垂直的平面必包含一条与 ABC 平面垂直的线段，根据正方形的特点，过 B 或 C 引△ABC 的垂线，并在这垂线上决定其长度等于 BC（即 bc）得正方形第二条边。

【作图步骤】

（1）过 C 在△ABC 平面内作正平线 CⅡ。

（2）过 C 引△ABC 平面的垂线 CⅠ（$c1 \perp bc$，$c'1' \perp c'2'$，Ⅰ为垂线上任一点）。

（3）求出 CⅠ的实长，在 CⅠ上取 $CD = BC$，即得正方形 $BCDE$ 中一端点 D，据直线上的点分线段成定比的性质作出 D 的两面投影。

（4）由平行相等关系定出 E 点即可。作图结果如图 1-47b 所示。

1-40 已知菱形 $ABCD$ 的一边 AD 在直线 AM 上，另一边 AB 垂直于直线 KN，点 B 在直线 KN 上，完成该菱形的两面投影（图 1-48a）。

【解题分析】

由已知 $AB \perp KN$，可包含 A 作 KN 的垂面，求出 KN 与该垂面的交点即为 B。再用直角三角形法求出 AB、AM 的实长。根据菱形的特点在 AM 上取点 D，使 $AD = AB$。

【作图步骤】

（1）过点 A 作垂直于直线 KN 的平面，求出 KN 与该平面的交点 B。

（2）求直线 AB、AM 的实长。在 AM 上取 $AD = AB$，得 D，用点分线段成定比的性质作出其两面投影。

（3）由平行相等关系作出点 C 的两面投影。作图结果如图 1-48b 所示。

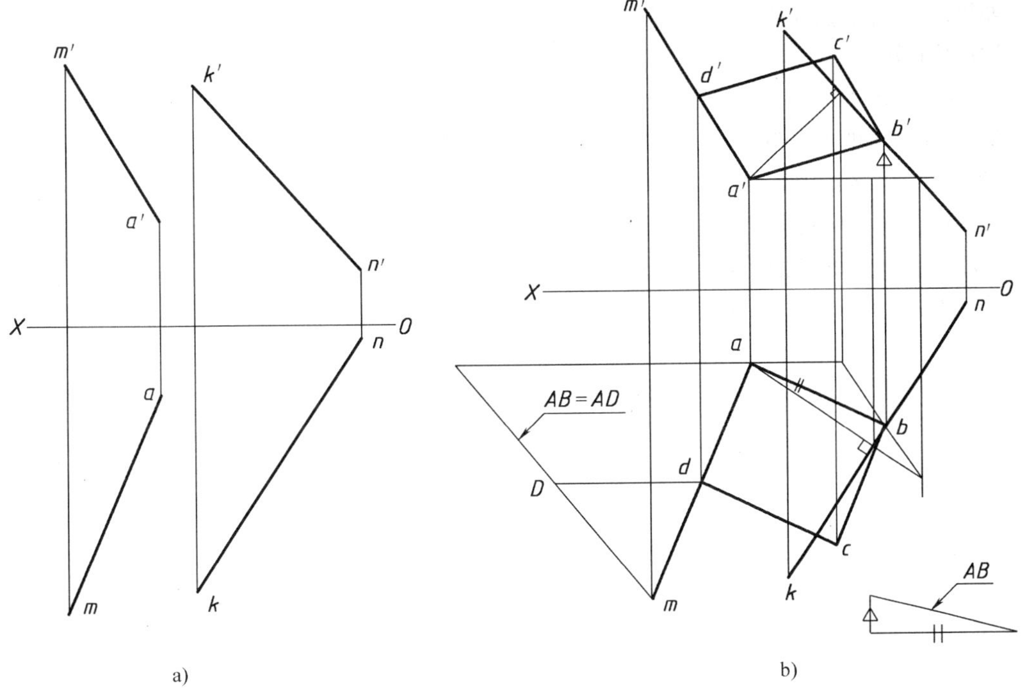

图　1-48

1.3.4　换面法

换面法可以求解直线、平面图形的实长和实形，以及解决一些角度、距离的度量问题。换面时要注意每次只能换一个投影面，对于多次换面时要注意对不同的投影面，如 V 面和 H 面要交替进行换面。换面法的关键是选择新的投影面，也就是合理确定新轴的位置，必须保证新投影面与保留投影面垂直且是有利于解题的位置。

1-41　采用换面法求 AB 的实长及对 V 面的夹角 β（图 1-49a）。

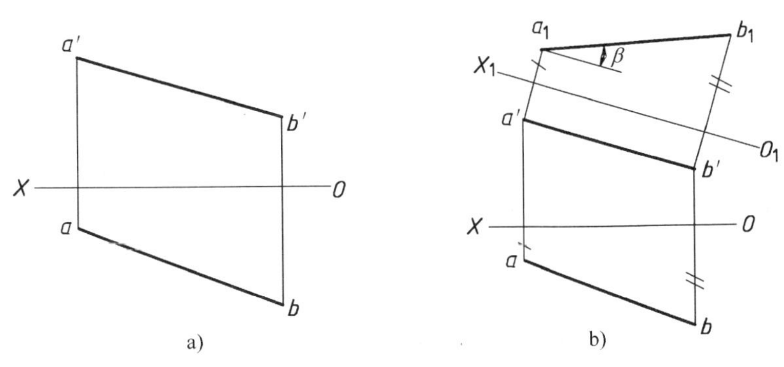

图　1-49

【解题分析】

要求一般位置直线的实长及对投影面的夹角需将直线通过一次换面变为投影面的平行

线，如果求 β 角，就要将直线换成水平线。

【作图步骤】

（1）作新轴 O_1X_1。

（2）按照点的换面规律，求出 a_1、b_1。

（3）连接 a_1b_1，则 $a_1b_1=AB$，a_1b_1 与 O_1X_1 的夹角就是 AB 直线与 V 面的夹角 β 角。作图结果如图 1-49b 所示。

1-42 求三角形平面 ABC 与 V 面的夹角 β，并在该平面上作一条线 $AD=30$mm，并交 BC 于 D 点（图 1-50a）。

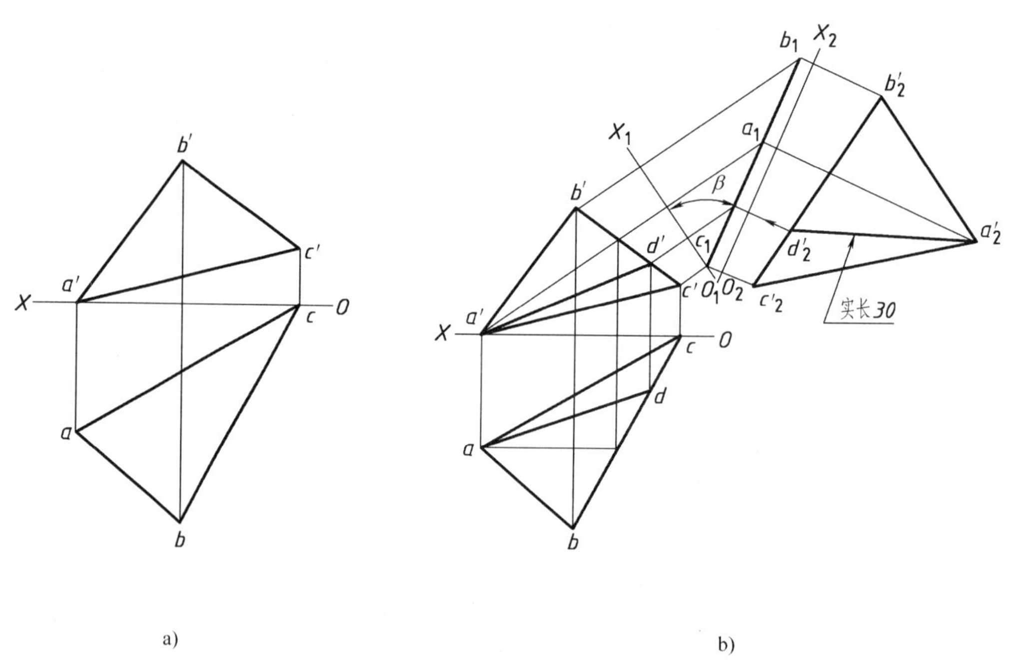

图 1-50

【解题分析】

求平面与 V 面的夹角 β，必须使平面处在铅垂面位置，经过一次换面可以把一般位置的三角形平面变换为铅垂面，而要求 AD 的实长，则要再进行一次换面把三角形平面变为投影面的平行面，得到三角形的实形，就可求出 D 点。

【作图步骤】

（1）在 ABC 上作一条正平线，并在垂直于正平线正面投影的位置定出新轴 O_1X_1。

（2）按照点的换面规律，求出 $a_1b_1c_1$，则 $a_1b_1c_1$ 与 X_1 轴的夹角即为 β 角。

（3）再次换面，以 O_2X_2 为新轴，O_2X_2 平行于 $a_1b_1c_1$，得到 $a_2'b_2'c_2'$，即为 ABC 的实形，在其上取 $a_2'd_2'=30$mm，d_2'在 $b_2'c_2'$上，换面返回即可求得 AD。作图结果如图 1-50b 所示。

1-43 求两平行线 AB、CD 之间的距离实长（图 1-51a）。

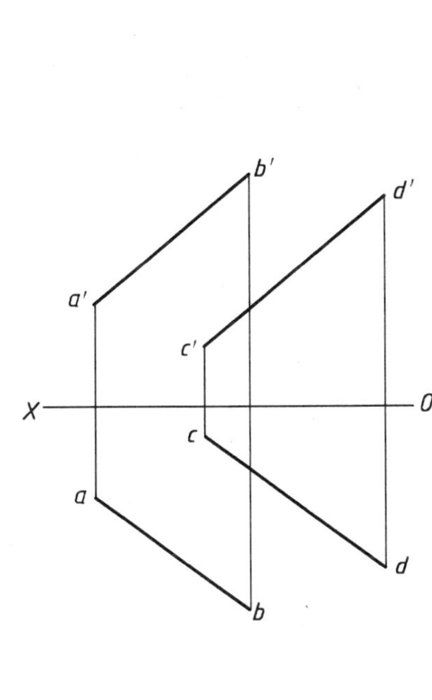

a)

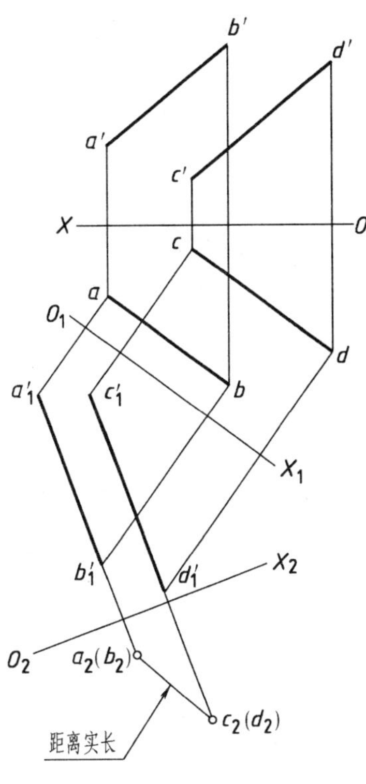

b)

图　1-51

【解题分析】

两平行线处于投影面垂直线位置可反映两平行线之间的距离实长，通过换面把 AB 和 CD 换成投影面垂直线即可求解。

【作图步骤】

（1）确定 O_1X_1 轴，把 AB、CD 换成投影面平行线，得到 $a_1'b_1'$ 和 $c_1'd_1'$。

（2）确定 O_2X_2 轴，把 AB、CD 换成投影面垂直线，得到 a_2b_2 和 c_2d_2。连接 a_2b_2 和 c_2d_2 即为距离实长。作图结果如图 1-51b 所示。

1-44　已知点 A 距离直线 BC 为 15mm，求点 A 的水平投影（图 1-52a）。

【解题分析】

依题意可知，点 A 是在以 BC 为轴线，半径为 15mm 的圆柱面上，通过换面把 BC 换成投影面垂直线即可求解。

【作图步骤】

（1）确定 O_1X_1 轴，第一次换面把 BC 换成投影面平行线，得到 b_1c_1。

（2）确定 O_2X_2 轴，第二次换面把 BC 换成投影面垂直线，得到 $b_2'c_2'$。

（3）以 $b_2'c_2'$ 为圆心，15mm 为半径画圆，再根据换面作图规则可求出 a_2' 点，换面返回即可求出 A 点的水平投影。作图结果如图 1-52b 所示。

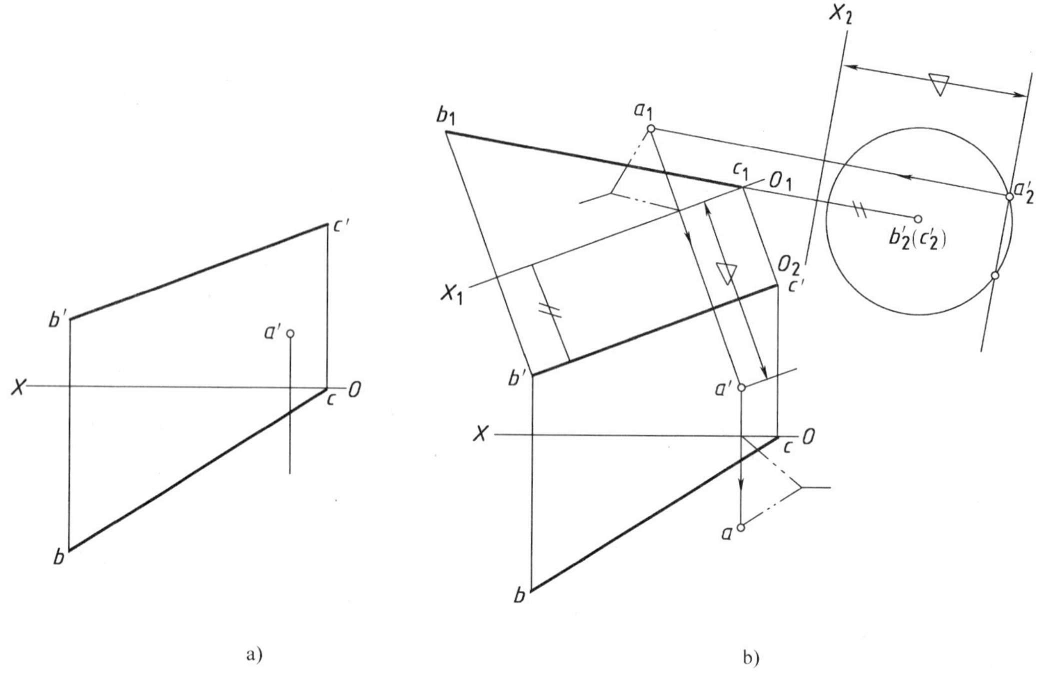

图 1-52

1-45 平面 ABC 与平面 ABD 的夹角 $\phi=60°$, ABD 为等边三角形,求 ABD 的两投影(图 1-53a)。

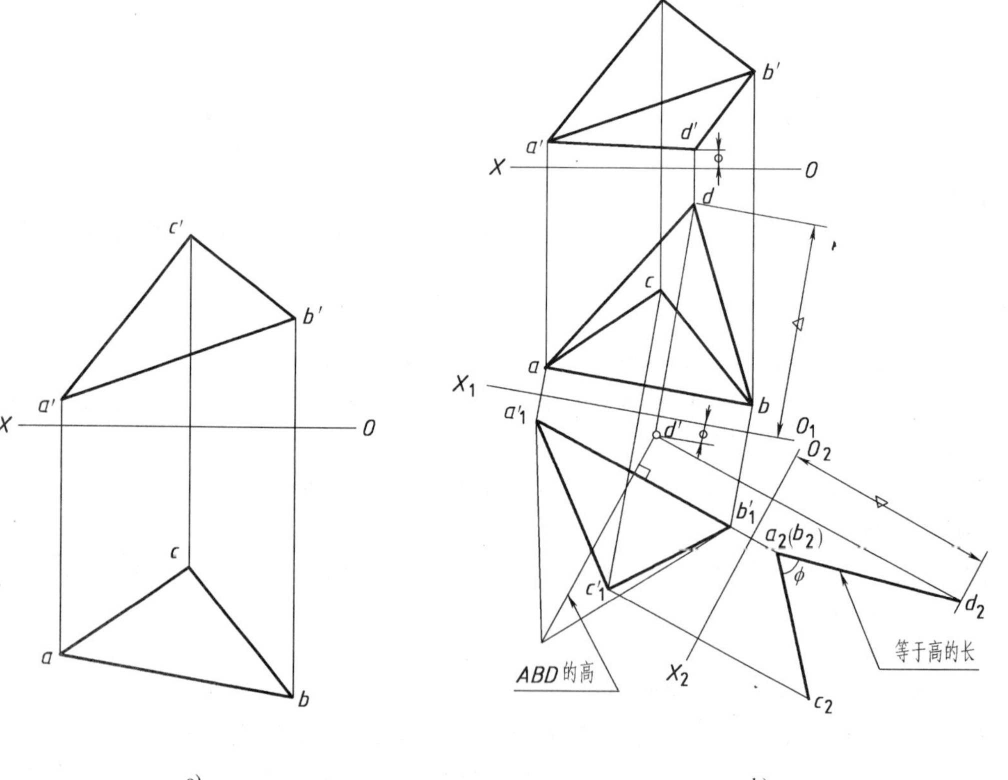

图 1-53

【解题分析】

两平面的交线 AB 如果换成投影面的垂直线，则两平面同时变换为同一投影面的垂直面，此时以 AB 为边长的等边三角形平面，其积聚投影长也反映该等边三角形的高的长。

【作图步骤】

(1) 确定 O_1X_1 轴，第一次换面把 AB 换成投影面平行线，得到 $a_1'b_1'$ 和 c_1'。

(2) 确定 O_2X_2 轴，第二次换面把 AB 换成投影面垂直线，得到 a_2b_2 和 c_2。

(3) 由夹角 $\phi=60°$ 得到 ABD 的积聚投影，在其上截取长度等于等边三角形的高的一段，得到 d_2，然后换面返回即可求解。作图结果如图1-53b所示。

1-46　在直线 MN 上作出与两平行线 AB、CD 等距离的点 K（图1-54a）。

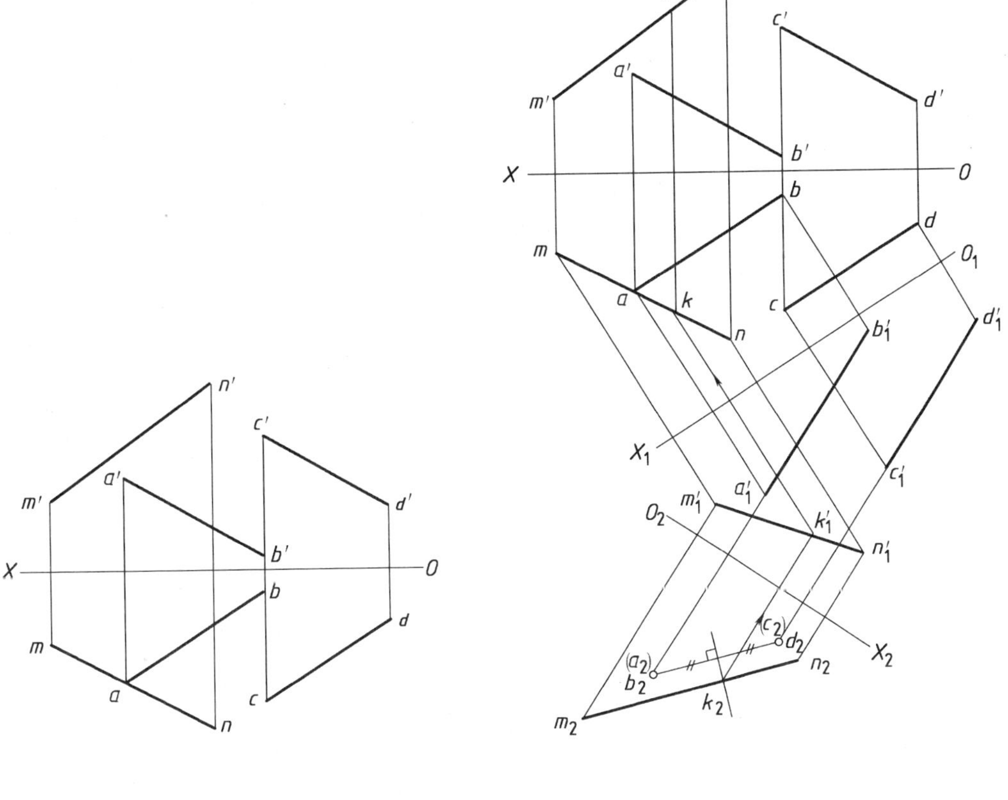

图　1-54

【解题分析】

与两平行线等距离的点的轨迹是两平行线之间垂直连线的中垂面，将两平行线换面变成投影面垂直线，则该中垂面就积聚为一直线，MN 与之的交点就是所求的 K 点。

【作图步骤】

(1) 确定 O_1X_1 轴，第一次换面把 AB、CD 换成投影面平行线，得到 $a_1'b_1'$ 和 $c_1'd_1'$ 以及 $m_1'n_1'$。

（2）确定 O_2X_2 轴，第二次换面把 AB、CD 换成投影面垂直线，得到 a_2b_2 和 c_2d_2 以及 m_2n_2。

（3）作 $a_2b_2c_2d_2$ 的中垂线，交 m_2n_2 于 k_2 点，换面返回即可求解。作图结果如图 1-54b 所示。

1-47 两交叉直线 AB、CD 相距 10mm，CD 平行已知直线 EF，求 CD 的投影（图 1-55a）。

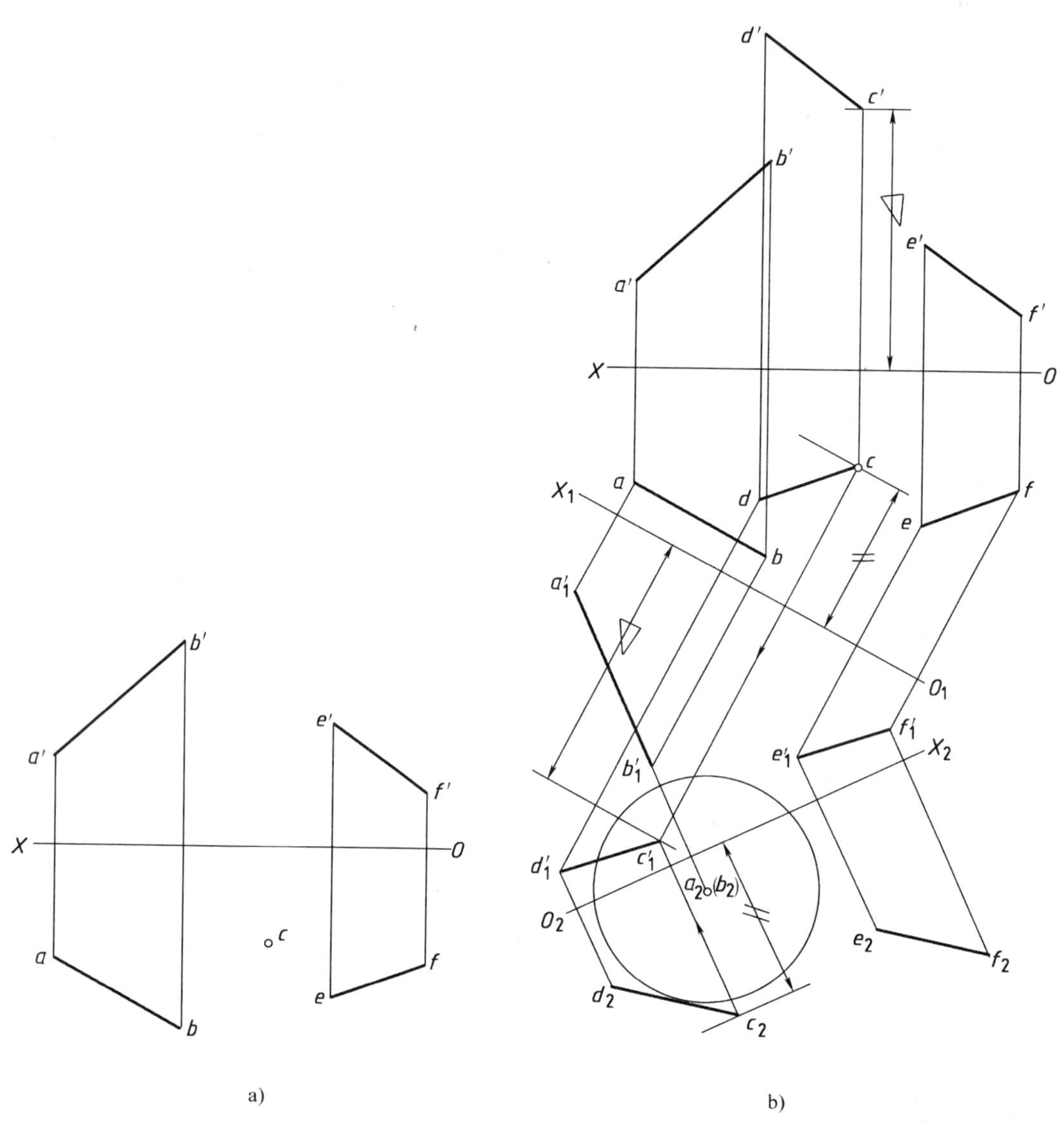

图 1-55

【解题分析】

当 AB 投影积聚为点时，则距离 AB 10mm 的直线为以 AB 的积聚性投影为圆心，半径为

10mm 的圆的切线集合，同时 CD 平行 EF，即可得到该切线，即为所求。

【作图步骤】

（1）确定 O_1X_1 轴，第一次换面把 AB 换成投影面平行线，得到 $a_1'b_1'$ 和 $e_1'f_1'$。

（2）确定 O_2X_2 轴，第二次换面把 AB 换成投影面垂直线，得到 a_2b_2 和 e_2f_2。

（3）以 a_2b_2 为圆心，10mm 为半径画圆，然后作该圆的切线 c_2d_2，且 c_2d_2 平行 e_2f_2，换面返回即可求出 CD 的投影。作图结果如图 1-55b 所示。

1-48　已知直线 AB 和 CD 到直线 MN 的距离相等，求直线 AB 的正面投影（图 1-56a）。

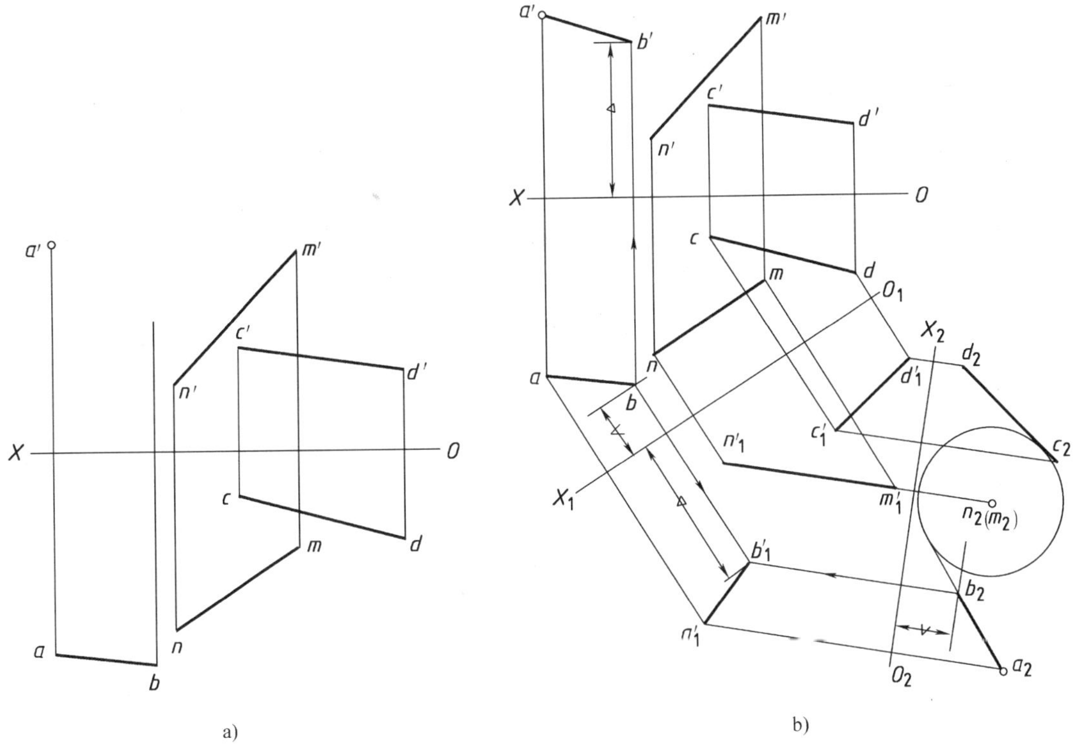

图　1-56

【解题分析】

如果以 MN 为轴线作一个圆柱面，则与圆柱面相切的直线到 MN 的距离均相等，本题可以把 MN 换面成投影面垂直线，再以 MN 的投影积聚点为圆心画圆，且与 CD 的投影相切，并作 AB 的投影使之也与该圆相切即可求解。

【作图步骤】

（1）确定 O_1X_1 轴，第一次换面把 MN 换成投影面平行线，得到 $m_1'n_1'$ 以及 $c_1'd_1'$ 和 a_1'。

（2）确定 O_2X_2 轴，第二次换面把 MN 换成投影面垂直线，得到 m_2n_2 以及 c_2d_2 和 a_2。

（3）以 $n_2(m_2)$ 为圆心画圆，使该圆与 c_2d_2 相切，再过 a_2 点作圆的切线，同时根据 B 点的换面规则即可求解。作图结果如图 1-56b 所示。

1.4 自测题

1. 分别以侧平线、正垂线为例，说明投影面平行线和垂直线的投影特性。
2. 包含一般位置直线是否能作出投影面平行面、垂直面和一般位置平面？
3. 如何判断两个平面相交后的可见性？
4. 什么是直角投影定理？如何求两平行平面之间的距离？
5. 如何判断点、直线是否属于某一平面？
6. 题1-43中如果不用换面法，如何求出AB、CD之间的距离？

第 2 章　立体、截交线和相贯线

2.1　内容要点

由若干个表面所围成的空间实体称为立体。基本立体分为平面立体和曲面立体两大类。本章主要阐述基本立体及基本立体之间相对位置交线关系的表达和识读方法；重点介绍各种基本立体的表达，基本立体表面上取点及两基本立体的交线求解方法和作图，以及如何利用立体表面的积聚性投影、辅助面法（三面共点法）等常用的作图方法，求出属于截交线、相贯线上的点，进而求出截交线、相贯线的对应投影，同时阐述了立体表面上的点在三个投影图中可见性的判断等。

本章所述立体主要指工程中常用的棱柱、棱锥等平面立体，以及圆柱、圆锥、圆球、圆环等回转体。

2.2　解题要领

1. 立体的投影

应能根据所给的立体投影图，判断为何种立体，再依据三面投影图的基本性质，补画出其他投影图。

2. 立体表面取点、取线

取点：若立体某些表面在某一投影面的投影具有积聚性，如圆柱面或棱柱面，可以利用投影的积聚性直接在立体表面上取点。若没有积聚性，则可以通过在立体表面上作辅助线，然后在辅助线上取点。根据点在线上、点的投影在线的同面投影上的性质，求出点的三面投影。由于所取的点属于立体表面上的一条线，因此，所取的点一定是立体表面上的点。为方便作图起见，这些用于找点的辅助作图线一般应为直线或圆。

取线：首先在立体表面上取点（线段的端点或线段通过的点），应特别注意那些属于所取线段并处在立体表面某些特殊位置的点，然后连线。连线时要分清所连的线是直线还是曲线，如是曲线，应光滑顺序连接所取各点。同时还要进行可见性判别（立体表面某些特殊位置点往往也是可见与不可见的分界点）。不可见的点应用括号括起来，不可见的线则用虚线绘制。

3. 截交线

平面与立体表面的交线称为截交线。截交线上的所有点均为立体表面和截平面所共有，因此求截交线的方法可归结为求平面与立体表面的共有点。截交线上的所有特殊点，应尽可能求出。

（1）当截平面垂直于某一投影面时，截交线在该投影面上的投影必定属于截平面的积聚性投影；截交线的另外两投影，可利用立体表面取点的方法，求出属于截交线上的一系列点，然后过这些点连成折线或光滑曲线，同时判别可见性，可见与不可见的分界点是截交线上的特殊点，必须求出。

（2）当立体上某些表面的某一投影具有积聚性时，截平面与其相交所得截交线在该投影面上的投影属于该立体表面的积聚性投影；另外两投影可利用在立体表面取点或平面上取点的方法，求出属于截交线上的一系列点，然后连成折线或曲线。同样注意判别可见性。

（3）若截平面与立体表面的投影均无积聚性，则可以选用一定数量的辅助截平面，利用三面共点的原理求得一系列共有点，然后连线。

4. 相贯线

两立体表面相交所得交线称为相贯线。相贯线上的所有点均为两立体表面上的共有点，相贯线为两立体表面的共有线。相贯线的求法仍然是找出共有点。特别是要注意找出相贯线上的所有特殊点。

（1）当相交两立体中至少有一个立体的某些表面的投影具有积聚性时，则相贯线的一个投影是已知的，它就在此积聚性投影上；另外两投影可利用表面取点法，求出属于相贯线上的若干点，然后依次光滑连线。注意判别可见性。可见与不可见的分界点是特殊点，必须求出。

（2）若相交两立体表面的投影都没有积聚性时，可以采用辅助面法，利用三面共点的原理求出若干个共有点。常用的辅助面有平面和圆球面两种。若所选的辅助面为平面，则辅助平面截两立体所得的交线均应为圆、直线或其投影为圆、直线。辅助平面与两立体表面相交所得的两条截交线的交点即为相贯线上的点；若相交两立体为回转体，且两回转体轴线相交，也可以采用圆球面作为辅助面。在求得一系列共有点后，依次光滑连线，并判别可见性。

（3）截交线、相贯线的作图步骤如下：

1）分析相交的平面或立体所处的空间位置。

2）确定求共有点的方法。

3）求共有点，尽可能求出所有的特殊点，然后再求出若干个一般点。

4）确定交线的性质并连线。如是直线，直接连接线段两端点；如是曲线，则依次光滑连接各共有点。

5）判断可见性。若交线所在的相交两表面均可见，则交线可见，反之交线不可见。

6）整理平面或立体的边界线或轮廓线。穿入立体内部的边界线或轮廓线不存在，因此不应画出；被遮住的边界线、轮廓线为不可见，应画成细虚线；可见的边界线、轮廓线用粗实线画出。

2.3 习题与解答

2.3.1 立体的投影及表面取点、取线

2-1 已知三棱锥的 V、W 两面投影，求其水平投影，并判断各棱线、棱面的空间位置（图 2-1a）。SA 是______线；SB 是______线；SC 是______线；AB 是______线；BC 是______线；AC 是______线；平面 ABC 是______面；平面 SAB 是______面；平面 SBC 是______面；平面 SCA 是______面。

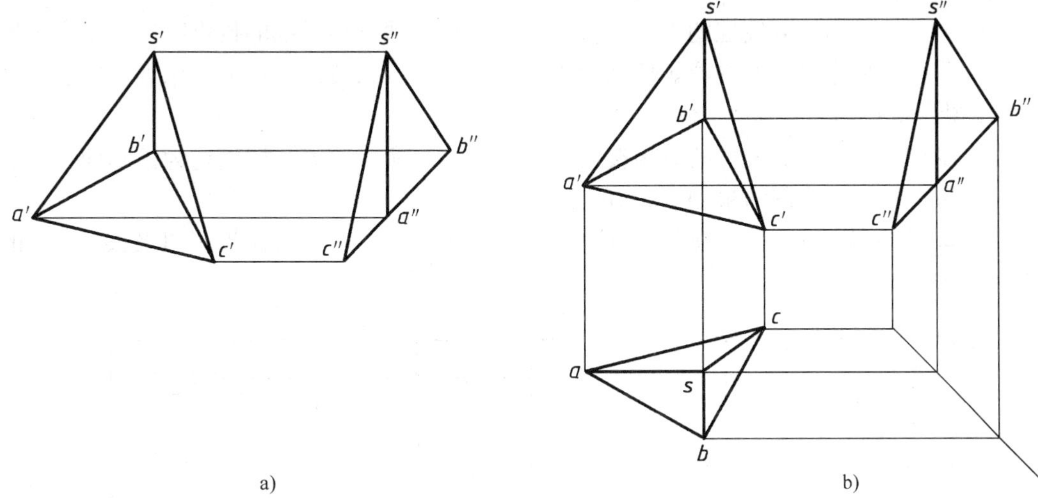

a)　　　　b)

图　2-1

【解题分析】

由四个顶点的两投影可以求得它们的第三个投影，依次连线即可得到棱线、棱面的水平投影，完成三棱锥的水平投影。

【作图步骤】

作图步骤略。三棱锥的水平投影如图 2-1b 所示。

SA 是正平线；*SB* 是侧平线；*SC* 是一般位置直线；*AB* 是一般位置直线；*BC* 是一般位置直线；*AC* 是一般位置直线；平面 *ABC* 是侧垂位置平面；平面 *SAB* 是一般位置平面；平面 *SBC* 是一般位置平面；平面 *SCA* 是一般位置平面。

2-2　作出五棱柱的侧面投影，并判断各棱面的空间位置（图 2-2a）。

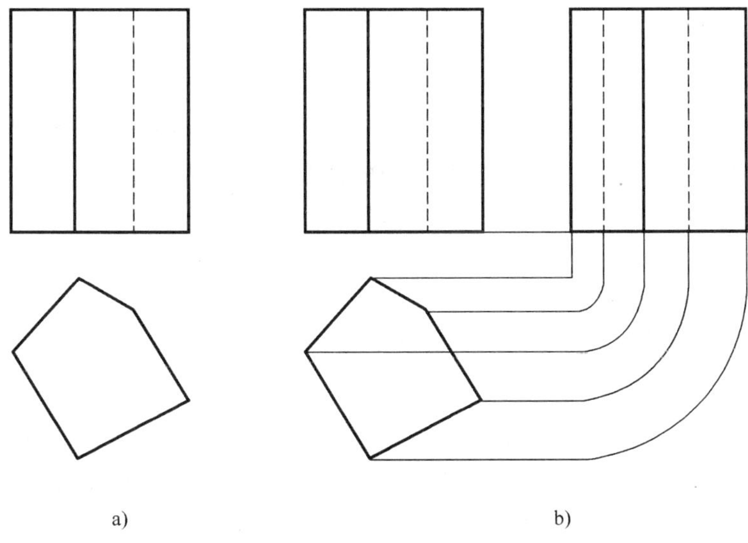

a)　　　　b)

图　2-2

【解题分析】

由已知条件可知，五棱柱的五条棱线均为铅垂线，根据铅垂线的投影特性及三个投影图的对应关系，容易作出侧面投影。侧面投影中，右方的两条棱线不可见，用细虚线表示。

【作图步骤】

作图步骤略。由于五棱柱的五条棱线均为铅垂线，所以，五个棱面均为铅垂面，上、下两底面则为水平面。作图结果如图 2-2b 所示。

2-3 求作六棱柱的侧面投影，并补画其上 A、B、C 三点的其他投影以及线段 AC 的其他投影（图 2-3a）。

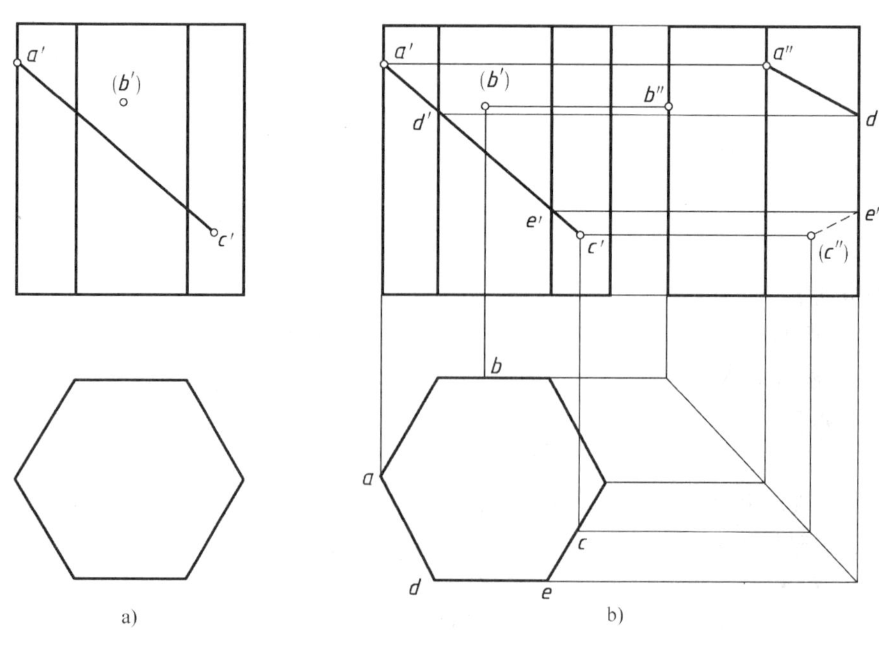

图 2-3

【解题分析】

该棱柱为正六棱柱，上、下两底面为水平面，六个棱面中前后两个为正平面，其余四个为铅垂面，且前后、左右对称，A 点在最左边的棱线上，B 点在最后面的棱面上，C 点在右前棱面上，AC 线是一条落在三个不同棱面上的折线。

【作图步骤】

作图步骤略。作图结果如图 2-3b 所示。

2-4 求作五棱锥的侧面投影，并补画其上 A、B、C 三点的其他投影（图 2-4a）。

【解题分析】

根据投影对应关系作出五棱锥的侧面投影。A 点在最前面的棱线上，利用线上取点的方法作出 A 点的其他投影；B 点在左前方的棱面上，C 点在最后面的棱面上（该棱面为侧垂面），利用面上取点的方法分别作出 B、C 两点的其他投影。

【作图步骤】

A 点在棱线上，根据投影对应关系，首先求出 a''，然后求出 a；B 点在一般位置平面上，用在一般位置平面上取点、取线的方法作出 B 点的投影；C 点在侧垂面上，可求出在面的积聚投影上的投影 c''，再求 c。作图结果如图 2-4b 所示。

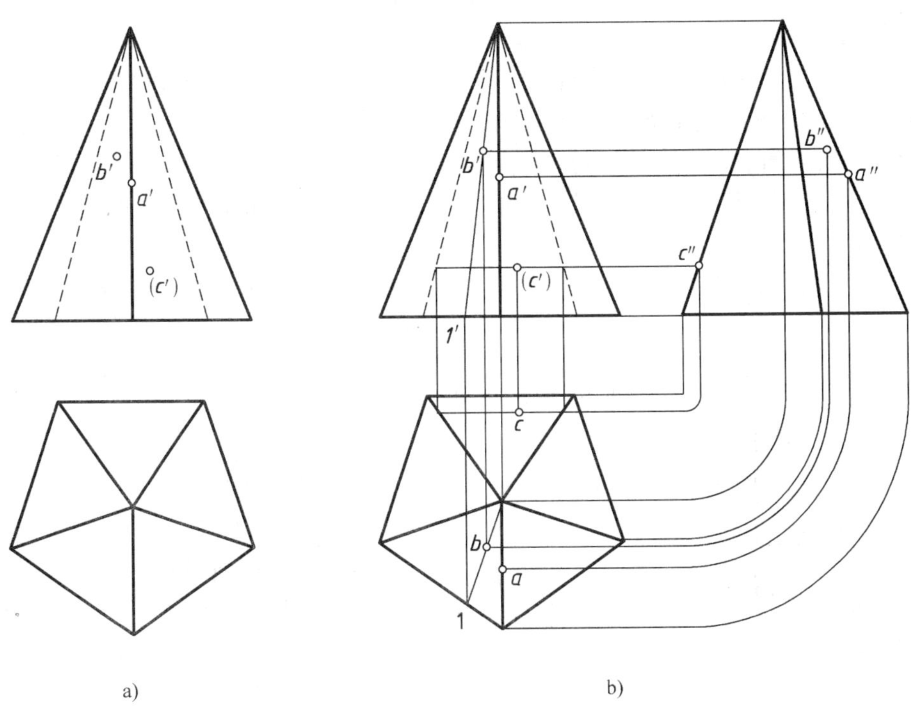

a)　b)

图　2-4

2-5　求圆柱的水平投影，并补画 A、B、C 三点及线段 AC 的其他投影（图 2-5a）。

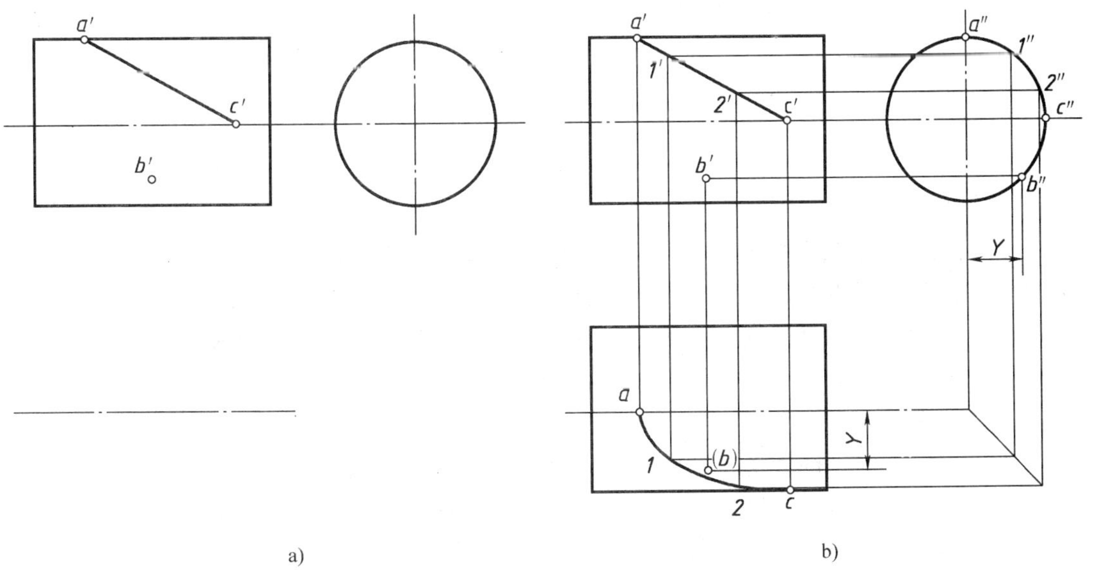

a)　b)

图　2-5

【解题分析】

这是一个轴线处于侧垂位置的圆柱，其水平投影与正面投影相同，都是一个矩形。A 点在最上方的轮廓线上，C 点在最前边的轮廓线上，而 B 点位于前下方的圆柱面上。

【作图步骤】

A、C 两点的求法相同。首先求出它们的侧面投影 a''、c''，再根据投影对应关系求出 a、c。B 点必须先求出侧面投影 b''，再由投影对应关系求出 b，b 不可见。AC 线在圆柱面上，其侧面投影积聚在圆上；水平投影与轴线倾斜，是一条椭圆弧线。可在 $a'c'$ 上任取若干点，求出这些点在水平投影面上的对应投影，依次光滑连接各点，求出椭圆弧的水平投影。作图结果如图 2-5b 所示。

2-6 求圆锥的水平投影，并补画圆锥面上 A、B、C 三点及线段 AC 的其他投影（图 2-6a）。

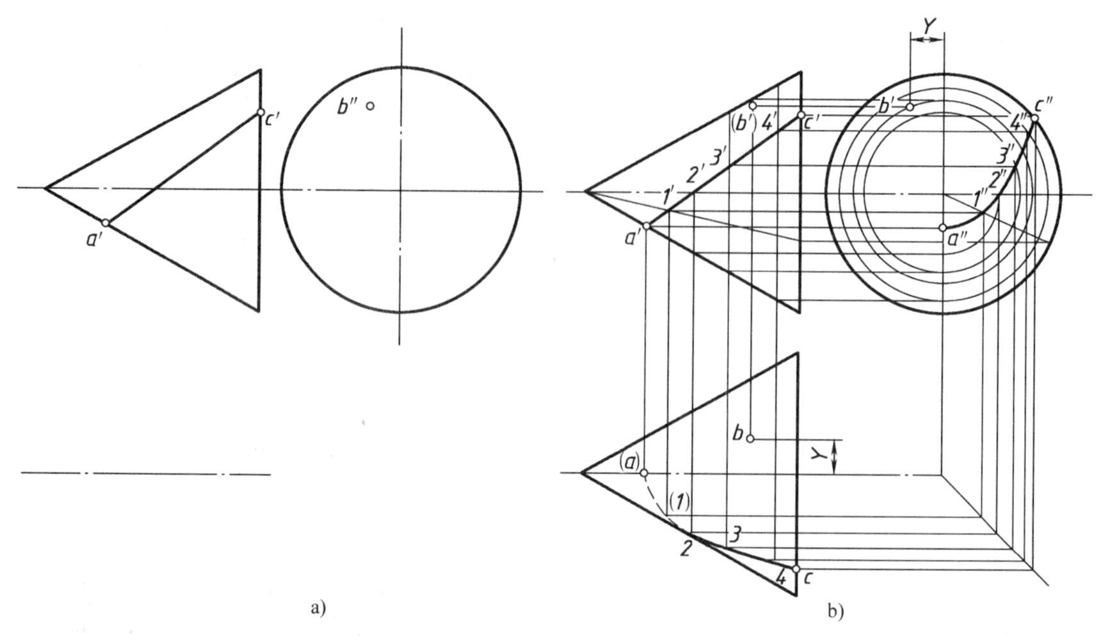

图 2-6

【解题分析】

所给圆锥体的轴线垂直于侧面投影面，其水平投影与正面投影相同，都是等腰三角形。A 点在最下方的轮廓线上，B 点在后上方的圆锥面上，C 点在底圆的前上方的圆周上。AC 线在圆锥面上，为曲线，其上的Ⅱ点落在最前方的轮廓线上，是 AC 线水平投影可见与不可见的分界点。

【作图步骤】

先作出 A、C 两点的投影，再用辅助纬圆法求出 B 点的投影，在 AC 线上任取若干个点，如Ⅰ、Ⅱ、Ⅲ点，用辅助纬圆法求出它们的水平投影和侧面投影，依次光滑连接各点，求出 AC 的水平投影和侧面投影，如图 2-6b 所示。也可以采用辅助素线法作出。

2-7 求作圆球的侧面投影，并补画圆球面上 A、B、C 三点及线段 AC 的其他投影（图 2-7a）。

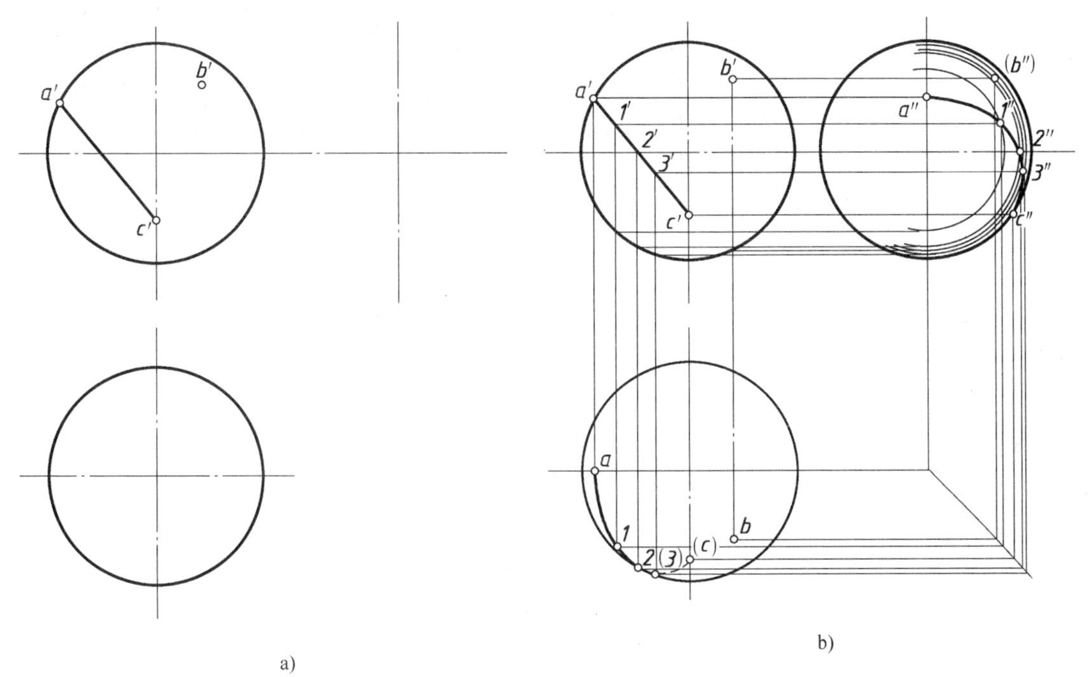

a)

b)

图 2-7

【解题分析】

A 点在正面投影轮廓圆上，C 点在侧面投影轮廓圆上，它们的其他投影位于对应的中心线上，可直接求出。B 点在右、前、上方球面上，可利用在球面上作辅助圆的方法（图中采用侧平圆）找出其投影。AC 为一段圆弧，其水平投影和侧面投影均为椭圆弧。除 A、C 点外，Ⅱ点属于水平投影轮廓圆上的点，也是一个特殊点，应该首先找出。其他各点（如Ⅰ点、Ⅲ点）都是利用辅助圆法逐一求出的。最后光滑连接各点，并判别可见性（水平投影中 $23c$ 为不可见）。

【作图步骤】

作图步骤略。作图结果如图 2-7b 所示。

2.3.2 平面与立体表面相交，求截交线的投影

2-8 补画四棱锥截切后的正面投影，并补全水平投影（图 2-8a）。

【解题分析】

这是一个正四棱锥，被一侧垂面截切。先补画出四棱锥的正面投影，再找出截平面与四条棱线的交点，并顺次连接各交点的同面投影，即完成截交线的水平投影和正面投影。

【作图步骤】

作图步骤略。作图结果如图 2-8b 所示。

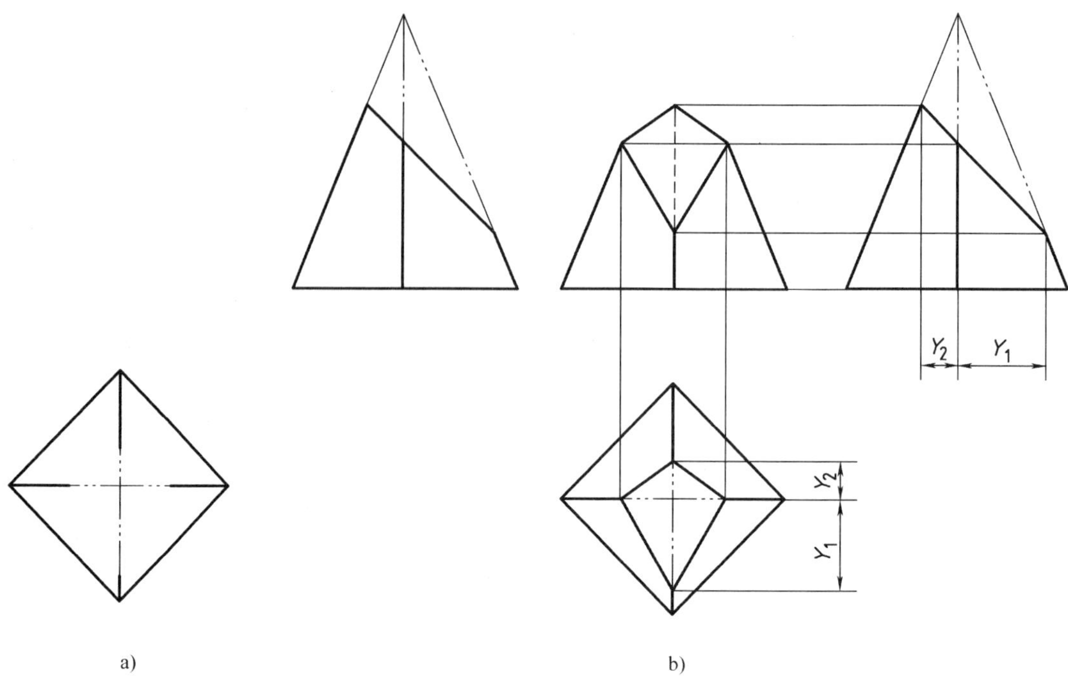

a) b)

图 2-8

2-9 补画被正垂面截切后的五棱柱的侧面投影（图 2-9a）。

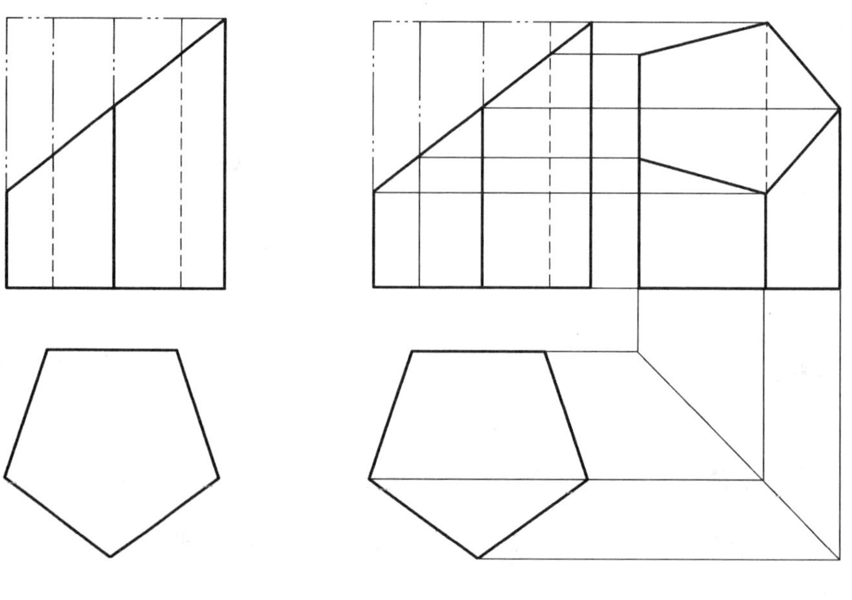

a) b)

图 2-9

【解题分析】

五棱柱的所有棱面全部被一正垂面所截切，因五个棱面全部垂直 H 面，其水平投影具有积聚性，因此其水平投影已知，不需要补线。根据正面投影可以直接求出五条棱线与截平面的交点的侧面投影，然后顺次连接成截交线，最后补齐棱线、棱面的侧面投影（不可见部分用细虚线表示）。

【作图步骤】

作图步骤略。作图结果如图 2-9b 所示。

2-10　补画三棱锥切割后的侧面投影，并画全水平投影（图 2-10a）。

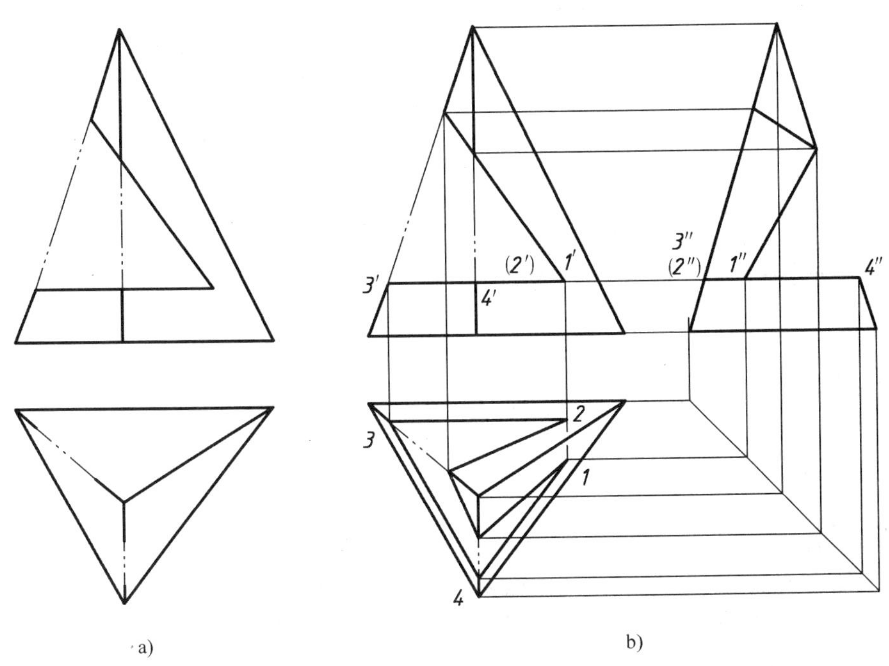

图　2-10

【解题分析】

三棱锥被两个平面截切，所以有两条截交线。一个截平面为水平面，平行于三棱锥的底平面；另一个为正垂面。两截平面的交线是一条正垂线，该正垂线的两端点就是两条截交线的分界点。

【作图步骤】

水平截平面与三棱锥表面的三条截交线分别与底面三角形的三条边平行，因此可在正面投影定出水平截平面与三棱锥的棱边交点 3′、4′，对应到水平投影面上得 3、4。过 3、4 分别作三条底边的平行线，并与两截平面交线的水平投影交于 1、2。用同样的方法求作正垂面与三棱锥交线的水平投影（只需画到 1、2 处）。再根据投影对应关系求出它们的侧面投影。检查，判别可见性（两截平面交线的水平投影 12 为不可见）。作图结果如图 2-10b 所示。

2-11　补画六棱柱切割后的正面投影，并画全水平投影（图 2-11a）。

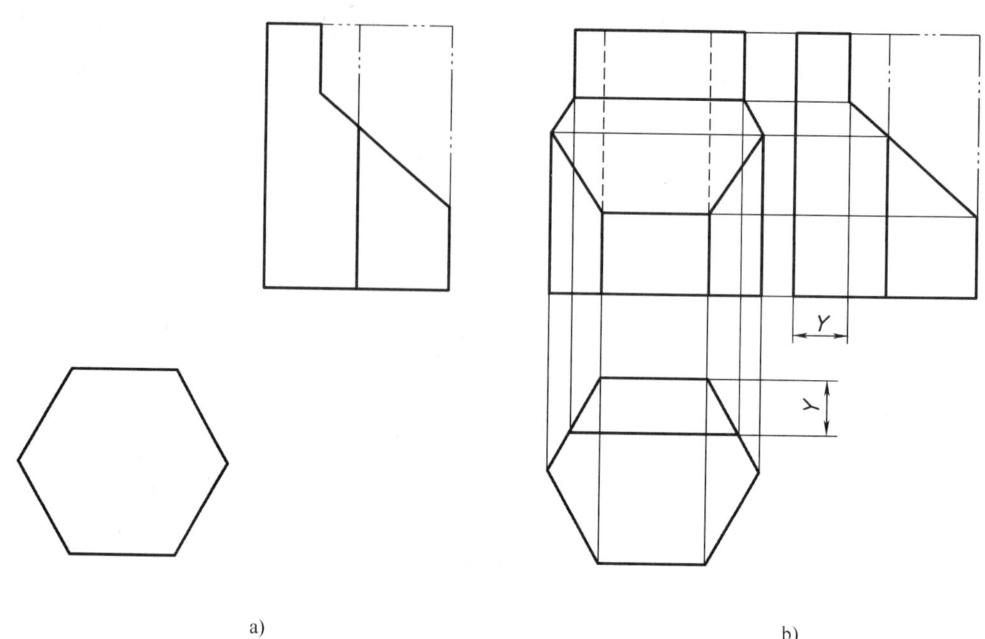

a) b)

图 2-11

【解题分析】

六棱柱被一个正平面和一个侧垂面截切，水平投影中侧垂面与六棱柱的截交线的投影落在棱面的积聚投影中，而正平面的水平投影积聚为一条水平方向的直线。补画完水平投影后，再根据投影对应关系补画出正面投影。

【作图步骤】

先作正平面与六棱柱截切的水平投影，并补画正面投影；再画侧垂面与六棱柱截切的正面投影。注意补齐两截平面的交线和两条不可见棱线（图中用细虚线表示）。作图结果如图 2-11b 所示。

2-12 补画圆柱筒切割后的正面投影，并画全水平投影（图 2-12a）。

【解题分析】

圆柱筒被两平面截切，一个为正平面，一个为侧垂面。正平面与外圆柱面相交，所得交线为两条平行于轴线的线段，与圆柱顶圆相交于一条侧垂线；侧垂面与外圆柱面相交，所得交线为一段椭圆弧。两截平面的交线是侧垂线。内圆柱面切割可同理分析。

【作图步骤】

正平面与外圆柱面相交，所得交线的水平投影积聚在一线段上，可直接求出，再由投影对应关系作出正面投影；侧垂面与外圆柱面相交，所得交线的水平投影积聚在圆上，根据投影对应关系，求出椭圆上若干个点的正面投影，然后依次光滑连接各点，画出它们的正面投影；内圆柱面截交线求法相同。作图结果如图 2-12b 所示。

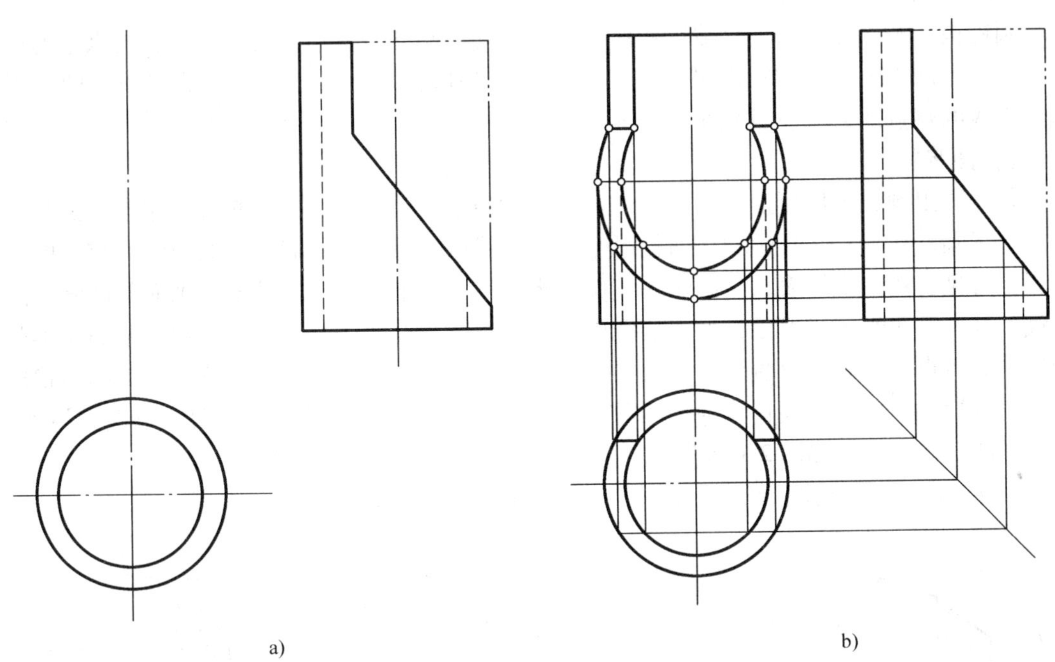
a)　b)

图　2-12

2-13　补画圆锥切割后的侧面投影，并画全水平投影（图 2-13a）。

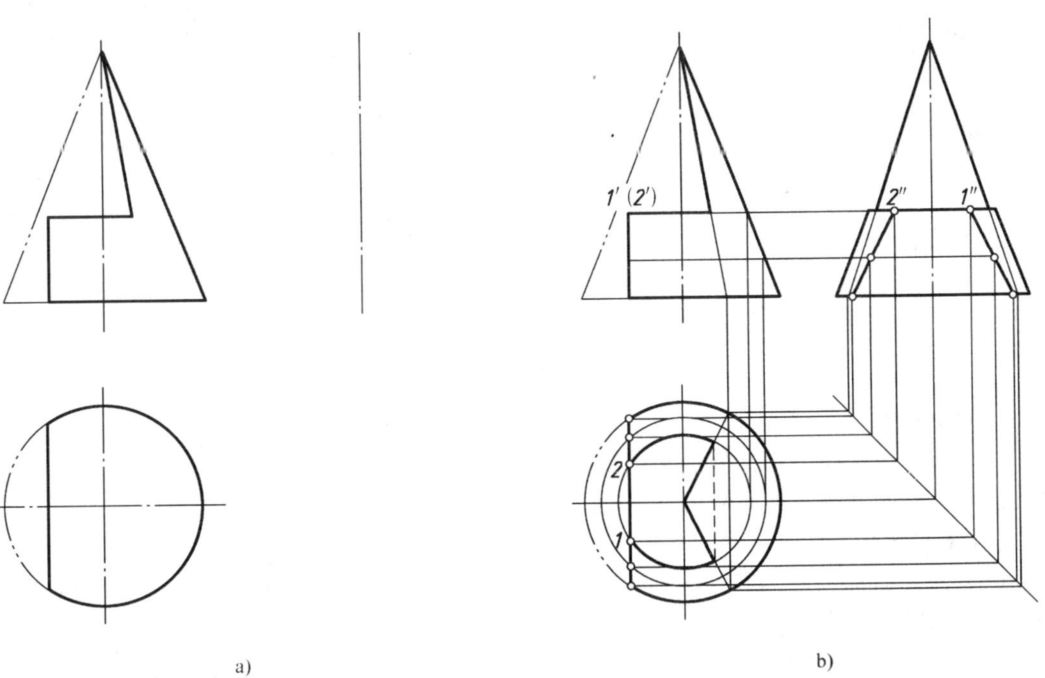

a)　b)

图　2-13

【解题分析】

圆锥被三个平面截切。它被正垂面截切所得交线是交于锥顶的两直线；它被水平面截切所得交线是水平圆弧；它被侧平面截切所得交线是部分双曲线。截平面的交线是两条正垂线，交线的端点即为三段截交线的分界点。

【作图步骤】

首先画出圆锥的侧面投影，再求过锥顶点的截平面与圆锥面的截交线，作水平面与圆锥面的交线圆。根据水平投影和正面投影定出截交线的分界点和两截平面的交线，交线的水平投影不可见，用细虚线表示，同时在侧面投影中补画出来。最后，求出侧平面与圆锥面的截交线，其水平投影为直线段，可直接画出，侧面投影为双曲线。水平面截切圆锥面所得截交线圆的分界点Ⅰ、Ⅱ是双曲线上一对特殊点，可由水平投影求出，并在侧面投影图中找出它们的对应投影。双曲线上其他各点可用辅助纬圆法求出。求出足够的点后，依次光滑连线，完成作图。作图结果如图 2-13b 所示。

2-14 补画圆球切割后的侧面投影，并画全水平投影（图 2-14a）。

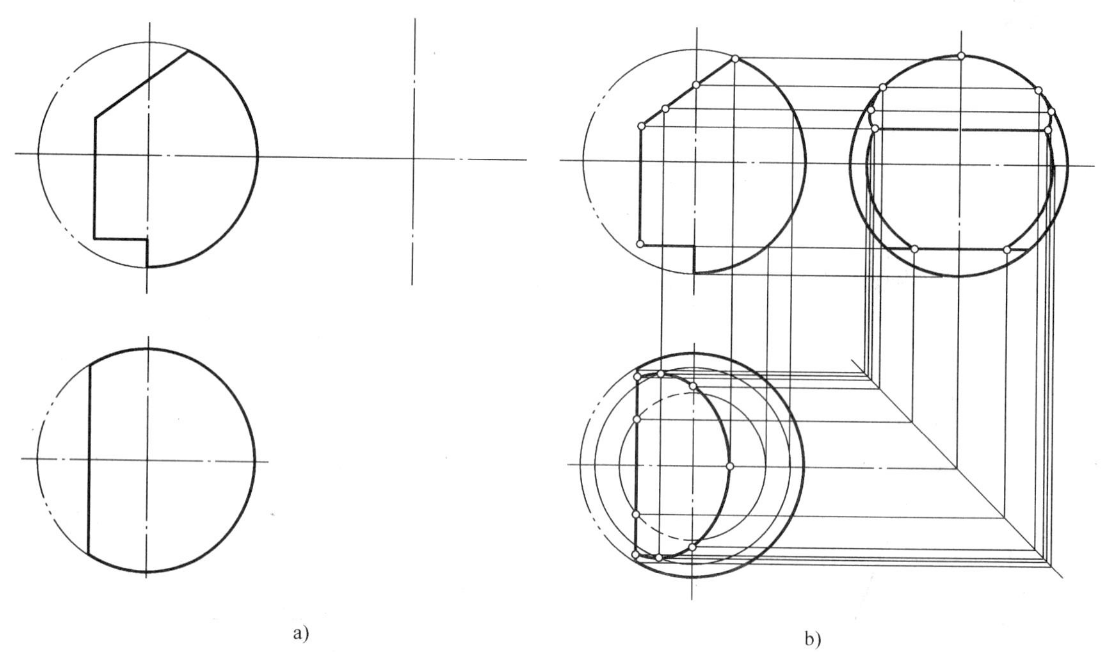

图 2-14

【解题分析】

圆球被四个平面截切，分别是正垂面、侧平面、水平面和侧平面，所得截交线都是圆，其投影应是椭圆和圆。相邻两个截平面的交线均是一条正垂线。

【作图步骤】

（1）求正垂面与球的截交线，先求出截交线上的特殊点，然后再求若干个一般点，并依次光滑连线，得椭圆弧。

（2）求侧平面与球面的截交线，其侧面投影为圆弧。

（3）求水平面与球面的截交线，其水平投影为圆弧。

（4）求下方侧平面与球面的截交线。

（5）求出两截平面交线的投影，并判别截交线的可见性。

（6）完成作图。作图结果如图 2-14b 所示。

2-15　由两圆柱和一圆锥组成的组合体被两平面截切，补画水平投影（图 2-15a）。

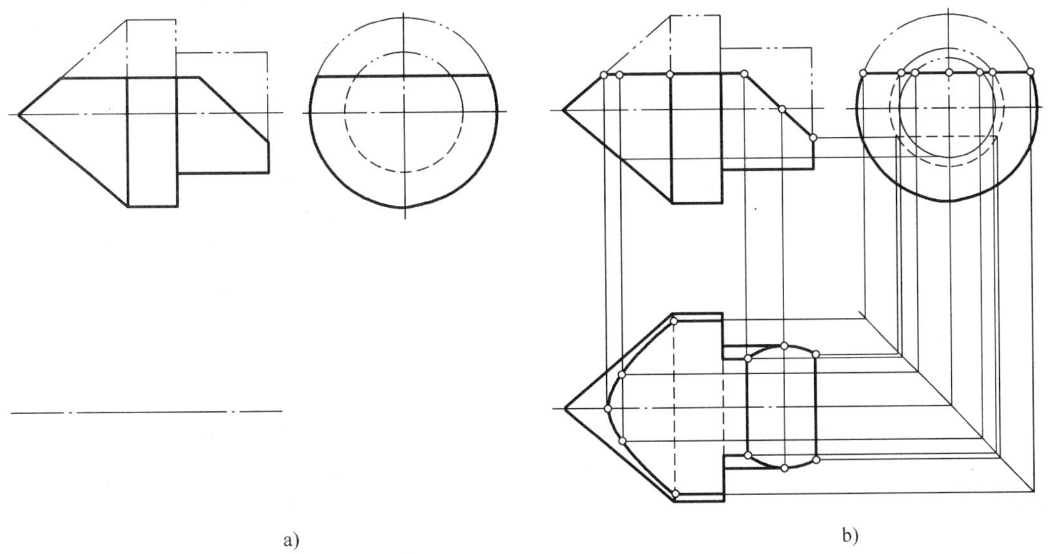

a)　　b)

图　2-15

【解题分析】

该组合体为同轴圆柱体和圆锥体组合，并用一个与轴线平行的水平面和一正垂面截切而成。水平面截切圆锥体和圆柱体，所得截交线为双曲线和两组平行于轴线的直线；正垂面截切圆柱体的截交线为椭圆弧。

【作图步骤】

（1）画出组合体的水平投影，再找点，作双曲线。

（2）根据侧面投影对应画出两组直线的水平投影。

（3）作出椭圆弧。

（4）完成作图。注意锥柱、柱柱分界线（不可见处用细虚线表示）。作图结果如图 2-15b 所示。

2-16　由球和圆柱组成的组合体开有两方孔，补画侧面投影，画全正面投影和水平投影（图 2-16a）。

【解题分析】

两方孔分别为竖放和前后水平放置。在球、柱复合体上开方孔，实质是用组合平面来截切球、柱。竖放方孔由两对称的正平面、侧平面组成，且只与球面相切，交线为两两对称的圆弧（投影图中两两重叠）；前后水平放置的方孔由上、下两水平面和对称的两侧平面组成，与球和圆柱均相交，所得的交线是圆弧和直线。

【作图步骤】

首先补画出竖放方孔截切后所得的圆弧曲线的正面投影和侧面投影，各为一段圆弧，同时区分方孔棱边的可见或不可见的部分，分别用粗实线或细虚线画出；再作前后水平放置的方孔截切后所得的圆弧和直线：水平投影两段圆弧（一段与圆柱的投影重叠），侧面投影两段圆弧相切于两段直线（对称），同时区分方孔棱边的可见或不可见的部分，分别用粗实线或细虚线画出（注意：该方孔被竖放方孔截断成前后两部分）；最后完善轮廓线。作图结果如图 2-16b 所示。

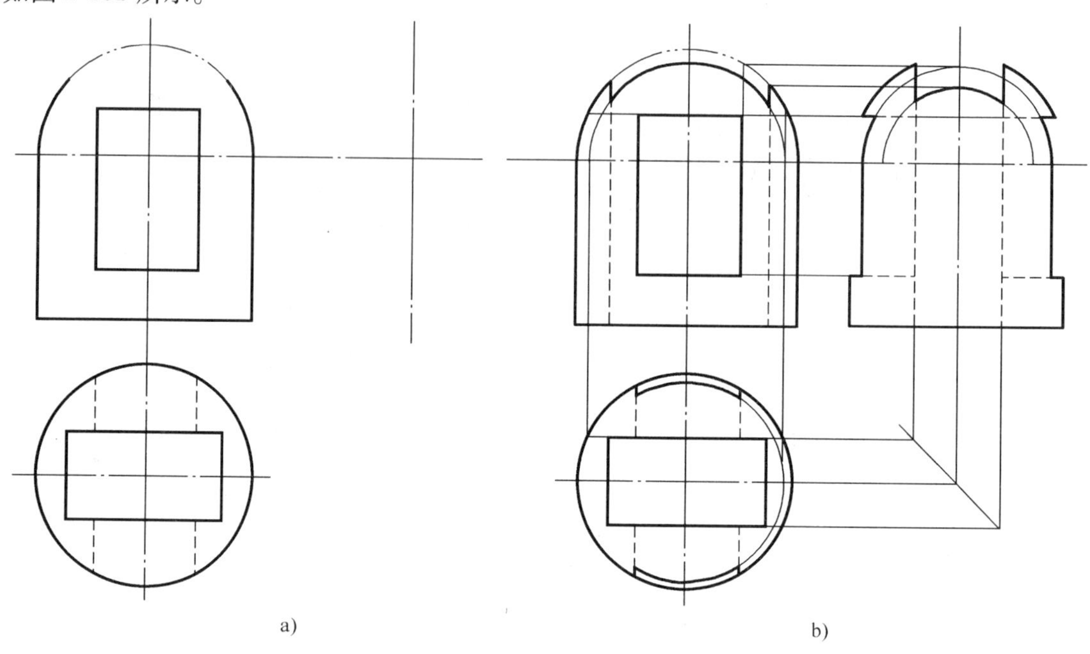

a) b)

图 2-16

2-17 已知圆柱被平面截切，补画投影图中所漏画的图线（图 2-17a）。

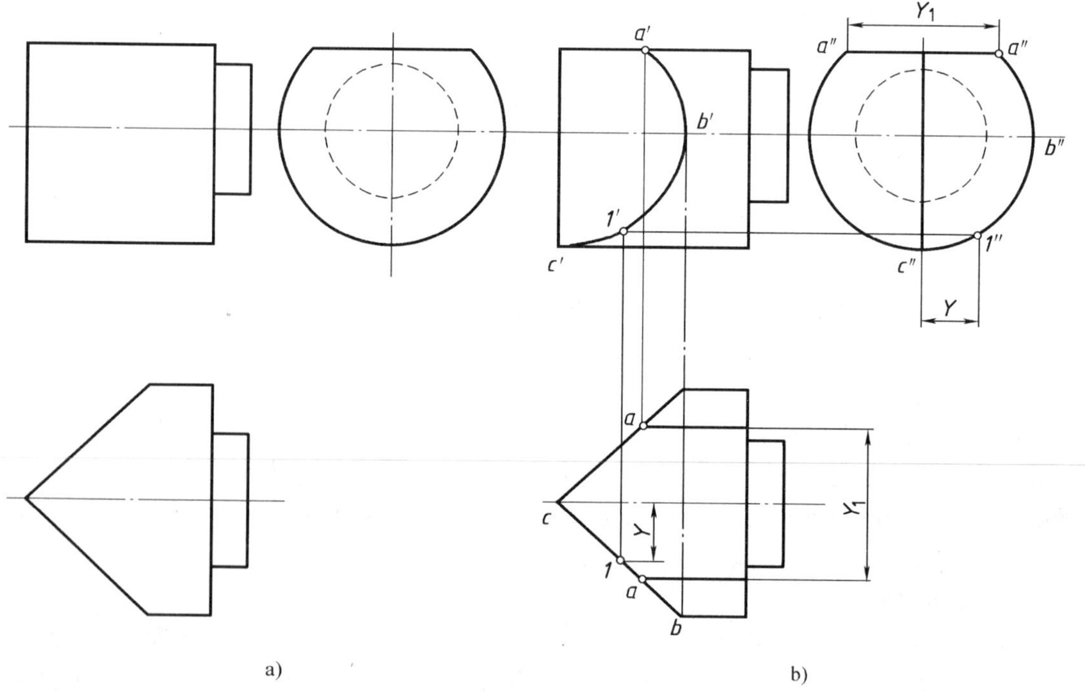

a) b)

图 2-17

【解题分析】

该题左方大圆柱被三个平面截切，前后对称的两个铅垂面截切所得到的两条截交线为两段椭圆弧，且两段椭圆弧的正面投影重合在一起，侧面投影积聚在圆上，水平切平面截切所得水平投影积聚为两条线段；右边小圆柱未被切到。

【作图步骤】

画由铅垂面截切所得的部分椭圆曲线；最后在侧面投影中补上两铅垂面相交所产生的交线投影。作图结果如图 2-17b 所示。

2-18　求圆锥台被截切后的侧面投影，并补画正面投影中的漏线（图 2-18a）。

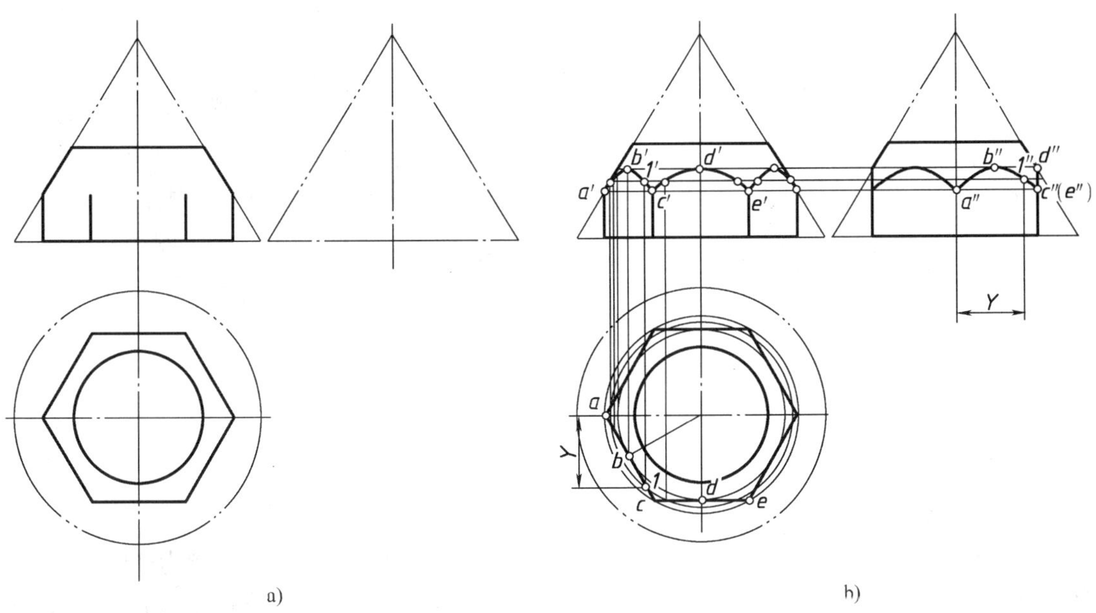

图　2-18

【解题分析】

该圆锥台被两两对称的六个面截切，截交线均为双曲线（水平投影重叠在六个截切面的水平投影上），正面投影和侧面投影均按找点、连线的方法画得。

【作图步骤】

补画圆锥台的侧面投影，被前后两面切去的部分不画，然后画两两切平面的交线和圆锥面被截切所产生的双曲线。画双曲线时，先找特殊点，如 A、C、E、B、D 等点，A、C、E 等处在最大纬圆上（Z 坐标相等），可在投影图中直接作出，B、D 等点则利用最小纬圆作出（Z 坐标也相等）；再求一般位置点，如 I 点，同样利用纬圆法作出。然后依次光滑连线，作图结果如图 2-18b 所示。

2-19　求直线与圆球的贯穿点（图 2-19a）。

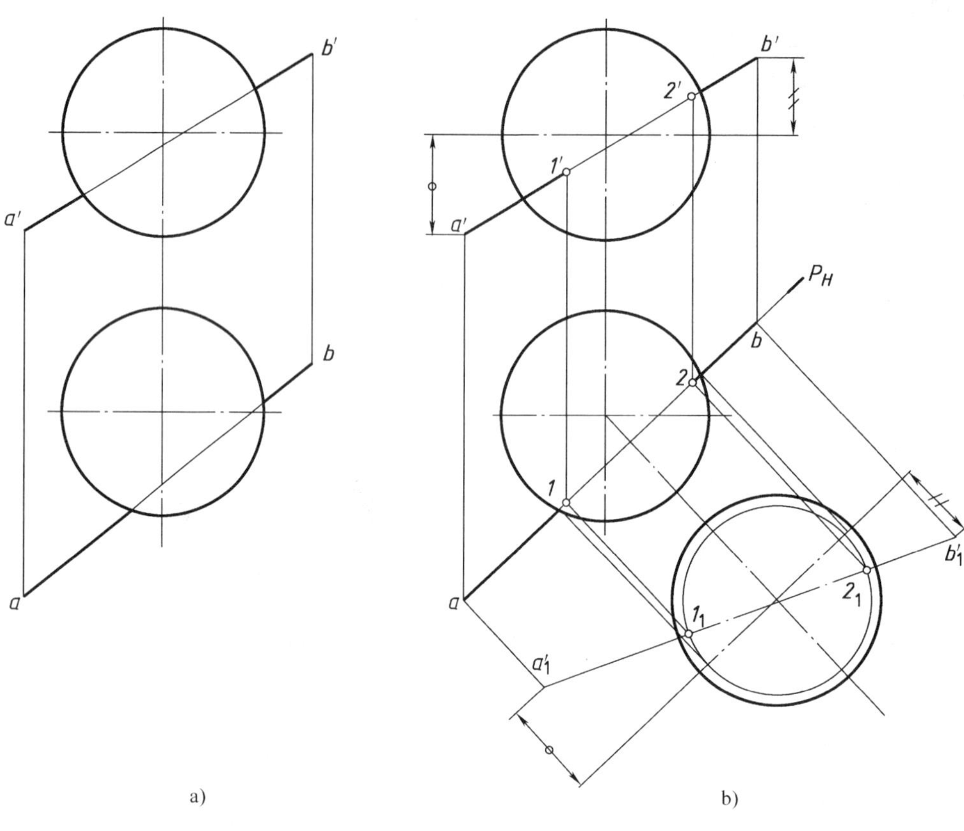

图 2-19

【解题分析】

与球相交的直线是一般位置，包含直线所作的平面切球得截交线的投影为椭圆，作图不便。如用换面法将一般直线变换为投影面的平行线，则包含直线可以作投影面的平行面，所得截交线的投影反映截断面的实形圆。

【作图步骤】

首先进行一次换面，将直线变为投影面的平行线，过直线作投影面的平行面 *P*，切球得截交线为圆。该圆与直线同在 *P* 平面上，它们的交点即为贯穿点，如图 2-19b 所示。

2-20　求直线与圆锥面的贯穿点（图 2-20a）。

【解题分析】

与圆锥相交的直线为一般位置线，包含该直线所作的特殊位置平面切圆锥面所得截交线不是圆或直线。若以圆锥顶点及该直线构成一过锥顶点的平面，这时的平面虽是一般位置平面，但由于平面经过圆锥顶点，所以切圆锥面所得的截交线是两条相交于锥顶的直线。

【作图步骤】

过锥顶点作直线 *KN* 与已知线段 *AB* 相交于 *K*，与圆锥底圆交所在的平面于 *N*；延长 *AB* 交圆锥底圆所在的平面于 *M*，则 *MN* 是包含直线与锥顶的平面与圆锥底面的交线，从而得 *MN* 与圆锥底圆的交点；过这两交点与锥顶点连线交 *AB* 于Ⅰ、Ⅱ，由此求得贯穿点Ⅰ、Ⅱ。作图结果如图 2-20b 所示。

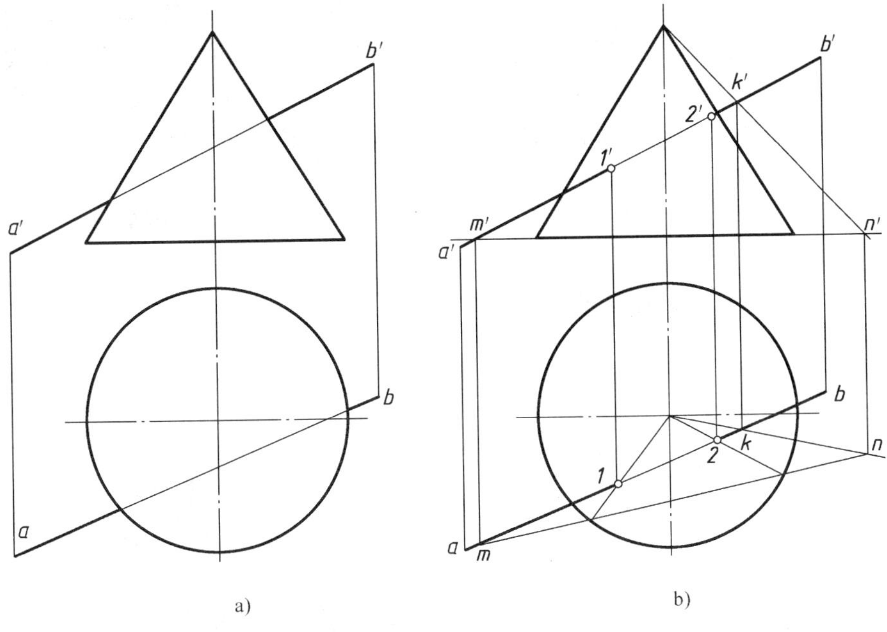

a)　　b)

图　2-20

2.3.3　两立体相交，求相贯线的投影

2-21　求两三棱柱的交线（图2-21a）。

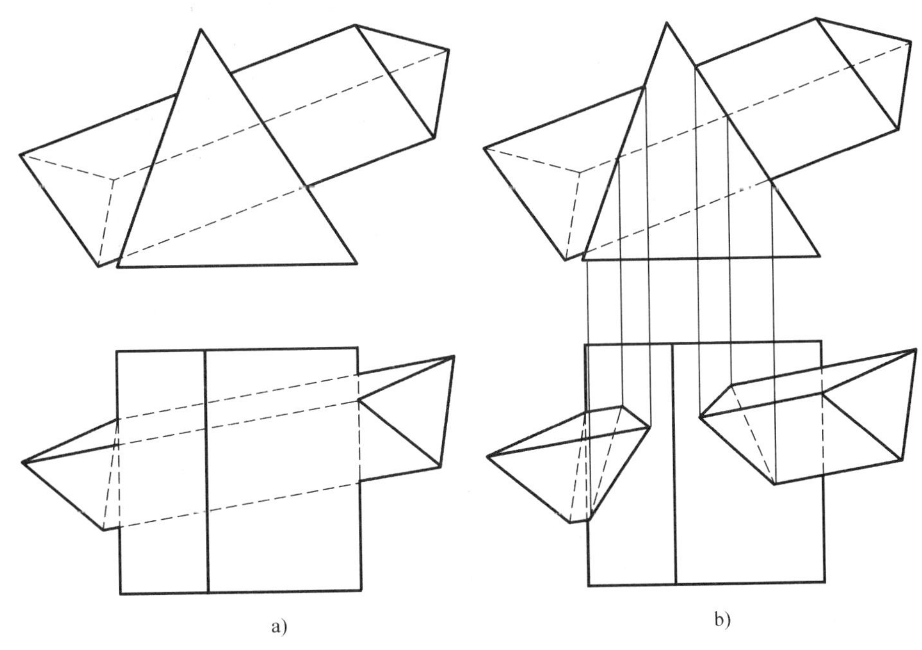
a)　　b)

图　2-21

【解题分析】

左右方向放置三棱柱的三条棱边完全穿入前后方向放置的三棱柱，根据正面投影，左右方

向放置三棱柱的三条棱边仅与前后方向放置三棱柱的左右两个棱面相交，其三个棱面只与前后方向放置的三棱柱的左右两棱面产生截交线，相贯线由在贯穿点处的截交线组合而成，是两个平面三角形。由于前后放置三棱柱的三个棱面正面投影有积聚性，交线的正面投影已知，因此，只需求出左右方向放置三棱柱的三条棱边与前后放置三棱柱的贯穿点的水平投影。

【作图步骤】

由六个贯穿点的正面投影求出它们的水平投影，再依次连线，不可见的交线用细虚线画出，如图 2-21b 所示。

2-22　求图 2-22a 所示的四棱柱与四棱锥表面的交线。

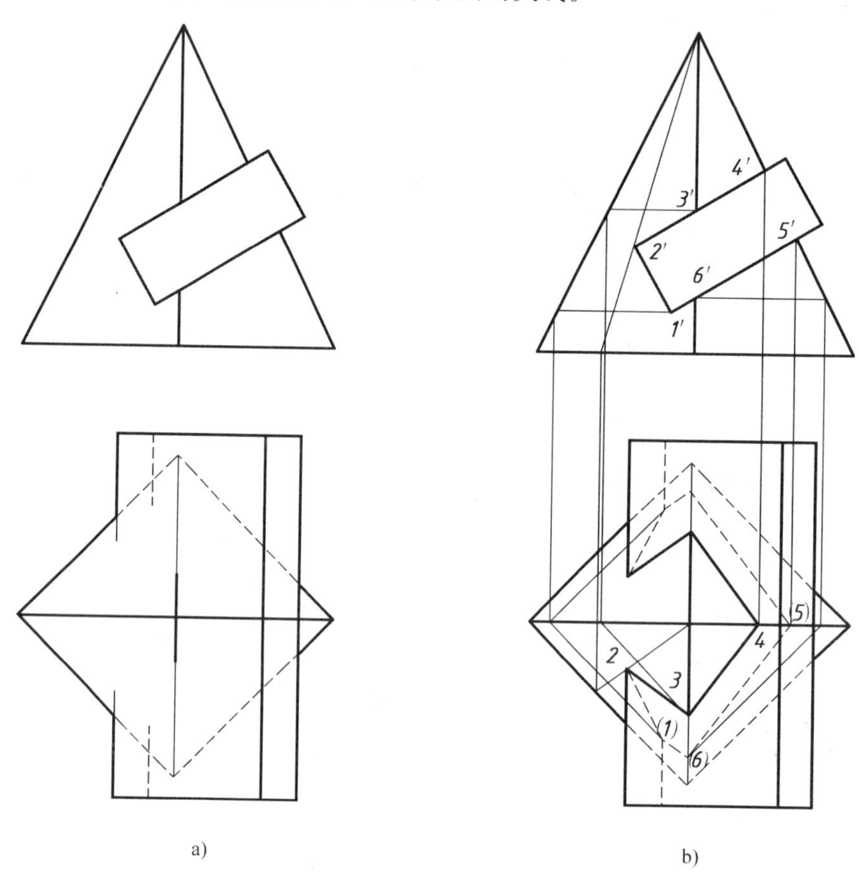

图　2-22

【解题分析】

四棱柱与四棱锥为互贯，其中四棱锥右边的三条棱线贯穿了四棱柱，而四棱柱左边的两条棱线贯穿了四棱锥，共有 10 个贯穿点。由于四棱柱的四个棱面的正面投影有积聚性，相贯线的正面投影已知，因此，只需求出 10 个贯穿点的水平投影。

【作图步骤】

用在四棱锥表面上取点的方法，由 10 个贯穿点的正面投影求出它们的水平投影，再依次连线，不可见的交线用细虚线画出，四棱锥右边的三条棱线和四棱柱左边的两条棱线只画到贯穿点为止。本题中两立体前后对称，因此图中只标出了前面 6 个贯穿点。作图结果如图 2-22b 所示。

2-23　在六棱柱上挖一四棱柱孔，试完成其侧面投影（图 2-23a）。

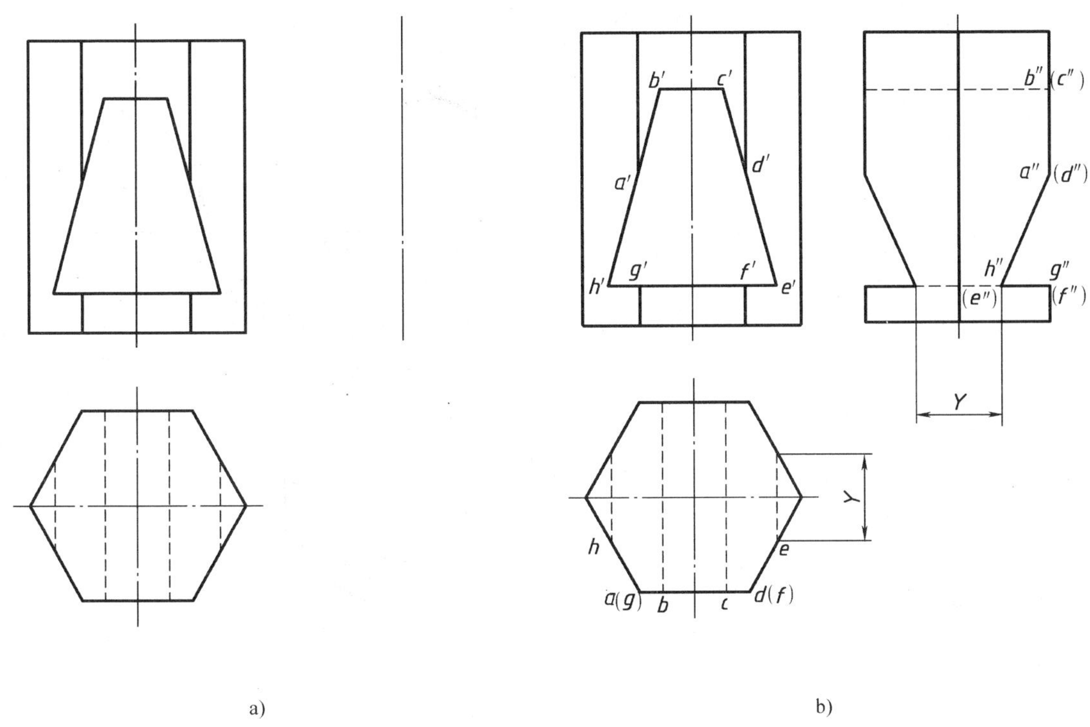

a)　　b)

图　2-23

【解题分析】

在六棱柱上挖通一完整的四棱柱孔，相当于六棱柱与一四棱柱孔相贯，要求先找出有关棱线与平面体表面的贯穿点，再顺次连线完成相贯线的投影。本题中相贯线为空间折线。

【作图步骤】

补画六棱柱的侧面投影，再作四棱柱孔与其的相贯线。找相关棱线的贯穿点：六棱柱上前后四条棱线与四棱柱面的贯穿点，如 *A*、*D*、*G*、*F*（前两条棱线上），四棱柱上四条棱线与六棱柱面的贯穿点，如 *B*、*C*、*H*、*E*（在六棱柱的前三个棱面上）；顺次连线：*ABCDEFGHA*，即得前面相贯线的投影。后面相贯线与其对称，略。最后由于四棱柱是一个虚体，不可见棱面和棱线要画出细虚线，穿孔后去掉的棱线、棱面不画，作图结果如图 2-23b 所示。

2-24　在圆锥体上钻一三棱柱孔（正垂），补画侧面投影和水平投影中漏画的图线（图 2-24a）。

【解题分析】

三棱柱孔完全穿过圆锥体，意味着三条棱边与圆锥面产生贯穿点，三个棱面与圆锥体产生截交线，相贯线由在贯穿点处的截交线组合而成。由于穿孔的圆锥体前后对称，因此，相贯线的侧面投影和水平投影也前后对称。

【作图步骤】

补画穿孔圆锥体的侧面投影。求贯穿点：三棱柱孔三条棱线与圆锥面的交点 *A*、*B*、*C*；求截交线：*AB* 因过锥顶点，为直线段，*BC* 在与轴线垂直的平面上为一段圆弧，*CA* 是椭圆曲线，通过找点并顺次光滑连接各点画出，由此求出相贯线 *ABC* 的投影。后面部分与 *ABC*

对称，且求法相同，略。最后处理轮廓线，将不可见的棱线用细虚线画出，穿孔后去掉的圆锥轮廓线不画，作图结果如图 2-24b 所示。

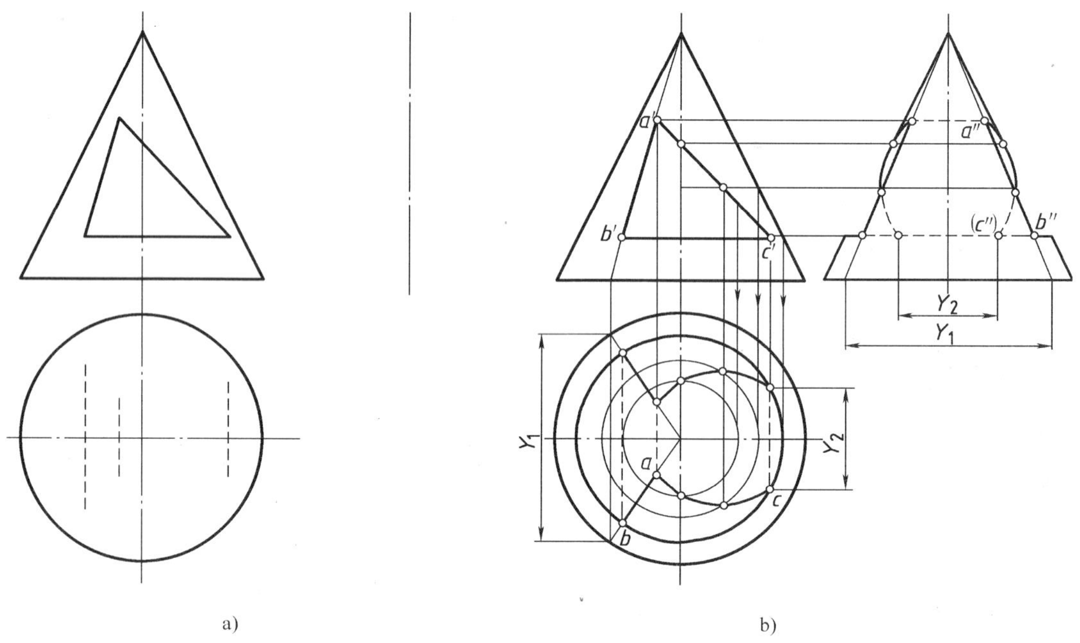

a) b)

图 2-24

2-25 求圆柱体与半圆柱体表面交线的正面投影（图 2-25a）。

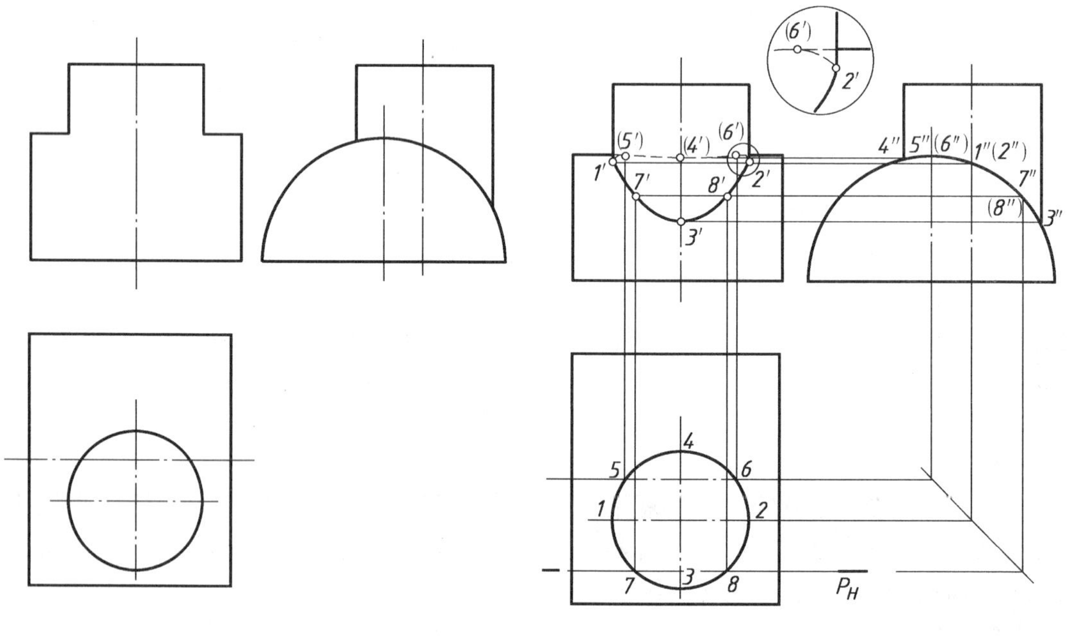

a) b)

图 2-25

【解题分析】

相交两立体为轴线铅垂的竖放圆柱和轴线侧垂的横放半圆柱，且竖放圆柱全部与横放半圆柱相交，由于圆柱投影具有积聚性，因此所求相贯线的水平投影为竖放圆柱投影的圆，侧面投影为半圆柱面的积聚性投影半圆上的一段圆弧，均已知。正面投影只需找对应点并连线即可求得。

【作图步骤】

求相贯线上一系列点的正面投影：先求特殊点，如Ⅰ、Ⅱ、Ⅲ、Ⅳ、Ⅴ、Ⅵ六点的正面投影1′、2′、3′、4′、5′、6′，再求一般点，如Ⅶ、Ⅷ两点的正面投影7′、8′，最后光滑顺次连接各点。判别可见性，1′7′3′8′2′为可见，画成粗实线，2′6′4′5′1′为不可见，画成细虚线；处理轮廓线，5′、6′两点的两侧有横放圆柱的轮廓线，但被竖放圆柱遮住，不可见，画成细虚线，5′、6′两点之间没有轮廓线，不画线，作图结果如图2-25b所示。

2-26　求圆柱与圆锥的相贯线（图2-26a）。

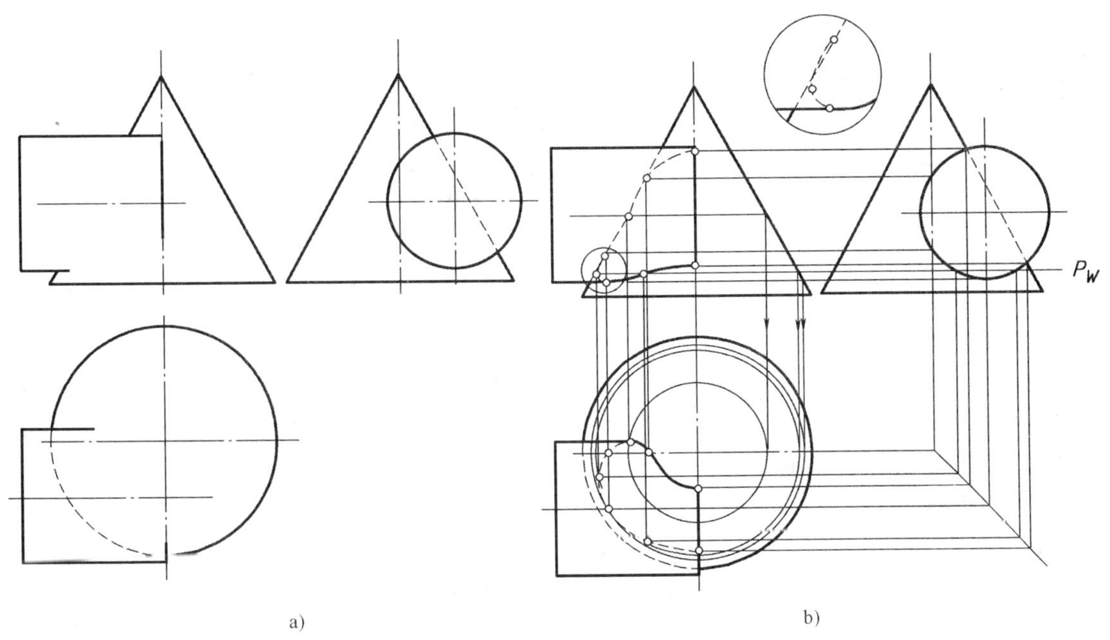

图　2-26

【解题分析】

圆锥与圆柱部分相交，且圆柱的右端位于圆锥的左右对称面上，相贯线的侧面投影积聚在圆柱侧面投影圆上，为一段圆弧，圆柱右端面与圆锥面交线的侧面投影与圆锥侧面投影的轮廓线重合，且不可见，应画成细虚线。相贯线的正面投影和侧面投影可利用在圆锥面上找点的方法求得。

【作图步骤】

求相贯线上若干个点，首先求特殊点、然后求一般点；最后依次光滑连线，并判断可见性。正面投影中相贯线位于圆柱面后方的部分为不可见，用细虚线表示，相贯线位于圆柱面的下方的部分，水平投影为不可见，同样用细虚线表示；完善轮廓线，圆柱最后和最下两条轮廓线有部分穿入圆锥，需求出贯穿点并将圆柱轮廓线画到此处，圆锥最左轮廓线部分穿入圆柱，求出贯穿点并将圆锥左轮廓线的正面投影画到此处，被圆柱挡住的部分不可见画成虚线。该图所给圆柱右端平面有部分穿入圆锥，正面投影和水平投影只画该平面的可见部分。作图结果如图 2-26b 所示。

2-27 补画正面投影中漏画的相贯线（图 2-27a）。

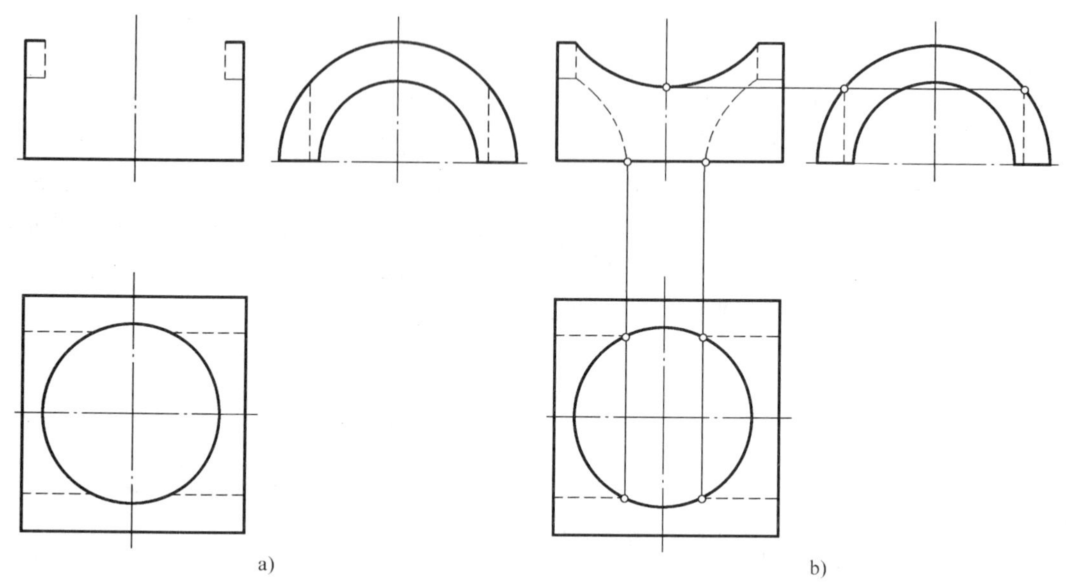

图 2-27

【解题分析】

在轴线水平放置的半圆柱上，开有同轴的半圆柱孔，同时在与轴线垂直相交的铅垂方向上开有完整的圆柱孔。由于圆柱（孔）的积聚性，相贯线的水平投影和侧面投影均积聚在圆或圆弧上，不用求，因此只需求出相贯线的正面投影。

【作图步骤】

首先求半圆柱的外圆柱面与圆柱孔的相贯线；再求半圆柱孔与圆柱孔的相贯线，此时圆柱孔大，半圆柱孔小，相贯线左右对称各有一段，按对应关系找点作出。作图结果如图 2-27b 所示。

2-28 求圆柱与半球的相贯线（图 2-28a）。

【解题分析】

半圆球与竖放圆柱相交，圆柱完全穿入半圆球，相贯线的水平投影为完整的小圆，正面投影用在球面上取点的方法求出。

【作图步骤】

用辅助正平面 P_H 切圆柱与圆球，在球面上得半径不等的一系列圆弧，在柱面上得一系列平行直线，圆弧与直线相交得相贯线上的点，本题用四个正平面求出相贯线上 8 个点，除Ⅶ、Ⅷ两点外，其余 6 个点均为特殊点。相贯线上最高点和最低点是 A、B 两点，该两点水平投影 a、b 为两圆心连线与柱面圆的交点。正面投影法：过 A 点作辅助正平面，与半圆球面交线的正面投影为一半圆，与柱面交线的正面投影为过 a 的竖直线，半圆同竖直线的交点即为 A 点的正面投影 a'，用相同的方法求出 b'，然后光滑有序连线并判断可见性：前半个圆柱面上的一段为可见，用粗实线画出，后半个圆柱面上的一段为不可见，用细虚线画出；完善轮廓线：圆柱左右两条轮廓线从上往下到 1′、2′点为可见，画成粗实线，1′、2′点之下穿入半球，不画，半球正面投影中的轮廓线，3′、4′两点之间部分穿入圆柱，不画，3′、4′点两侧有部分被圆柱所遮，应画成细虚线。作图结果如图 2-28b 所示。

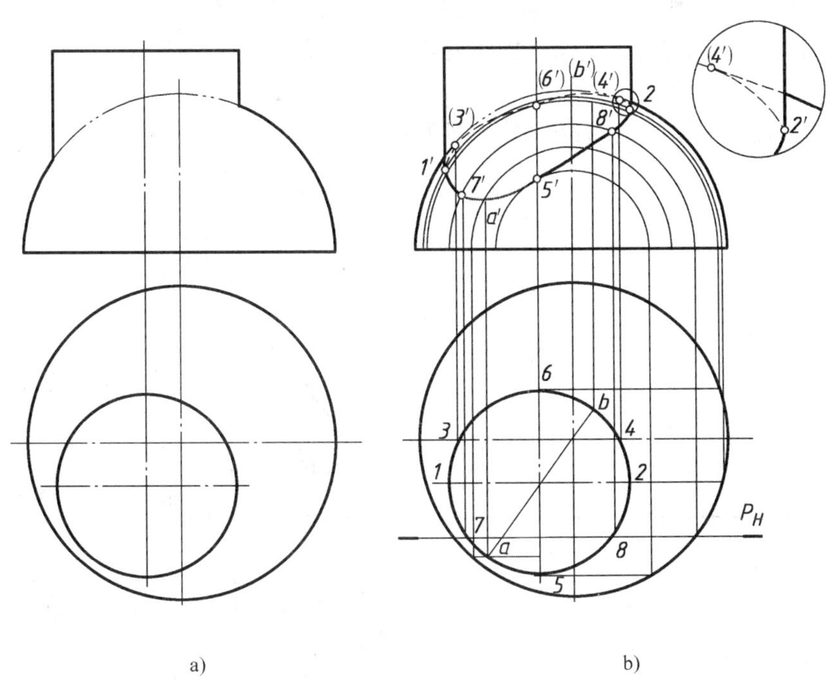

a)　　b)

图　2-28

2-29　补画出圆环与圆柱表面交线的正面投影和侧面投影（图 2-29a）。

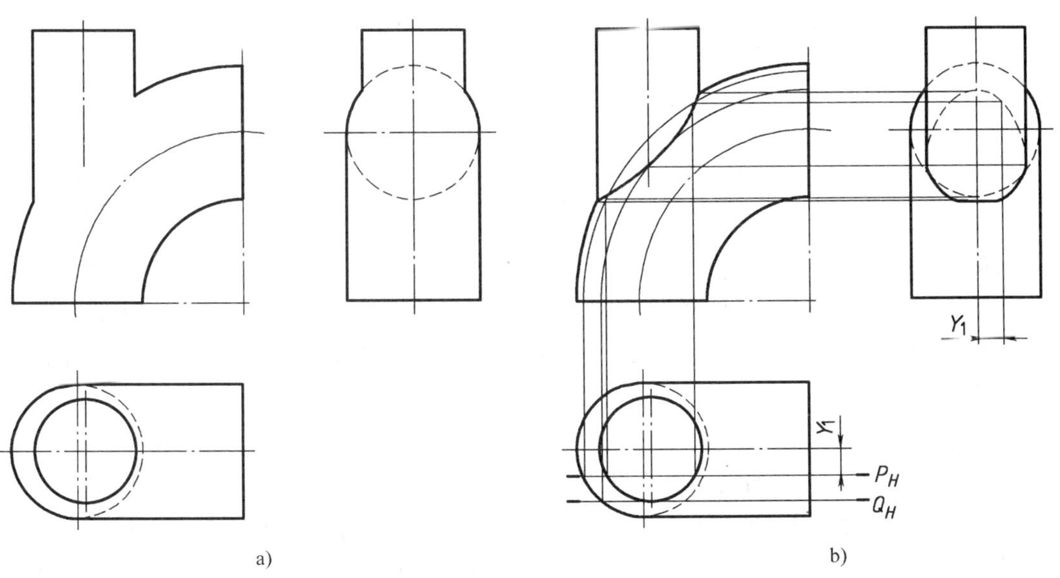

a)　　b)

图　2-29

【解题分析】

竖放圆柱与圆环相交，由于圆柱面水平投影有积聚性，因此相贯线的水平投影已知。相贯线的正面投影，可以利用在圆环面上取点的方法求出。

【作图步骤】

利用辅助纬圆（可作辅助正平面切圆环获得）求出特殊点和若干个一般点并连线。判断可见性，侧面投影中相贯线被圆柱挡住的部分不可见，用细虚线画出，最后完善轮廓线，如图 2-29b 所示。

2-30　完成钻孔圆锥的正面投影图（图 2-30a）。

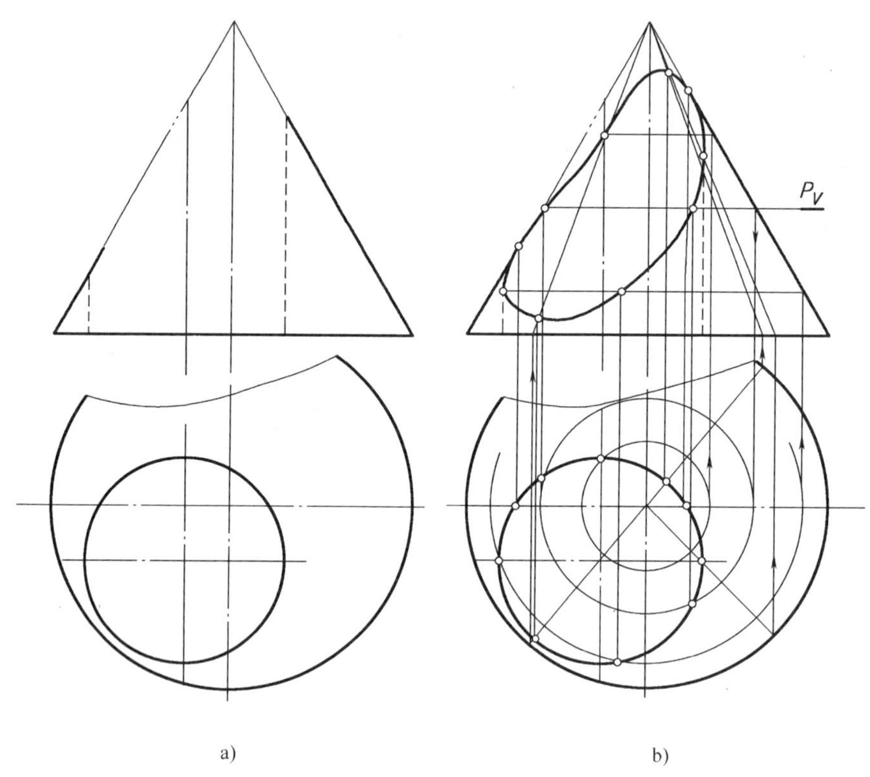

图　2-30

【解题分析】

在轴线铅垂的圆锥面上钻有轴线铅垂的圆柱孔（不同轴），由于圆柱孔的内表面具有积聚性，相贯线的水平投影就是孔的水平投影圆，利用在圆锥表面上取点的方法即可求出相贯线的正面投影。

【作图步骤】

利用辅助纬圆（可作辅助水平面切圆锥获得）或在锥表面上取过顶点的直素线找出特殊点和若干个一般点，连线，判断可见性，完善轮廓线。圆锥表面被圆柱孔切除的部分不画线，圆柱孔的轮廓线用细虚线画出，画到与圆锥表面相交点为止，作图结果如图 2-30b 所示。

2-31　补画侧面投影中漏画的图线（图 2-31a）。

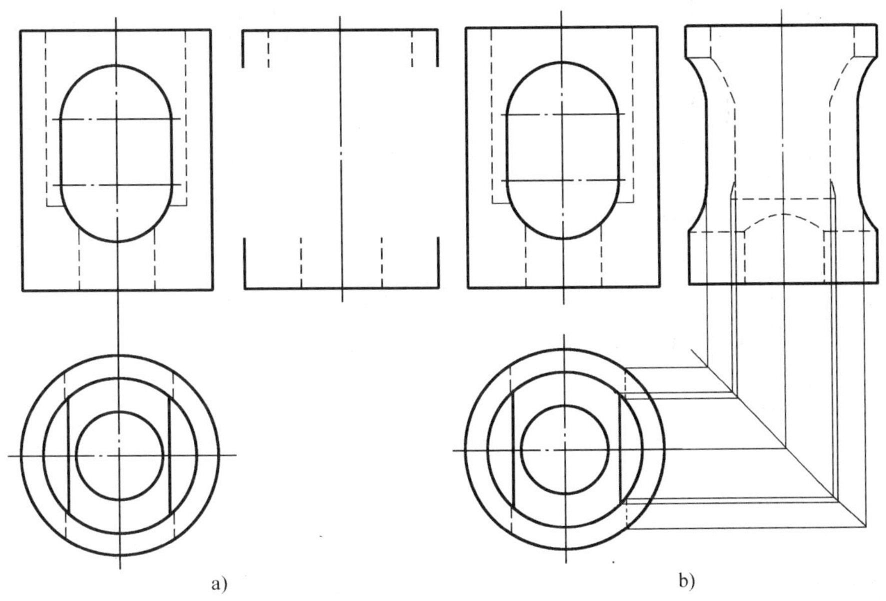

图　2-31

【解题分析】

圆柱在同轴方向上钻有大小不同的两个台阶孔，在正垂方向上开有一长圆形通槽，产生的相贯线和截交线有：长圆形通槽上半个圆柱面与竖放圆柱的外圆柱面和内圆柱面的相贯线；长圆形通槽的中间两对称平面与竖放圆柱内外圆柱面产生的截交线；长圆形通槽的下半个圆柱面与竖放圆柱的外圆柱面以及两个不同的内圆柱面产生的相贯线，还有与两圆柱孔的分界面（圆平面）产生的截交线。

【作图步骤】

由于圆柱及圆柱孔水平投影有积聚性，长圆形通槽的正面投影有积聚性，因此相贯线和截交线的正面投影和水平投影均在圆柱和长圆形通槽的相应投影上，且长圆形通槽下半个圆柱面与两圆柱孔的分界面产生的截交线水平投影也已画好，该图只需补画侧面投影。按上述分析，一步步画出相贯线和截交线即可，如图 2-31b 所示。

2-32　看懂形体钻圆孔（通）和开槽（不通）的构造特点，补画水平投影中的漏线，并完成侧面投影（图 2-32a）。

【解题分析】

在半个圆球的上方相交一轴线过球心的竖放圆柱，过球心钻通半个圆柱孔（正垂位置），与圆柱轴线同轴（铅垂位置）钻有圆柱孔，上述正垂半圆柱孔和铅垂圆柱孔等径并且相交；在立体上部正垂方向上钻有与铅垂圆柱孔等径的圆柱通孔和开有与铅垂圆柱孔相切但不通的一个长方槽，该槽有部分与半球也相交。产生的相贯线和截交线有：竖放圆柱与半球的相贯线；过球心的半圆柱孔与半球的相贯线；铅垂圆柱孔与过球心的正垂半圆柱孔的相贯线；正垂位置的圆柱孔与外圆柱面以及等径的铅垂内圆柱面的相贯线；长方槽与外圆柱面、相切的铅垂内圆柱面以及球面的截交线。

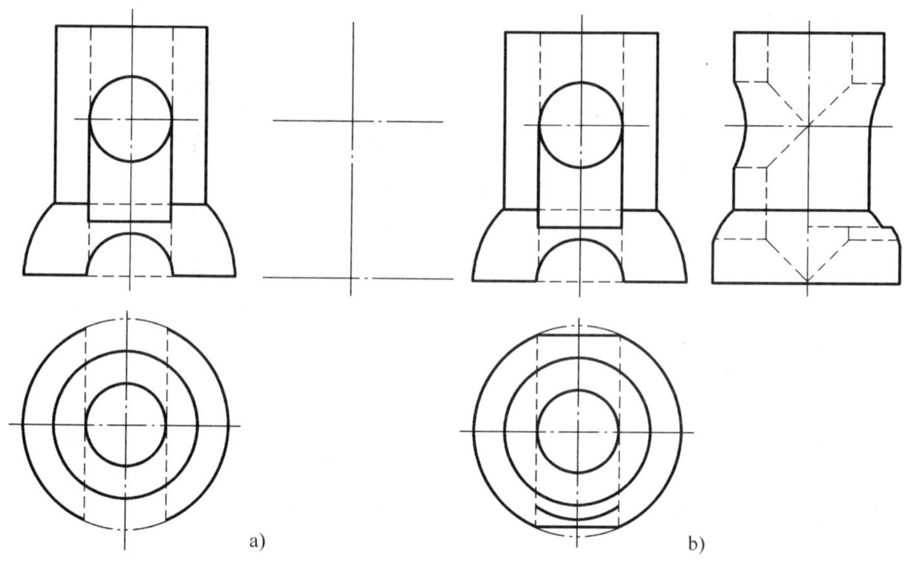

图 2-32

【作图步骤】

由于竖放圆柱（或孔）具有积聚性，在它们表面上的相贯线和截交线的水平投影与柱面的水平投影重影。但球面没有积聚性，水平投影需补上长方槽与它的截交线，过球心的半个圆柱孔与它的相贯线。侧面投影按上述分析：一步步作图即可，如图 2-32b 所示。

2-33 求相交两圆柱表面交线的两投影（图 2-33a）。

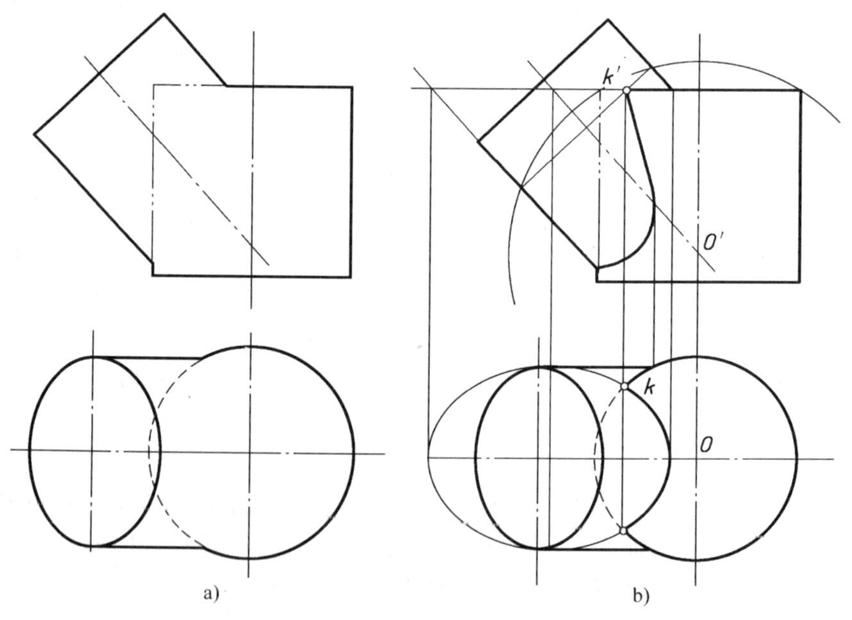

图 2-33

【解题分析】

一竖放圆柱与一斜放圆柱相交，由于积聚性，相贯线的水平投影是已知的。竖放圆柱的上顶平面与斜放圆柱的圆柱面相交，生成的截交线是一段椭圆弧，这一部分截交线与相贯线有两个分界点，可以用辅助球面法求出。

【作图步骤】

以两圆柱轴线相交点为球心作球，球的半径是球心到竖放圆柱的上顶圆平面最右点，球与竖放圆柱相交所得交线就是上顶圆，该球与斜放圆柱交线也是圆（两交线圆在正面投影中为两直线段），两圆的交点就是截交线和相贯线的分界点 K。再分别求出相贯线和截交线，相贯线的水平投影积聚在竖放圆柱的水平投影——部分圆周上，椭圆弧的正面投影积聚在竖放圆柱上顶圆面的正面投影——部分直线段上。可见性判别及处理轮廓线等如图 2-33b 所示。

2-34　看懂相交三立体，补画所缺的图线（图 2-34a）。

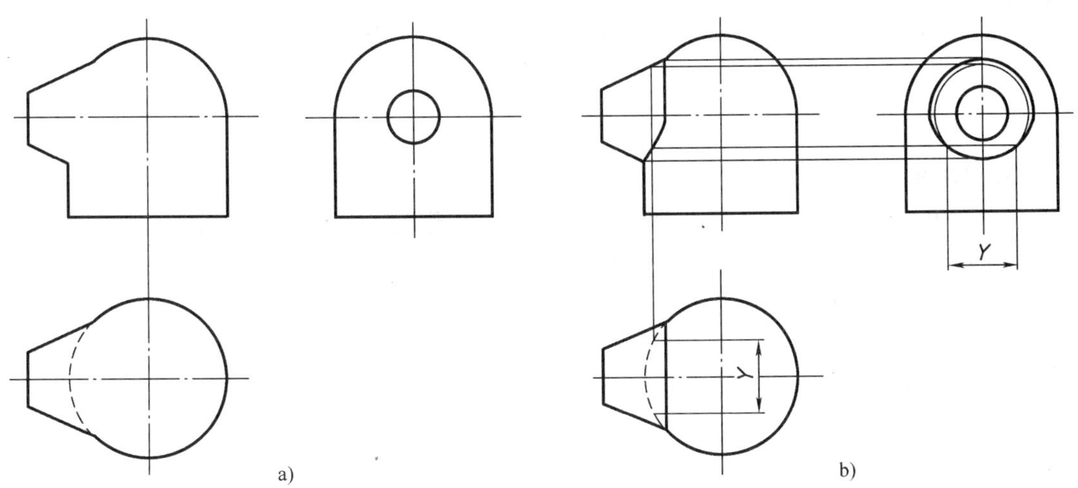

a)　　b)

图　2-34

【解题分析】

一竖放圆柱、轴线为侧垂线的圆锥台与半圆球相交，圆柱与圆锥的轴线均通过球心，且前后对称。由于圆柱与圆球的直径相等，所以它们相切，交线不画。圆锥轴线通过球心，因此交线为侧平圆，侧面投影反映实形，水平投影为铅直方向线。由于积聚性，圆锥与圆柱表面交线的水平投影是已知的，且不可见。因此可用在圆锥表面上取点的方法求出交线上若干个点的正面和侧面投影。两段交线的分界点，分别位于圆锥最前和最后两轮廓线上。

【作图步骤】

作图步骤略。作图结果如图 2-34b 所示。

2-35　看懂相交三立体，补画侧面投影及正面、水平两投影中所缺的图线（图 2-35a）。

【解题分析】

这是一共轴的圆柱、圆锥台与一轴线为侧垂线的圆柱相交。共生成了三条相贯线：共轴的圆柱与圆锥台的交线就是圆锥台的上底圆，可直接画出；轴线为侧垂线的圆柱与共轴的圆柱、圆锥台的交线均为空间曲线且前后对称。由于与圆锥台共轴圆柱的水平投影和轴线为侧垂线的圆柱的侧面投影有积聚性，因此都可以利用在圆锥台或圆柱表面上取点的方法求出。

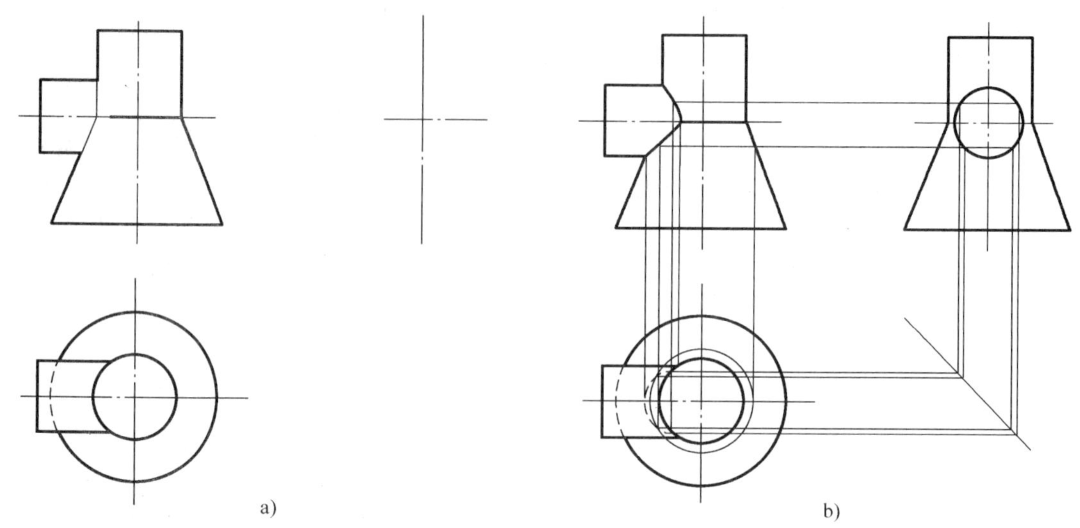

图　2-35

【作图步骤】

首先画出侧面投影，由于轴线为侧垂线的圆柱在侧面投影中有积聚性，三段相贯线中的两段积聚在圆上，而共轴圆柱与圆锥台的交线为积聚为一水平方向线，前后两段可见，而中间部分被挡住为不可见，用细虚线画出。然后，求出圆柱与圆柱、侧立圆柱与圆锥台相贯线上若干个点并光滑有序连线各点的同面投影。判断可见性，不可见部分用细虚线画出。最后完善轮廓线。作图结果如图 2-35b 所示。

2.4　自测题

1. 什么是平面立体？什么是曲面立体？

2. 常见的回转体有几种？它们的投影图各有何特点？

3. 曲面投影的转向轮廓线对其可见性判别有何意义？

4. 过球面上一点能作几个圆？其中过该点且与投影面平行的圆有几个？

5. 两个投影面的投影都是圆，表示的立体一定是圆球吗？

6. 截交线是怎样形成的？为什么平面立体的截交线一定是平面上的多边形？多边形的顶点和边分别是平面立体上的哪些几何元素与截平面的交点和交线？

7. 曲面立体的截交线通常是什么形状？也可能是其他哪些形状？当截平面为特殊位置平面时，怎样求曲面立体的截交线？

8. 圆锥面的投影都没有积聚性，怎样求作其截交线？

9. 平面与球面的交线是什么？试述各类位置平面与球面的交线的投影情况。为什么在球面上取点只能用辅助圆法？

10. 相贯线的实质是什么？回转体之间的相贯线形状有哪几种情况？

11. 用辅助平面法求作两回转体的相贯线的基本原理是什么？如何适当地选择辅助平面的位置？

12. 形体的水平投影为圆，想象出尽可能多形状的形体，用三面投影图表示出来。

13. 分析图 2-36 中两组两面投影，想象出形体的形状，画出第三面投影。

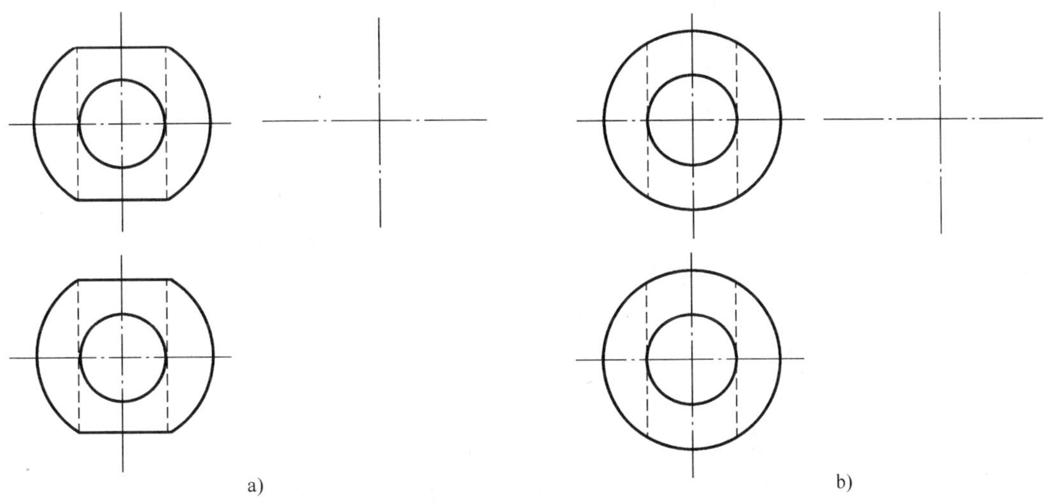

图　2-36

第3章　组　合　体

3.1　内容要点

本章是在学习画法几何的基础上，运用形体分析和线面分析来研究组合体的组合形式，画出组合体视图，读懂视图所表达的形体，以及标注完整的尺寸。即

（1）组合体定义　由若干基本体组合成的形体。

（2）组合体的组合形式　主要有叠加、穿切（穿孔、切割）两种形式。

（3）组合体相邻表面间的相对位置　主要有共面（平齐）、相交、相切三种情况。

（4）组合体的分析方法　主要有形体分析法和线面分析法。

（5）组合体的三视图　将组合体向三个基本投影面（V 面、H 面、W 面）投影所得到的视图，统称为组合体的三视图。其中，将组合体置于第一分角进行投影，称为第一分角投影法，所得到的三视图分别称为主视图、俯视图和左视图；其投影规律为：主、俯视图长对正，主、左视图高平齐，俯、左视图宽相等。将组合体置于第三分角进行投影，称为第三分角投影法，所得到的三视图相应称为前视图、顶视图和右视图。ISO（国际标准化组织）规定：第一分角与第三分角投影法同等使用。国家标准规定：我国采用第一分角投影法。

（6）画组合体的三视图及标注尺寸。

（7）读组合体的三视图。

3.2　解题要领

从宏观上来看，本章可分为两大部分：①画组合体的三视图及标注尺寸；②读组合体的三视图。另外扩展了一小类，组合体构形设计。

（1）画组合体的三视图及标注尺寸　这类题目一般的解题步骤是：形体分析→确定表达方案→选比例定图幅→布置视图→画底稿→标注尺寸→检查加深。对于初学者来说，应逐一形体来画图，而不要一个视图一个视图来画。

（2）读组合体的三视图　这是本章的重点，也是难点，并且，读图训练贯穿本课程的始终。例如，前面要读画法几何图，后面还要读零件图和装配图等，其中读组合体的视图是核心。

该部分题型比较灵活，最典型的有：补画视图中所缺的图线，已知两视图，补画第三视图等，即通常所说的“二求三”。尽管题型千变万化，而解题思路和解题方法有规律可循：先用形体分析法或线面分析法（多数题目要两种方法并用）读懂所给视图，想象出视图所表示的立体形状（可能一解或多解），然后根据想象的立体形状，借助已知视图，利用长对正、高平齐、宽相等的投影规律，补画出所缺的视图或视图中所缺的图线。

（3）组合体构形设计　严格地说，这类题目仍属于读图范畴，主要考察读者综合的读图和构图能力。解题时，要求读者根据给定的一个或两个视图充分发挥空间想象力，设计出不同的形体，故此类题目一般都有多解。通过组合体构形设计的学习和训练，有利于培养和提高空间想象能力和创新能力，初步建立工程设计能力。

3.3　习题与解答

3.3.1　画组合体三视图及标注尺寸

3-1　根据图 3-1a 所给的组合体立体图，用 1∶1 比例画出其三视图。

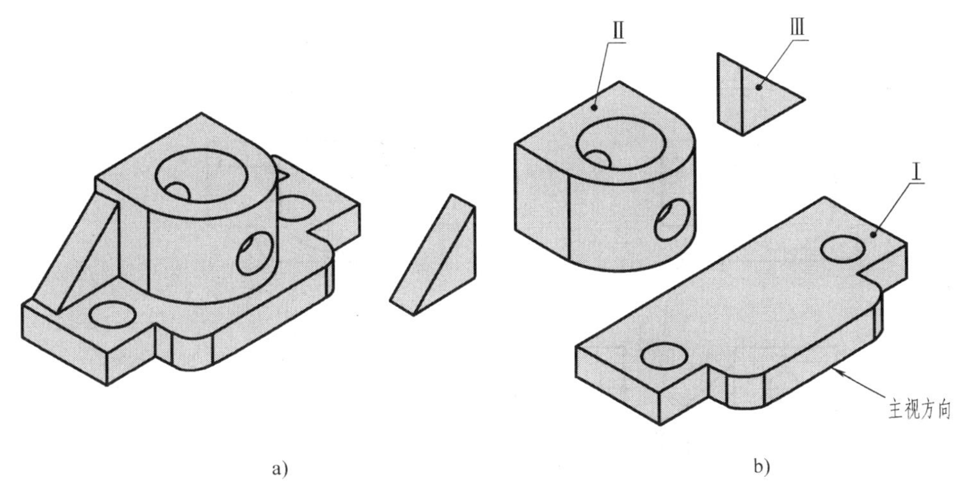

图　3-1

【解题分析】

先对所给立体作形体分析，如图 3-1b 所示，立体由三部分叠加而成，Ⅰ：长方体，Ⅱ：拱形柱，Ⅲ：三棱柱。其中Ⅰ、Ⅱ两部分均有挖切和穿孔。再根据主视图应表达立体的主要形状特征的原则，通过比较，确定图 3-1b 中箭头方向为主视方向，由此决定了其他视图。

【作图步骤】

（1）布置视图：画上细线、基线，如图 3-2a 所示。

（2）画底稿：先实（实形体）后虚（挖去的形体）、先大（大形体）后小（小形体）、先轮廓后细节，如图 3-2b、c、d 所示先后画了Ⅰ、Ⅱ、Ⅲ三部分。

（3）检查：按投影对应的关系，逐个基本体检查，三视图表达是否正确，点画线、粗实线、虚线等是否有误。

（4）加深：加深次序为先曲线后直线，先水平线后垂直线，再倾斜线、尺寸线。完整的三视图如图 3-2e 所示。

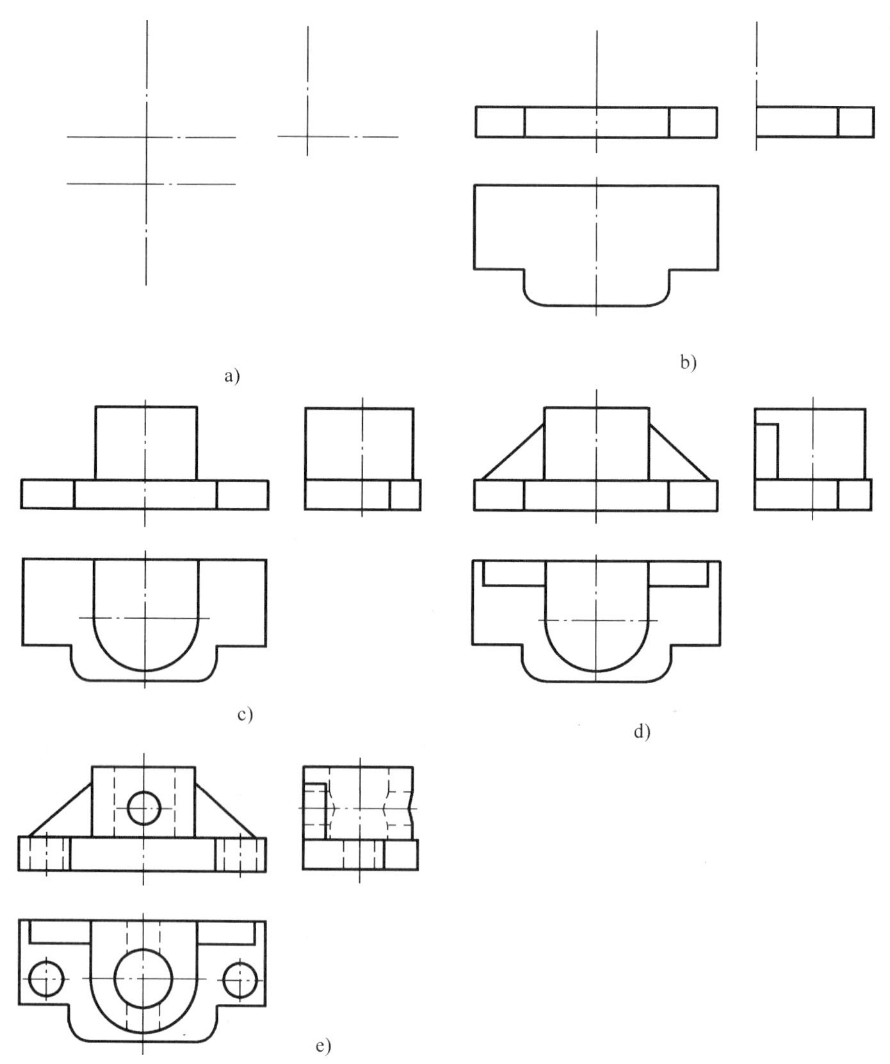

图 3-2

3-2　标注图 3-3 中各组合体的尺寸。

【解题分析】

参照图 3-4 所示的立体图，可知这两个组合体主要是叠加而形成的，其尺寸分为基本体尺寸和定位尺寸两大类。其中图 3-3a 还有 3 个圆孔是通过切割而形成的，注意整圆应标直径，而不能标半径，如 ϕ42。图 3-3b 中的三角形底板与前后两直立的拱形柱均有穿切，该组合体的定位尺寸还包括各个基本体之间的位置尺寸，如三棱柱支承板左端面到底板右端面的尺寸 38。对称形体尺寸的标注方法，一般为统一标，而不分开标，如两拱形柱之间的位置尺寸 18、36。

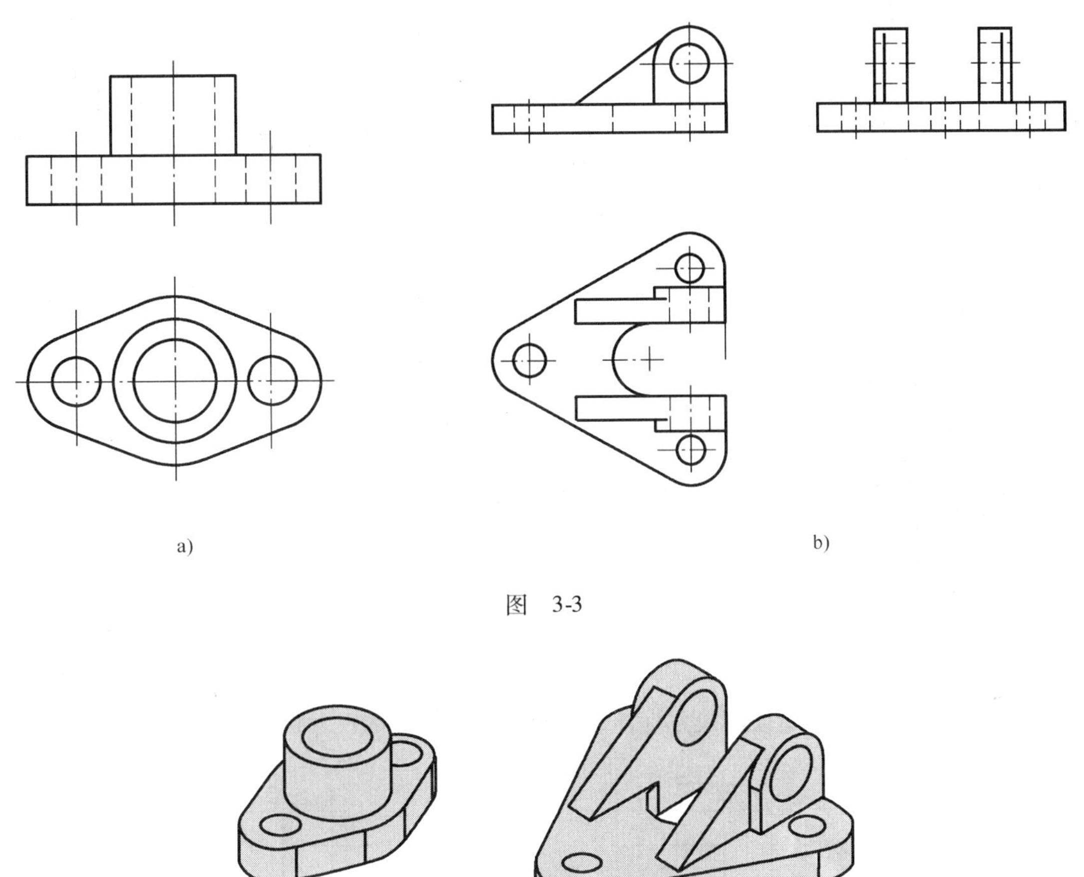

a) b)

图 3-3

a) b)

图 3-4

【作图步骤】

组合体尺寸标注的一般步骤是：形体分析→定尺寸基准→注定形尺寸→注定位尺寸→注总体尺寸。

图 3-3a 的标注步骤：

a）先标基本体尺寸（定形尺寸）：ϕ32mm、ϕ20mm、ϕ42mm、R12mm、2 × ϕ12mm、12mm 等。

b）再标两个孔的中心距（定位尺寸）：50mm。

c）标注总体尺寸：32mm 等，结果如图 3-5a 所示。

图 3-3b 的标注步骤：

a）先标基本体尺寸。三角形底板：如 40mm、45mm、R9mm、7mm；拱形柱：R9mm；三棱柱支承板：6mm（这个尺寸也可统一标）。

b）再标基本体之间的定位尺寸，如 17mm、38mm、18mm、36mm、19mm。

c）最后标上挖切、穿孔尺寸，如 ϕ12mm、3 × ϕ8mm，结果如图 3-5b 所示。

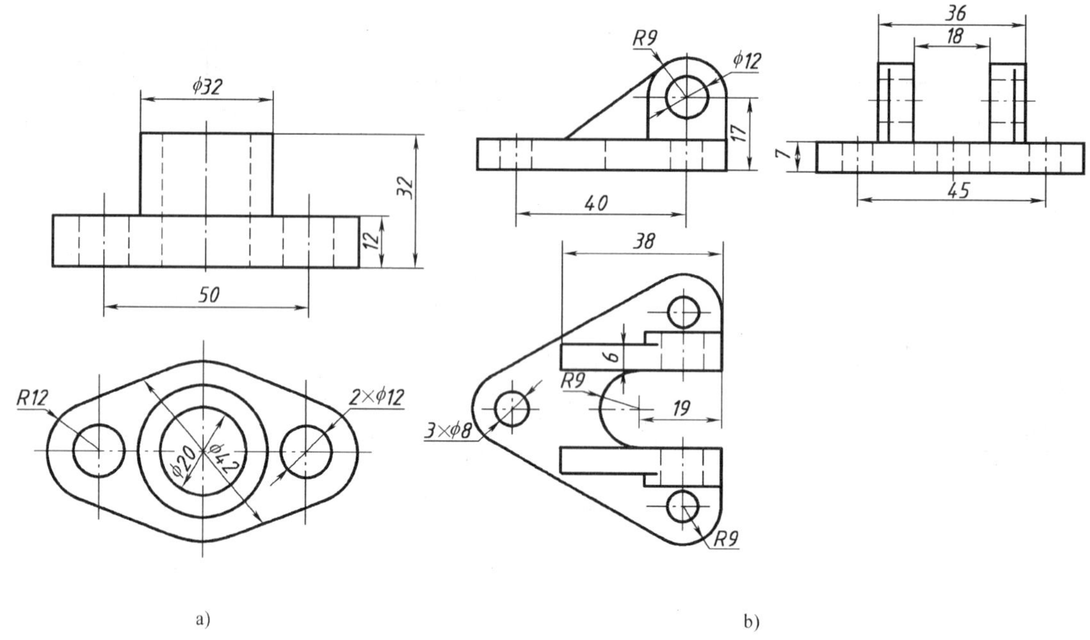

a) b)

图 3-5

3-3 指出图3-6a中错误的尺寸标注，并重新进行正确的尺寸标注。

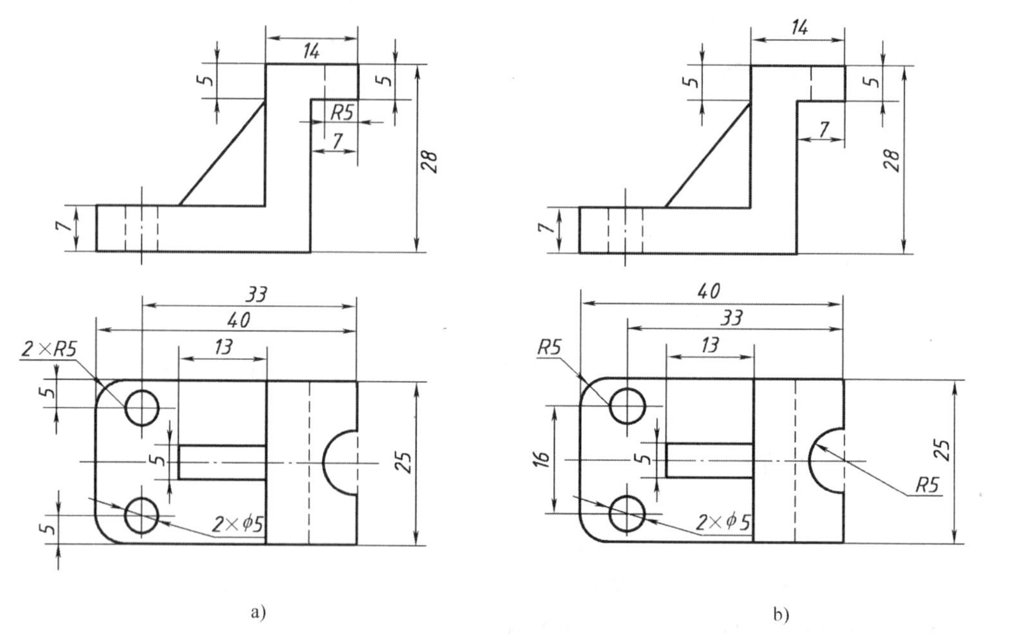

a) b)

图 3-6

【解题分析】

标注尺寸的基本要求是正确、清晰、完整。尺寸数字水平方向字头向上，垂直方向字头向左；尺寸尽量标注在形状特征明显的视图上，半径应注在投影为圆弧的视图上；尺寸标注应上下左右排列整齐，尺寸线不能相交；半径相同，但在符号 R 之前不得标注圆弧的个数；

该形体前后对称，前后对称面为宽度基准，2 × ϕ5mm 的定位尺寸应为两孔的中心距。

【解题步骤】

（1）找出错误的尺寸标注。

主视图：14，28，*R*5；俯视图：2 × *R*5，40，5。

（2）重新进行正确的尺寸标注，如图 3-6b 所示。

3.3.2 补画视图中所缺的图线

3-4 如图 3-7 所示，由三视图找出对应的轴测图，将轴测图的号码填在对应的括号内，并补全视图中所缺的图线。

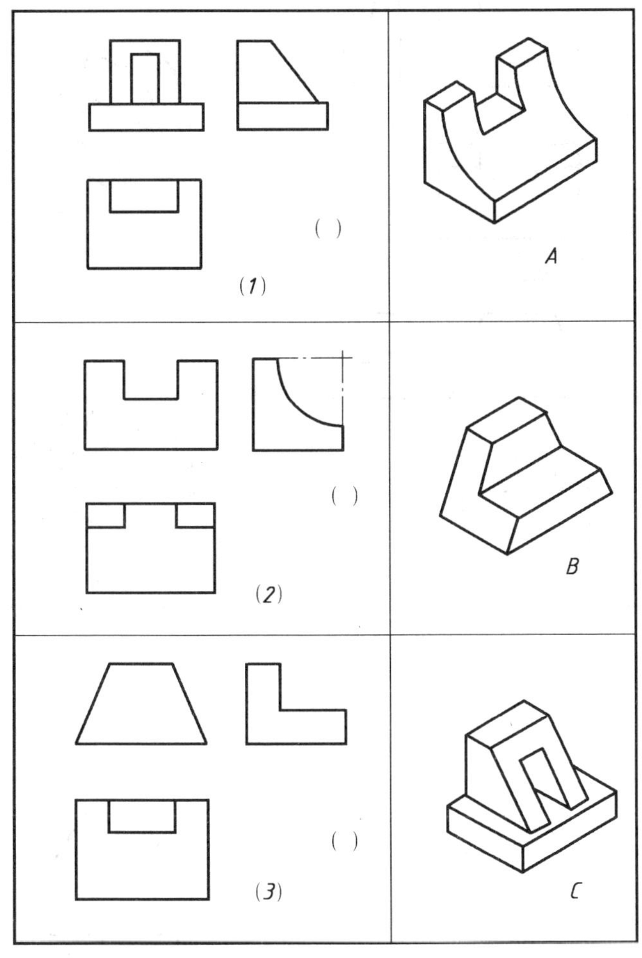

图 3-7

【解题分析】

该题提供了轴测图，是补漏线题型最容易的一种；读懂视图，想象其空间形状，借助题目所给的轴测图，利用长对正、高平齐、宽相等的投影规律补全视图中所缺的图线。

【作图步骤】

作图步骤略，结果如图 3-8 所示。

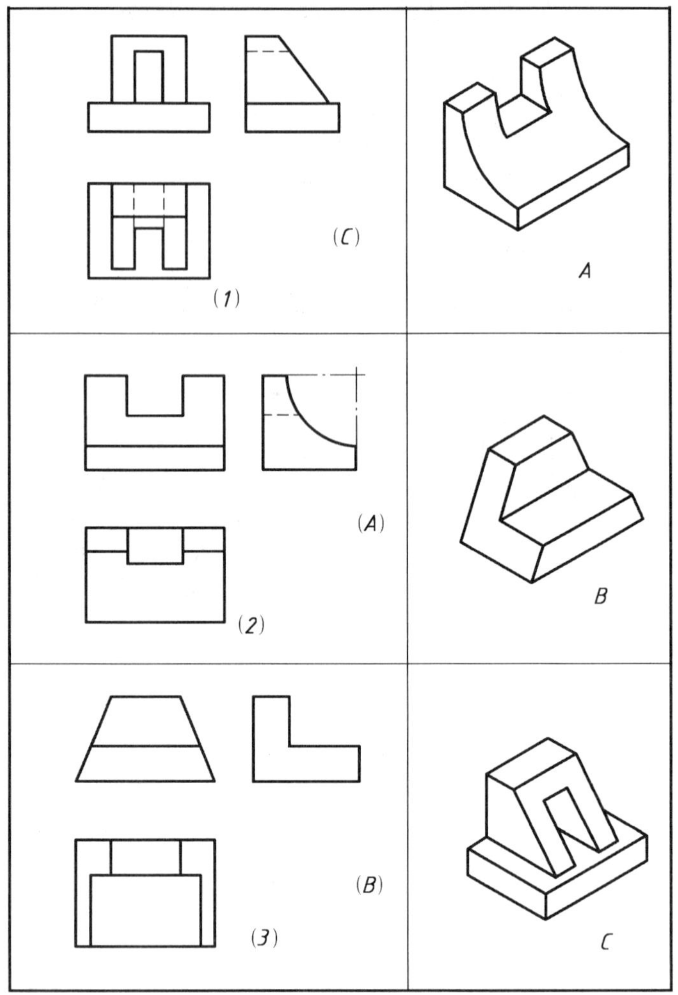

图 3-8

3-5 如图 3-9 所示，补画所缺的图线。

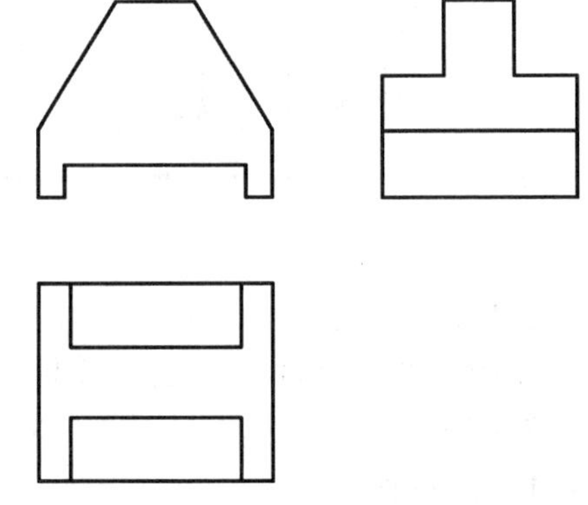

图 3-9

【解题分析】

分析该视图所表达的形体，可知它的原始形状是一长方体，切去图 3-10 所示的Ⅰ、Ⅱ、Ⅲ部分后得到的组合体，如图 3-10 所示。

【作图步骤】

（1）补画出主视图中所缺的线条。如水平面 P 的正面投影 p' 积聚为一条直线。

（2）补画出俯视图中所缺的线条。如表示形体下部“┌┐”形槽的两个侧平面的水平投影 12、34，它们为不可见线，用虚线。

（3）补画出左视图中所缺的线条。如“┌┐”形槽中水平面的侧面投影 $m''n''$，为不可见线，用虚线。结果如图 3-11 所示。

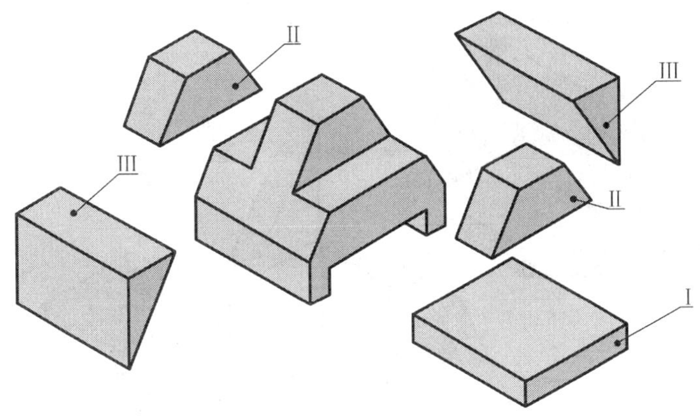

图　3-10

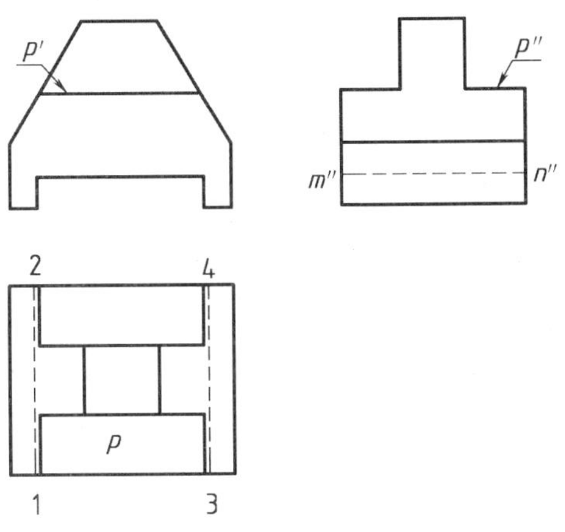

图　3-11

3-6　如图 3-12 所示，补画所缺的图线。

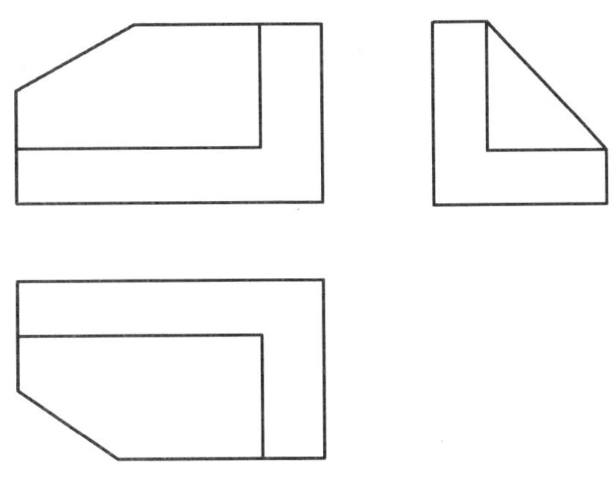

图　3-12

【解题分析】

分析视图想形体，可知该组合体由三部分叠加而成，且每一部分都被切去一块，如图 3-13 所示。

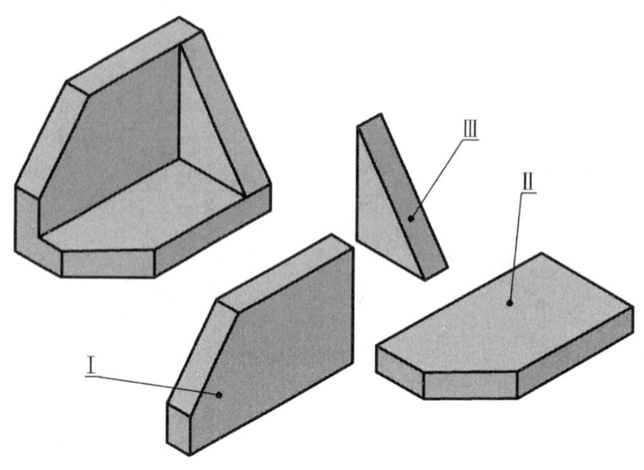

图 3-13

【作图步骤】

补画出所缺的线条。图 3-12 中主要所缺的是每一块基本体被切以后产生的交线，逐一补出这些漏线。作图结果如图 3-14 所示。

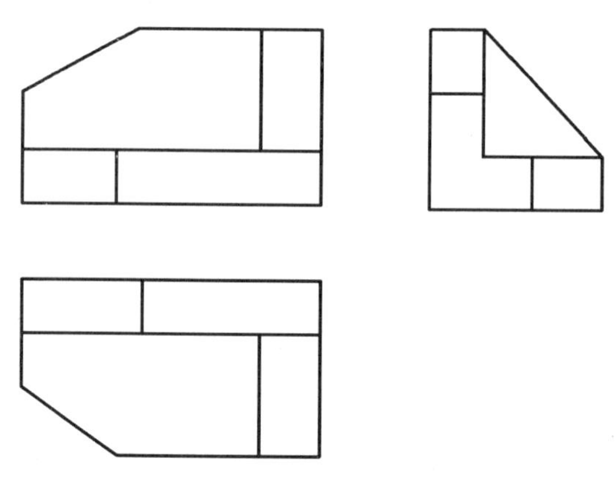

图 3-14

3-7 如图 3-15 所示，补画所缺的图线。

【解题分析】

本题中的三个小题所表示的形体类似，均是一个轴线垂直于水平面的圆柱体与左侧一平板组合，平板的前后面与圆柱均相切，但位置不同，切线不画，而平板上顶面与圆柱产生的交线在主视图中应画到切线处。另外，圆柱体又自上向下挖不同的孔（方孔、圆孔），如图 3-16 所示，大小孔交界处可能形成交线，应画出来，如图 3-15a、c 所示，但有时内孔的前后壁是两平面平齐，无交线，如图 3-15b 所示。

【作图步骤】

作图步骤略。作图结果如图 3-17 所示。

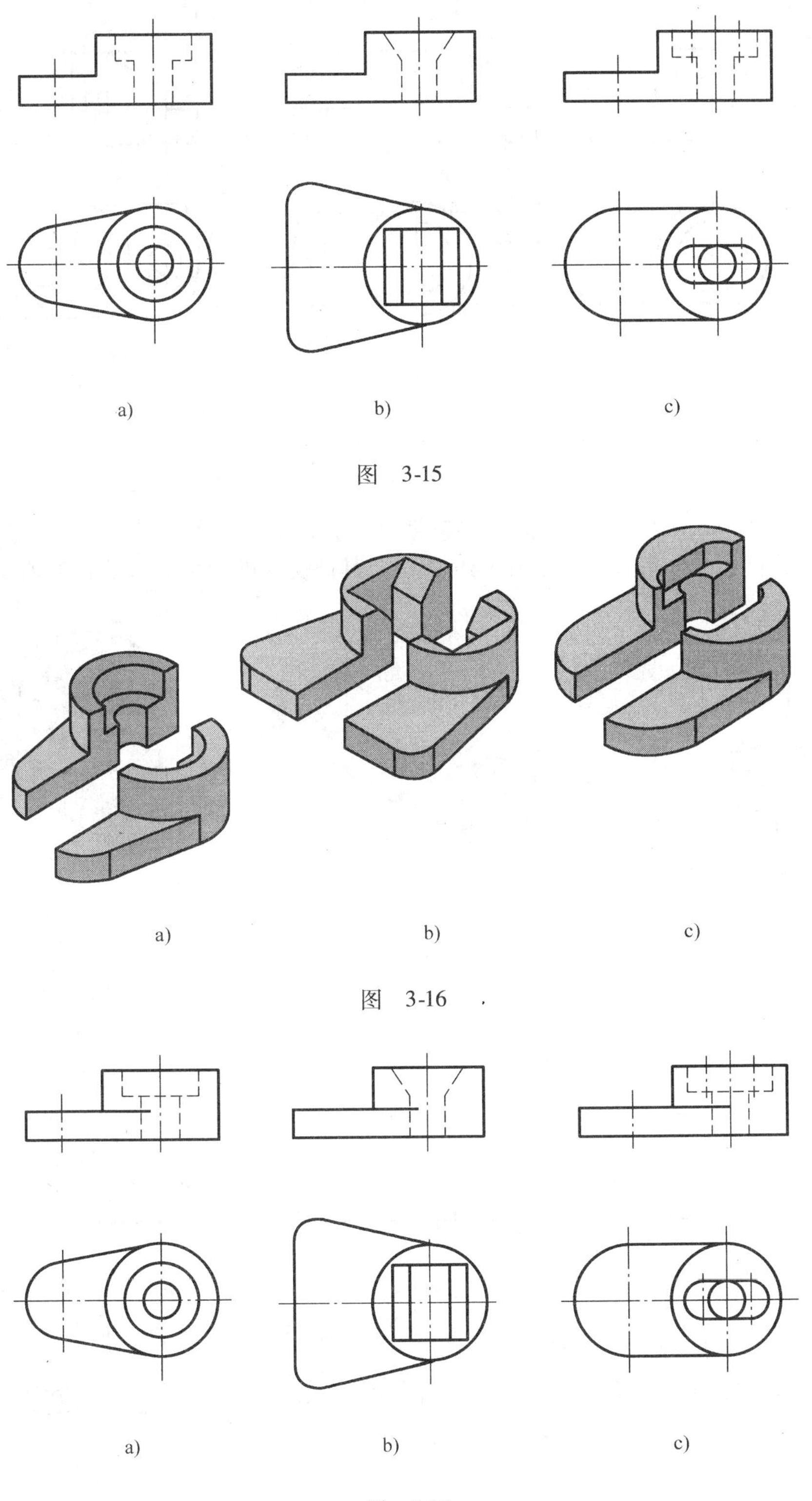

图 3-15

图 3-16

图 3-17

3-8 如图 3-18 所示，补画所缺的图线。

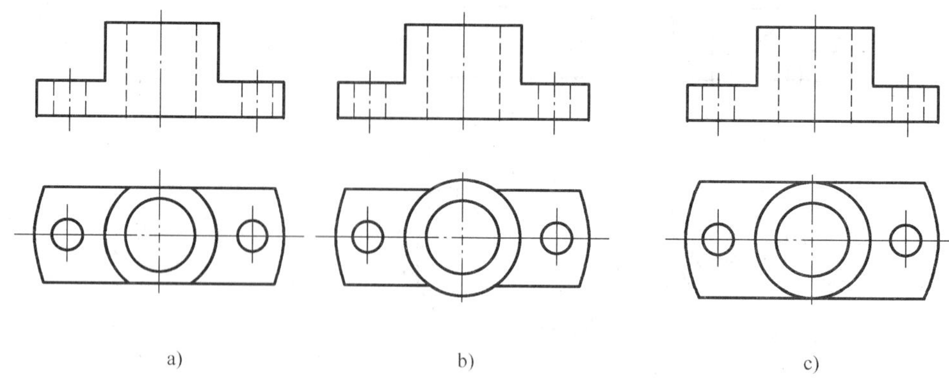

图 3-18

【解题分析】

本题中三个小题所表达的形体，均由两部分组成：上面一个圆筒，下面一个圆盘，被前后两个正平面分不同情况切割，如图 3-19 所示，其截交线的位置和画法也有所不同。

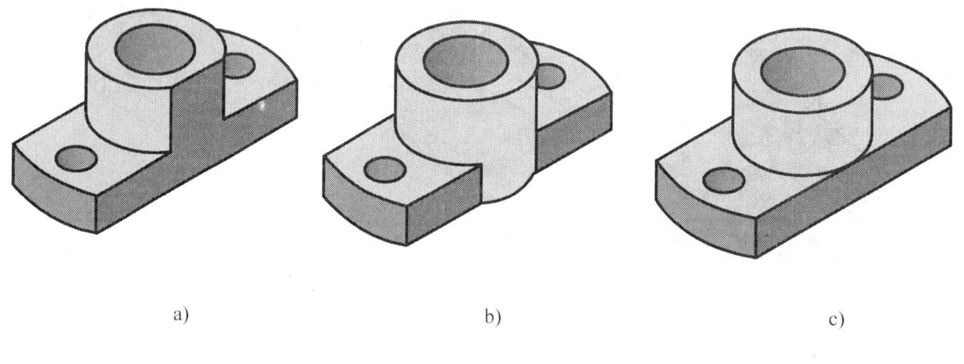

图 3-19

【作图步骤】

作图步骤略。作图结果如图 3-20 所示。

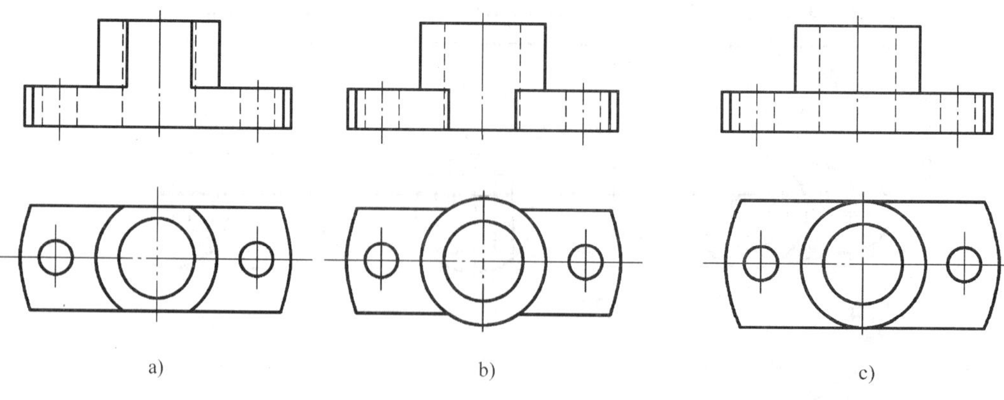

图 3-20

3-9 如图3-21所示，补画所缺的图线。

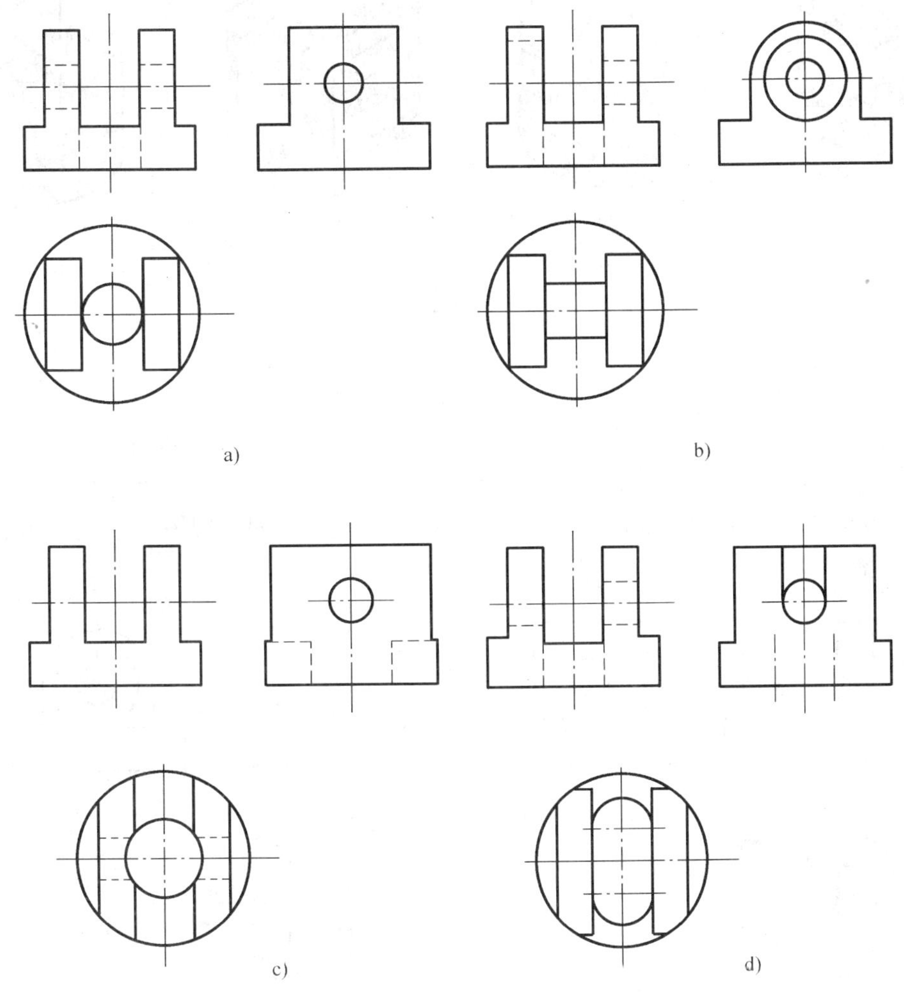

图 3-21

【解题分析】

这4个小题所表示的形体非常相似，有两种理解方式：一种是叠加方式，它们均由三部分组成，下部是一圆盘，上部叠加了两块同样的板；另一种是纯挖切方式，其原始形状为一圆柱体，各在两边及中间挖去一块。

图3-21a所示的形体下部圆盘钻一同轴圆孔，上部长方板自左向右钻两通孔（图3-22a）。

图3-21b所示的形体下部圆盘钻一方孔，上部为半圆柱板，左板挖一大孔，右板挖一同轴小孔（图3-22b）。

图3-21c所示的形体是在圆柱体左右两边及中间各切去深度相同的一块，又自上向下与圆柱同轴钻一通孔，再自左至右钻一通孔（图3-22c）。

图3-21d所示的形体是在圆柱体左右、前后及中间自上向下各切去一块，其中左右两边切下的两块 Z 向尺寸较小，而前后及中间切去的一块 Z 向尺寸较大；然后在下部中间钻一腰形孔，上部左边开一半圆柱槽，右边钻一同轴圆孔（图3-22d）。

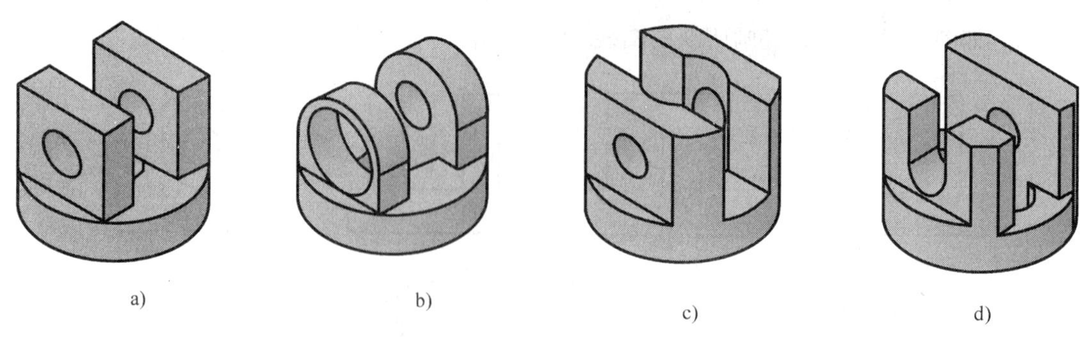

a) b) c) d)

图 3-22

【作图步骤】

以图 3-21c 为例：

（1）补画左右两侧平面与圆柱面的交线，如1″2″、3″4″，以及左右两侧水平面的侧面投影。

（2）补画中间两侧平面与铅垂圆柱孔的交线，如 5″6″、7″8″，为不可见线，用虚线。

（3）补画出铅垂与正垂圆柱孔的转向轮廓线和相贯线，如主视图中虚线所示。各小题作图结果如图 3-23 所示。

a) b)

c) d)

图 3-23

3-10 如图 3-24 所示，补画所缺的图线。

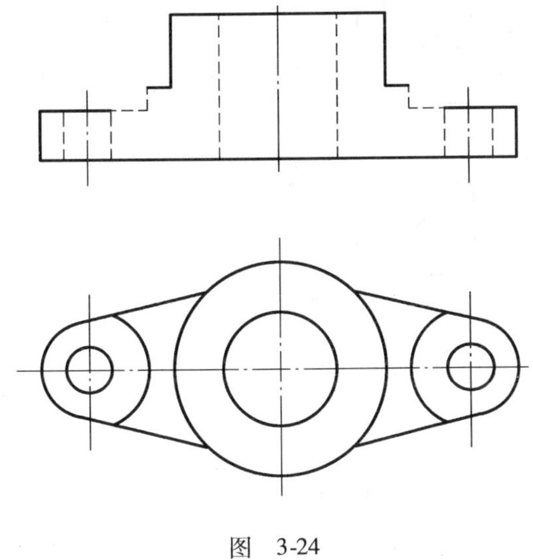

图 3-24

【解题分析】

本题中间一个圆筒，左右对称的小圆筒与中间的大圆筒由平面立体相连，其中平面立体与大圆筒相交，与小圆筒相切，各个面的高度也不同，如图 3-25 所示的立体图。补画出所缺的交线和平面的投影。

【作图步骤】

作图步骤略。作图结果如图 3-26 所示。

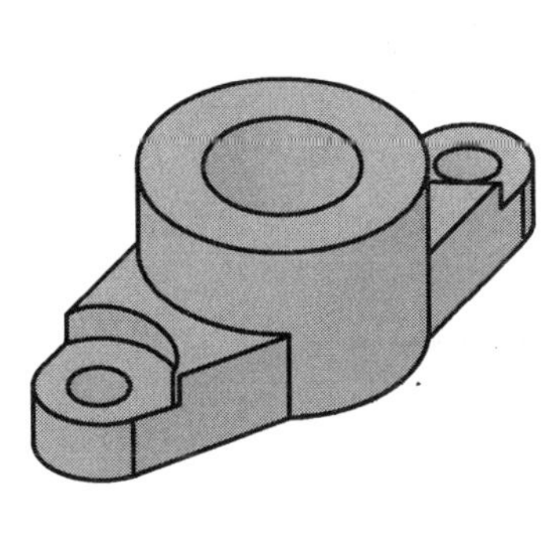

图 3-25

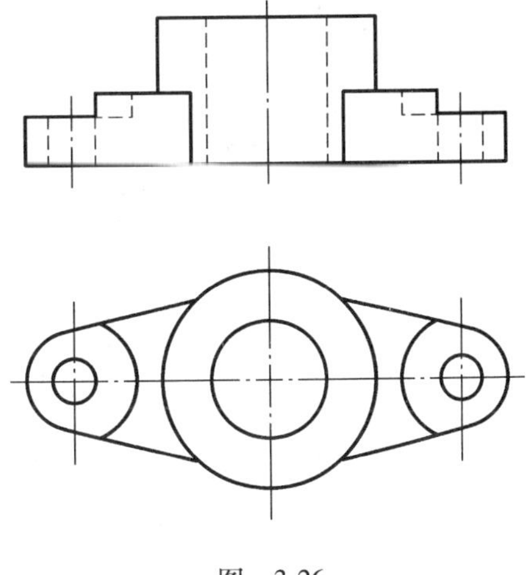

图 3-26

3-11 如图 3-27 所示，补画所缺的图线。

【解题分析】

该形体原始形状为一长方体，经过多次切割形成，中间后面挖掉半个圆柱体，中间前面切成一个长方体槽，左右两边各切掉一个 L 形长方体，如图 3-28 所示的立体图。补画出所缺的线，补线时要注意半圆孔的轮廓线和半圆孔与长方体槽的交线。

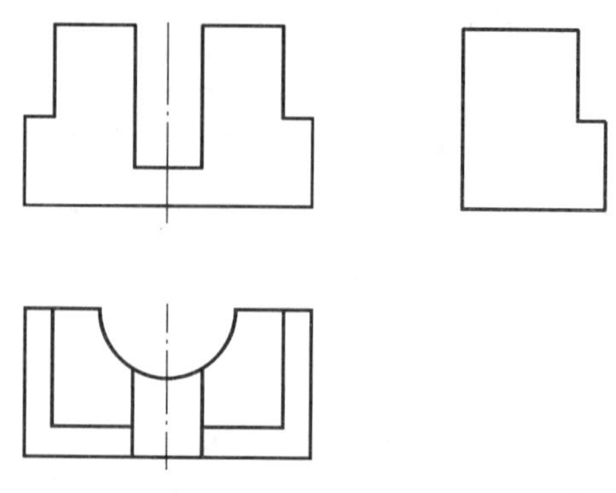

图 3-27

【作图步骤】

先补主视图中半圆孔的轮廓线和交线（L形水平面的投影），再补侧面投影半圆孔的轮廓线和交线（半圆孔与长方体槽的交线及L形水平面的投影）。作图结果如图3-29所示。

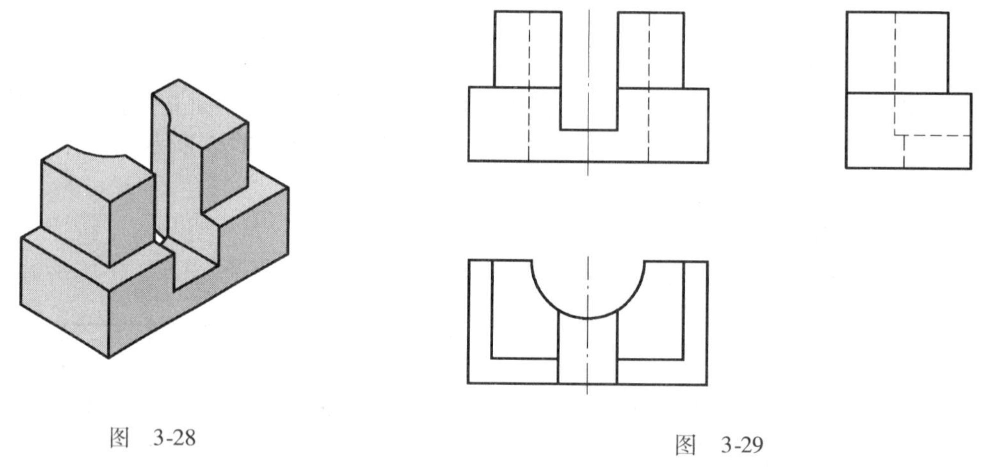

图 3-28　　图 3-29

3-12 如图3-30所示，补画所缺的图线。

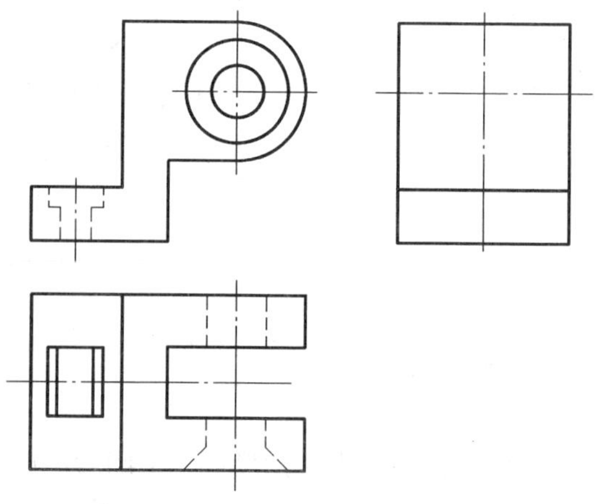

图 3-30

【解题分析】

该组合体主要由三部分叠加而成，但同时还有切割形成的孔，如图3-31所示的立体图。其中间是一块竖的方板；右上前后各一个耳板，后面的耳板钻了一个圆孔，前面的耳板钻了沉孔和圆孔，沉孔和圆孔相交产生交线；左下方是一个长方体，在此长方体中切割形成的阶梯孔，阶梯孔前后面平齐共面应无线。

【作图步骤】

作图步骤略。作图结果如图3-32所示。

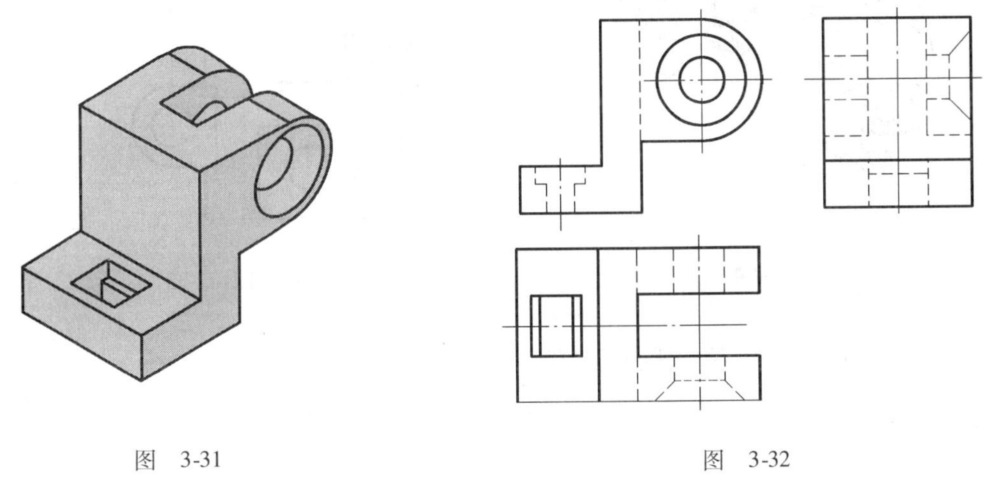

图　3-31　　　　图　3-32

3-13　如图3-33所示，补画所缺的图线。

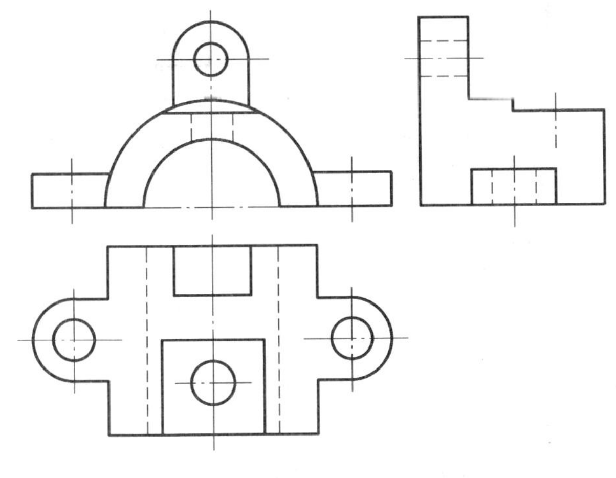

图　3-33

【解题分析】

本题所示的形体的下部为空心半圆柱体，空心半圆柱体的左右和上部的后侧各有一个带有圆孔的半圆形平板与之相贯；在空心半圆柱体的上部的前侧切出一平面，在平面上又钻了一个圆孔，该圆孔与空心半圆柱体里的圆孔产生相贯线，如图3-34所示立体图。

【作图步骤】

作图步骤略。作图结果如图 3-35 所示。

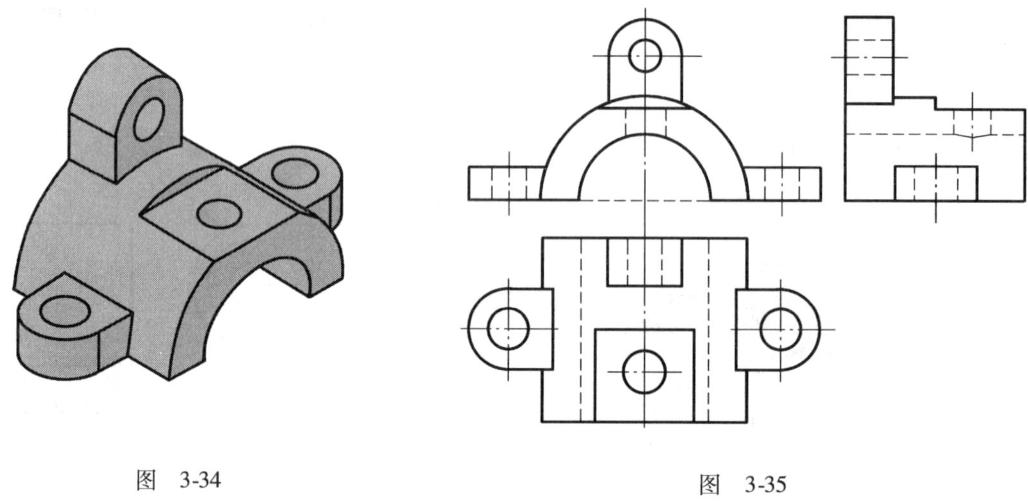

图 3-34 图 3-35

3-14 如图 3-36 所示，补画所缺的图线。

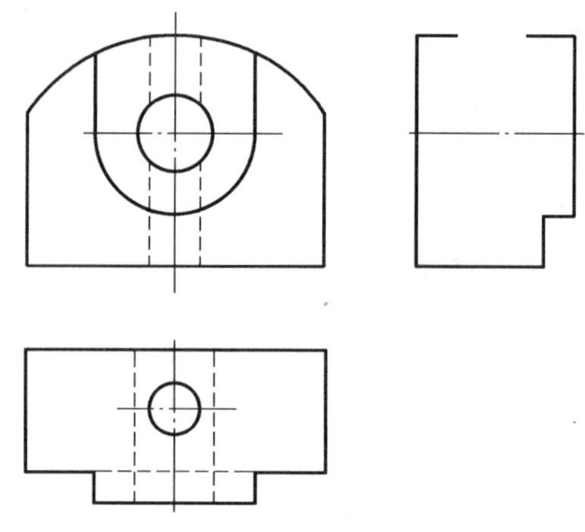

图 3-36

【解题分析】

该组合体可看成是由一长方体和一拱形块在前方中上部叠加而成的，同时，组合体的顶端又被一正垂圆柱面切割；还有从上到下和从前到后的两个通孔的圆孔，如图 3-37 所示立体图。补线时，要注意补出圆柱面与长方体和拱形块左右侧面的交线（截交线），正垂圆柱和铅垂圆柱在侧面的相贯线。

【作图步骤】

作图步骤略。作图结果如图 3-38 所示。

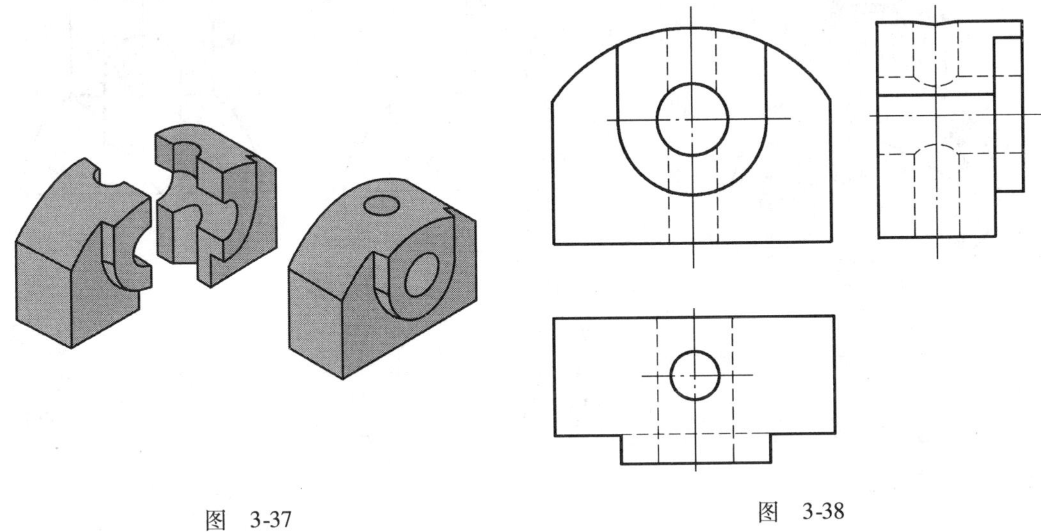

图 3-37　　图 3-38

3-15 如图 3-39 所示，补画所缺的图线。

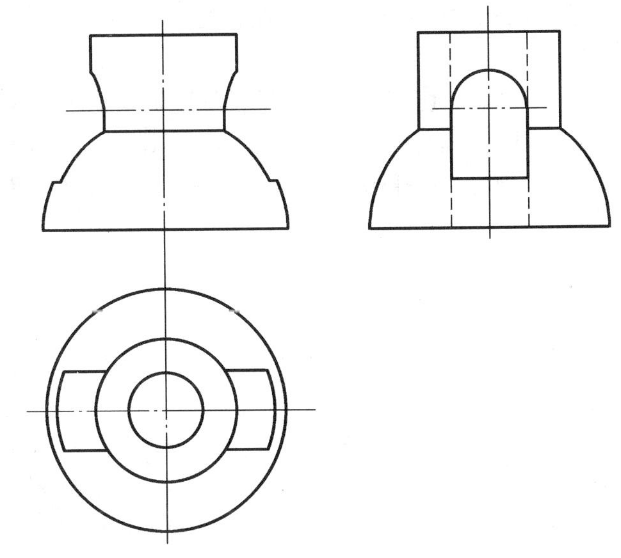

图 3-39

【解题分析】

本题所示形体的下部为一半球，上部为一同轴空心圆柱，球、柱相交，此处相贯线为圆，正面投影为直线；另外，该组合体又自左至右钻一拱形孔，且与上部圆柱孔等径，孔与孔在内部相贯，相贯线的正面投影也为直线，如图 3-40 所示的立体图。

【作图步骤】

作图步骤略。作图结果如图 3-41 所示。

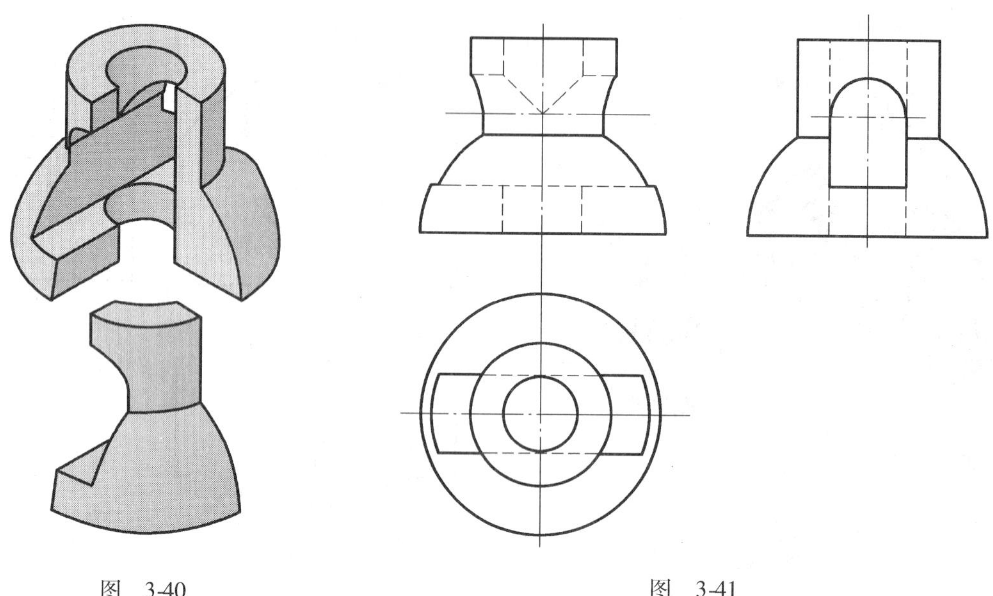

图 3-40　　　　图 3-41

3.3.3 根据两视图补画第三视图

3-16 如图 3-42 所示，已知主、俯视图，补画左视图。

【解题分析】

根据所给两视图，可知这是一切割体，其原始形状为长方体，然后切去Ⅰ、Ⅱ、Ⅲ、Ⅳ，共四块，其中Ⅰ、Ⅱ、Ⅲ为平面体，Ⅳ为圆柱体，如图 3-43 所示的立体图。由线面分析可知，*P* 面为正垂面，该面俯、左视图有类似性，*Q* 面为正平面，*AB* 线为一般线，*CD* 线为正垂线。

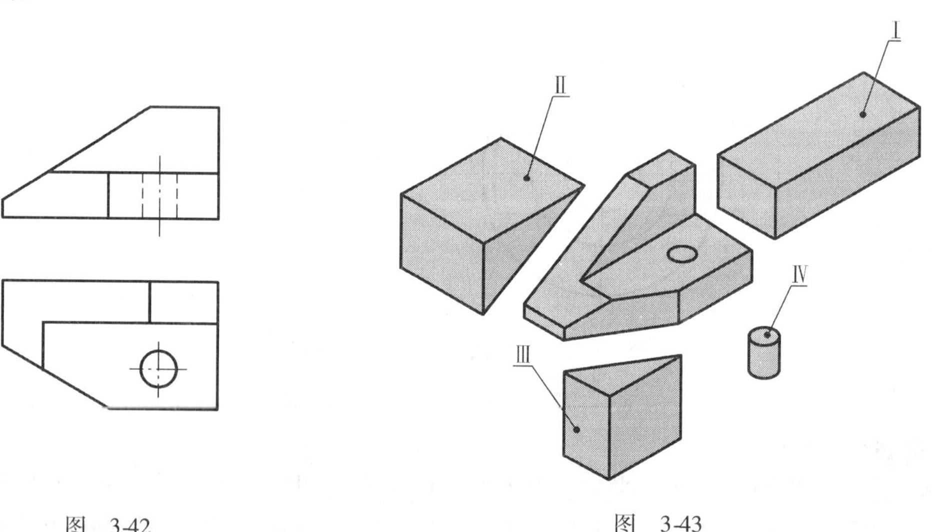

图 3-42　　　　图 3-43

【作图步骤】

（1）分析视图，宏观想象形体。

（2）画原始形状长方体的左视图。

（3）画切去各部分后的左视图。

（4）检查加深。注意 AB 线在左视图中的投影，如图 3-44 所示。

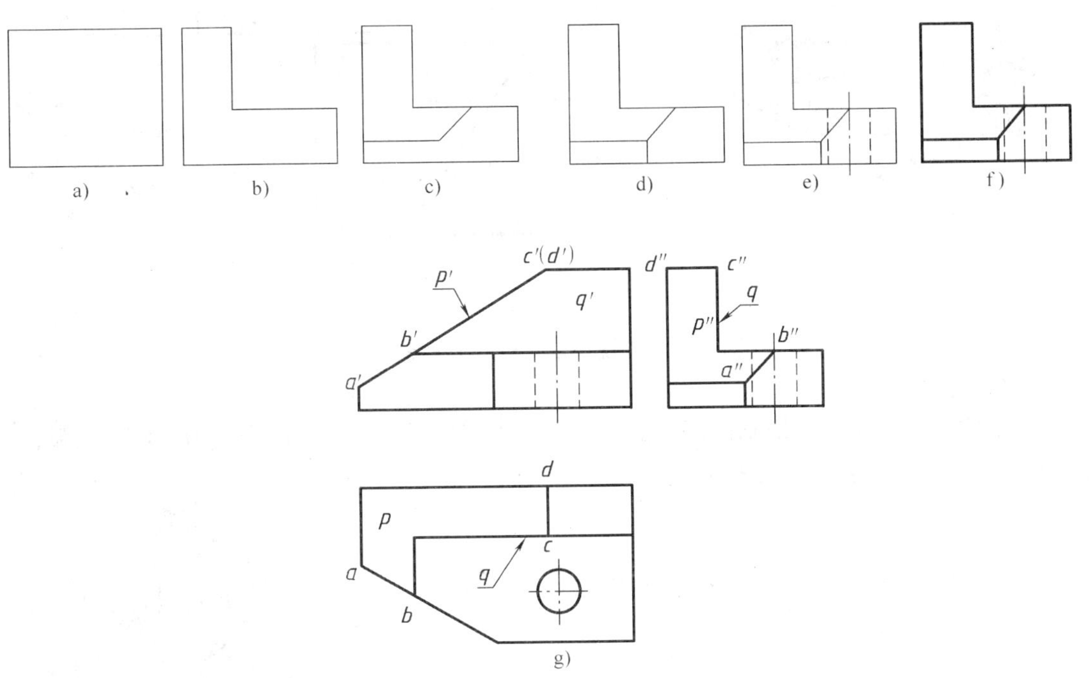

图 3-44

3-17 如图 3-45 所示，已知左、俯视图，补画主视图。

【解题分析】

根据所给两视图，可知该形体是由长方体切割而成的，如图 3-46 所示的立体图。左视图的上方有一“凵”形线框，可知它是由两个正平面和一个水平面切割而成的。俯视图左边中部有一“□”形线框，该处应是被两个正平面和一个正垂面（斜面）切割。求解时要注意这两处的区别。

图 3-45

【作图步骤】

（1）画原始形状长方体的正面投影。

（2）画铅垂面 P 与长方体前后两正平面的交线 1′、2′以及 P 与“凵”形框中两正平面的交线 3′、4′。

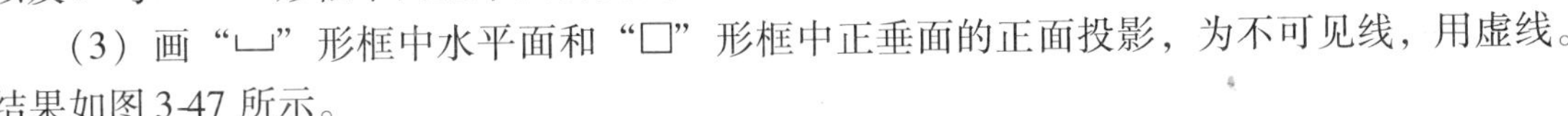

（3）画“凵”形框中水平面和“□”形框中正垂面的正面投影，为不可见线，用虚线。结果如图 3-47 所示。

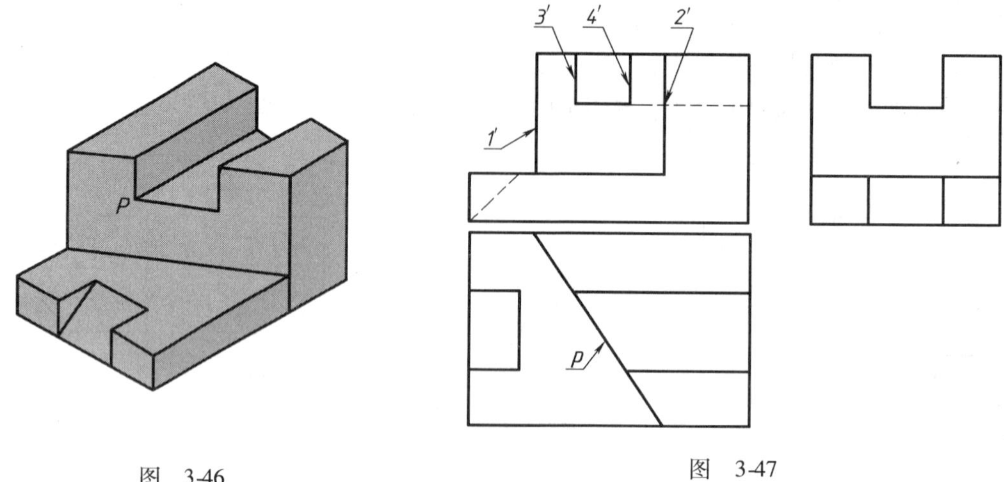

图 3-46

图 3-47

3-18 如图3-48所示，已知主、左视图，补画俯视图。

【解题分析】

该形体也是由长方体切割而形成的。其中，半圆柱斜切时产生的交线为一段椭圆弧，底部中间切出一个燕尾槽，如图3-49所示的立体图。

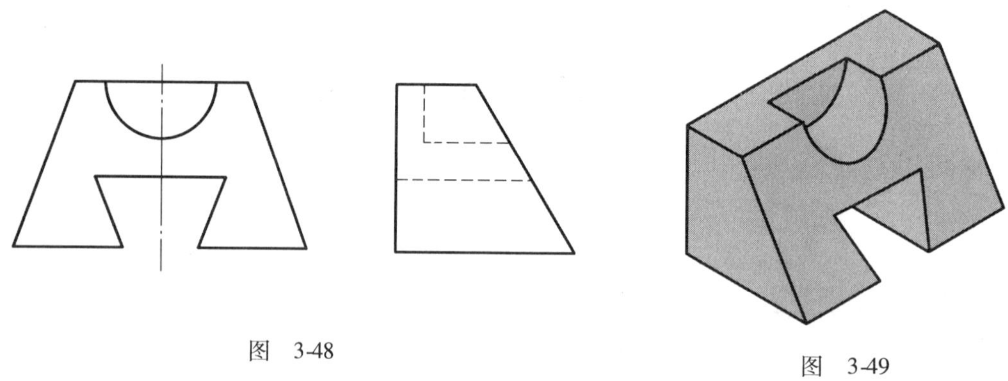

图 3-48

图 3-49

【作图步骤】

作图步骤略。作图结果如图3-50所示。

3-19 如图3-51所示，已知主、左视图，补画俯视图。

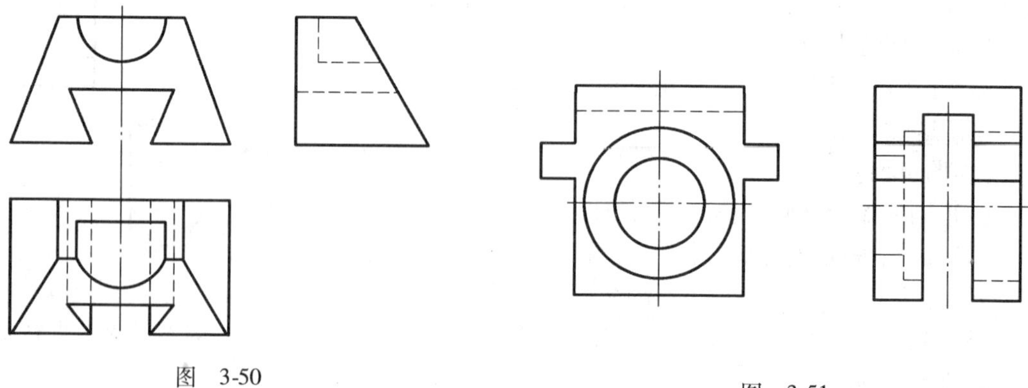

图 3-50

图 3-51

【解题分析】

图 3-51 所示的形体是由切割而形成的，其基本形体为长方体，经过三次切割完成，分别在长方体上切出正垂的圆孔、贯穿左右的长方形槽以及左右两侧的四个小长方体，如图 3-52 所示的立体图。

【作图步骤】

作图步骤略。作图结果如图 3-53 所示。

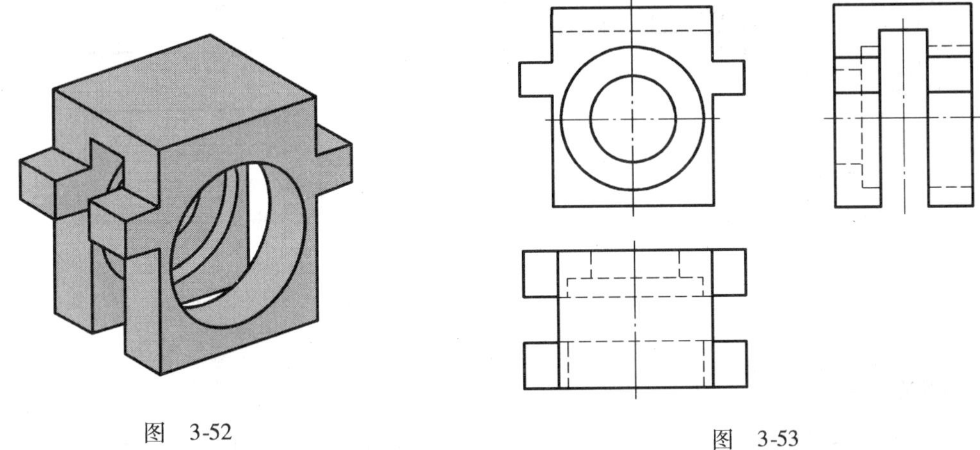

图 3-52 图 3-53

3-20 如图 3-54 所示，已知主、左视图，补画俯视图。

【解题分析】

该形体原始形状可看成是由一正垂大圆柱与前方叠加的正垂小圆柱组合而成。然后先用两对称的正垂面上下切割，去掉右边大部分，再开通一同轴小孔；最后，再自左至右钻一通孔，该通孔与三个同轴圆柱面相交时形成相贯线，与左方大圆柱的前端面相交得两条平行素线，如图 3-55 所示的立体图。

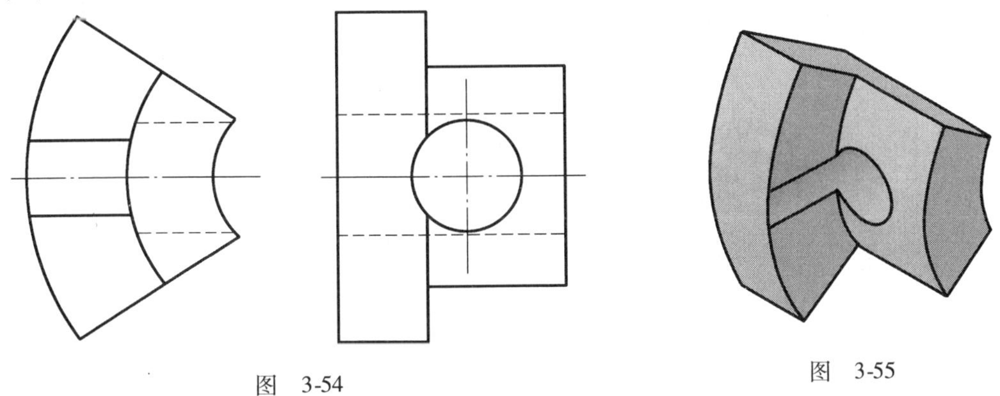

图 3-54 图 3-55

【作图步骤】

（1）画三个同轴圆柱面被上下两正垂面切割后的俯视图。注意画出圆柱面与正垂面的截交线 12、34、56 以及大圆柱前端面的水平积聚投影 457。

（2）画自左至右通孔的水平投影，并画出三处相贯线。作图结果如图 3-56 所示。

3-21　如图 3-57 所示，已知主、俯视图，补画左视图。

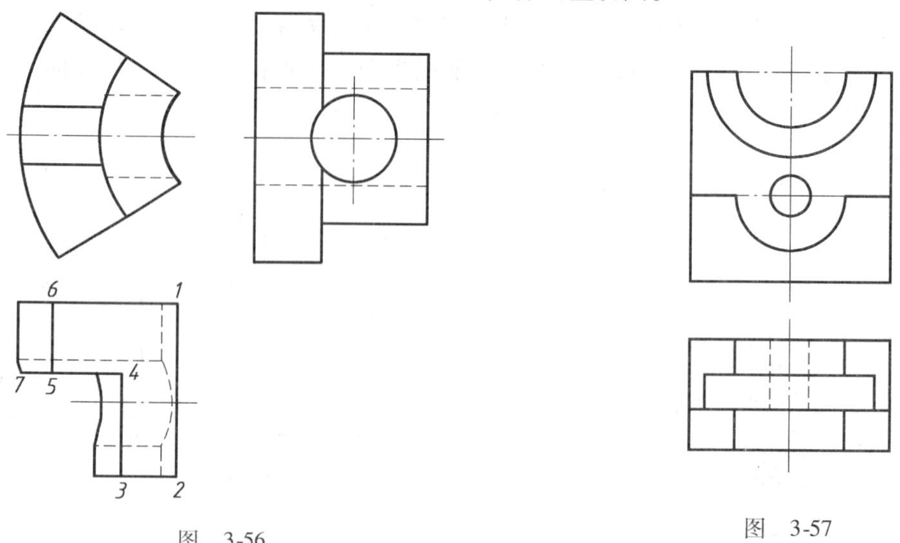

图　3-56　　　　　　　　图　3-57

【解题分析】

该形体由长方体切成 L 形平面立体，再由正垂圆柱切出孔和槽而形成的。上部切出阶梯半圆孔，中间自前至后钻一通孔，下部前面开了一个半圆槽，如图 3-58 所示的立体图。

【作图步骤】

（1）画 L 形的外框（粗实线）。

（2）画左视图中的孔和槽（虚线和点画线）。作图结果如图 3-59 所示。

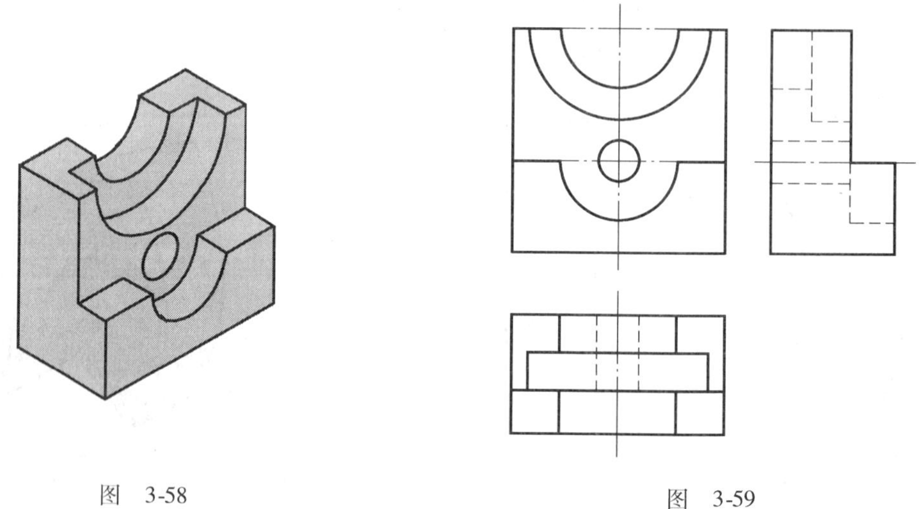

图　3-58　　　　　　　　图　3-59

3-22　如图 3-60 所示，已知主、俯视图，补画左视图。

【解题分析】

本视图所示形体为叠加与切割方式并用而形成的组合体。它的下部是半圆柱，上部是拱形柱，两形体后壁平齐叠加，左右两边各有一块三棱柱形支承板，并且与拱形柱相切；另外，半圆柱底板的左右两边各切去一块，拱形柱顶部有一通孔，两叠加体又自前至后钻一通孔。注意孔与孔相贯，其中正垂圆柱孔与下部半圆柱面的相贯线在侧面的投影为一段曲线，与半圆柱底板上顶面产生水平投影中的两平行素线（截交线），如图 3-61 所示的立体图。

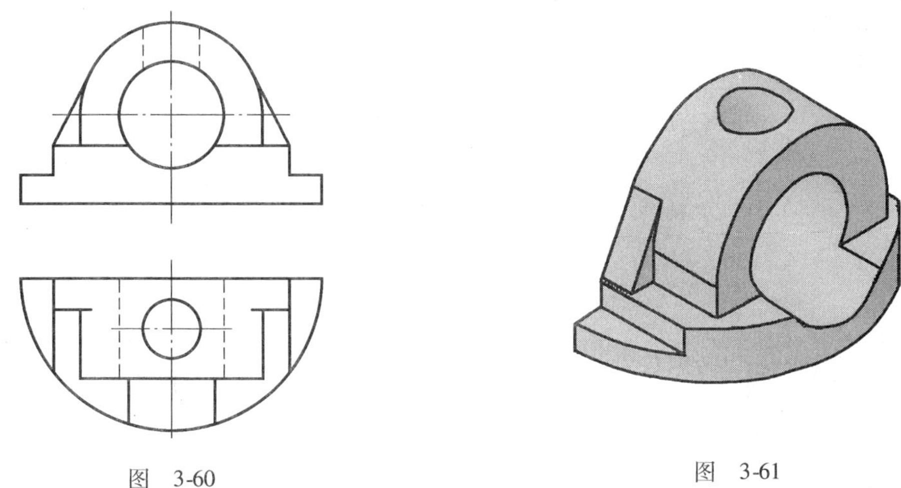

图 3-60　　图 3-61

【作图步骤】

（1）画半圆柱底板左右两边被截切后的侧面投影。注意画出两条截交线。

（2）画拱形柱的侧面投影。

（3）画三棱柱支承板的侧面投影。它的后壁与底板、拱形柱后面平齐，侧壁与拱形柱相切，侧面投影画至切点处。

（4）画正垂和铅垂两通孔的转向轮廓线以及它们分别与顶部半圆柱和底板的相贯线。

（5）画两通孔相交产生的相贯线（虚线）。作图结果如图 3-62 所示。

3-23　如图 3-63 所示，已知主、俯视图，补画左视图。

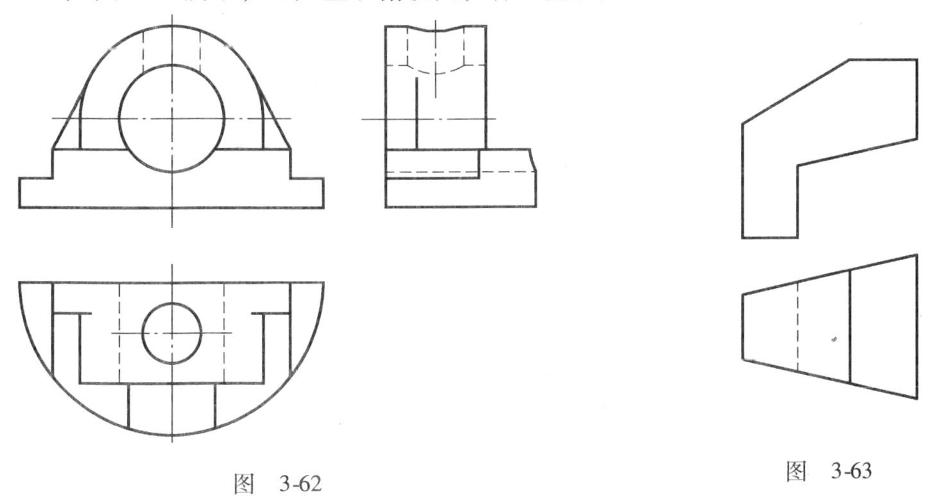

图 3-62　　图 3-63

【解题分析】

该形体为一长方体经多次切割而成的组合体，如图 3-64 所示的立体图。解题时，应先根据已知两视图，构思该形体的空间形状。由已给两视图可知，左上角被一正垂面切割，右下角被一正垂面和一侧平面切割，前后对称各被一个铅垂面切割。根据垂面切割产生的交线有类似性和投影规律，由此补画出左视图。

【作图步骤】

作图步骤略。作图结果如图 3-65 所示。

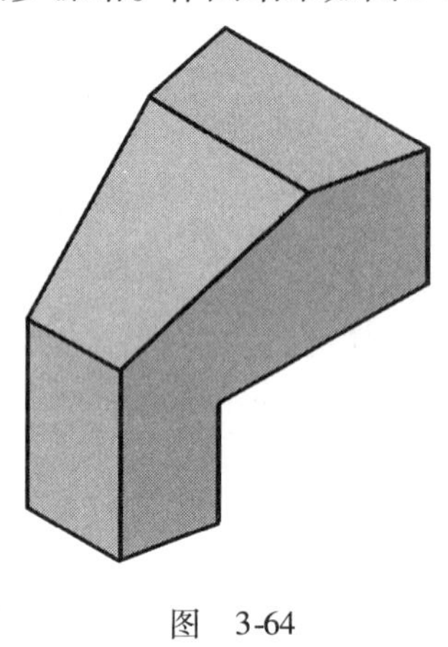

图 3-64

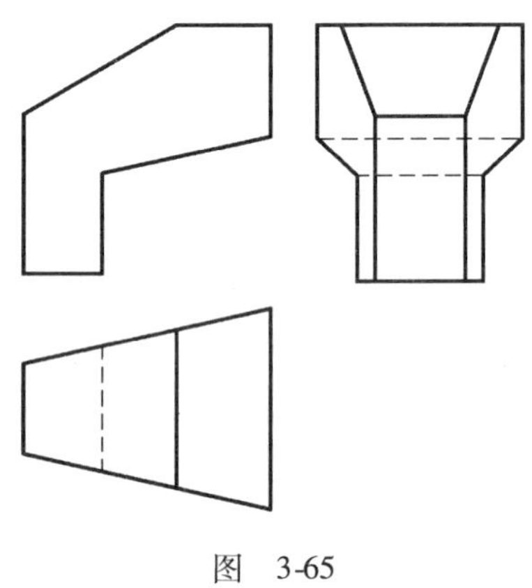

图 3-65

3-24 如图 3-66 所示，已知主、俯视图，补画左视图。

【解题分析】

本题在求解时，关键要分析好形体左边的形状，由俯视图可知，该处中部自上至下挖一方形孔，且在左边的前上方又用正垂面切去一块，且正垂面切去方孔的前半部分，与方孔的左右及前表面分别产生一条交线，由此围成一“凹”形线框（见俯视图），那么，在左视图对应位置也应该有一个类似“凹”形的线框。形体右边为一中部开槽的空心拱形柱，如图 3-67 所示的立体图。

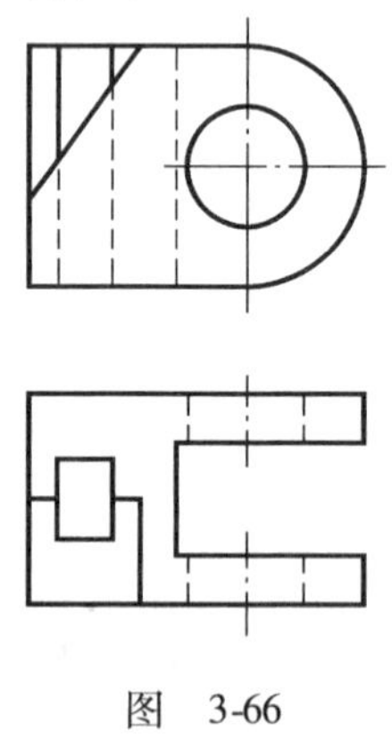

图 3-66

图 3-67

【作图步骤】

（1）先画形体右边开槽拱形柱的侧面投影。

（2）再画形体左边方形孔的侧面投影，为两条虚线。

（3）最后画正垂面与方形孔各个表面的交线（如 1″2″、2″3″、3″4″）以及与中部正平面的交线 5″1″、4″6″。结果如图 3-68 所示。

3-25 如图 3-69 所示，已知主、左视图，补画俯视图。

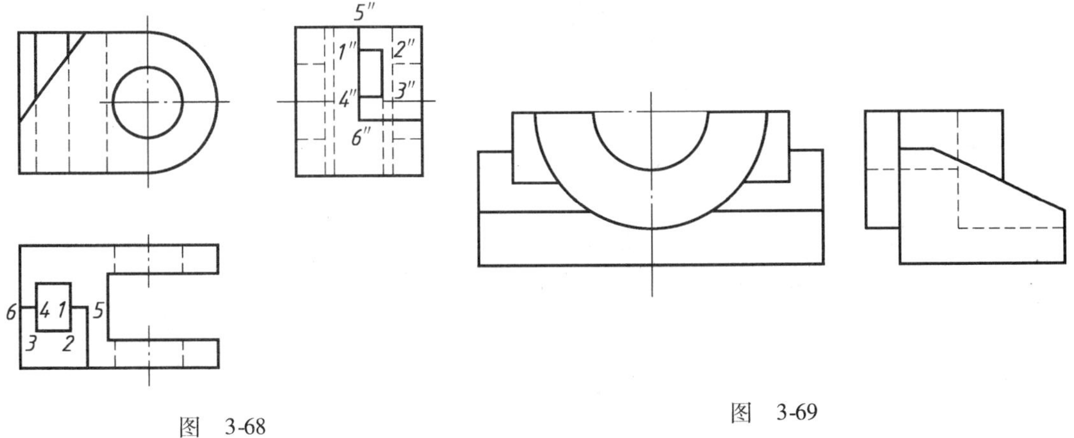

图 3-68

图 3-69

【解题分析】

本视图所示形体为叠加与切割方式并用而形成的左右对称的组合体。它的上部是半圆筒，下部是长方体，两形体后壁错开叠加后，前面再被一侧垂面切割，圆柱体斜切产生的截交线为一段椭圆弧，如图 3-70 所示的立体图。

【作图步骤】

（1）画长方体的水平投影。

（2）画半圆筒的水平投影，其后端面向后凸出。

（3）画侧垂面切割产生的交线，画椭圆弧时要取点（关键点和一般点）。作图结果如图 3-71 所示。

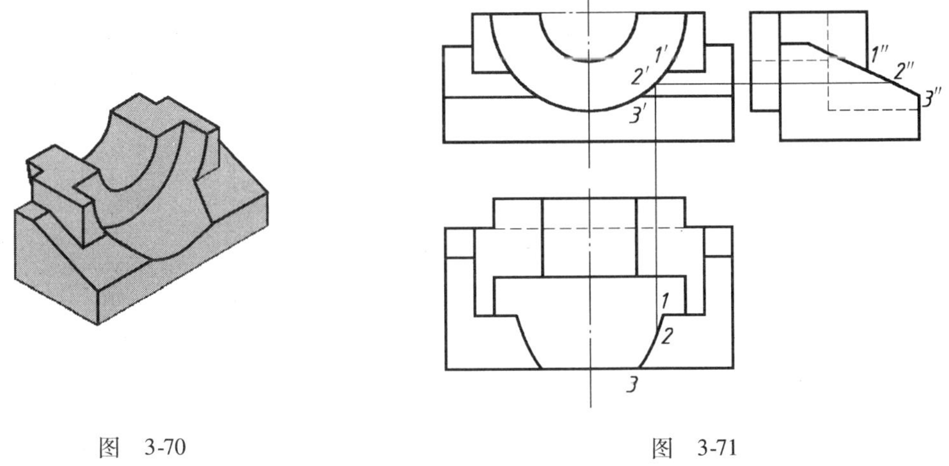

图 3-70

图 3-71

3-26 如图 3-72 所示，已知主、俯视图，补画左视图。

【解题分析】

本题所示的两个形体可从线面分析入手，找出两个形体的异同点，想出空间形状，从而完成左视图。从主、俯视图线面分析可知，主视图相同，而俯视图不同，底板形状是一样的，长方体在底部切出一个通槽。图 3-72a 所示的形体上部由两个竖立的拱形板叠加后，又钻了一个圆孔，该形体是由三部分叠加后再切割形成的；图 3-72b 所示的形体上部是一个竖立的拱形板，钻了一个阶梯孔，该形体是由两部分叠加后再切割形成的，如图 3-73 所示的立体图。

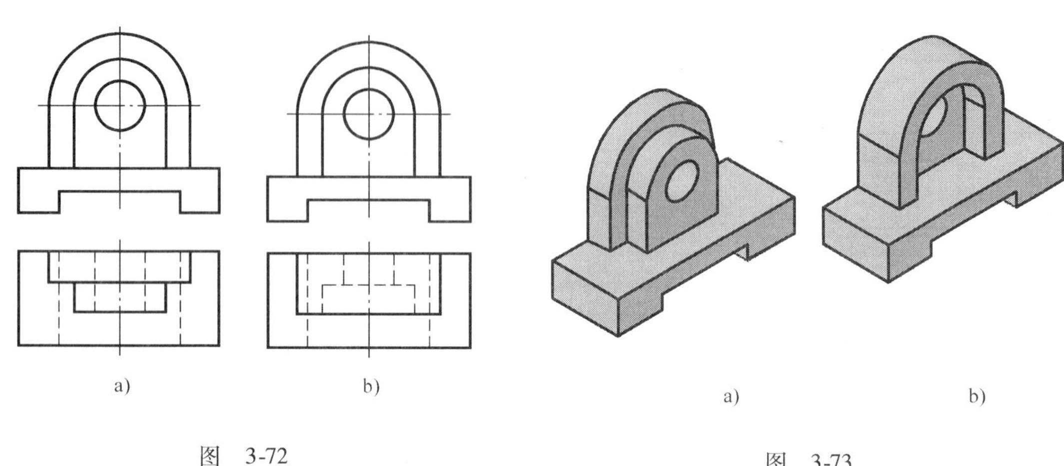

图 3-72　　图 3-73

【作图步骤】

作图步骤略。作图结果如图 3-74 所示。

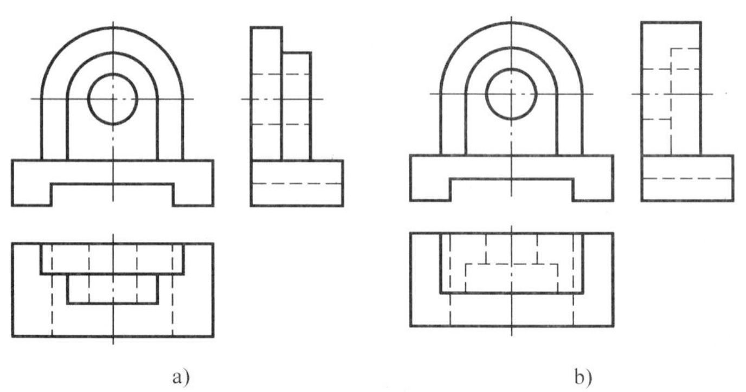

图 3-74

3-27　如图 3-75 所示，已知主、俯视图，补画左视图。

【解题分析】

本题与上题分析方法相同，该题俯视图相同，而主视图不同，主要从主视图中分析比较，再与俯视图对应关系找出两个形体的异同点，想出空间形状，从而完成左视图。这两个形体是由叠加和切割并用形成的，如图 3-76 所示的立体图。

【作图步骤】

作图步骤略。作图结果如图 3-77 所示。

a) b)

图 3-75

a) b)

图 3-76

a) b)

图 3-77

3-28 如图3-78所示，已知主、俯视图，补画左视图。

【解题分析】

本题所示的两个形体均由长方体切割成前后、左右对称的组合体。两个形体上部均开了拱形的通槽，其余在各自对称部位切去相应的长方体，如图3-79所示的立体图。

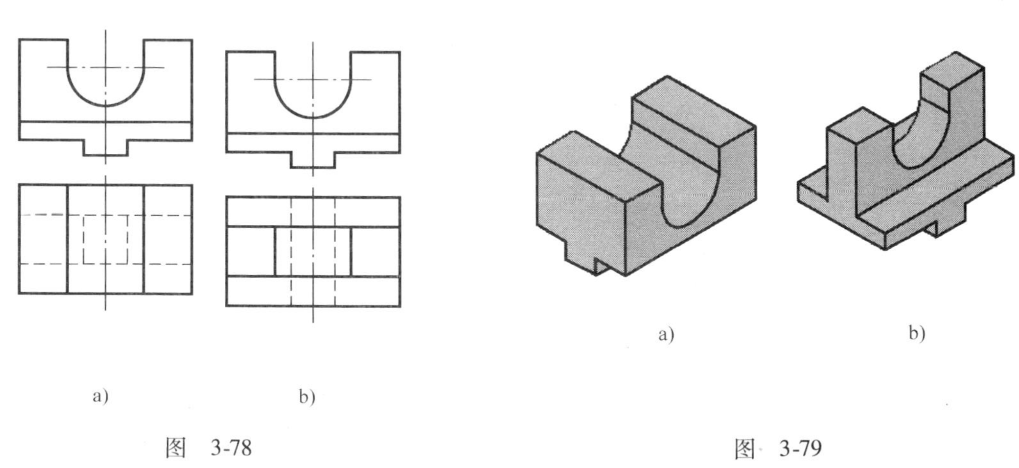

a) b)

图 3-78

a) b)

图 3-79

【作图步骤】

作图步骤略。作图结果如图 3-80 所示。

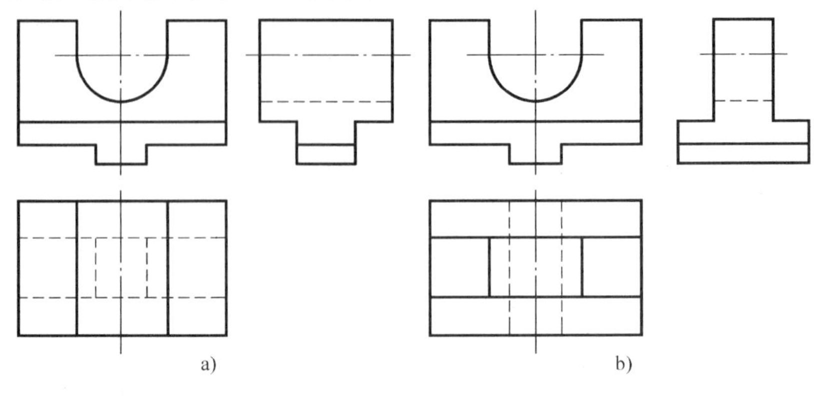

a) b)

图 3-80

3-29 如图 3-81 所示，已知主、左视图，补画俯视图。

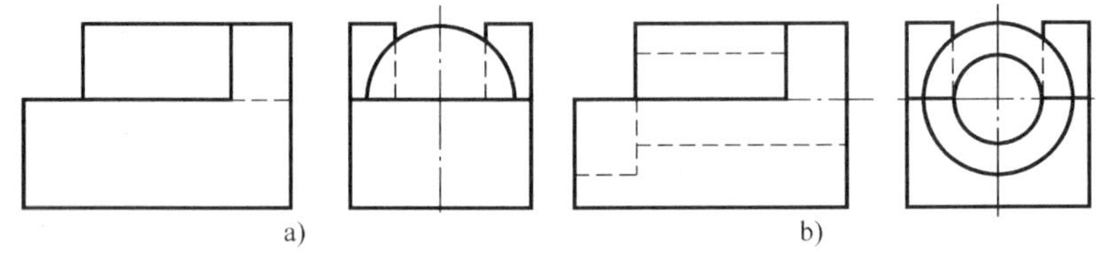

a) b)

图 3-81

【解题分析】

本题所示的两个形体主要是由长方体和圆柱体叠加形成的组合体。图 3-81a 所示的形体可看成由底部长方体，上部中间一个侧垂的半圆柱体和上部右端前后对称的两个小长方体三部分叠加而成。图 3-81b 所示的形体底部是长方体切割形成的半圆槽，在半圆槽上叠加一个圆筒，上部右端也是前后对称的两个小长方体，叠加和切割并用而成，如图 3-82 所示的立体图。

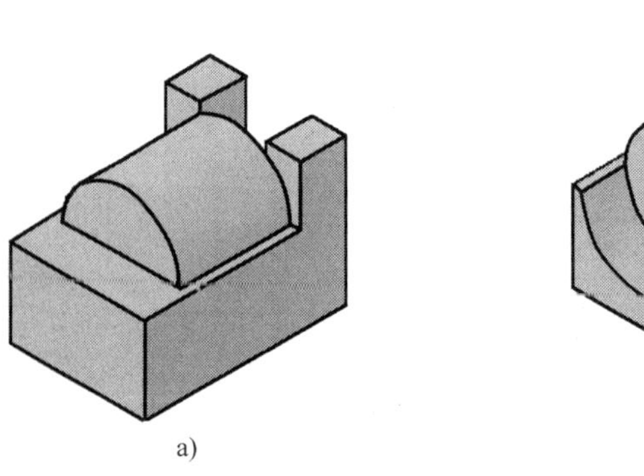

a)

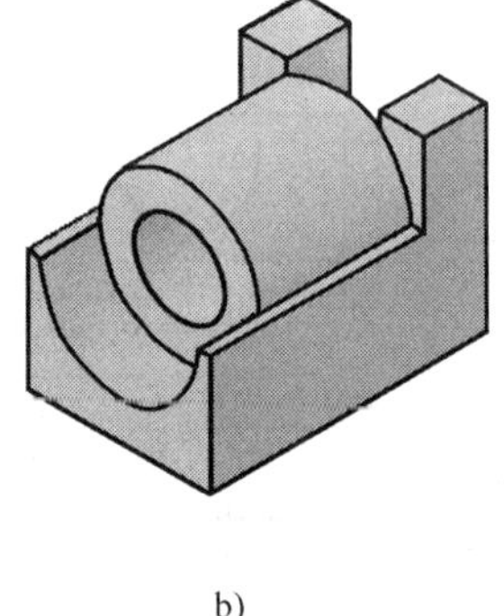

b)

图 3-82

【作图步骤】

作图步骤略。作图结果如图 3-83 所示。

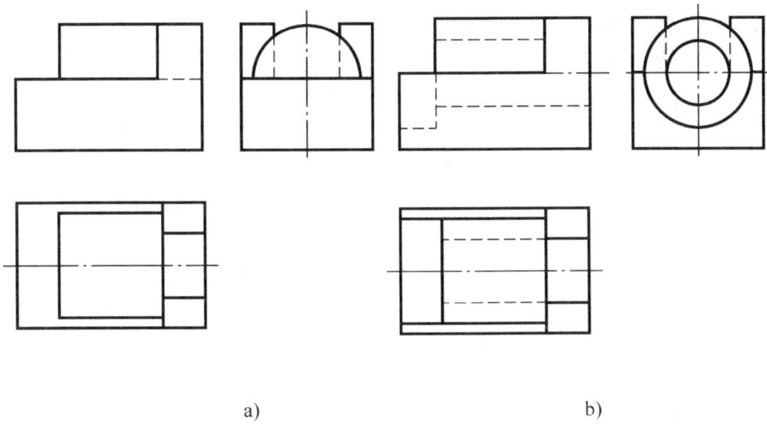

a)　　b)

图　3-83

3-30　如图 3-84 所示，已知主、俯视图，补画左视图。

【解题分析】

本题所示的两个形体极其相似，都是由两部分叠加而成的，如图 3-85 所示的立体图。求解时注意它们的区别。图 3-84a 所示的形体下部是一铅垂圆柱，上部是与圆柱同径的半球，再从前向后钻一圆柱通孔（孔轴线过半球心）。该通孔与半球相交时产生的相贯线是半个圆弧，其水平投影和侧面投影均为直线，与铅垂圆柱相交时产生的相贯线为一段曲线。图 3-84b 所示的形体下部是一铅垂圆柱，上部是与下部圆柱等径的正垂半圆柱，也可认为上部用半圆柱面切割下部的柱，再钻一通孔。其中，正垂半圆柱与铅垂圆柱等径相贯，相贯线为直线，另外，正垂圆柱孔与铅垂圆柱相交时产生的相贯线为曲线。

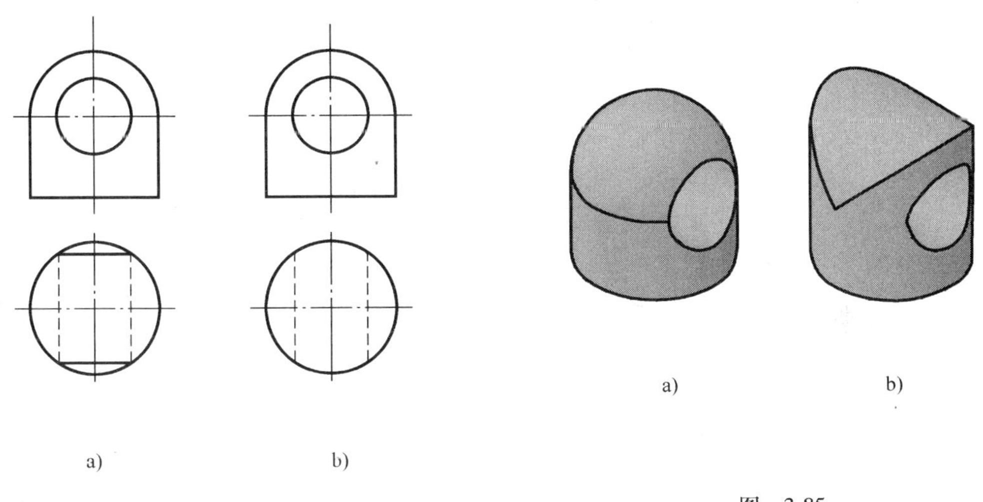

a)　　b)

图　3-84

a)　　b)

图　3-85

【作图步骤】

以图 3-84a 为例：

（1）先画半球与铅垂圆柱的左视图，分别为一半圆和一矩形线框（如部分双点画线所示）。

（2）再画正垂圆柱孔的转向轮廓线，为虚线。

（3）最后画柱、球，柱、柱相交时的交线（相贯线）

（4）检查加深，擦去多余线条。

作图结果如图 3-86 所示。

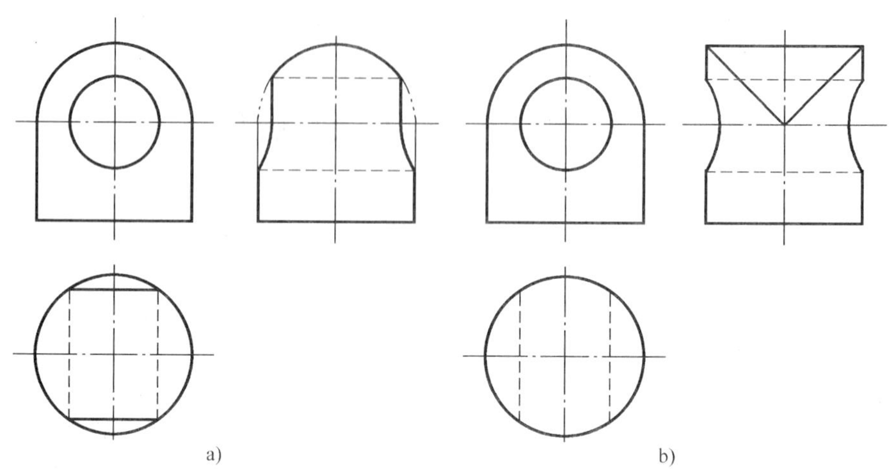

a) b)

图 3-86

3-31 （1）如图 3-87a 所示，已知主、俯视图，补画左视图。

（2）如图 3-87b 所示，已知左、俯视图，补画主视图。

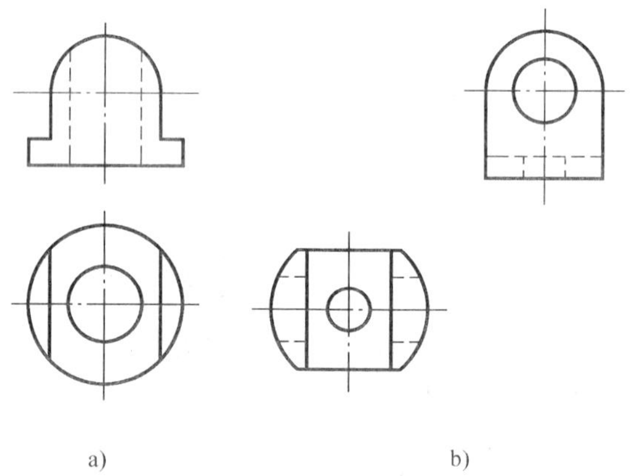

a) b)

图 3-87

【解题分析】

本题所示的两个形体均由上下两个圆柱体叠加后，再切割形成的组合体。其中图 3-87a 所示的形体下部一个铅垂圆柱体和上部一个正垂圆柱体叠加，图 3-87b 所示的形体由下部一个铅垂圆柱体和上部一个侧垂圆柱体叠加。这两小题考查平面切割圆柱体所产生的截交线及柱、柱相贯线的画法，如图 3-88 所示的立体图。

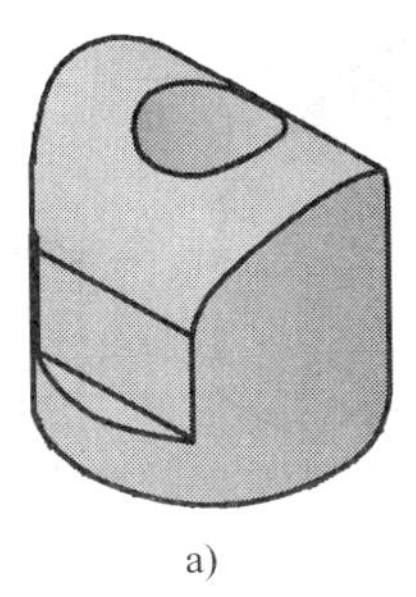
a)

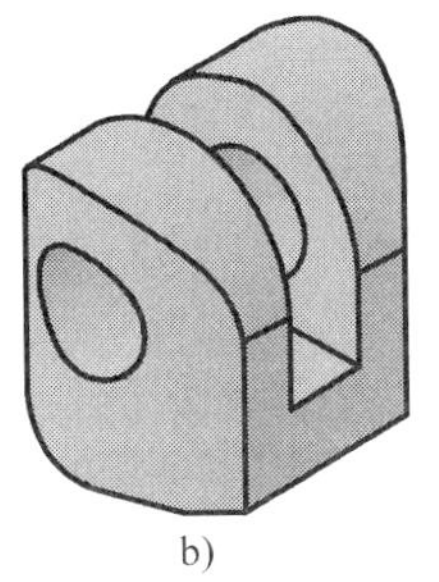
b)

图 3-88

【作图步骤】

以图 3-87a 为例:

(1) 画正垂、铅垂圆柱及铅垂圆柱孔的侧面投影。

(2) 画左右两侧平面与铅垂大圆柱的截交线，为两条平行素线，以及侧平面与水平面的交线。

(3) 画出正垂小圆柱与铅垂大圆柱、圆孔相交时产生的相贯线，其侧面投影为一段曲线。

作图结果如图 3-89 所示。

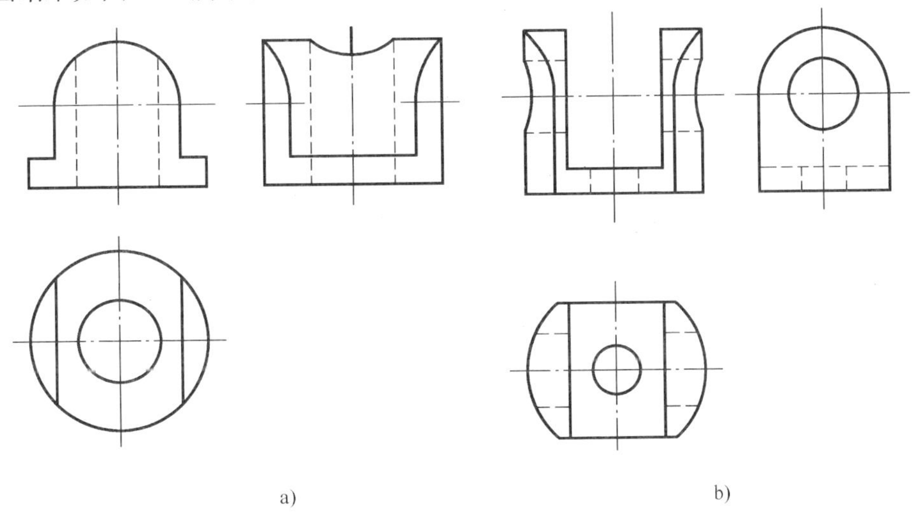
a) b)

图 3-89

3.3.4 构形设计

3-32 根据图 3-90 所给的主视图，设计出不同形状的组合体，补画出该组合体的另外两个视图。

【解题分析】

因为主视图只能确定形体的长度和高度，所以可通过改变宽度方向的形状和大小，设计出多种不同形体结构的组合体。设计的形体既可叠加也可切割形成，其基本形体可以看成是平面体，也可看成是回转体，如图 3-91 所示的立体图。本题只给出四种解，另有其他解可由读者自己分析补充。

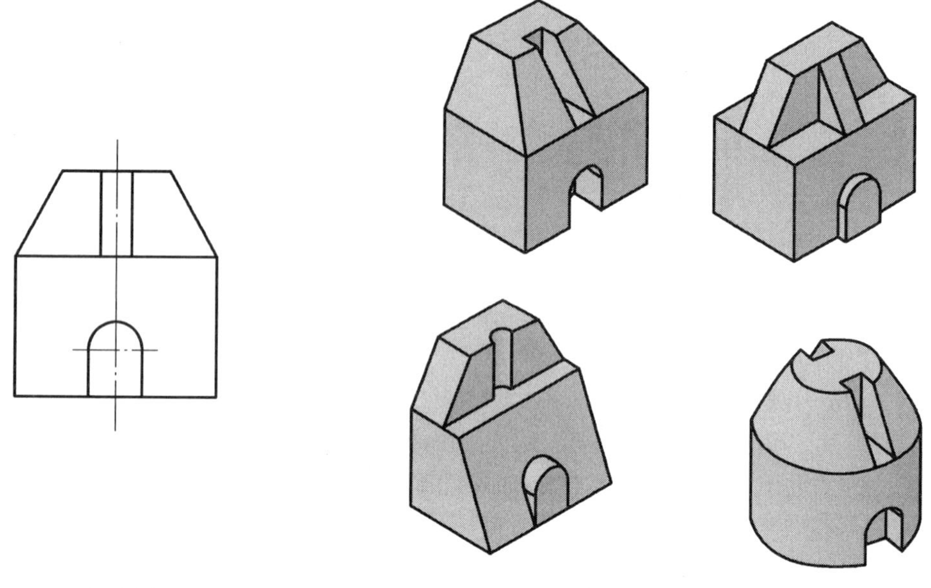

图 3-90 图 3-91

【作图步骤】

作图步骤略。作图结果如图 3-92 所示。

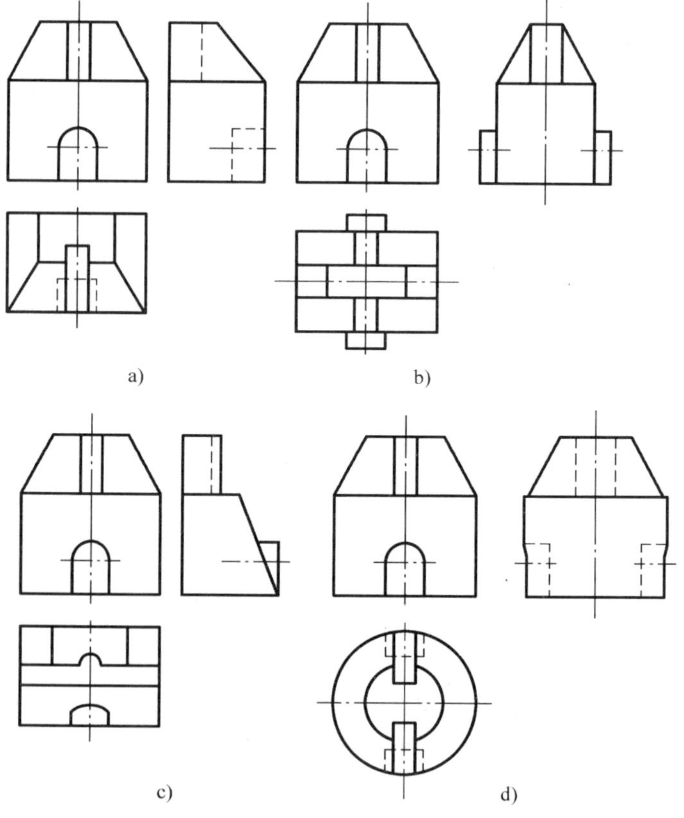

图 3-92

3-33 根据图3-93所给两面视图，设计出第三个视图。

【解题分析】

本题已给定了两面视图，虽然确定了形体的长、宽、高三个方向的尺寸，但可由立方体经过不同位置和不同形体切割而形成，如图3-94所示的立体图。按照主、俯两视图的对应规律，切割时应平（面）曲（面）交替、直（线）斜（线）交替。本题也是多解题，另有其他解可由读者自己分析补充。

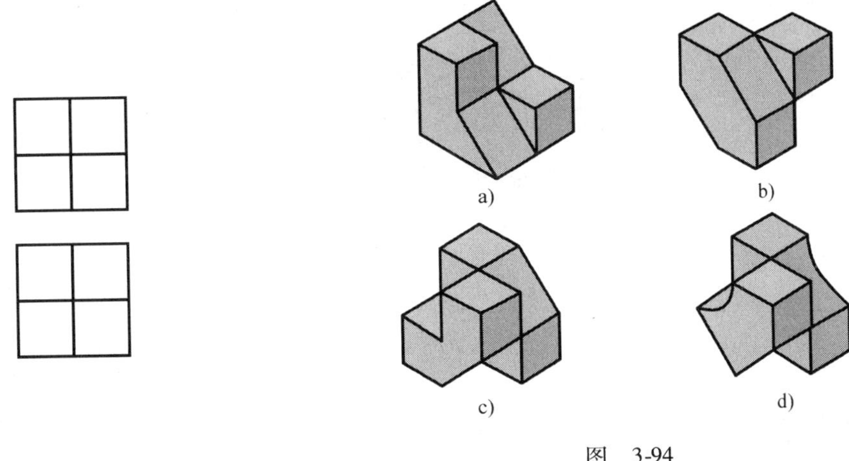

图 3-93

图 3-94

【作图步骤】

作图步骤略。作图结果如图3-95所示。

3-34 根据图3-96所给三视图，想象物体的形状，设计一个与之相嵌合成一个完整圆柱体的物体，并画出其三视图。

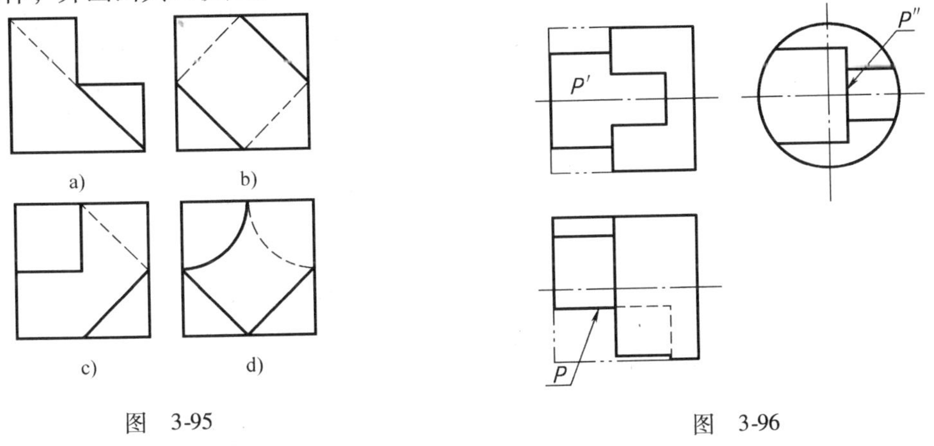

图 3-95

图 3-96

【解题分析】

这类题目一般来说，要设计的形体与已知形体原始形状应基本一致。如本题所给的是一被切割后的圆柱体，那么，构思出的形体也应是圆柱体，其特点是：已知形体为凸的部分，所求形体在该处就应是凹的，反之亦然。另外，要注意两个相互嵌合的圆柱体在高度上无关。

【作图步骤】

第一步：构思空间物体。如图3-97所示的立体图中Q面与P面形状全等，嵌合后二面贴合在一起。

第二步：画与已知物体嵌合的物体的三视图。作图结果如图3-98所示。

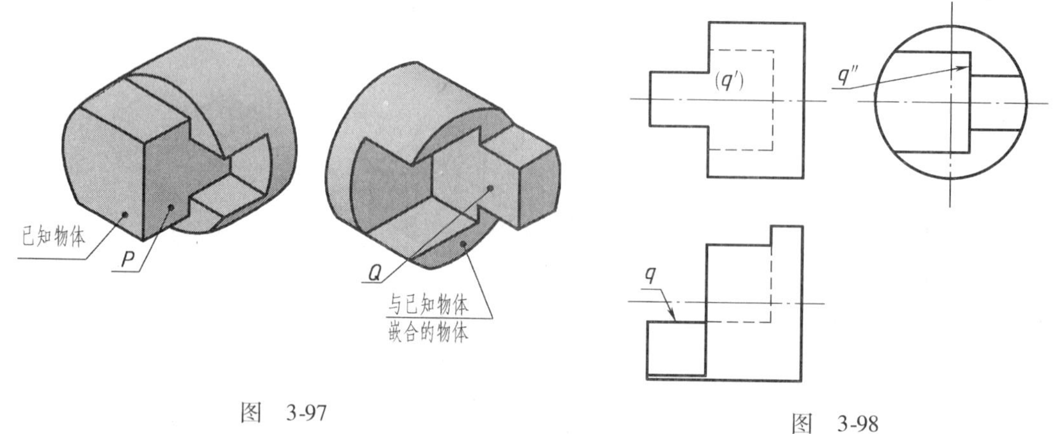

图 3-97　　图 3-98

3.4 自测题

1. 试述用形体分析法、线面分析法画组合体和看组合体的方法和步骤。
2. 试述标注组合体尺寸的方法和步骤。定位尺寸的含义是什么？
3. 已知主、俯视图（图3-99），找出正确的左视图。

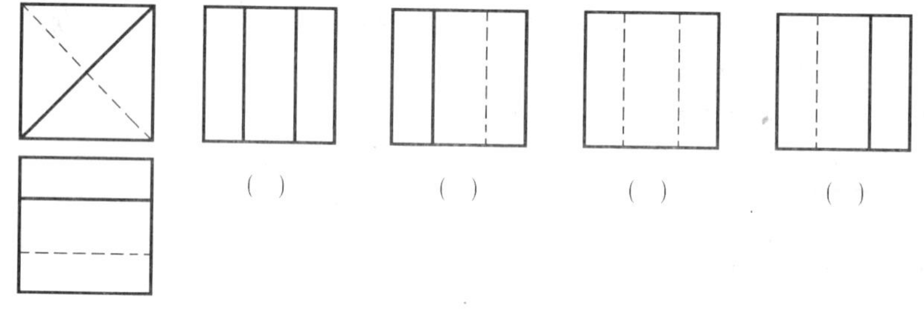

图 3-99

4. 根据所给的主视图（图3-100），请你设计出不同形状的组合体，再画出俯、左视图。

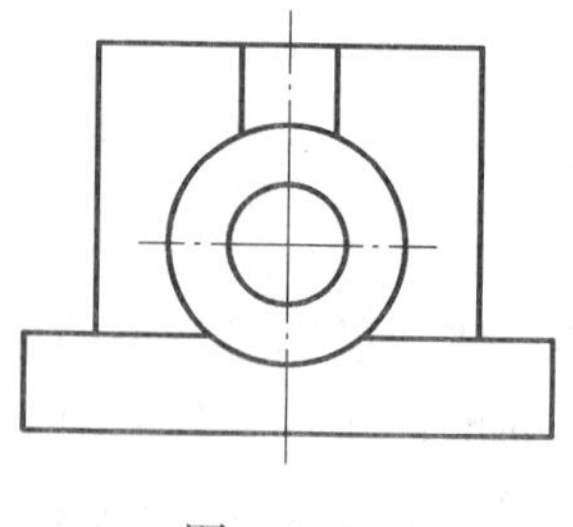

图 3-100

第 4 章　轴　测　图

4.1　内容要点

轴测图在工程上常用于产品样本和说明书中，工程技术人员常利用轴测图帮助理解、构思设计零部件的结构及形状等。本章着重介绍了轴测图的基本知识和常用画法。学会画轴测图不仅可以培养对图形的表达能力和提高产品的设计能力，而且对后继课程的学习和将来的工作实践都是有益的。

轴测图分为正轴测图和斜轴测图。其中正轴测图的投射方向垂直于轴测投影面，斜轴测图的投射方向倾斜于投影面。工程中常用的轴测图是正等轴测图和斜二等轴测图。

正等轴测图的轴间角均为 120°，三个轴的轴向伸缩系数也同为 0.82，简化为 1。常用的斜二等轴测图的轴间角为 $XOZ=90°$，$XOY=135°$，$YOZ=135°$，轴向伸缩系数为 $p=r=1$，$q=0.5$。

要注意选择轴测图的方法，方法不同则表达效果不同。正等轴测图适合于机件两个方向或三个方向上有曲线（圆）时采用。斜二等轴测图中，立体的正面平行于投影面形状不变，故机件的一个表面形状复杂或曲线（圆）较多时采用斜二等轴测图最为简便。轴测剖视图有利于清楚地表达组合体的内、外形状和装配体的工作原理及装配关系。它是通过采用两个平行于坐标面的相交平面剖切组合体，并移去组合体或装配体的 1/4 后获得的。

4.2　解题要领

绘制轴测图的题目类型取决于立体的性质和形状特征，一般画基本体的轴测图和组合体的轴测图，题目形式一般是根据给出的立体视图来绘制它的轴测图。在绘制轴测图时要注意以下几点：

（1）不同的轴测图的轴间角不同，其轴向伸缩系数也不同。

（2）要从最能表达物体形状结构特征的方向去看。

（3）画轴测图，要沿轴测轴方向测量形体的尺寸大小。

（4）立体上平行的线段，它们的轴测投影仍然相互平行；立体上平行于坐标轴的线段，其轴向伸缩系数与该坐标轴的轴向伸缩系数相同。

（5）要注意不同坐标平面上的椭圆长、短轴方向是不同的。

4.3　习题与解答

4.3.1　基本体的正等轴测图

4-1　作出图 4-1 所示组合体的正等轴测图。

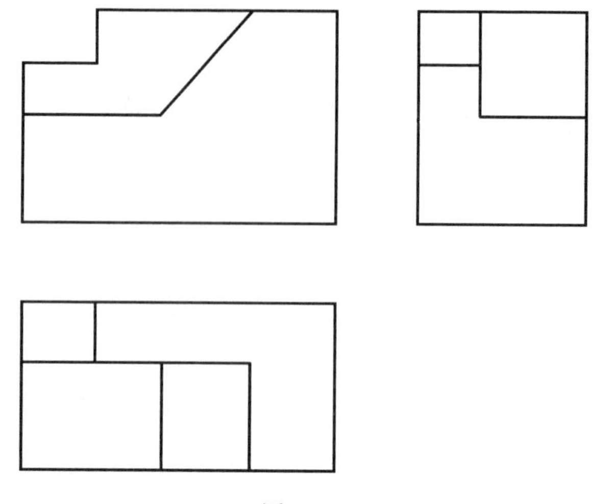

图 4-1

【解题分析】

该组合体可看做是一个长方体在左前方被一个正垂面和一个水平面截切，左后方被一个侧平面和一个水平面截切。

【作图步骤】

作图步骤略。作图结果如图 4-2 所示。

4-2 作出图 4-3 所示曲面立体的正等轴测图。

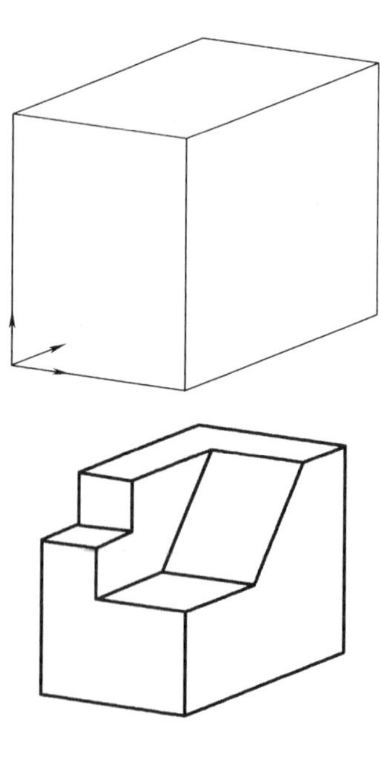

图 4-2

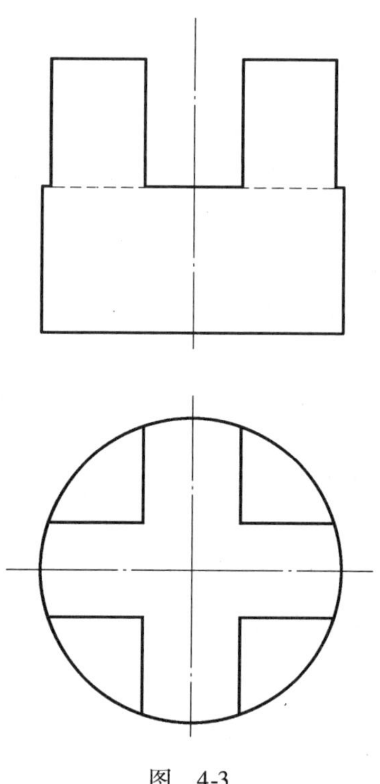

图 4-3

【解题分析】

该形体可假想由圆柱切割而成。其上半部分被切掉部分形体。由于该圆柱的假想顶面和底面都是水平面，于是取顶圆的中心为原点，顶圆采用四心扁圆代替轴测椭圆，底圆采用移心法画成。

【作图步骤】

（1）作轴测图和圆柱的部分轮廓。

（2）完成整个轮廓并加深，如图4-4所示。

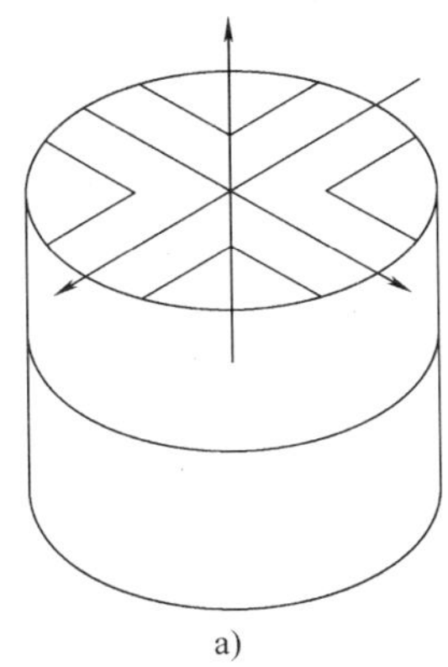

a)

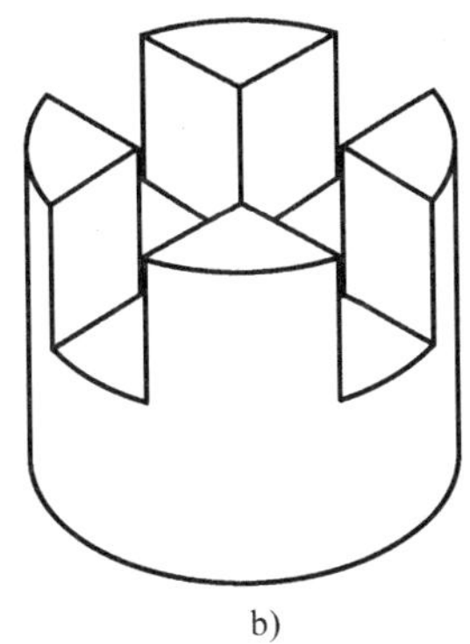

b)

图 4-4

4.3.2 组合体的正等轴测图

4-3 图4-5所示为组合体的三视图，画出该组合体的正等轴测图。

【解题分析】

对于能从基本形体切割得到的物体，可先画出基本形体的轴测投影，然后在轴测投影中把应去掉的部分切去，从而得到所需的轴测图。该组合体可看做是一个长方体上叠加一个棱台，上方的棱台被两个正平面和一个水平面从左向右切出一个槽。

【作图步骤】

作图步骤略。作图结果如图4-6所示。

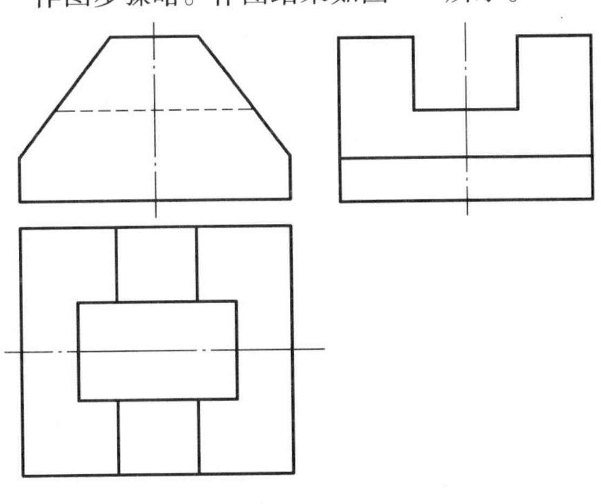

图 4-5

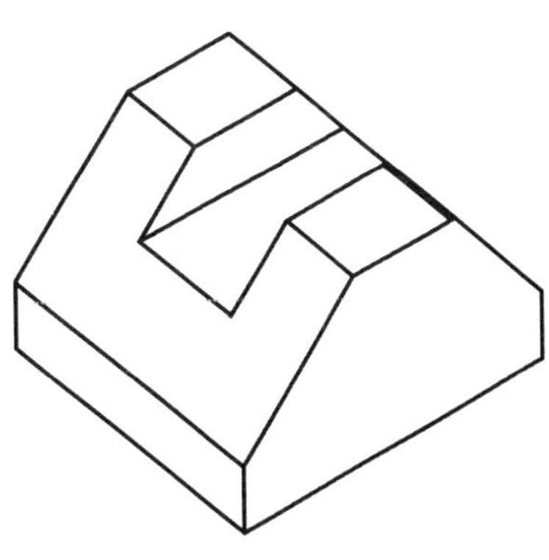

图 4-6

4-4 图 4-7 所示为组合体的主、俯视图，画出该组合体的正等轴测图。

【解题分析】

该组合体由带两个小圆孔的长方形底板和有圆孔的半圆板组成。半圆板和圆孔的轴测投影为部分椭圆和椭圆，可用四心圆法画出。

【作图步骤】

作图步骤略。作图要领：半圆板和圆孔前、后两椭圆，圆中心沿 y 方向移动 H_1，由于 $H_1 < K_1$ 则后圆可见；底板上的上、下两椭圆，圆中心沿 z 方向移动 H_2，由于 $H_2 > K_2$，则后圆不可见。作图结果如图 4-8 所示。

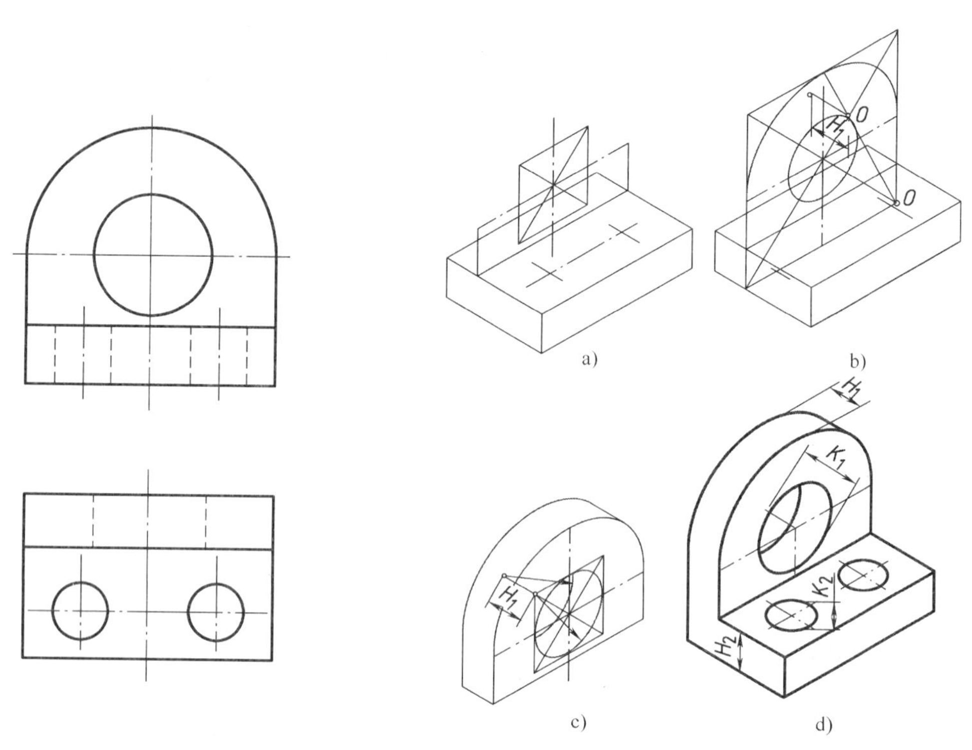

图 4-7

图 4-8

4-5 图 4-9 所示为支架的两视图，画出其正等轴测图。

【解题分析】

支架由上、下两块板组成，上面一块竖板，其顶部是圆柱面，两侧壁与圆柱面相切，中间有一个圆柱孔。下面是一块长方形的底板，中间有一个半圆柱孔。原点坐标、竖板上的圆柱面、圆柱孔及底板上的半圆柱孔的画法如图 4-10 所示。

【作图步骤】

作图步骤略。

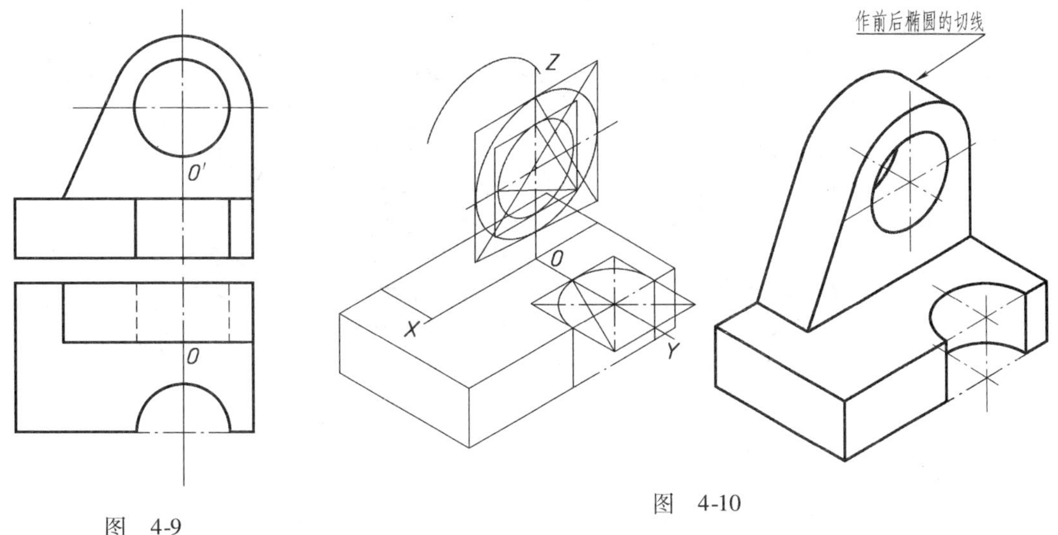

图 4-9

图 4-10

4-6 画出图 4-11 所示三视图的正等轴测图。

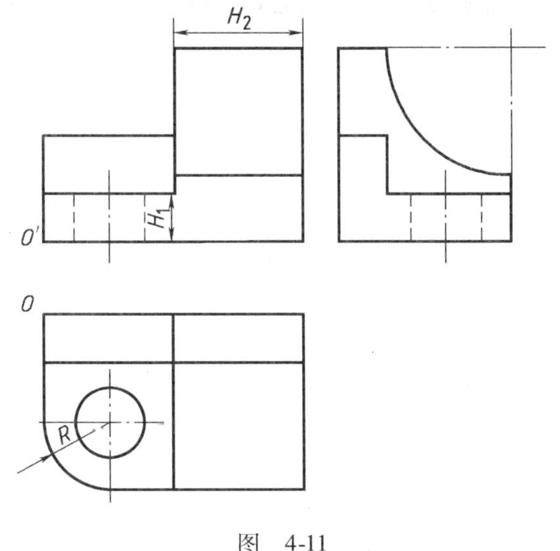

图 4-11

【解题分析】

底板上圆角的画法如图 4-12a 所示，在轴测图上量取圆角半径 R，自量取点作边线的垂线，以两垂线的交点为圆心、垂线长为半径画弧，圆心向下移 H_1，作底面圆角。该组合体右半部分有 1/4 侧垂圆，其轴测投影的画法如图 4-12a 所示。

【作图步骤】

作图步骤略，作图结果如图 4-12b 所示。

4.3.3 斜二等轴测图

4-7 画出图 4-13 所示轴承座的斜二等轴测图。

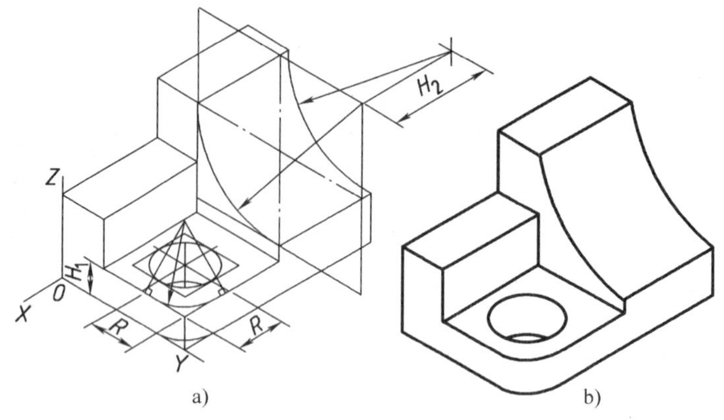

a) b)

图 4-12

【解题分析】

从主视图可知，该轴承座的半圆柱面及小圆孔和圆角均与 *V* 面平行，它们在正面斜二等轴测图中反映实形，所以选用正面斜二等轴测图既能清楚地表达轴承座的结构，又使作图较为简便。

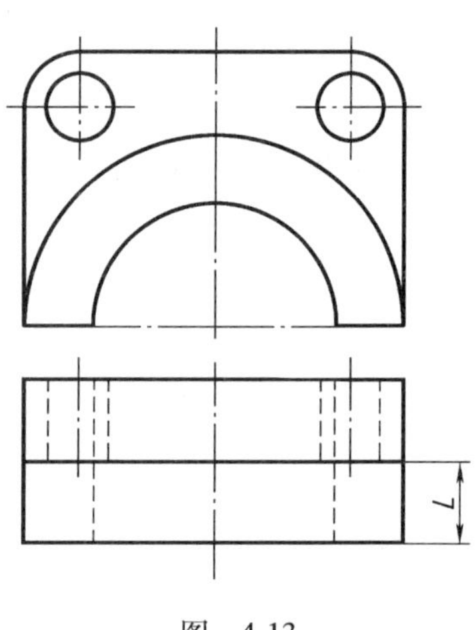

图 4-13

【作图步骤】

（1）作轴测轴，并在 *Y* 轴上量取 *L*/2 定出半圆柱后端面的圆心及竖板的位置，并由此定出竖板上两个小圆孔及圆角的圆心，如图 4-14a 所示。

（2）作出半圆柱和半圆孔前、后端面的轴测投影，竖板上小圆孔和圆角的轴测投影，分别仍是半圆及圆，如图 4-14b 所示。

（3）作出端面半圆及圆角的切线，并画出其他的轮廓线，如图 4-14c 所示。

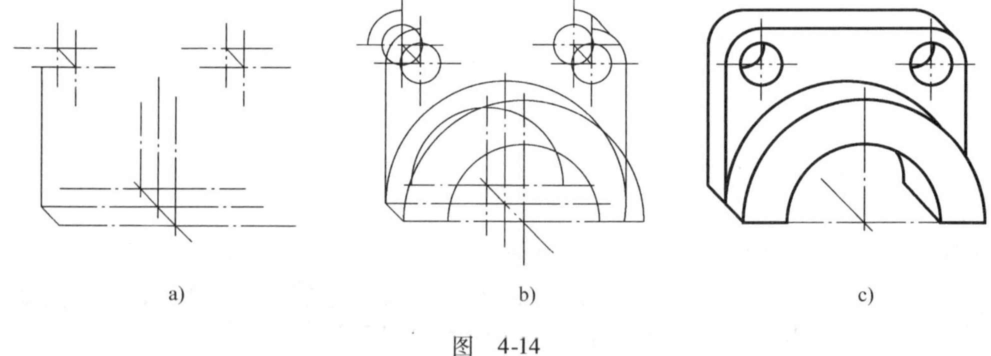
a) b) c)

图 4-14

4-8 画出图 4-15 所示支座的斜二等轴测图。

【解题分析】

支座的下半部分为带槽的圆柱筒，上部的长方体上有 U 形槽及小圆孔，这些结构均与 *V* 面平行，所以选用正面斜二测图作图较为简便。

【作图步骤】

作图步骤略。作图结果如图 4-16 所示。

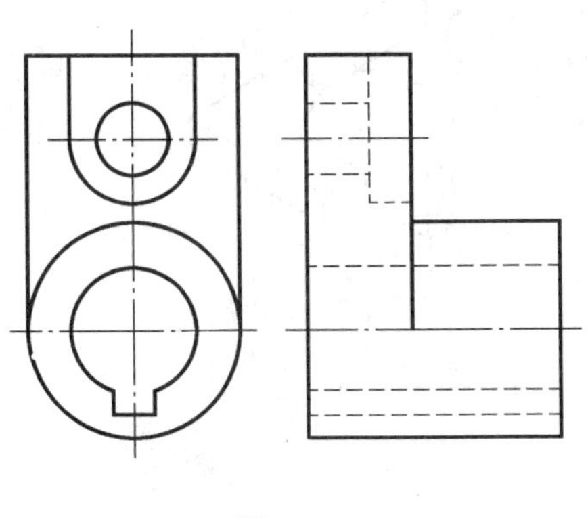

图 4-15

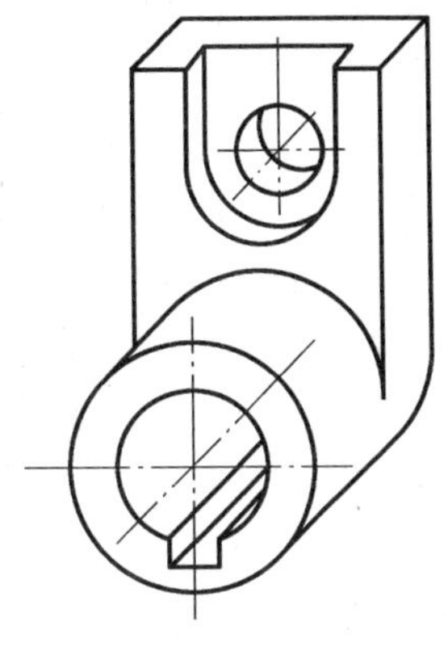

图 4-16

4.3.4 轴测剖视图

4-9 根据图 4-17 所示的剖视图绘制轴测剖视图（正等测）。

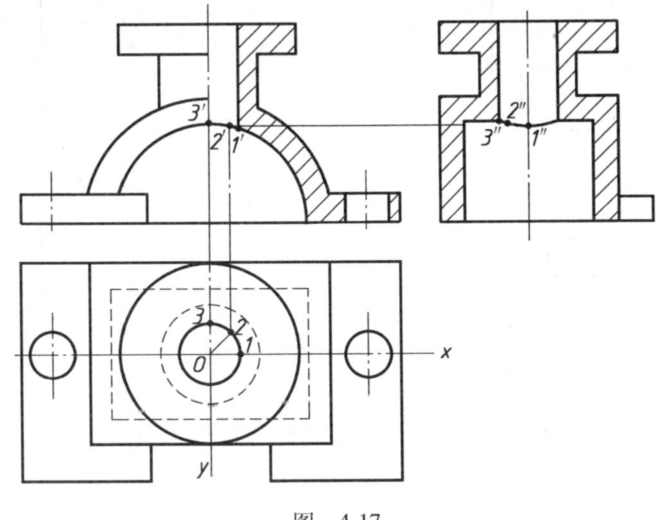

图 4-17

【解题分析】

该形体下部是一中空的半圆柱箱体结构，左右各有一块带圆孔的长方形底板。上部有两个直立的圆柱，并且中间有孔与中空的半圆柱贯通。

【作图步骤】

（1）画出断面形状的轴测图，如图 4-18a 所示。

（2）画出和断面有关系的形状。

（3）将其余可见形状画出。然后画剖面线，如图 4-18b 所示。

注意：上部圆柱孔与下部半圆柱孔相交所形成的相贯线，其轴测投影用坐标法画出。根据三视图中相贯线上点的坐标，画出它们的轴测投影，然后用曲线板光滑连接各点。

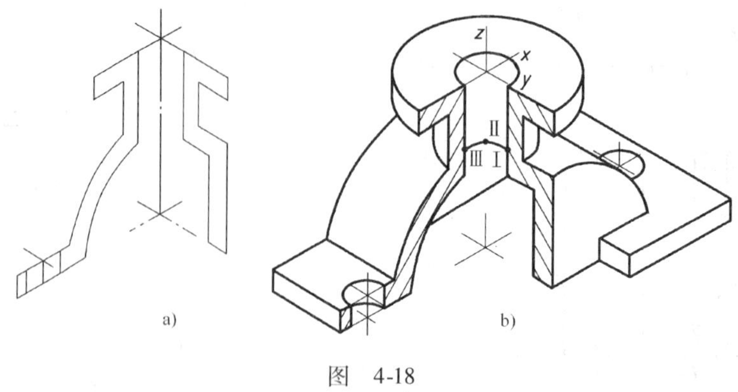

图　4-18

4.4　自测题

1. 根据图 4-19 所示组合体的主、俯两个视图，画出组合体的正等轴测图。
2. 根据图 4-20 所示组合体的三个视图，画出组合体的正等轴测图。

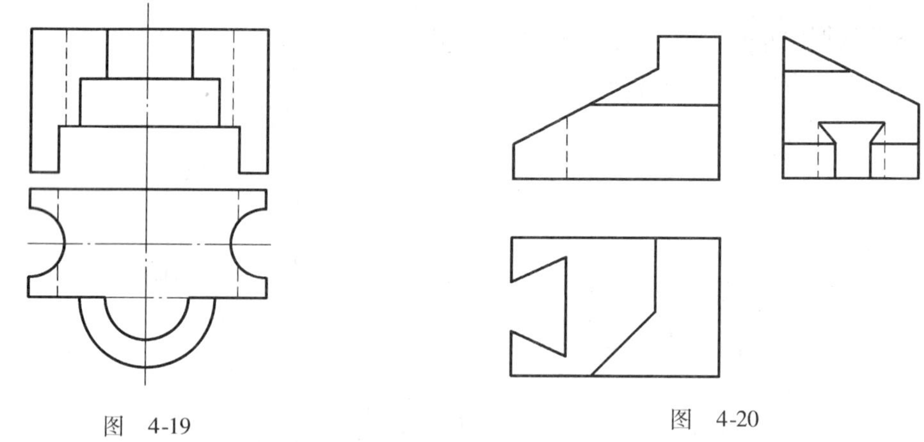

图　4-19　　　　图　4-20

3. 根据图 4-21 所示组合体的主、俯两个视图，画出该组合体的斜二等轴测图。
4. 根据图 4-22 所示组合体的主、左两个视图，画出该组合体的斜二等轴测图。

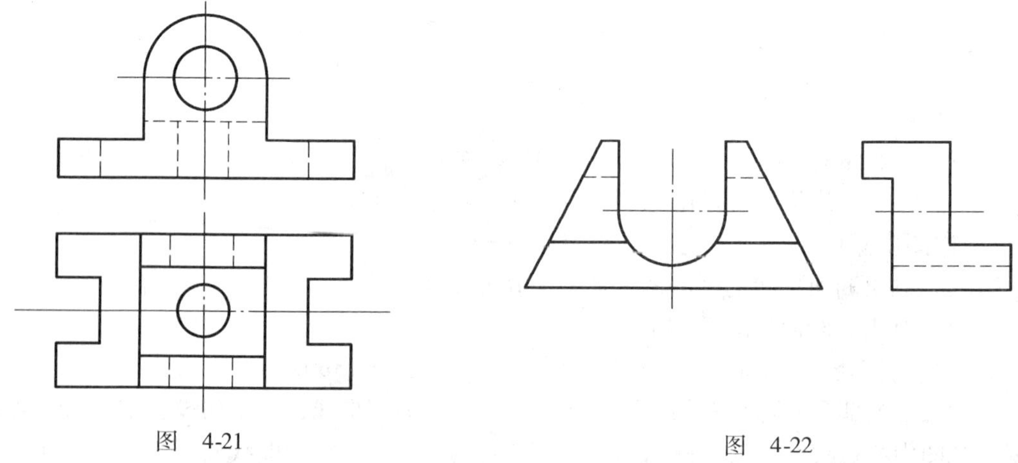

图　4-21　　　　图　4-22

第 5 章　机件常用的表达方法

5.1　内容要点

机件的结构形状是多种多样的。在表达它们时，应当根据其结构特点，既要完整、清晰地表达出机件的内、外结构形状，又要力求制图简便。为此，机械制图国家标准中的“图样画法”对视图、剖视图、断面图和简化画法等都作了规定。学习时，必须掌握好机件的各种表达方法的特点、画法，以及图形的配置和标注方法，以便能够灵活地运用。

机件的各种表达方法种类很多，常用的表达方法归纳如下。

1. 视图

机件向投影面投射所得的图形称为视图。视图主要用来表达机件的外部形状，其分类及适用情况见表 5-1。

表 5-1　视图的分类及适用情况

分　　类	适用情况	标注要求
基本视图：机件向基本投影面投射并按规定方式配置所得的视图	用于表达机件的外形	不加标注
向视图：机件向基本投影面投射，可自由配置的视图	充分地利用图纸幅面	在视图上方标注视图的名称“×”，在相应的视图附近用带相同字母“×”的箭头指明投射方向
局部视图：机件的某一部分向基本投影面投射所得的视图	用于表达机件的局部外形	若局部视图按基本视图的方式配置，中间没有其他图形隔开时，可省略标注
斜视图：机件向不平行于任何基本投影面的平面投射所得的视图	用于表达机件倾斜部分的外形	斜视图标注时，表示投射方向的箭头应垂直于倾斜表面，但字母的字头总是向上的

2. 剖视图

假想用一剖切面（平面或柱面）剖开机件，将处在观察者与剖切面之间的部分移去，而将其余部分向投影面投射所得的图形称为剖视图。剖视图主要用于表达机件内部的结构形状。其分类及适用情况见表 5-2。

表 5-2　剖视图的分类及适用情况

<table>
<tr><th>分　　类</th><th>适用情况</th><th>标注要求</th></tr>
<tr><td>全剖视：用剖切平面完全地剖开机件所得的剖视图</td><td>用于表达机件的整个内形</td><td rowspan="3">在剖切平面的起、讫、转折处画出剖切符号并注上字母，在起、讫的剖切符号外侧画出箭头表示投射方向。在所画的剖视图上方中间位置用相同的字母标注出其名称“×—×”
除单一剖切平面通过机件的对称面，可省略标注外，其余剖切方法均需标注</td></tr>
<tr><td>半剖视图：当机件具有对称平面时，在垂直于对称面的投影面上投射时，以对称中心线为界，一半画成剖视图，另一半画成视图</td><td>用于表达机件有对称平面的外形与内形</td></tr>
<tr><td>局部剖视图：用剖切面局部地剖开机件所得的剖视图</td><td>用于表达机件的局部内形和保留机件的局部外形</td></tr>
</table>

3. 断面图

假想用一剖切面（平面或柱面）剖开机件，仅画出断面的图形称为断面图。断面图的分类及适用情况见表5-3。

表5-3　断面图的分类及适用情况

分　类	适用情况	标　注　要　求
移出断面：画在视图外的断面，其轮廓线用粗实线绘制	用于表达机件局部结构的断面形状	画在剖切符号延长线上时，断面图形对称，可省略标注；断面图形不对称，可省略字母 画在其他位置时，断面图形对称，可省略箭头；断面图形不对称，要完整标注，标注带箭头的剖切符号，并注写字母 重合断面图的标注与移出断面图画在剖切符号延长线上时的标注相同
重合断面：画在视图内的断面，其轮廓线用细实线绘制	用于表达机件局部结构的断面形状，在不影响图形清晰的情况下采用	

5.2　解题要领

本章习题围绕上述内容设置，主要是为了帮助读者切实掌握好各种表达方法、画法、图形的配置和标注方法，以便能够灵活地运用它们来完整、清晰地表达机件的内、外结构形状。解题时，参照“组合体”一章中读图的方法，先运用形体分析法，分解组成机件的各基本形体，再用线面分析法补充，读懂题目所给视图，并想象出机件形状，然后根据题目要求选择合适的表达方法（视图、剖视图或断面图等）并画图。

5.3　习题与解答

5.3.1　视图

5-1　根据图5-1所示机件的三视图，以及图5-2所示的零件图，补画另外三个基本视图。

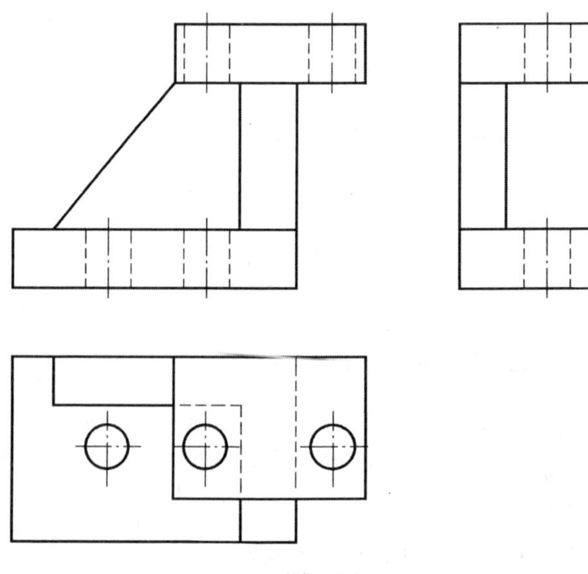

图　5-1

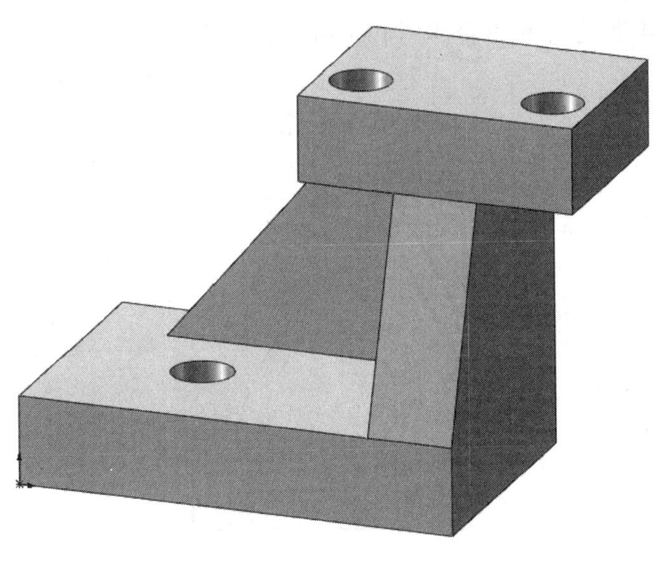

图　5-2

【解题分析】

由于主视图和后视图是分别从机件前、后投射的，所以这两个视图的形状以铅垂线为轴线，左、右对称；同理，俯视图与仰视图的形状以水平线为轴线，上、下对称；左视图与右视图的形状也以铅垂线为轴线，左、右对称。同时要注意区分主视图与后视图、俯视图与仰视图、左视图与右视图的可见性相逆的对应关系。例如，由于该形体后壁是平齐的一个面，所以原来在主视图上某些可见的轮廓线，在后视图上成为不可见的轮廓线，画成虚线。作图时要注意六个基本视图之间应符合“长对正、高平齐、宽相等”的投影规律。

【作图步骤】

参照立体图读懂已给视图，画右视图、后视图和仰视图，作图结果如图 5-3 所示。

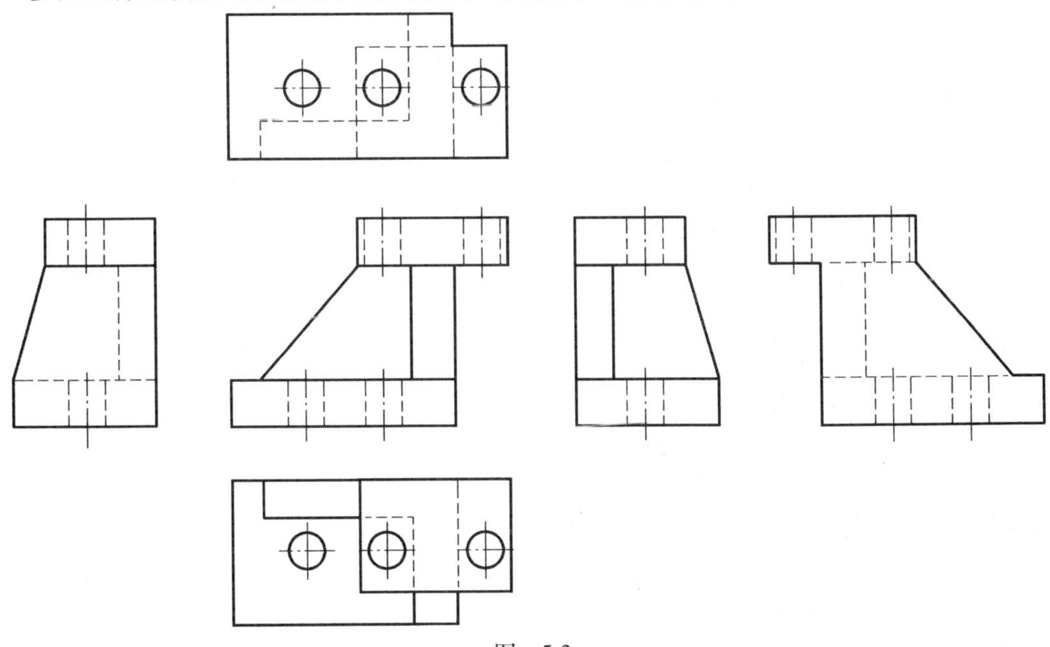

图　5-3

5-2 根据图 5-4 所给弯管的立体图和主视图，试选择适当的视图，将其形状表达清楚。

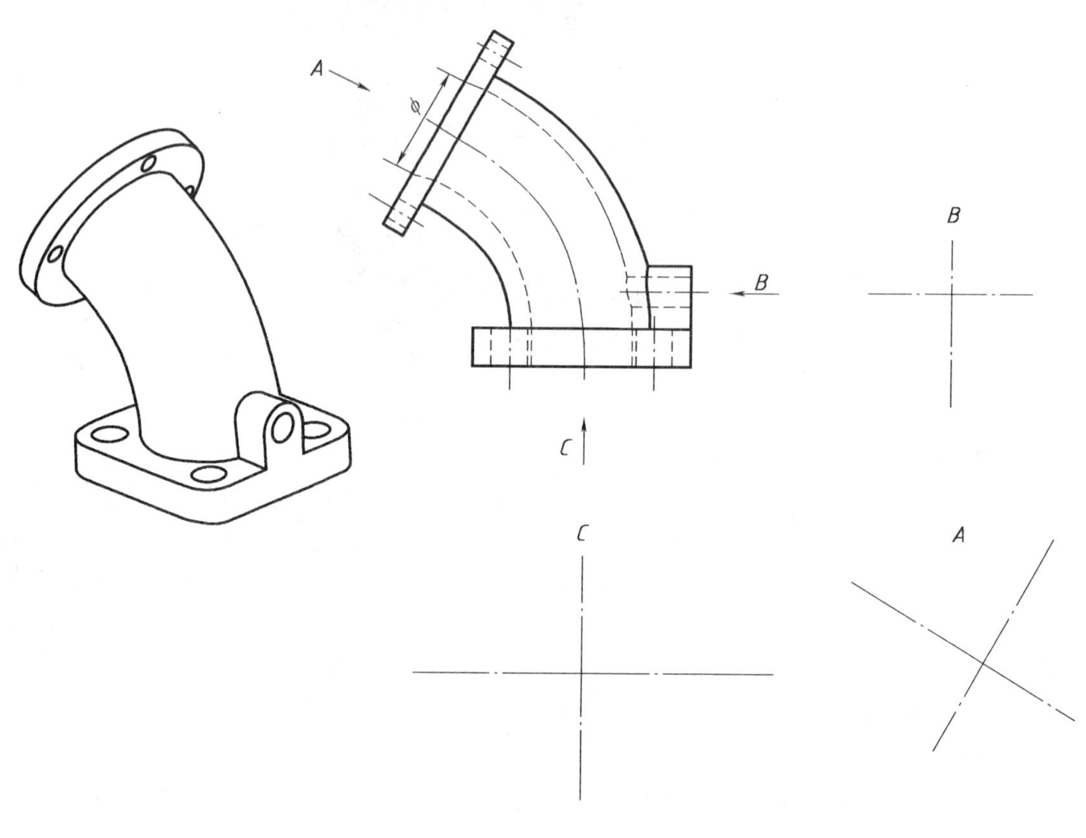

图 5-4

【解题分析】

题 5-2 中，六个基本视图可将各种类型的机件形状基本表达清楚，但选择什么样的视图和用多少视图比较恰当，则需要根据机件的形状特点来确定。

当机件的倾斜部分在基本视图中不能反映出真实形状时，可用斜视图；当某一局部没有表示清楚，可用局部视图。

本例所示弯管，其左上方的凸缘、底板及右下方的小凸台在主视图上没有表示清楚形状特征。上凸缘是倾斜的，可采用斜视图；底板及小凸台可以采用局部视图。这样，采用一个主视图、一个斜视图和两个局部视图来表达弯管，就显得既清楚又合理。

表示凸缘的斜视图及底板的局部视图外形轮廓是完整的，其图形为封闭的粗实线轮廓，所以省略波浪线；小凸台的局部视图轮廓线不完整，断裂边界应用波浪线来表示。考虑布局的原因，解题中各视图均未按投影关系配置，所以各视图都必须标注，如图 5-5 所示。

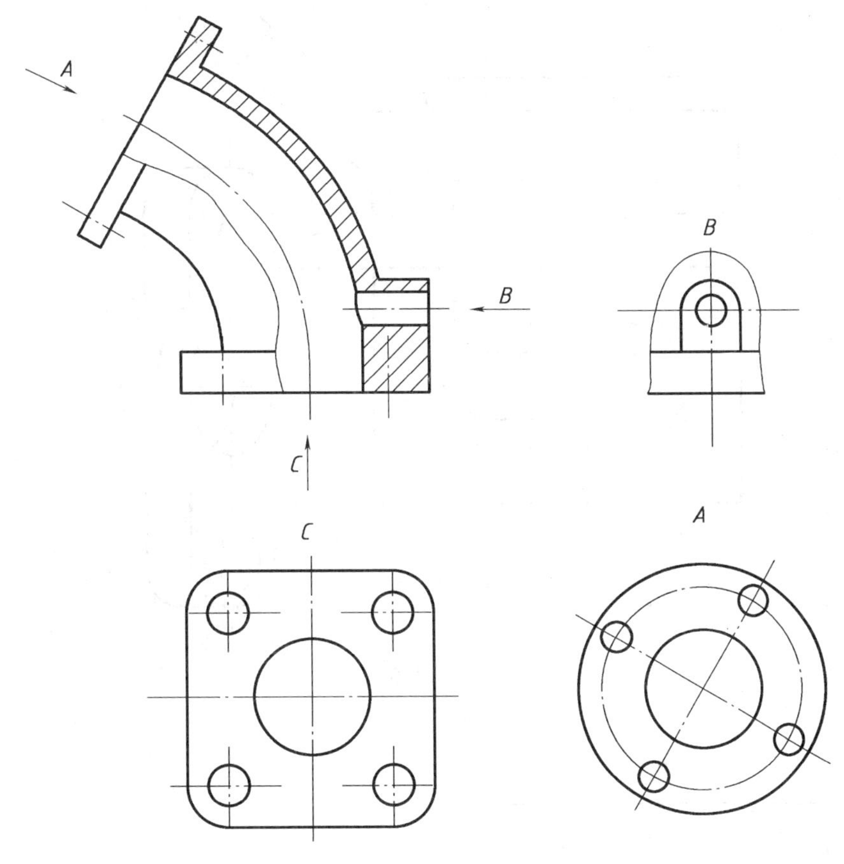

图　5-5

【作图步骤】

画出 *A* 向斜视图和 *B* 向、*C* 向局部视图。

5-3　如图 5-6 所示，补画 *A* 向斜视图和 *B* 向局部视图。

【解题分析】

本例已给出主、俯两个视图。由于其右上方部分不平行于基本投影面，在已给俯视图中不能反映实形，作图、看图均不方便，为了反映其实形，应作 *A* 向斜视图；底板下面的开槽结构在俯视图上用虚线表示，不便于看图，应作 *B* 向局部视图。

斜视图一般应放在投影方向所指位置，但也可根据图纸需要，画在别处和作适当旋转，并在标注时加旋转符号予以说明。

【作图步骤】

（1）画出主视图和俯视图，俯视图上对该形体的倾斜部分用波浪线断开不画。

（2）画出 *A* 向斜视图和 *B* 向局部视图。作图结果如图 5-7 所示。

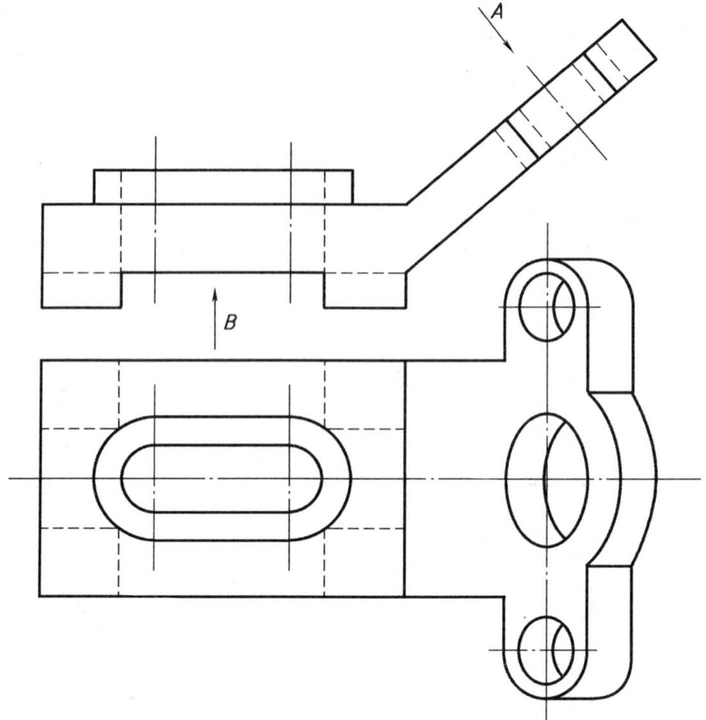

图 5-6

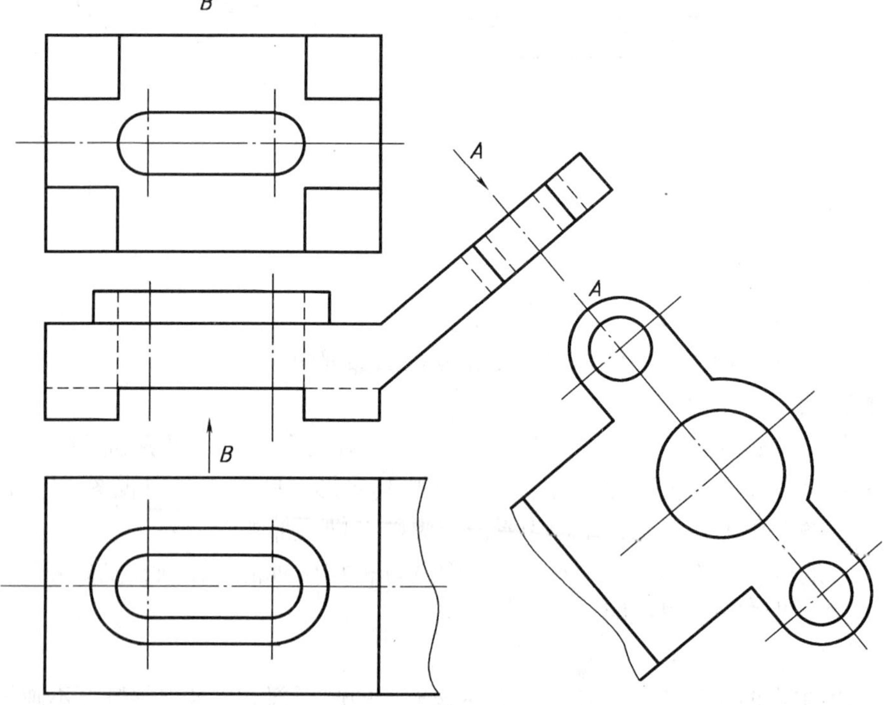

图 5-7

5.3.2 剖视图

5-4 将图5-8所示机件的主视图画成全剖视图。

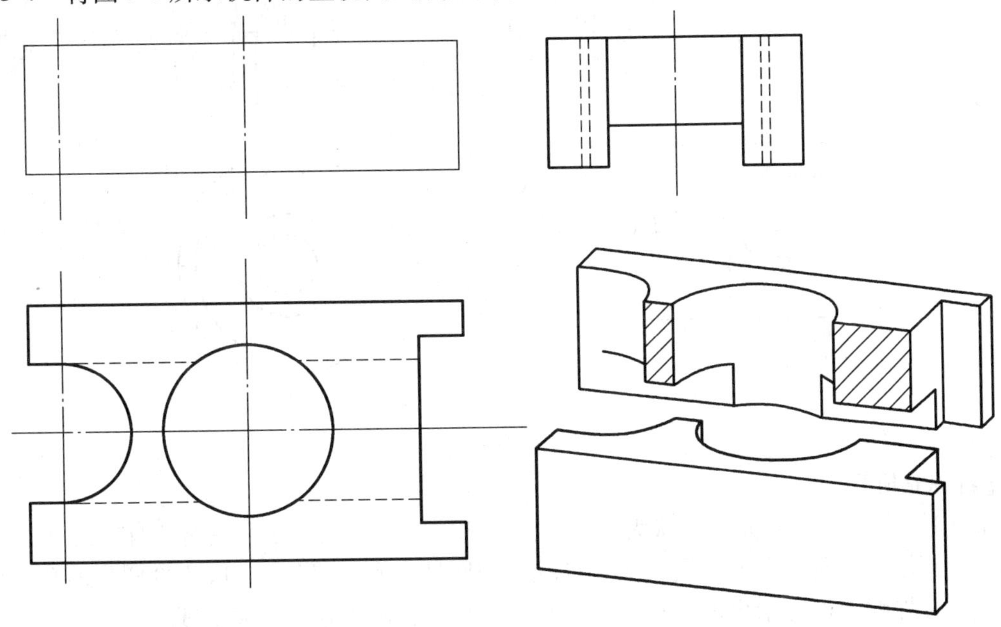

图 5-8

【解题分析】

根据剖视图的概念和画法，剖视图中除了画出断面的投影图形外，还应画出断面后方所有可见部分，并应在断面上画出剖面符号。由于剖切是假想的，虽然机件的某个视图画成剖视图，但机件仍是完整的，其他图形不受其影响。

【作图步骤】

运用形体分析法，结合立体图，读懂已给视图，画出全剖的主视图。作图结果如图5-9所示。

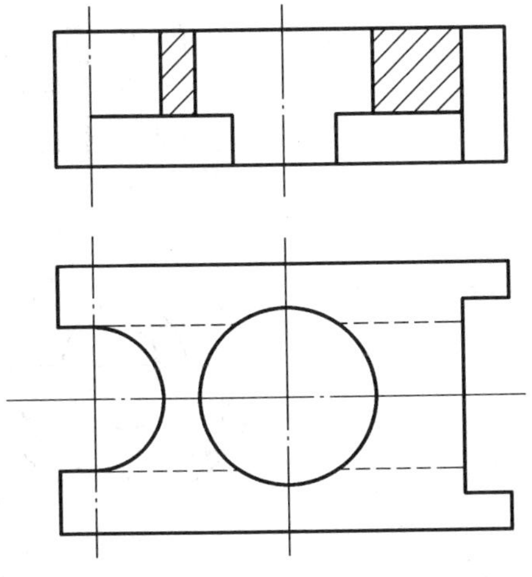

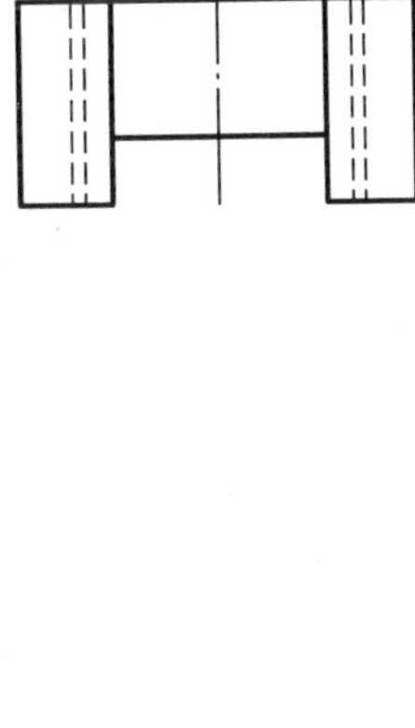

图 5-9

5-5 补画图 5-10 所示的主视图（全剖视）中漏画的图线。

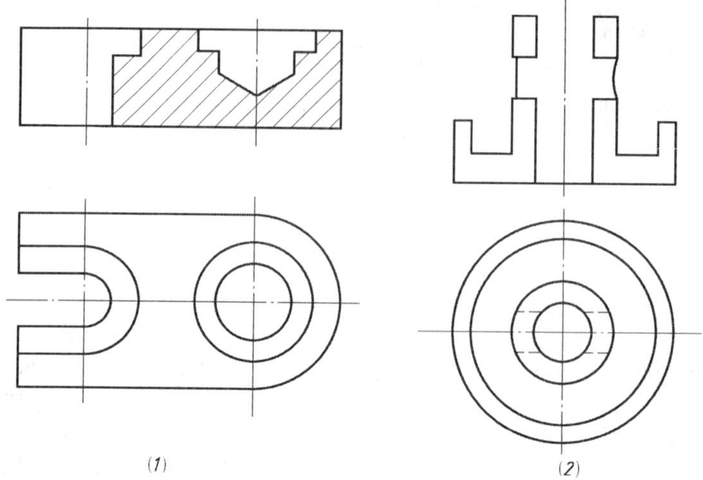

图 5-10

【解题分析】

第（1）题：该形体原始形状为一长方体右侧加一半圆柱组成，左侧开有一阶梯状 U 形通槽，右侧钻有一阶梯形不通孔（大圆柱孔、小圆柱孔和圆锥坑），这些阶梯形的孔、槽之间均应有分界线，但在给出的主视图中未画出。故应补画出这些漏画的线。

第（2）题：该形体由带有圆柱形凹腔的扁圆柱加上中部的圆柱筒组成，圆柱筒左边开有方槽，右边有一个圆柱孔。主视图是全剖视图，缺少的图线是圆柱筒左边方槽与右边孔与其内表面相交时所产生的相贯线的投影，还有圆柱形凹腔及圆柱筒的上端面—这些回转体端面“积聚性”投影所形成的图线。

【作图步骤】

补画主视图（全剖视）缺少的所有图线，如图 5-11 所示。

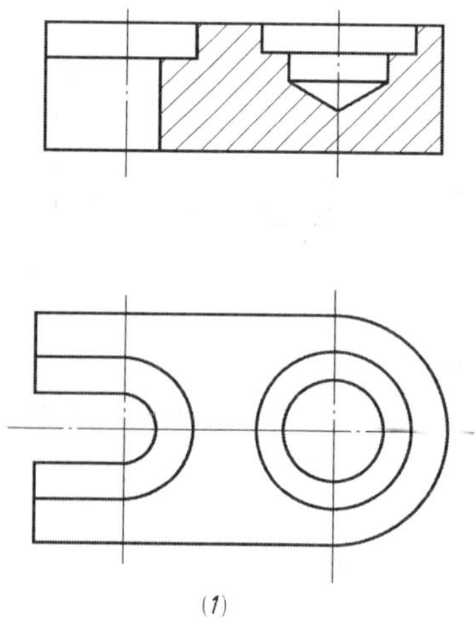

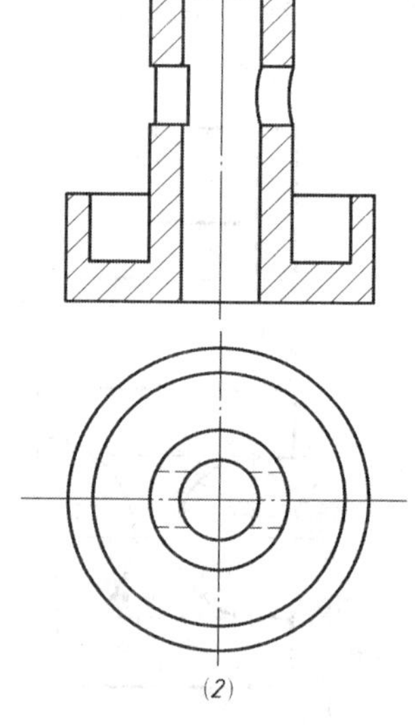

图 5-11

5-6　补画图 5-12 所示剖视图中漏画的线。

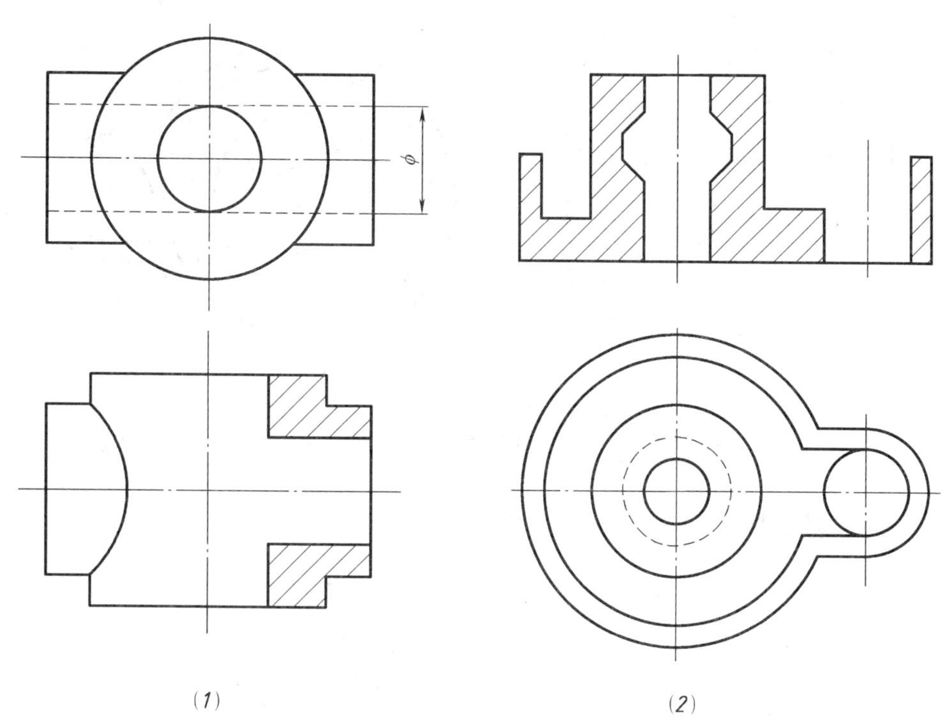

图　5-12

【解题分析】

第（1）题：俯视图为半剖视图，需补画俯视图中的漏线。该形体由正垂方向和侧垂方向的两个圆柱筒正交组成，其中两个正交孔的直径相等，其交线为相贯线的特殊情况。

第（2）题：主视图为全剖视图，需补画主视图中的漏线。分析得知，该形体主要由回转体组成，中间有圆柱孔与圆锥孔，右边有带有圆孔的凸耳。缺少的图线是交线、回转体端面-圆平面和其他水平面的积聚性投影所形成的图线。

【作图步骤】

补画主视图（全剖视）缺少的所有图线，如图 5-13 所示。

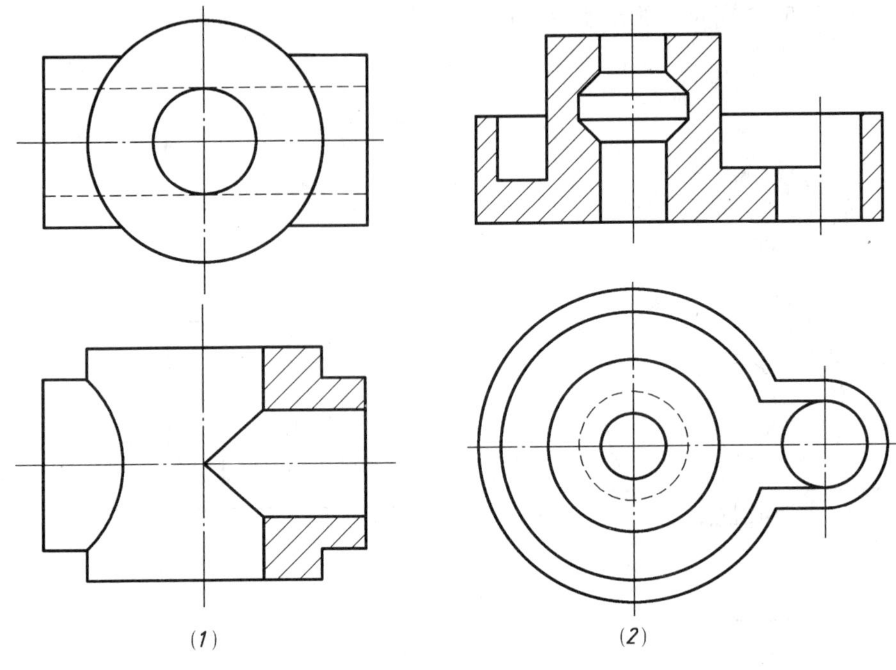

图 5-13

5-7 补画出图 5-14 所示的全剖的主视图。

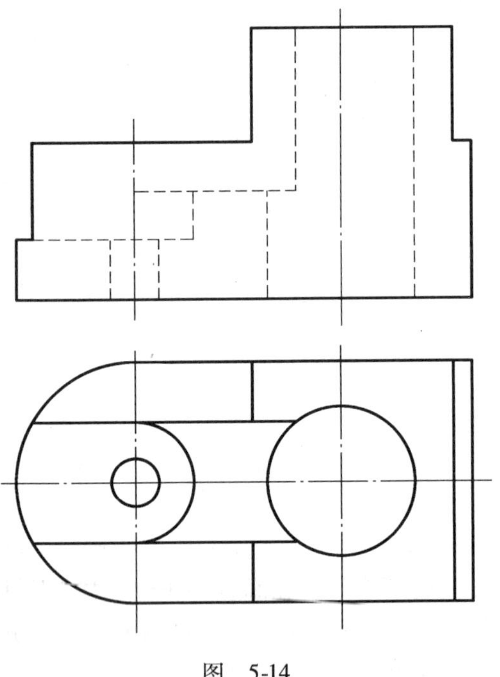

图 5-14

【解题分析】

该机件原始形体为一长方体，形体左边有 U 形切槽，中部有一个圆柱孔，右边有一个长方形切槽。由于切槽和钻孔使得该形体的内部结构复杂多变，而该形体外形简单，故宜采用全剖视表达。

本题为单一剖切平面的全剖视图，从孔、槽所在的前后对称面剖开机件，移去前半部分，后半部分应全部投影和画图；同时，剖切面与机件接触部分的断面上应画出剖面符号。

【作图步骤】

（1）读懂机件的内、外结构，将主视图中的虚线改画为实线。

（2）在机件的断面上画剖面符号（金属材料剖面线为45°细实线），结果如图5-15所示。

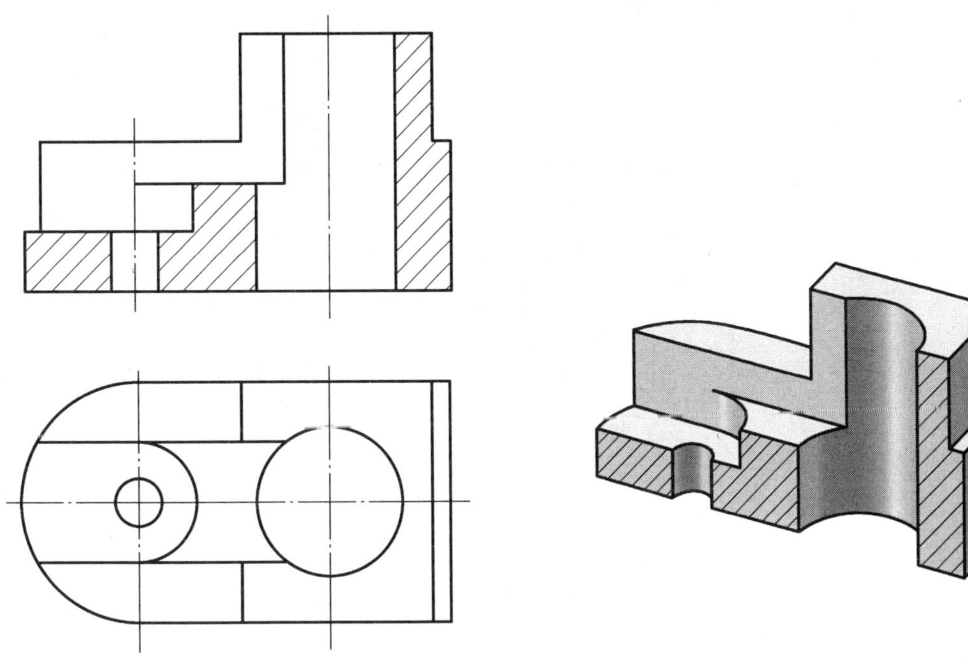

图 5-15

5-8 如图5-16所示，在指定位置画出 $C—C$ 剖视图。

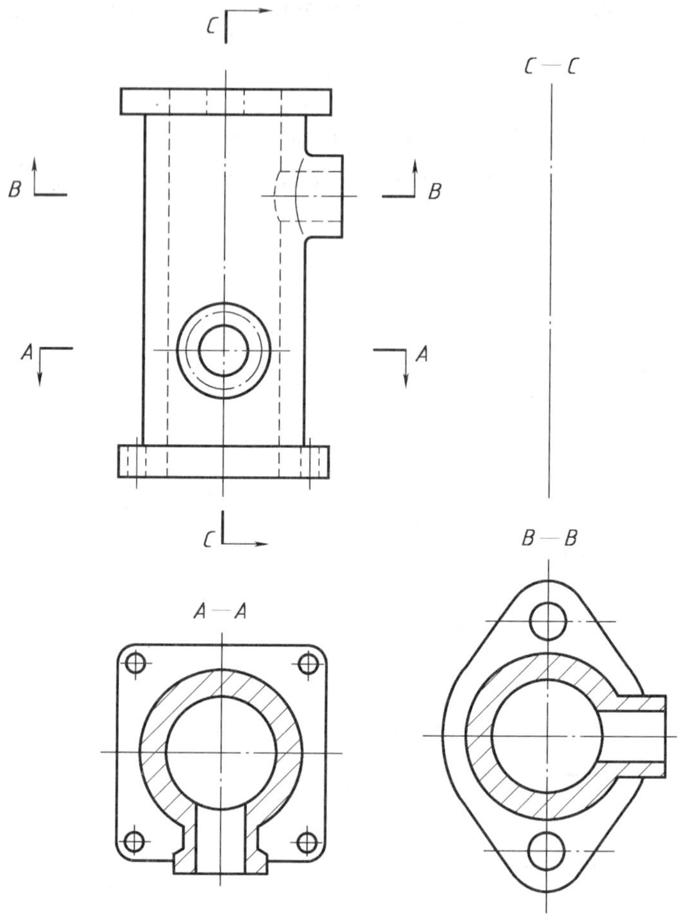

图 5-16

【解题分析】

该形体中部为圆柱筒，圆柱筒上方是带有两孔的凸台，凸台的实形反映在 *B*—*B* 剖视图中。底板为带有四个小孔及圆角的长方体，其实形反映在 *A*—*A* 剖视图中。圆柱筒前方及右侧各有一个带通孔的圆柱形凸台。由于该形体前后不对称，故所求的 *C*—*C* 剖视应为全剖视图。

【作图步骤】

补画 *C*—*C* 全剖视图。并应注意，*C*—*C* 剖视图中的剖面线，其方向、间隔应与题给的 *A*—*A*、*B*—*B* 剖视图中保持一致。作图结果如图 5-17 所示。

5-9 将图 5-18 所示的主视图改画成半剖视图。

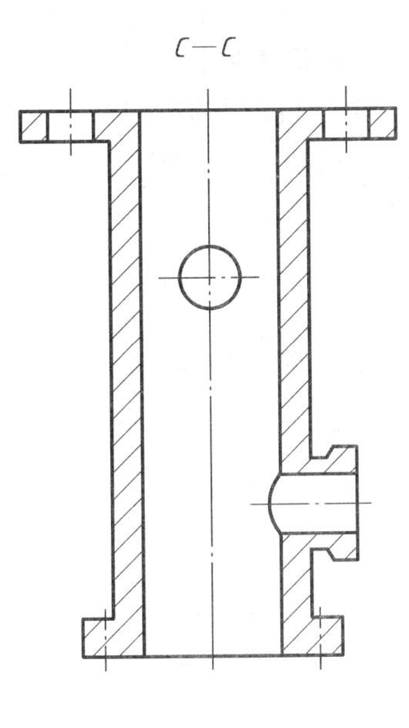

图　5-17

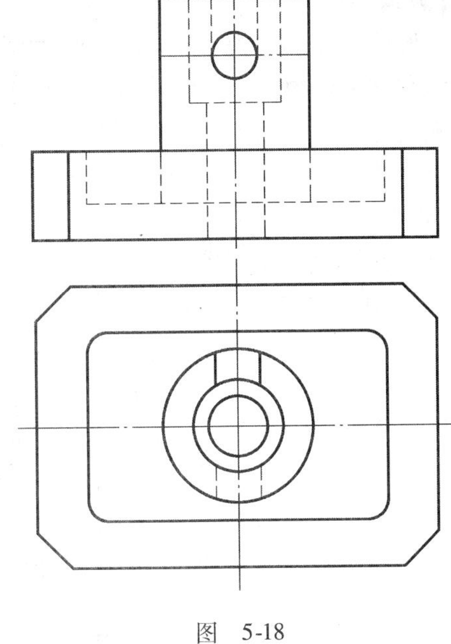

图　5-18

【解题分析】

机件左右对称，故主视图可画成半剖视图，注意视图这一半要省略虚线，以便突出外形轮廓线，另一半剖视图要掌握“去粗线”、“虚改实”、“加画剖面线”的基本作图方法。由于是单一剖切平面，并通过了机件的对称面，故可以省略标注。

【作图步骤】

画出半剖的主视图，注意在视图这一半虚线应省略不画，如图5-19所示。

5-10　看懂图5-20所示的形体，将主视图改画成剖视图，并完成半剖的左视图。

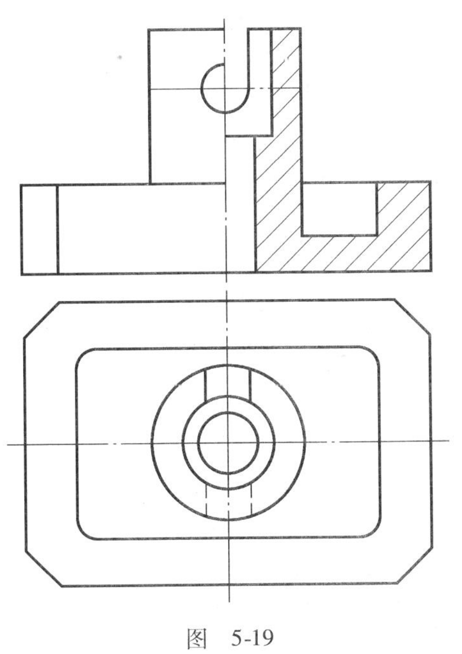

图　5-19

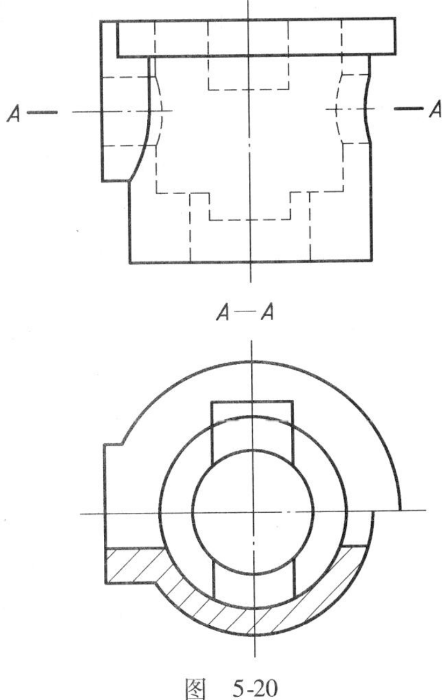

图　5-20

【解题分析】

该形体主体部分为上部带有凸缘的圆柱体，其中间是阶梯形圆柱孔，上端及阶梯孔端部前后均有方形切槽，圆柱体左端有一个带有通孔的凸台。由于机件前后对称，左右不对称，故主视图宜作全剖视，左视图可做半剖视。注意主视图、俯视图及左视图上剖面线的方向和间隔要保持一致。

【作图步骤】

（1）画全剖的主视图。

（2）画半剖的左视图，注意圆柱上切槽后截交线的画法。结果如图 5-21 所示。

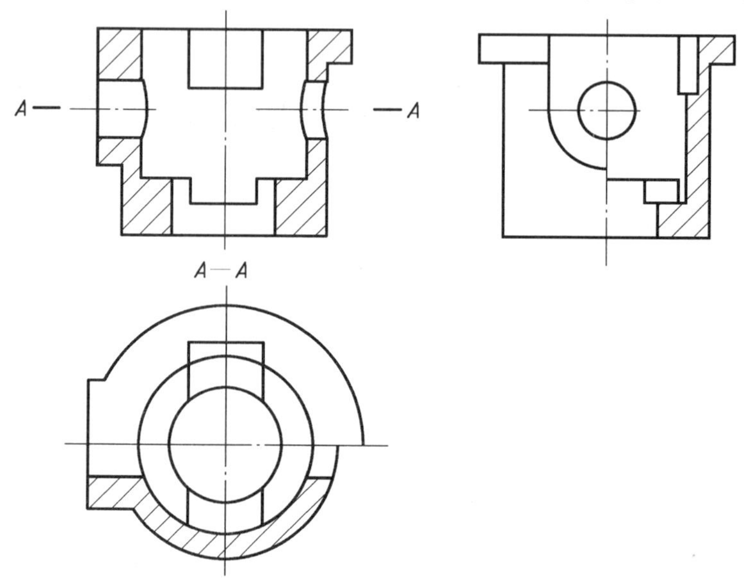

图 5-21

5-11 将图 5-22 所示的主视图改画成半剖视图，并补画全剖视的左视图。

【解题分析】

机件左右对称，前后不对称，故主视图画半剖视图，左视图画全剖视图。

该形体下部为外形带有凸缘、内形是阶梯形空腔的正垂方向放置的半圆柱，其左右两侧是带有沉孔的长方形底板。形体的上部是前方带有小切槽的竖直的圆柱筒，其中间的孔与正垂的半圆柱空腔相交而产生相贯线。本题为单一剖切平面剖切，且剖切面通过了机件的基本对称面，故可省略标注。

【作图步骤】

（1）画半剖的主视图。

（2）画全剖的左视图，注意相贯线和截交线的画法。作图结果如图 5-23 所示。

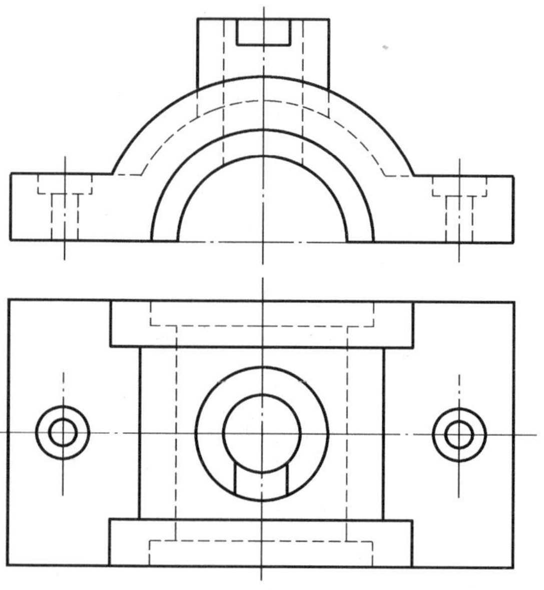

图 5-22

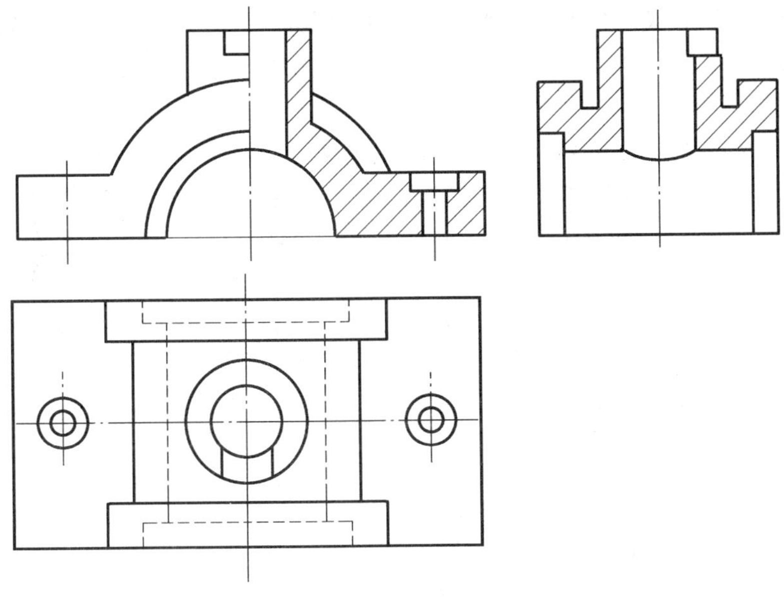

图　5-23

5-12　将图5-24所示的主视图改画成全剖视图，并补画半剖视的左视图。

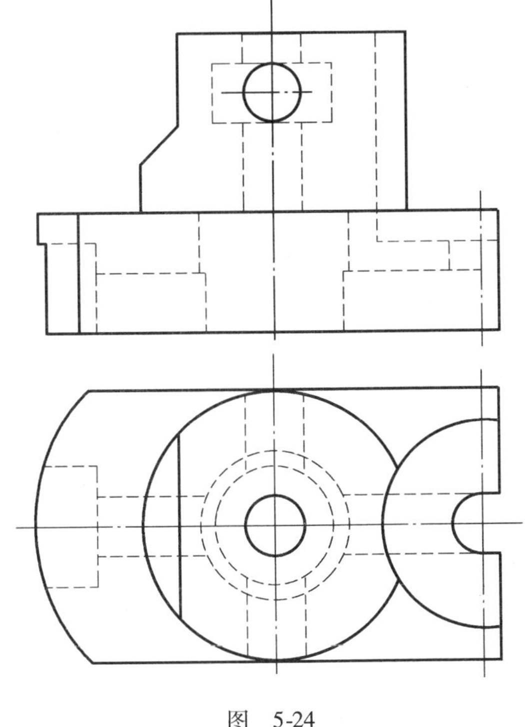

图　5-24

【解题分析】

该机件左右不对称，前后对称，根据形体的这一特点，主、左视图分别采用了不同的剖视图。该机件上部外形为左侧带有切口的圆柱面，中间为竖直的阶梯圆孔，前后在垂直正面方向有一圆柱孔贯通。底板右边有半圆柱形凹槽，底板下方有一长方形的通槽。

【作图步骤】

（1）画全剖的主视图。

（2）画半剖的左视图，注意截交线和相贯线的画法，如图 5-25 所示。

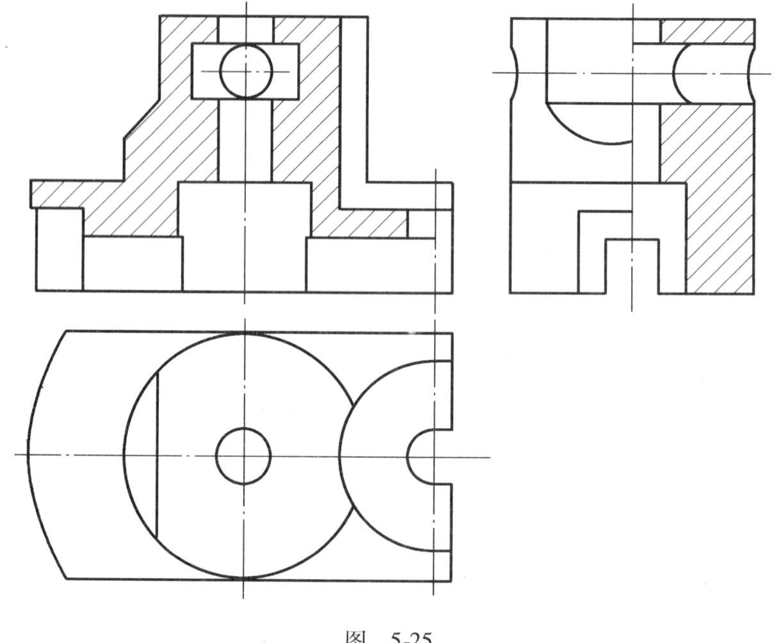

图 5-25

5-13 将图 5-26 所示的左视图改画成半剖视图，并补画全剖的主视图。

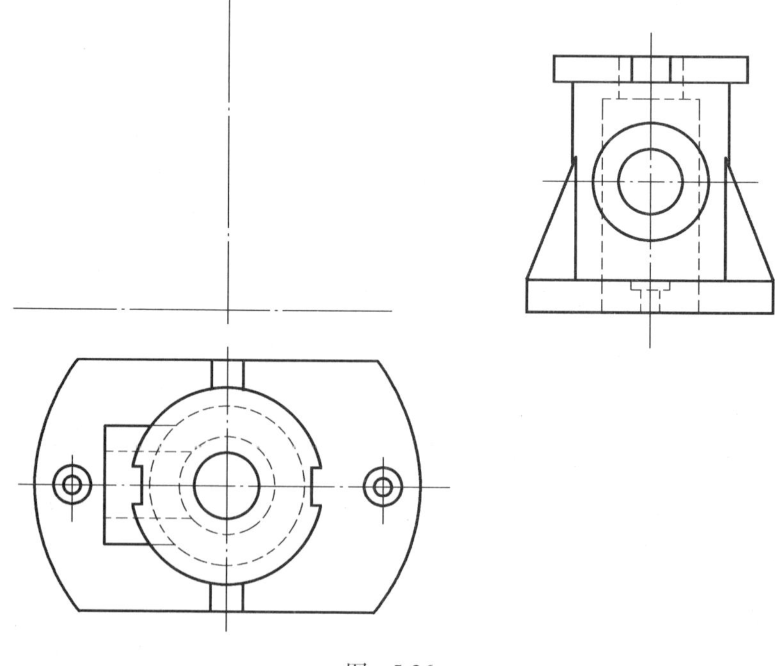

图 5-26

【解题分析】

该机件左右不对称，前后对称。根据机件的形体分析，主视图应作全剖视，左视图作半剖视。该形体前后各有一块肋板，在画主视图时，剖切平面通过了肋板的基本对称平面（纵剖），肋板结构不画剖面符号，而用粗实线将它与其邻接部分分开。此题可省略标注。

【作图步骤】

（1）改画半剖的左视图。

（2）画全剖的主视图，注意阶梯形孔的画法和相贯线的画法。作图结果如图5-27所示。

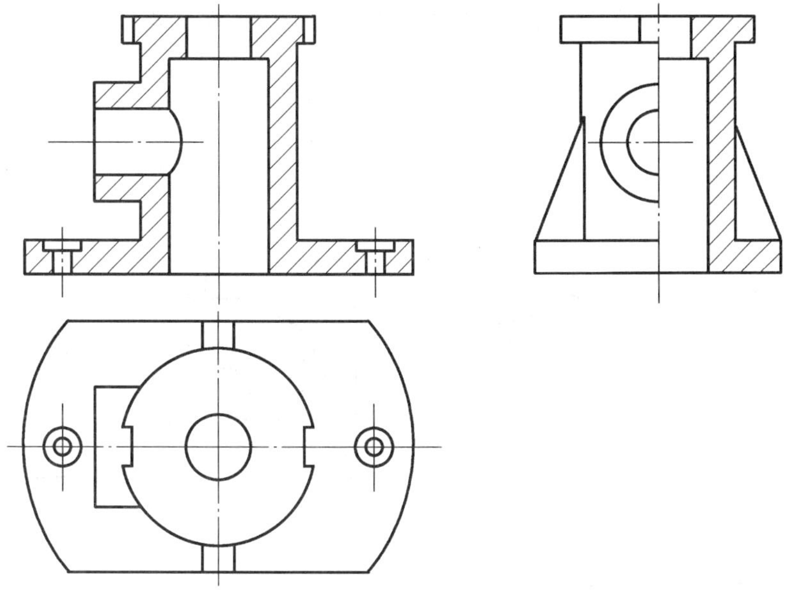

图　5-27

5-14　读懂图5-28a所给的两个视图后，判断图5-28b、c和d所示的剖视图是否正确。

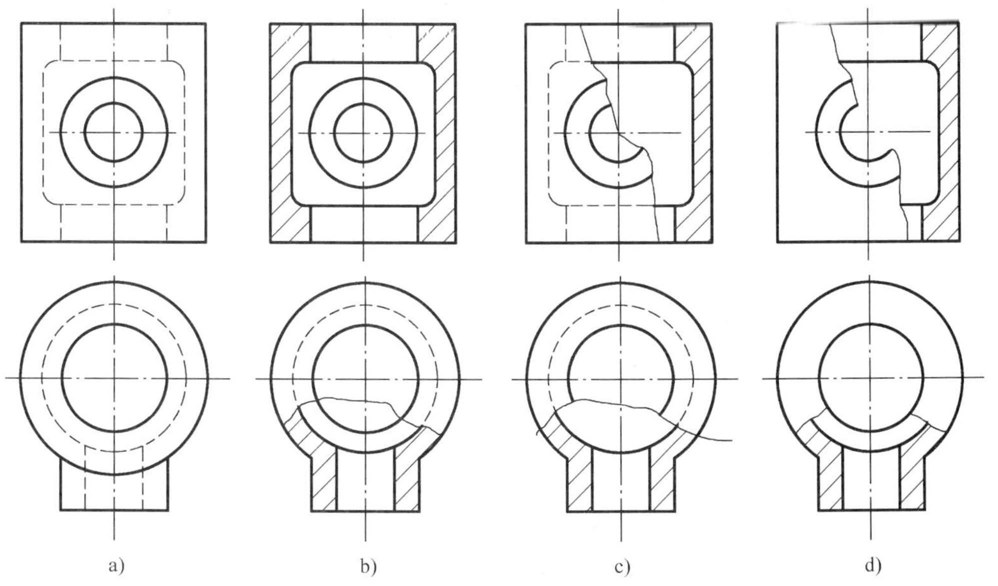

图　5-28

【解题分析】

依据局部剖视图的概念和画法分析，图 5-28a 表达的形体为竖直圆柱，中间是阶梯形的通孔，前方是一个小圆柱筒与其垂直相交。

【作图步骤】

（1）图 5-29b 中主视图是全剖视，小圆柱筒在其前方，故表示其投影的圆不应出现在剖视图上；由于阶梯形竖直孔是通孔，俯视图中表示断裂边界的波浪线不应连起来；虚线不应画出所以不正确。

（2）图 5-29c 中主视图、俯视图均是局部剖，由于各孔都是通孔的，故波浪线不能画在空处。

（3）图 5-29d 是正确的。

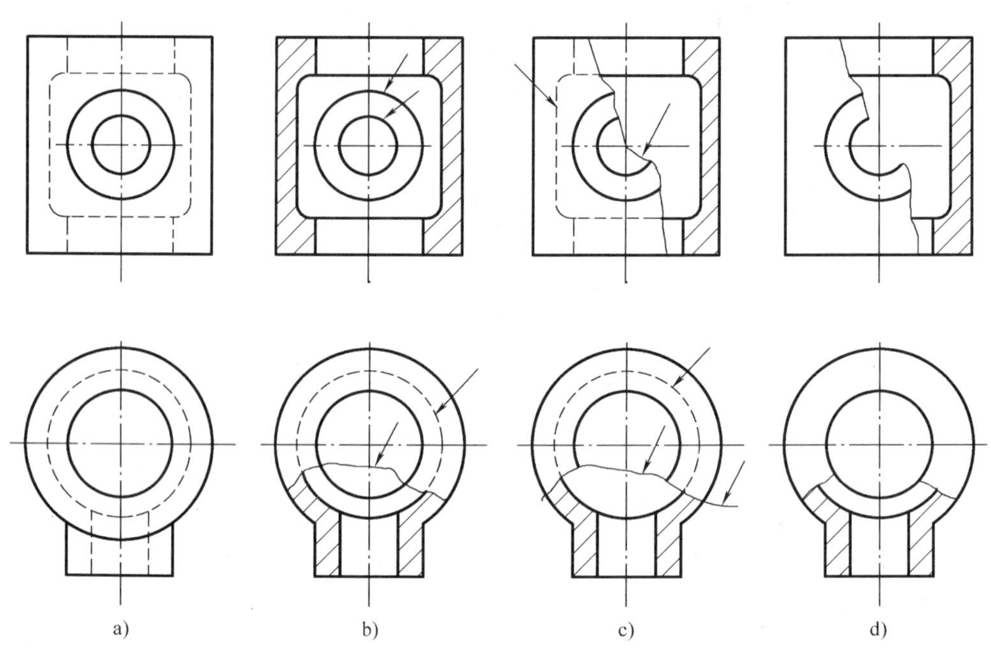

图　5-29

5-15　将图 5-30 所示的机件改用局部剖视来表达。

【解题分析】

根据该机件的结构特点来看，主、俯视图均应在适当范围内作局部剖。

在画局部剖视图时，波浪线要画在机件的实体部分。本题主、俯视图中所作的局部剖均采用单一剖切平面，剖切位置明显，所以省略标注。

【作图步骤】

画出主、俯视图的局部剖视图，结果如图 5-31 所示。（注意波浪线的位置）

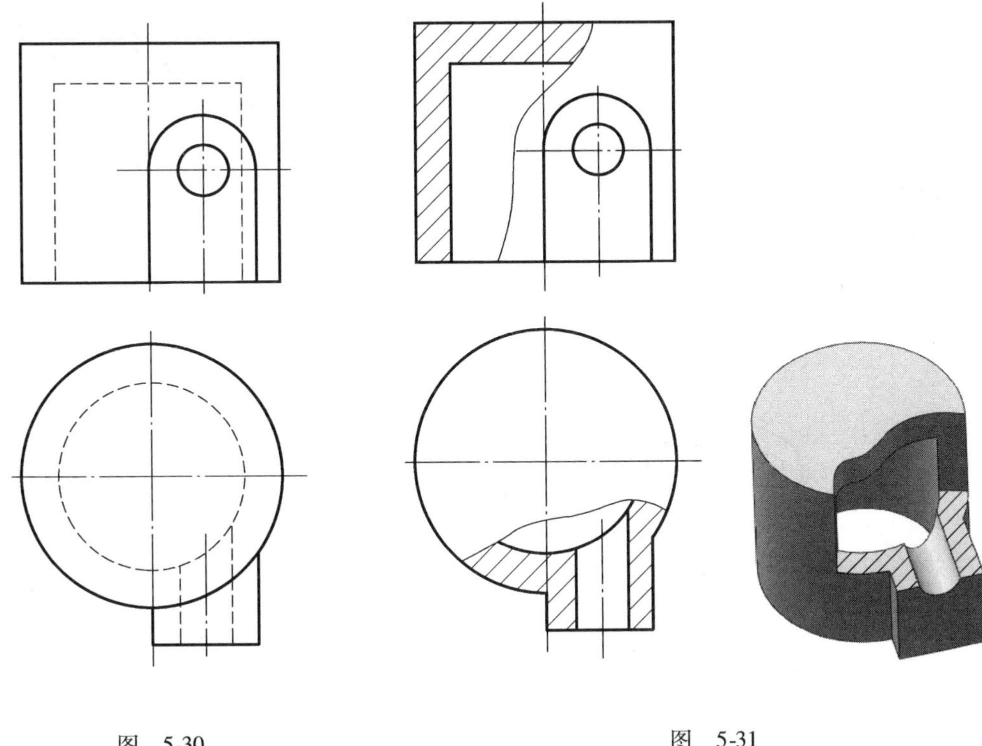
图 5-30　　图 5-31

5-16 将图5-32所示的视图改画成局部剖视图。

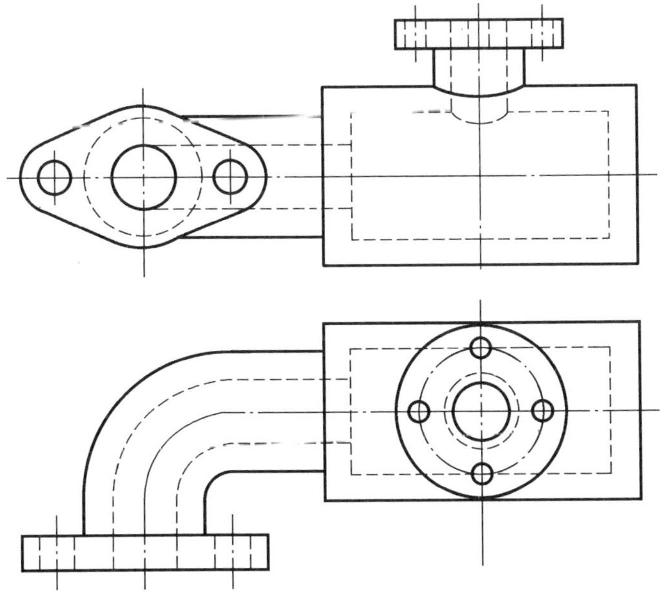
图 5-32

【解题分析】

该机件左边为前方带有凸缘的圆柱形弯管，右边是方形空腔，其上方是带有的凸缘的圆柱筒。由于机件内、外形均需表达，主、俯视图均应在适当范围内作局部剖。

【作图步骤】

画出主、俯视图的局部剖视图，注意主、俯视图局部剖开的范围，未剖的部分均应是前方和上方的凸缘，作图结果如图 5-33 所示。

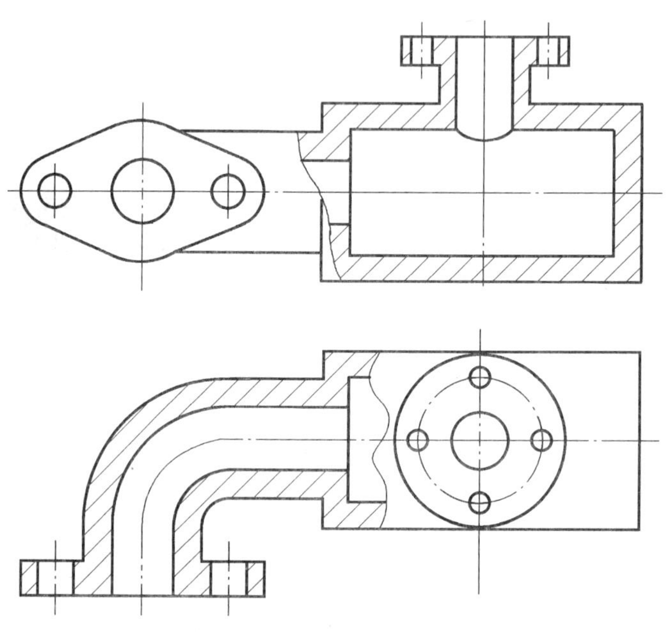

图 5-33

5-17 画出图 5-34 所示的 *A—A*、*B—B* 全剖视图。

【解题分析】

使用单一的且与基本投影面倾斜的平面剖切机件所得到的剖视图的画法与标注。

该形体上部外形为前方带凸缘的正垂方向的圆柱体，中间是阶梯形圆柱孔，凸缘的对称面上左右各有一个小孔，且该对称面与投影面倾斜。其下部为有两小孔的长方体底板，中部是十字形肋板连接圆柱体与长方体，如图 5-35 所示的立体图。

A—A 全剖视图用于表达机件上方圆柱体中间的阶梯孔与两边小孔的结构。*B—B* 全剖视主要表达十字形肋板及底板的结构。

【作图步骤】

（1）画 *A—A* 剖视图，注意投射方向。

（2）画 *B—B* 剖视图。

（3）标注如图 5-36 所示，字母应按水平位置书写。

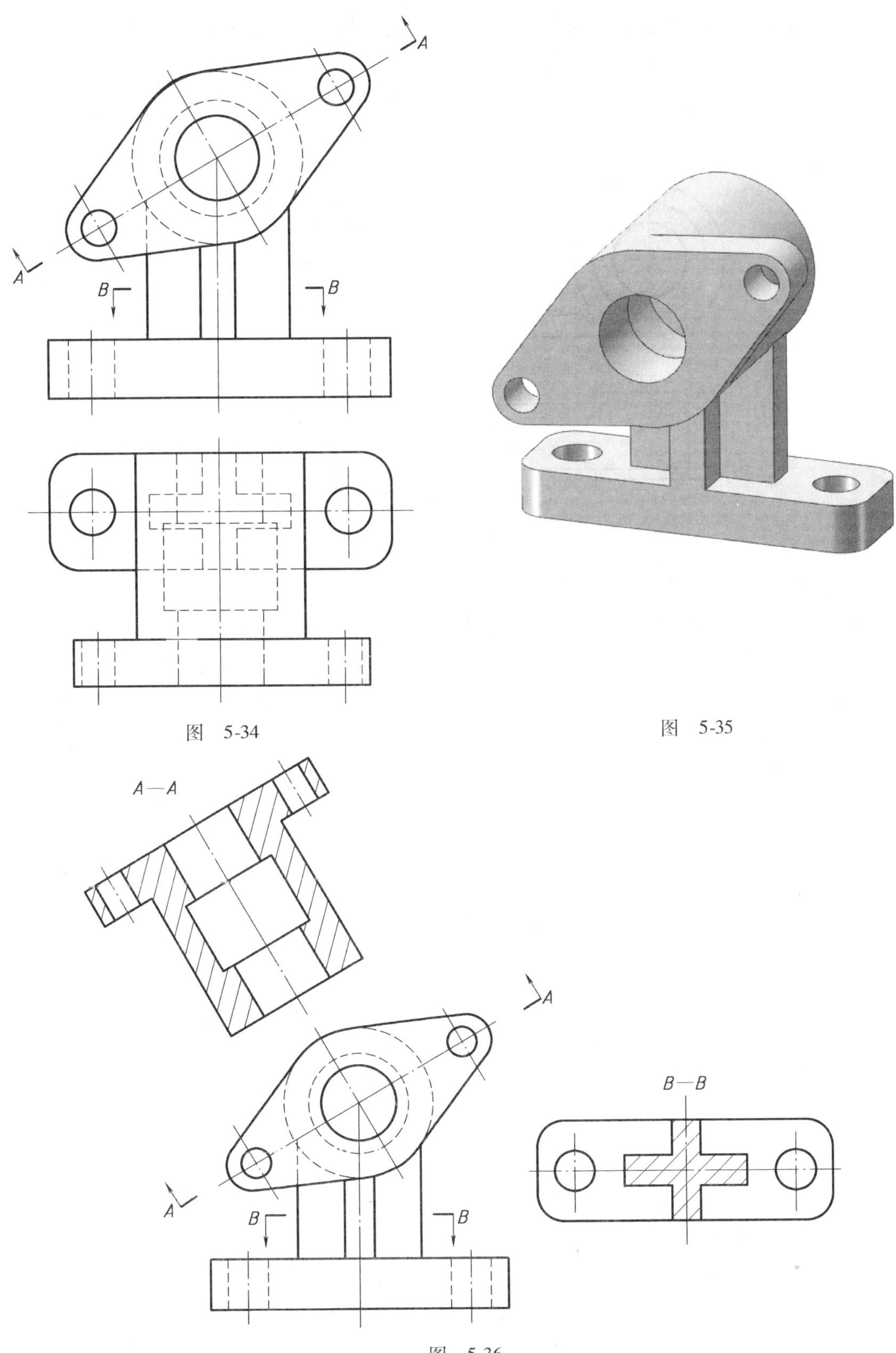

图　5-34

图　5-35

图　5-36

5-18　完成图 5-37 所示的用两个相交剖切面剖切后得到的全剖视图，并标注。

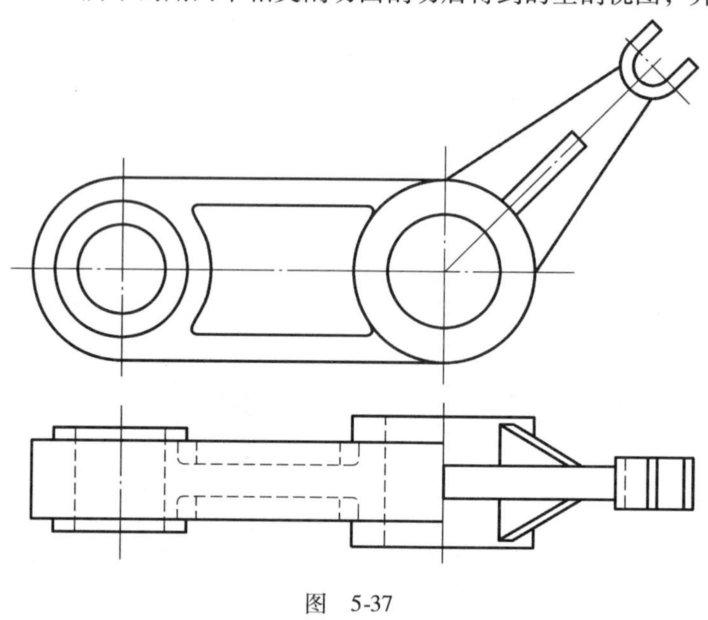

图　5-37

【解题分析】

该形体中部与左侧均为圆筒，由前后带有凹槽的板连接；右上方是一个 U 形体，由一块前后带有三角形肋板的连接板与中部圆筒相连，这一部分与水平投影面倾斜。

根据该形体的特点，宜选用两个相交的剖切平面剖切。右上方正垂剖切平面剖开的结构及有关部分先旋转到与水平投影面平行，再按对应关系投射。这种剖视图必须标注。

【作图步骤】

在主视图上确定剖切面位置，再作全剖视的俯视图，并作出相应的标注，如图 5-38 所示。

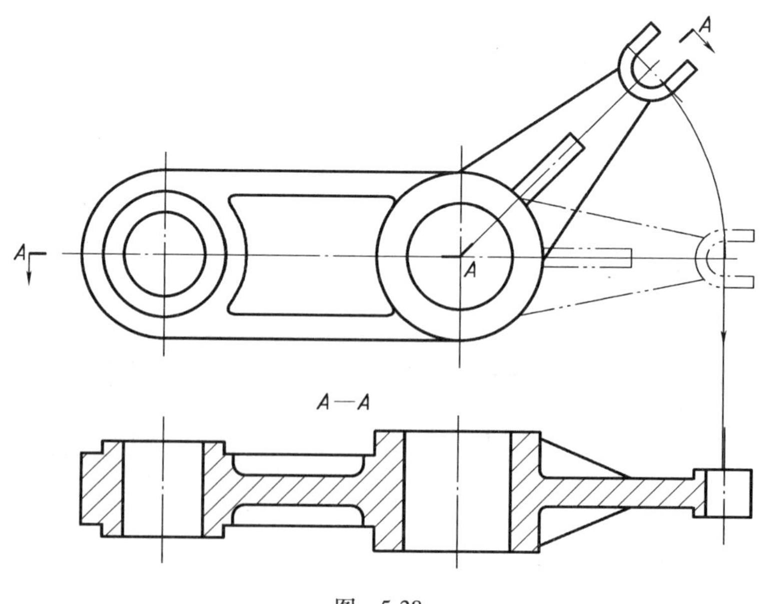

图　5-38

5-19　如图5-39所示，选用适当剖切方法作剖视图并标注。

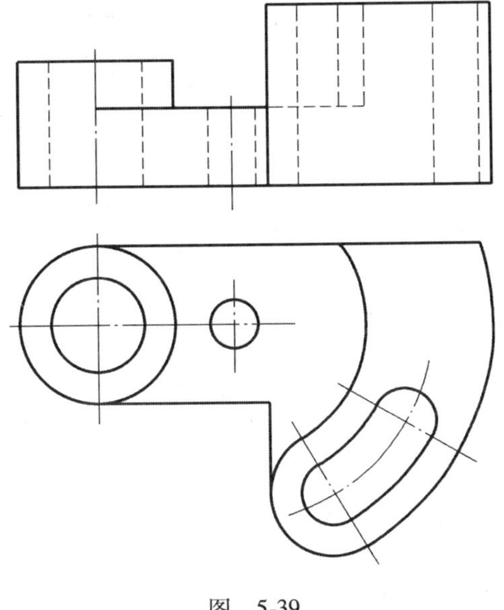

图　5-39

【解题分析】

从机件的形体分析可知，本题适合用两个相交剖切面剖切的方法，作出主视图的全剖视图。

正平剖切面剖出左边及中间的通孔，铅垂剖切面剖出右边的腰形孔。注意处于剖切面上的腰形孔要先旋转到正平面后再投影，而其他不处于铅垂剖切面上的结构不旋转，仍按原来位置投影。应按规则作标注。

【作图步骤】

先在俯视图上确定剖切面位置，再画出主视图的全剖视图，并作出相应的标注，如图5-40所示。

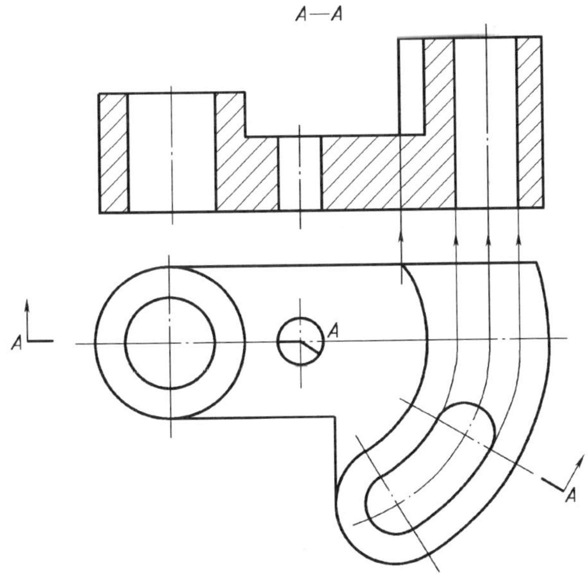

图　5-40

5-20 用几个平行剖切面剖切图 5-41 所示的机件，画出全剖视图。

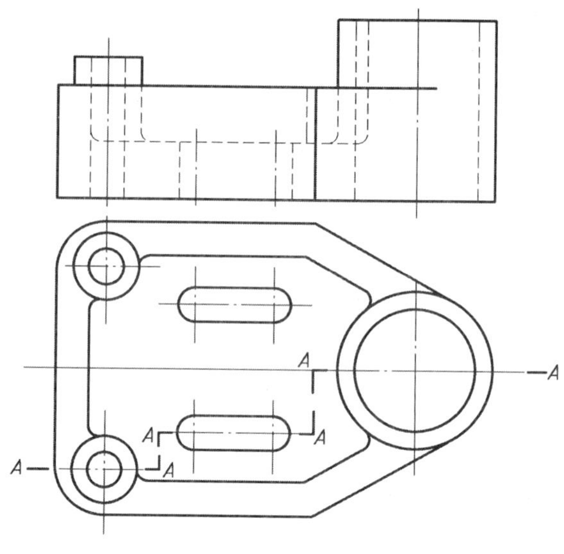

图 5-41

【解题分析】

本题所给的机件，右边是一个圆柱筒，与圆柱筒相连接的是有凹槽和两个腰形通孔的底板，底板左侧前后各有一带孔的圆柱凸台。

作图时用三个相互平行的剖切平面，依次剖出上述结构，相同结构只要剖切一处。采用此种方法剖切时，剖切面的转折处不应与视图中的轮廓线重合，也不应在图形中出现不完整要素，图 5-41 中间的剖切面应将圆孔及凹槽完整剖到再转折。

【作图步骤】

（1）先在俯视图上确定剖切面位置，再画出全剖的主视图。

（2）作出标注，由于剖视图按投影关系配置，中间又没有其他图形隔开，可省略箭头，如图 5-42 所示。

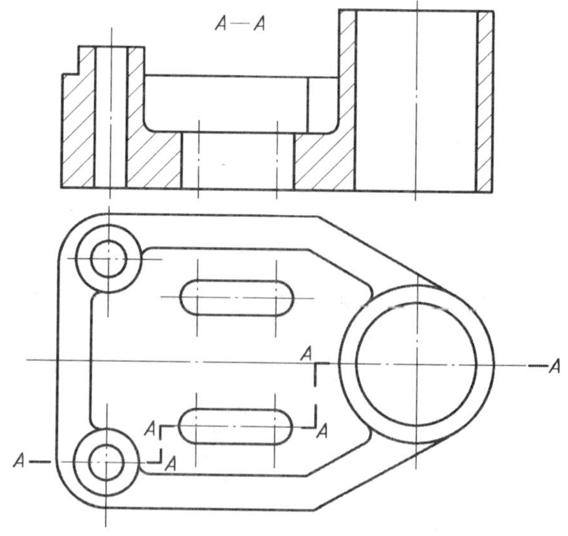

图 5-42

5-21　选用适当的剖切方法作图5-43所示视图的剖视图并标注。

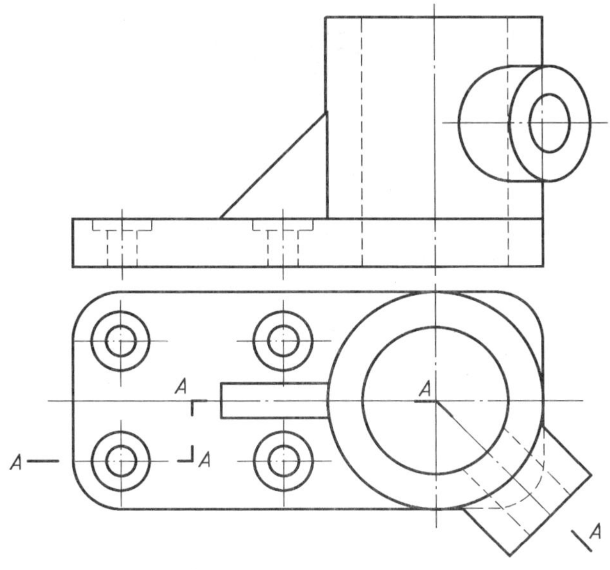

图　5-43

【解题分析】

本题采用平行的剖切平面和相交的剖切平面，自左至右依次沿各孔的轴线剖切。注意：右前方的倾斜结构由于采用的是“先剖切、后旋转”的剖切方法，故底板的一个圆角先被剖到，又进行了旋转，因而底板的这一部分图形伸长了。

【作图步骤】

（1）先在俯视图上确定剖切面位置，再画剖视图。

（2）作出标注：画剖切符号，注字母 *A*，在转折处注相同的字母（如转折处位置有限，又不致引起误解，允许省略字母），剖视图上方注写 *A*—*A*，本题可省略箭头，如图5-44所示。

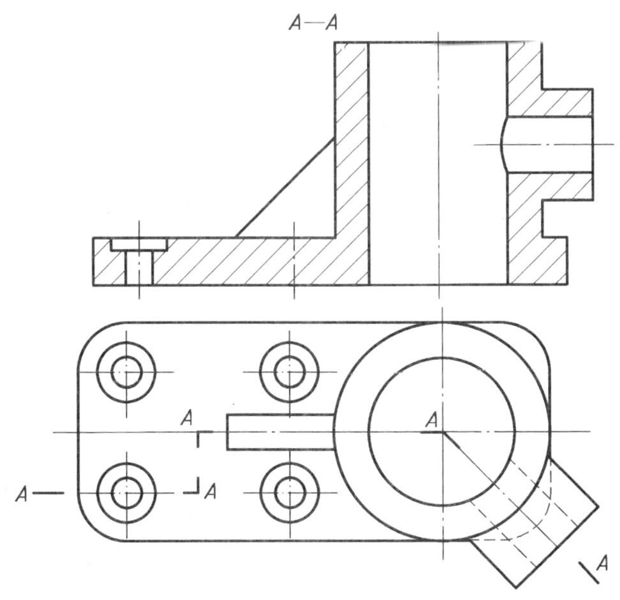

图　5-44

5-22 绘制图 5-45 所示的机件用几个相交的剖切面剖切后得到的全剖视图。

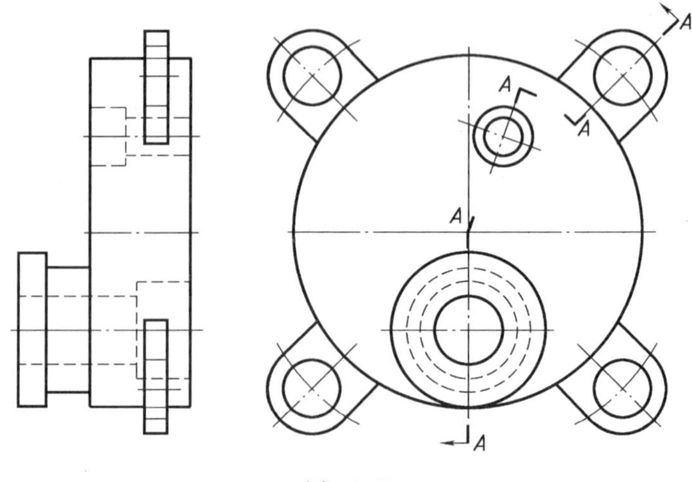

图 5-45

【解题分析】

A—A 采用了三个相交的剖切平面，自下方到右上方，依次沿各孔的轴线剖切。第一个剖切面为平行的正平面，第二、三个剖切面（侧垂面）是倾斜于正面的，剖开后倾斜部分均须旋转到与正平面平行后再投射，但是剖切平面后的其他结构仍按原来位置投射画出。

【作图步骤】

先在俯视图上确定剖切面的位置，再画出主视图的全剖视图，并作出相应的标注，如图 5-46 所示。

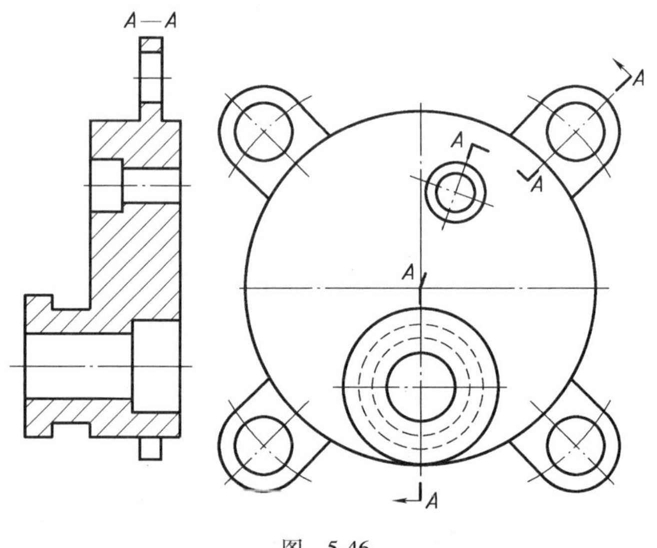

图 5-46

5.3.3 断面图及规定画法

5-23 指出正确的断面图，如图 5-47 所示。

（1）正确的断面图是（　　）。

（2）正确的断面图是（　　）。

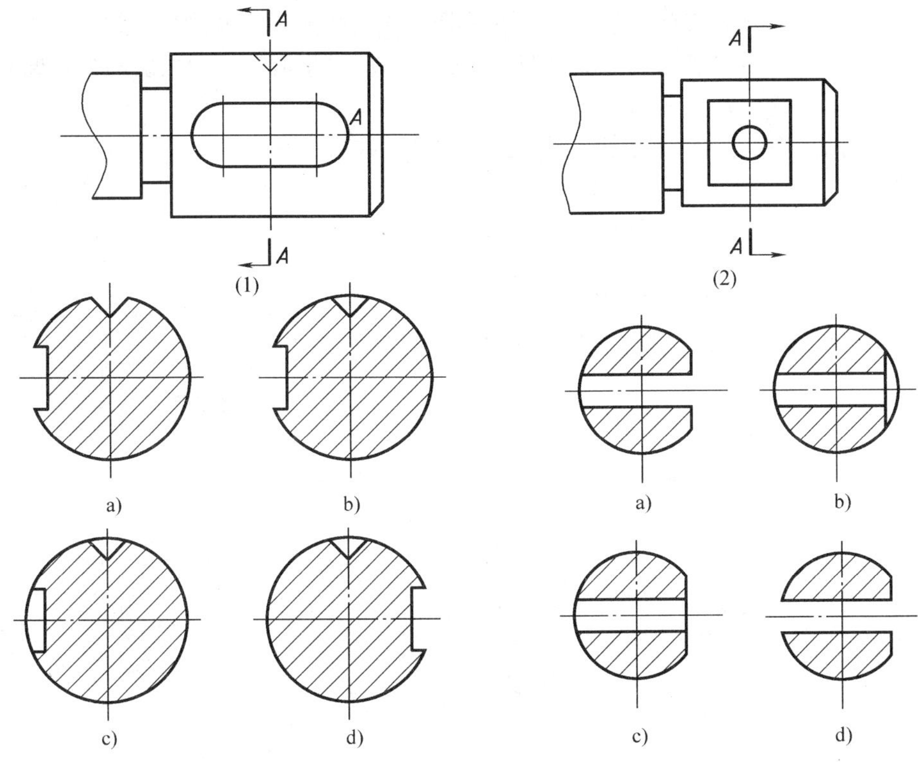

图　5-47

【解题分析】

第（1）题中，断面前方有键槽，只画断面，但上方有一个锥孔，其轴线通过剖切面，所以上方锥孔处应按剖视绘制，选 b。

第（2）题中，断面前方有方形凹槽，此处只画断面，但还有一个正垂贯通的销孔，为了避免图形分离，选 c。

【作图步骤】

作图步骤略。

5-24　在指定位置画出断面图（右端键槽深 4mm），如图 5-48 所示。

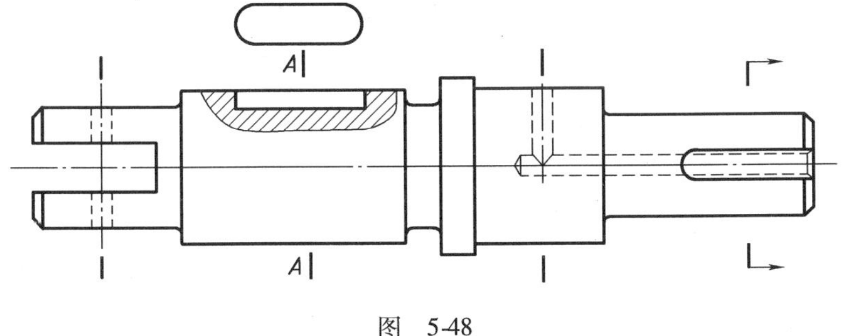

图　5-48

【解题分析】

本题为常见的轴类零件的移出断面。为了便于看图，移出断面应尽量配置在剖切符号或剖切线的延长线上。断面图中粗短线表示剖切位置，箭头表明投射方向，并注写字母，在断面图上方以同样字母注“*X*—*X*”，如图中 *A*—*A* 断面。图中左起一、三断面图均配置在剖切符号延长线上，且为对称的移出断面，故可省略标注（图中粗短线为题给）。

注意：当剖切平面通过回转面形成的孔或者剖切后会出现完全分离的两个断面时，这两种情形均按剖视绘制。

各断面图的剖面线方向应与主视图中已给的剖面线方向一致。

【作图步骤】

作图步骤略。作图结果如图 5-49 所示。

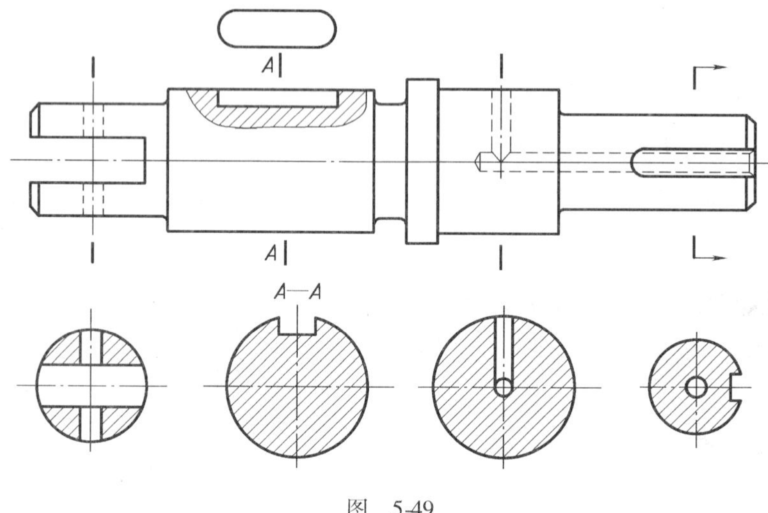

图 5-49

5-25 读懂图 5-50 所给机件，画出 *B—B* 移出断面和 *C—C* 重合断面图。

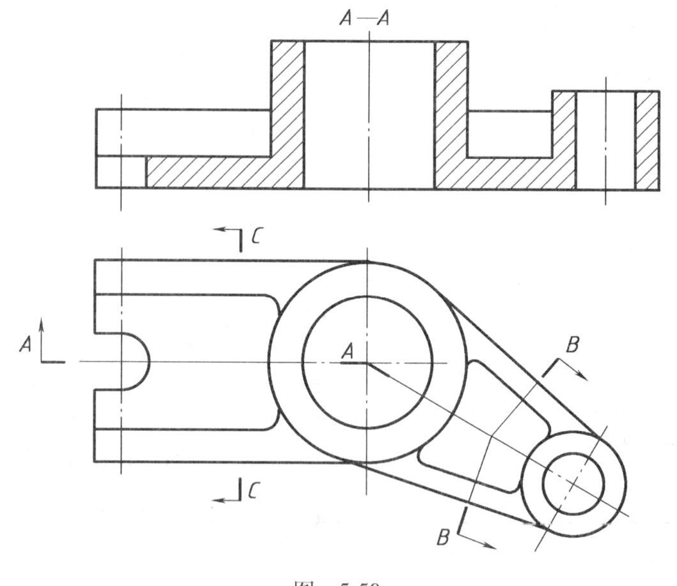

图 5-50

【解题分析】

B—B 移出断面是由两个相交平面剖切得到的，故 *B—B* 断面图中间应断开。*C—C* 重合断面用细实线画在俯视图内，原来俯视图上的轮廓线不要中断。

B—B 断面图未能配置在剖切符号延长线上，图形又不对称，应作出完整标注。

【作图步骤】

画出断面图，并作出完整标注，如图 5-51 所示。

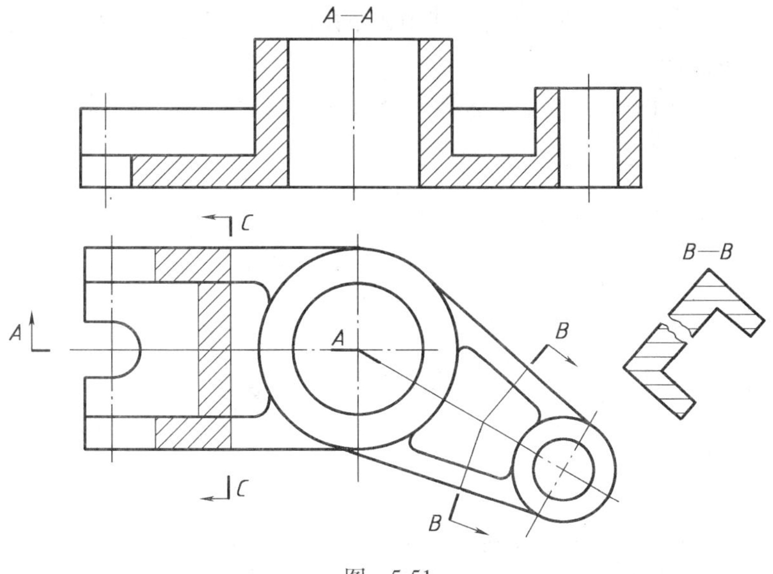

图　5-51

5-26　将图 5-52 所示的主视图改画成剖视图。

【解题分析】

本题为规定画法。当零件回转体上均匀分布的肋、轮辐、孔等结构不处在剖切平面上时，可将这些结构旋转到剖切平面上画出。

规定画法不需要标注。肋板左右对称画出，通孔只画一处，对称处画出点画线表示孔的位置。

【作图步骤】

画出全剖的主视图，注意肋板和孔的画法。作图结果如图 5-53 所示。

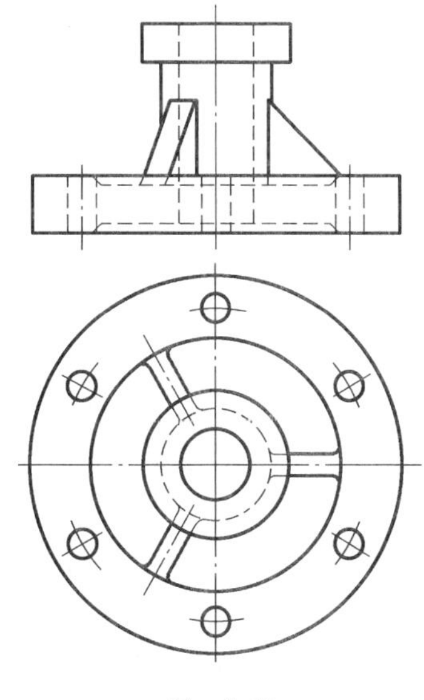

图　5-52

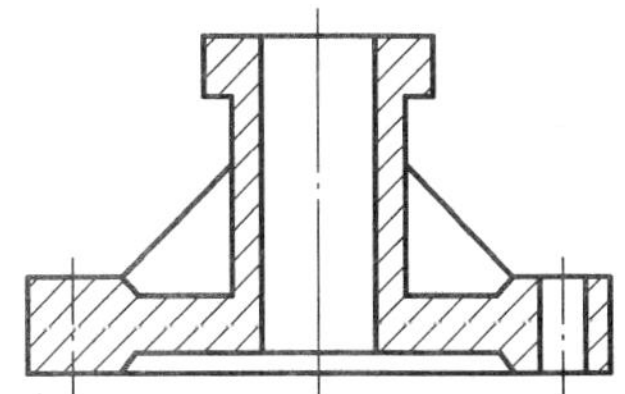

图　5-53

5.3.4 机件表达方法的综合应用

用各种表达方法完整、清晰、简洁地将机件的内、外形状表达出来，在表达清楚的前提下，尽量做到“少而精”。

5-27 图5-54所示的一组图形表达同一个机件。读懂图形，对各图进行标注，同时指出属于哪种视图。

图 5-54

【解题分析】

本题为综合表达方法的看图练习。读者可在看懂图形的基础上，结合有关标注的知识，想象出各部分结构特征和整体形状。

【作图步骤】

（1）读懂各视图后作出完整标注，如图5-55所示。

（2）*A—A* 为相交的两个面的全剖视；*B* 为斜视图；*C—C* 为移出断面图；*D—D* 为不平行于任何基本投影面剖切的全剖视图。

5-28 表达方法选用练习：选用适当表达方法把图5-56所示的机件表达清楚。

【解题分析】

该机件左右不对称，由于前方凸台及内形均需表达，故主视图采用局部剖视的表达方法。这样做可以保留正前方凸台部分外形，有内外兼顾的优点。剖切位置通过形体前后对称，故省略标注。

该机件前后对称，俯视图符合作半剖的条件，并在外形图部分，对上部凸缘的四个小孔作局部剖视图，俯视图需标注，如 *A—A*，箭头可省略。

虽然形体前后凸台及连接圆柱管的形状相同，位置对称，但凸台及圆柱管的形状仅在俯视图中表达略显不足，故作 *B—B* 剖视图使该局部结构更清晰、完整。

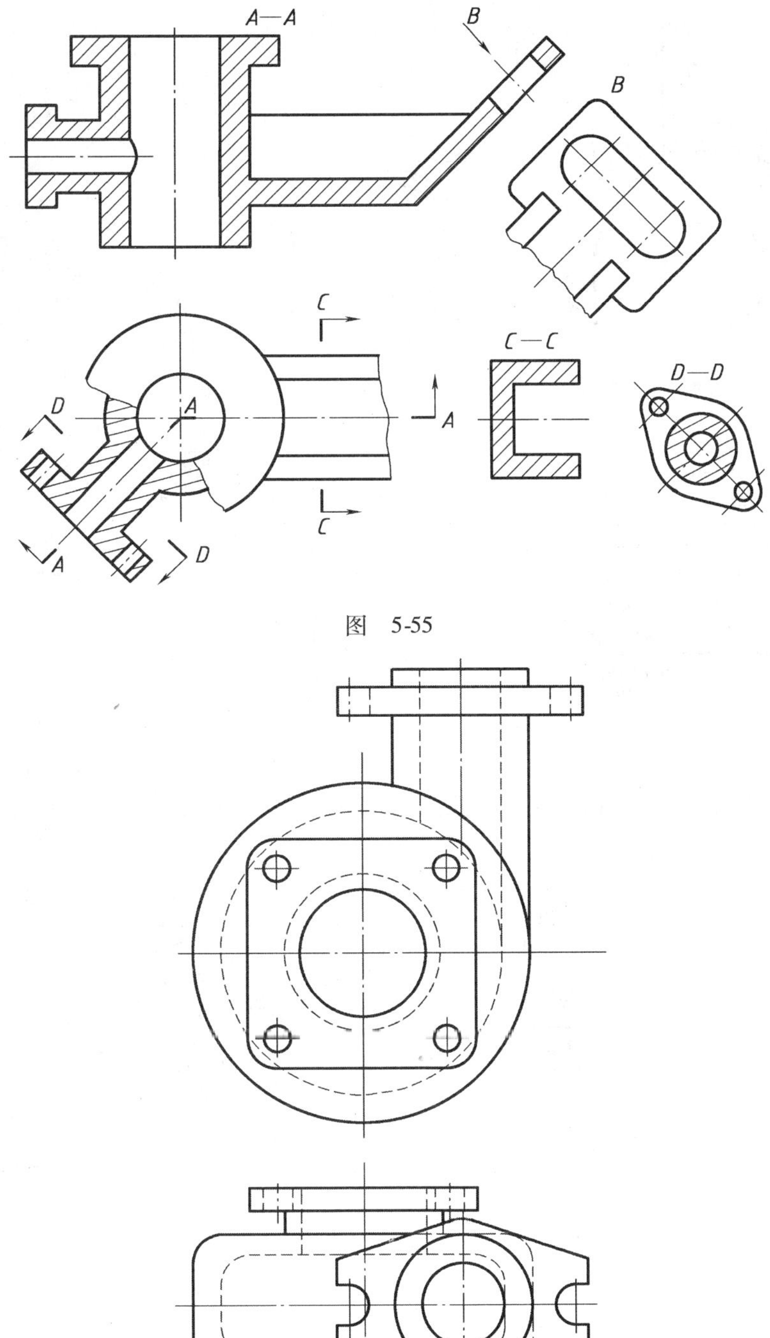

图 5-55

图 5-56

【作图步骤】

画出主、俯视图的剖视图和 *B—B* 剖视图，作出相应的标注，如图 5-57 所示。该机件的立体图如图 5-58 所示。

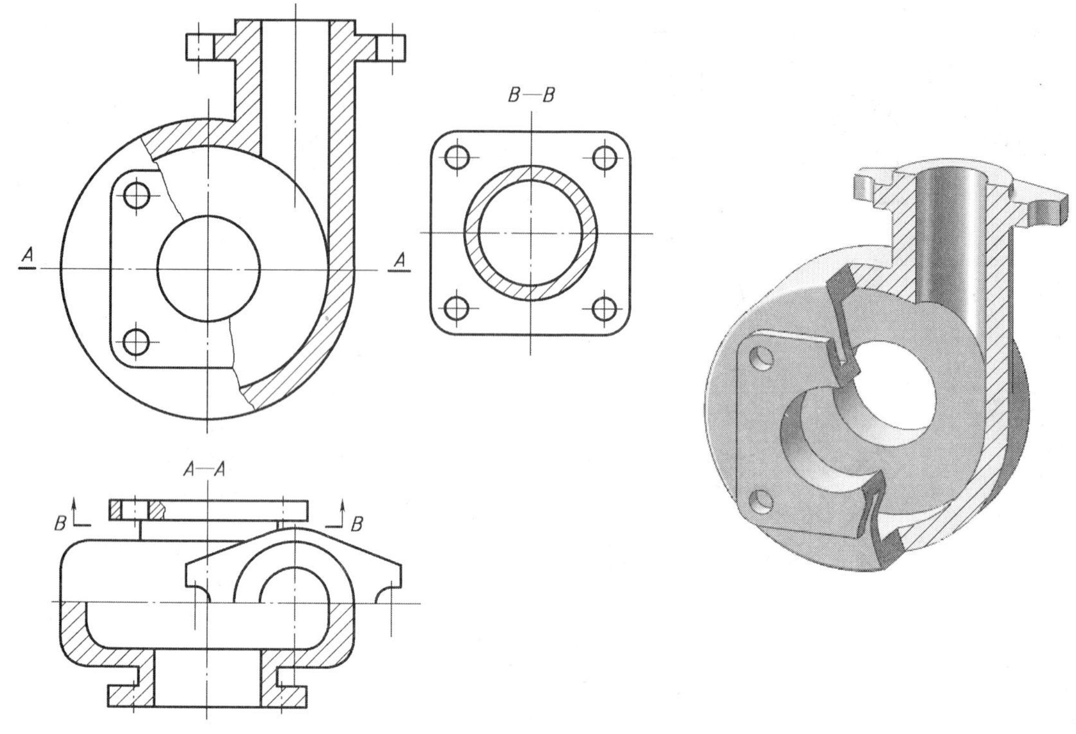

图 5-57 图 5-58

5-29 看懂图5-59所示机件的三视图，想象机件的形体，选用适当的表达方法重新表达机件。

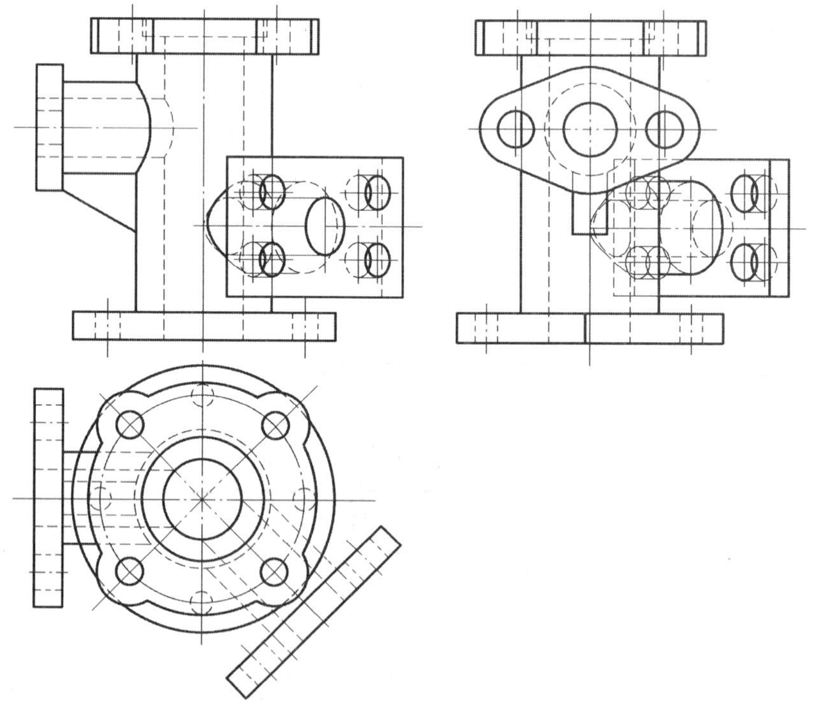

图 5-59

【解题分析】

画图前应作形体分析，尤其看懂视图中较多虚线的含义。该机件的立体图如图 5-60 所示。

由于该机件右前方的方形板与基本投影面倾斜，且形体又不对称，故主视图宜采用两个相交的剖切面作 *A—A* 全剖视图来表达。俯视图采用两个相互平行的剖切面作 *B—B* 全剖视图来表达，也可采用局部剖视图。采用全剖视图的优点是图形表达比较清晰，但需要增加一个表达上部凸缘的局部视图 *C*。机件左边的菱形板的特征可采用 *D—D* 全剖视图来表达。为了表达右前方长方形板的实形，采用了 *E—E* 斜剖视，所得图形旋转后给出，作出标注说明。

【作图步骤】

（1）由分析所得，画主、俯视图的剖视图并标注。

（2）画 *C* 向局部视图并标注。

（3）画 *D—D*、*E—E* 剖视图并标注。作图结果如图 5-61 所示。

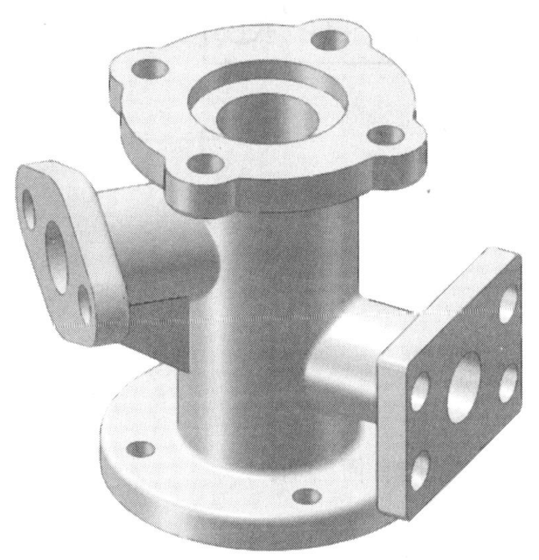

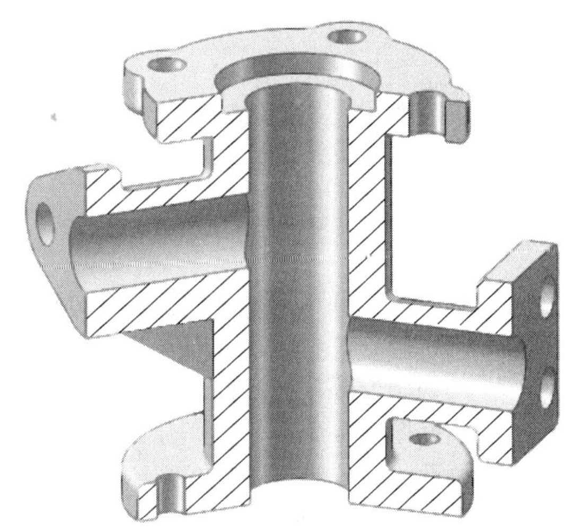

图　5-60

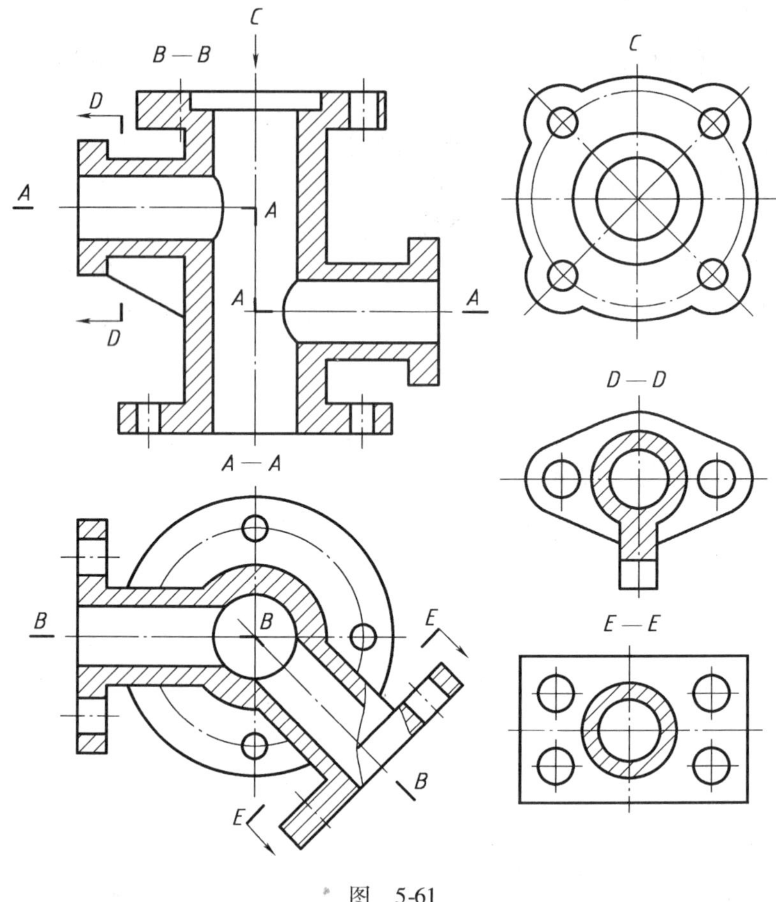

图 5-61

5.4 自测题

1. 视图分为哪几种？每种视图都有什么特点？
2. 剖视图主要表达什么内容？举例说明如何作剖视图？
3. 剖视图分哪几种？各适用于哪些情况？
4. 断面图主要表达什么？分为哪几种？断面图与剖视图有何区别？
5. 画肋板、轮辐、薄壁时应注意什么问题？
6. 在画图 5-61 所示主、俯视图时，剖切面的位置是如何选择的？并说明 *C* 向、*D—D* 和 *E—E* 视图各属于哪种视图？

第 6 章　标准件和常用件

6.1　内容要点

本章主要介绍机器及其部件中的标准零件和常用零件的基本知识，包括它们的图样画法、标记和标记方式，以及查表计算等。本章的主要内容有：

（1）螺纹的规定画法及标注。

（2）螺纹紧固件的标记、查表及画法，螺纹紧固件联接图的画法。

（3）普通平键联接图的画法、查表及标记。

（4）滚动轴承的代号及特征画法、规定画法。

（5）圆柱螺旋压缩弹簧的规定画法及弹簧的零件图。

（6）圆柱齿轮基本参数计算和规定画法。

6.2　解题要领

标准件是指其形状、画法和尺寸数据等全部已标准化的零件。常用件是指在机器中广泛使用的零件，它的一些结构的画法也作了规定，所以求解这类题目时，应掌握国家标准的相关规定，理解零件真实结构与图样表达上的差异，掌握规定画法、标记和标注方式，会查阅国家标准手册。

本章重点内容是螺纹及螺纹联接的规定画法和直齿圆柱齿轮及啮合的图样画法。

6.3　习题与解答

6.3.1　螺纹及螺纹联接件

6-1　分析图中画法的错误，画出正确的图样，并按给出的螺纹要素进行标注。

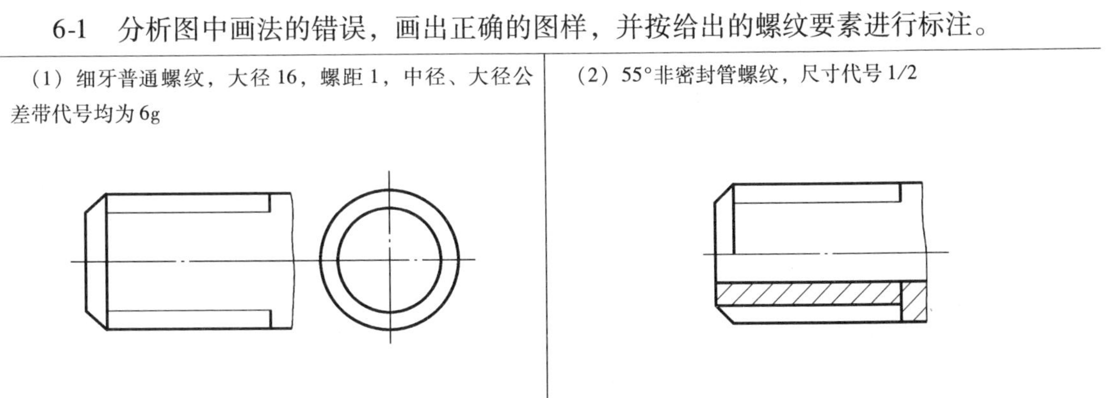

（续）

（3）粗牙普通螺纹，大径 16，螺距 2，中径公差带代号 7H，顶径公差带代号 6H	（4）内、外螺纹联接（外螺纹全部旋入）的画法
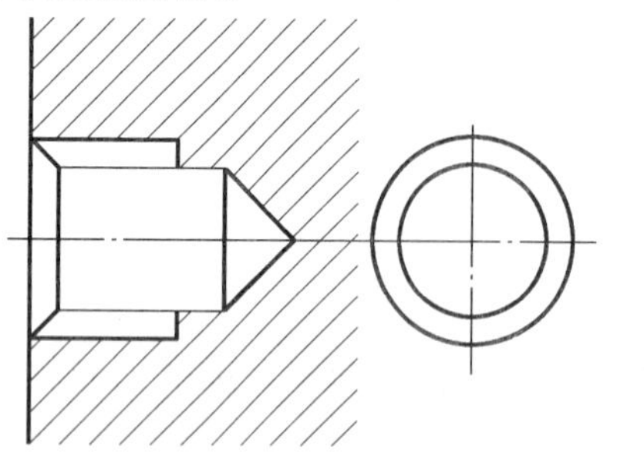	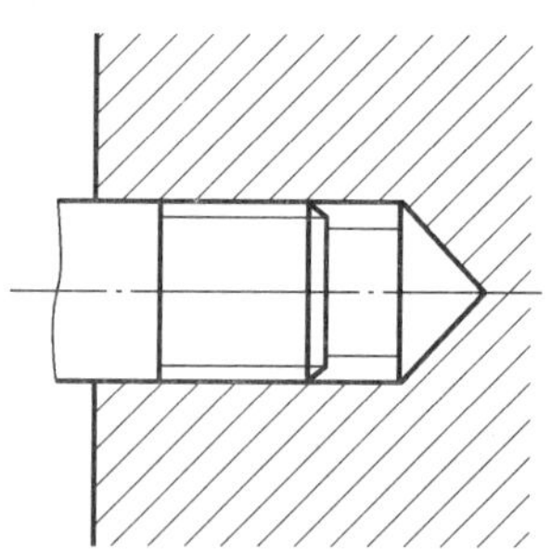

【解题分析】

该题出现的错误画法主要是因为没有掌握螺纹的规定画法，如螺纹小径要画到倒角内，外螺纹小径用细实线画，内螺纹小径用粗实线画，终止线用粗实线画，螺孔不通底部有120°的圆锥角，旋合螺纹大、小径（粗、细线）对齐，剖面线画到粗实线处等等。只要掌握上述内容，就不难改正错误画法。

【作图步骤】

见下图。

（1）①外螺纹小径画到倒角内；②螺纹终止线画全；③左视图中小径画成 3/4 圈细实线，倒角圆不画	（2）①小径画入倒角内；②螺纹终止线画全；③终止线画到小径处；④小径画成细实线；⑤剖面线画到大径（粗实线）
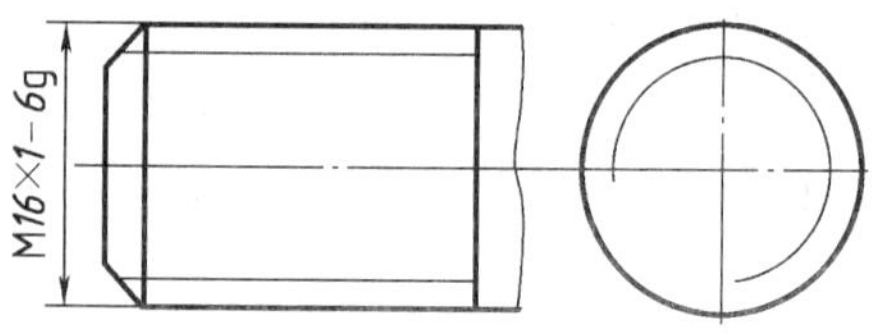	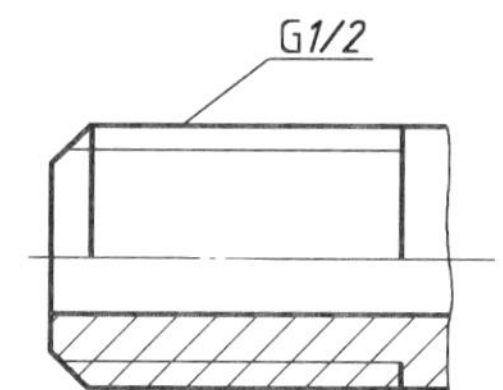
（3）①内螺纹剖开后剖面线画到小径；②内螺纹终止线画成粗实线；③孔底画成 120°的圆锥角；④左视图大径为 3/4 圈细实线	（4）①外螺纹终止线不能画到螺孔内；②内、外螺纹大、小径图线要对齐；③内螺孔未与外螺纹联接处按内螺纹画
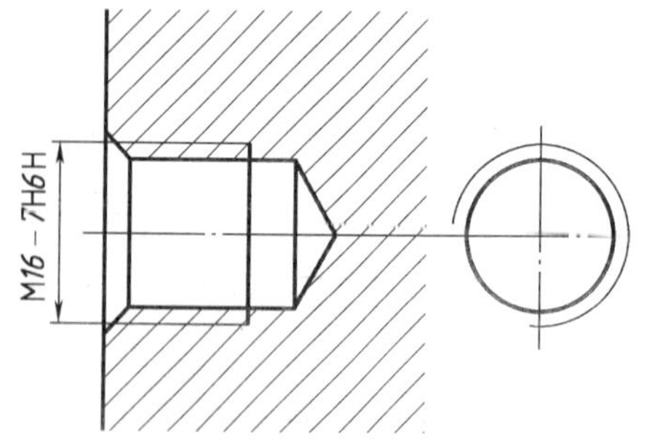	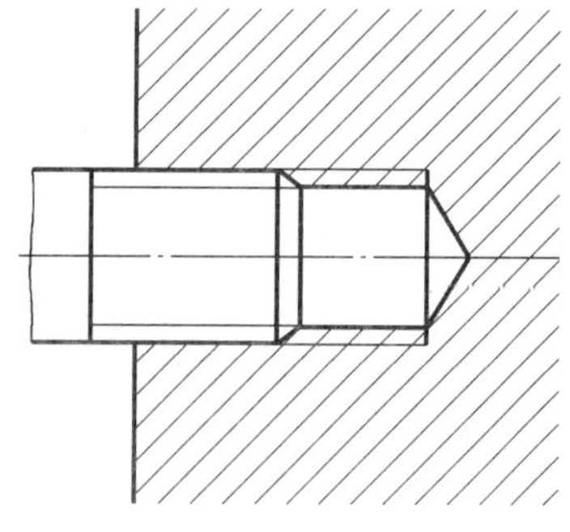

6-2 根据图 6-1 标注的螺纹尺寸，查表并填空说明螺纹各要素。

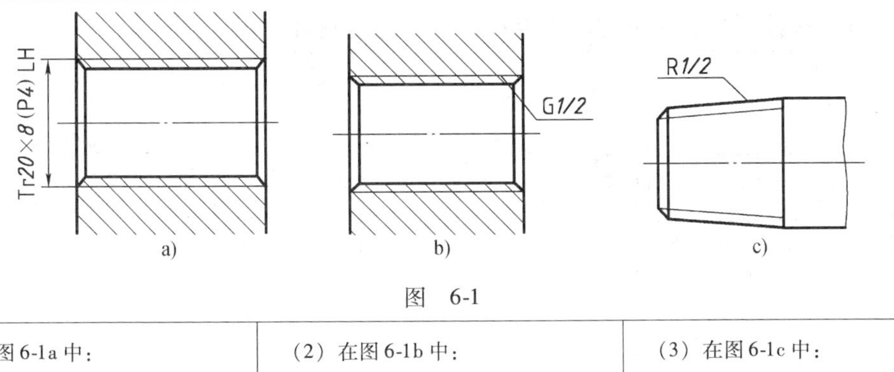

图　6-1

(1) 在图 6-1a 中： 该螺纹为_____螺纹； 公称直径为_____； 螺距为_____； 线数为_____； 旋向为_____。	(2) 在图 6-1b 中： 该螺纹为_____； 螺纹特征代号是_____； 大径是_____； 小径是_____； 螺距是_____。	(3) 在图 6-1c 中： 该螺纹为_____； 螺纹特征代号是_____； 大径是_____； 小径是_____； 螺距是_____。

【解题分析】

根据图 6-1 的螺纹标注，由国家标准查出螺纹的基本要素。

【答案】

螺纹为<u>梯形</u>螺纹； 公称直径为<u>20</u>； 螺距为<u>4</u>； 线数为<u>2</u>； 旋向为<u>左旋</u>。	该螺纹为<u>55°非密封管螺纹</u>； 螺纹特征代号是<u>G</u>； 大径是<u>20.955</u>； 小径是<u>18.631</u>； 螺距是<u>1.814</u>。	该螺纹为<u>55°密封管螺纹</u>； 螺纹特征代号是<u>R</u>； 大径是<u>20.955</u>； 小径是<u>18.631</u>； 螺距是<u>1.814</u>。

6-3　图 6-2 所示为梯形螺纹的螺母，其加工螺纹公称直径为 22mm、导程为 6mm、螺距为 3mm、左旋，补全该螺母的两视图并标注螺纹代号。

【解题分析】

主视图是剖视图，用细实线表示螺纹大径和剖面线。左视图应画出表示螺纹大径的 3/4 圈细实线。

【作图步骤】

如图 6-3 所示。

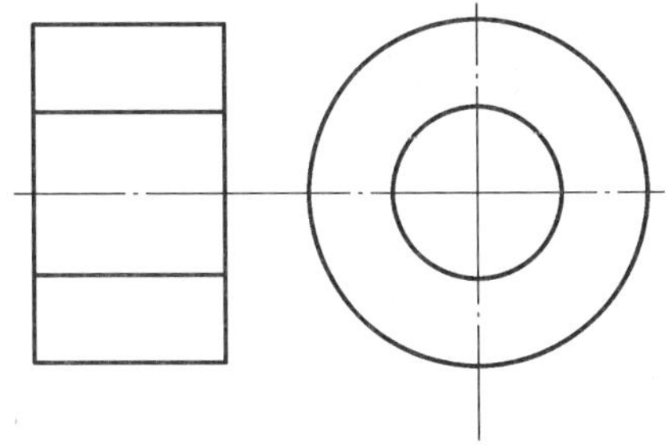

图　6-2

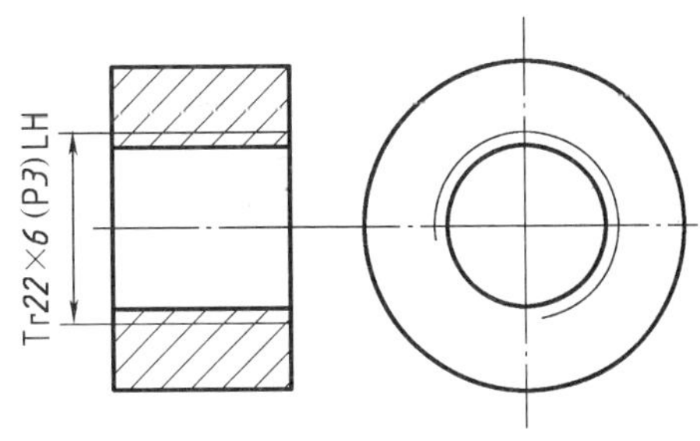

图　6-3

6-4 补全标注下列各标准件的主要尺寸，并写出其规定标记。

（1）六角头螺栓

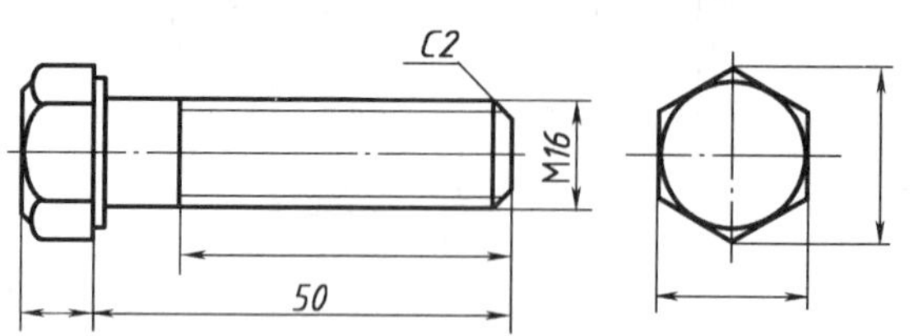

标记代号：

（2）Ⅰ型六角螺母

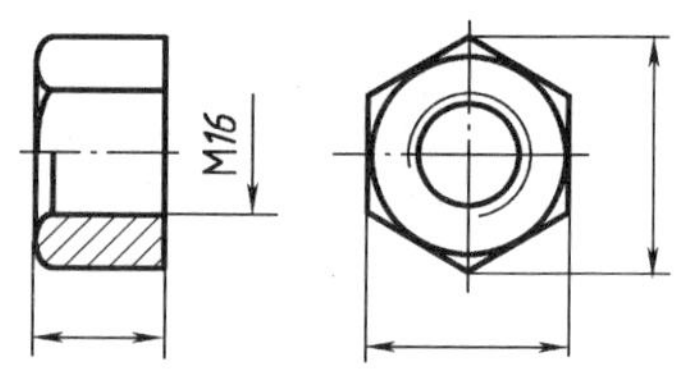

标记代号：

（3）双头螺柱

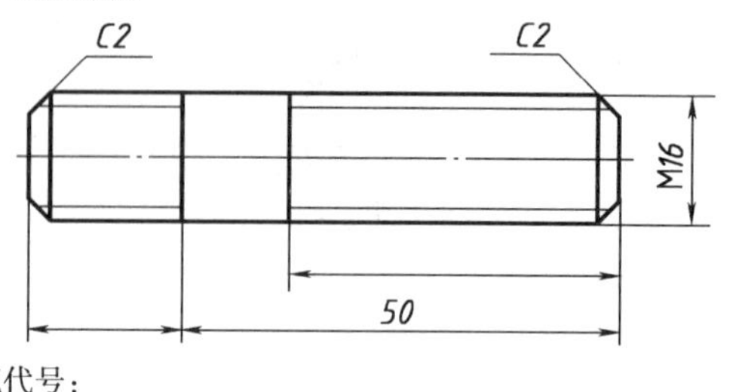

标记代号：

（4）垫圈（公称直径 16mm）

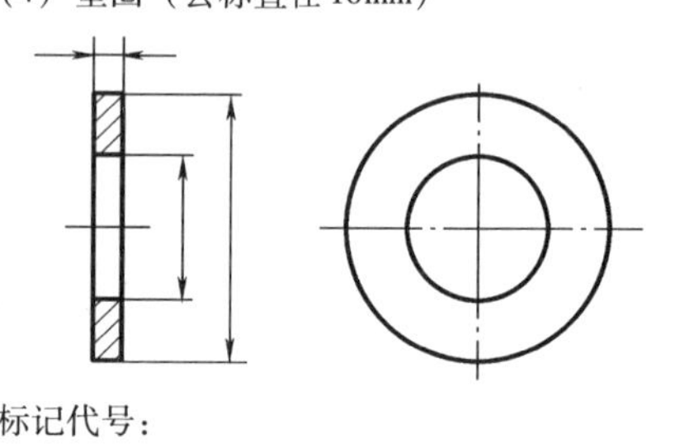

标记代号：

【解题分析】

会查阅螺纹联接件的有关国家标准。

【作图步骤】

见下图。

（1）六角头螺栓

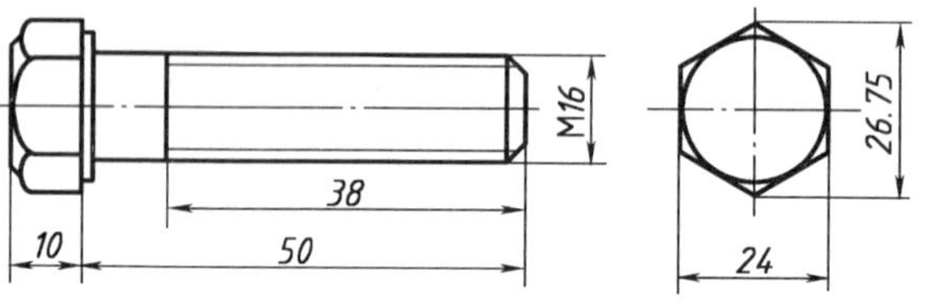

标记代号：螺栓 GB/T 5782 M16 × 50

（2）Ⅰ型六角螺母

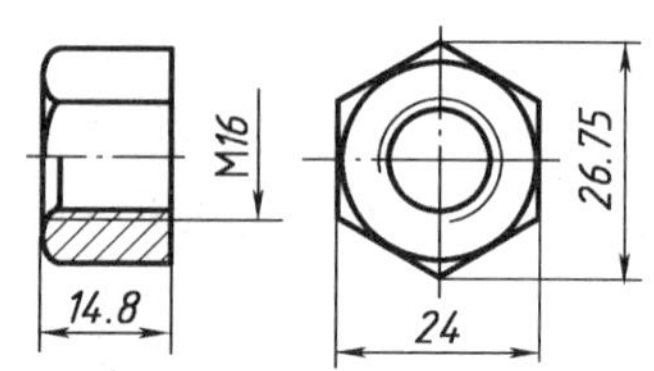

标记代号：螺母 GB/T 5782 M16

（3）双头螺柱

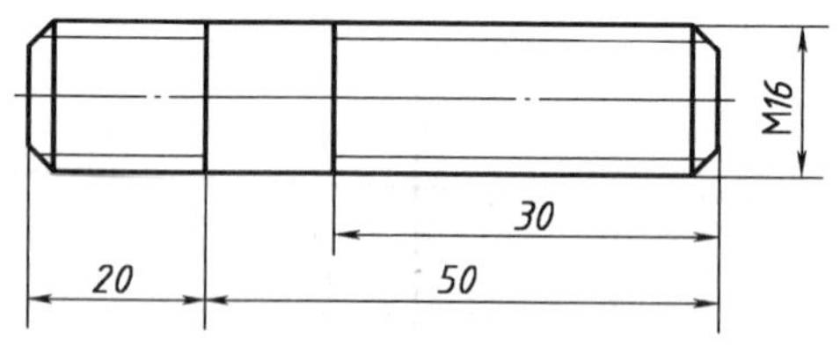

标记代号：螺柱 GB/T 898 M16 × 50

（4）垫圈（公称直径 16mm）

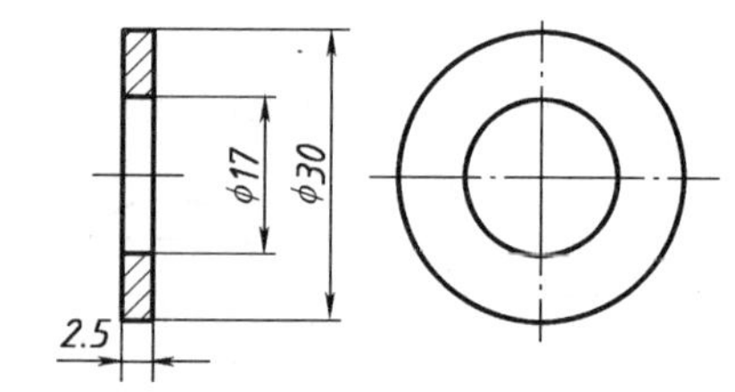

标记代号：垫圈 GB/T 97.1 16

6-5 指出下列螺纹联接件画法中的错误，并画出正确的图样。

（1）图 6-4 所示为螺栓联接。

【解题分析】

螺栓联接是用螺栓穿入两块钻有光孔的板，再用垫圈和螺母拧紧。图中：①主视图中螺栓上的螺纹终止线应为粗实线；②螺栓与光孔之间的间隙未表现；③俯视图中螺栓端面的投影少3/4圈细实线；④处缺少螺母左棱线向侧投影面投影的粗实线；⑤应为扳手尺寸，与俯视图宽相等；⑥左视图中螺栓头部未按对应关系画。

【作图步骤】

如图6-5所示。

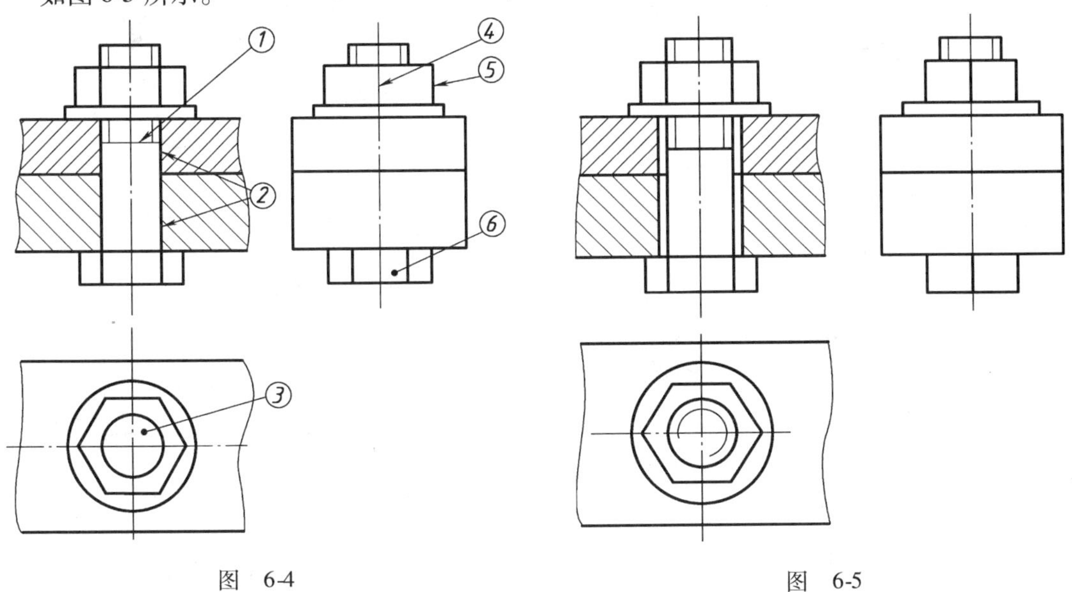

图　6-4　　　　图　6-5

（2）图6-6所示为螺柱联接。

【解题分析】

螺柱联接是先将螺柱穿过光孔拧入另一机件的螺孔中，再用垫圈、螺母拧紧。图中：①螺柱伸出端漏画细实线；②弹簧垫圈开口方向不对；③螺柱上部螺纹未画全；④螺柱与上面的机件缺少间隙；⑤螺柱旋入端螺纹未完全拧入下面机件的螺孔内；⑥不同机件剖面线方向应不同；⑦下面机件的螺孔画法不对；⑧底锥120°；⑨俯视图中螺柱端面的投影画法有错误。

【作图步骤】

如图6-7所示。

6-6　已知用沉头螺钉（GB/T 68　M10×45）来联接两零件，如图6-8所示，作出联接后的主、俯两视图。要求在下面的零件上钻孔深30mm，螺孔深25mm，主视图作全剖视图。

【解题分析】

沉头螺钉联接是将螺钉穿过机件的光孔拧入另一机件的螺孔内，利用螺钉的头部与机件的紧密接触来联接不同机件。主视图中，上板光孔与螺钉应有间隙，且有90°沉头孔，下板螺孔深度应大于螺钉的螺纹长度，锥角应画成120°；俯视图规定沉头上所开的一字槽要画成与水平线成45°，沉孔外圆要画出。

【作图步骤】

如图6-9所示。

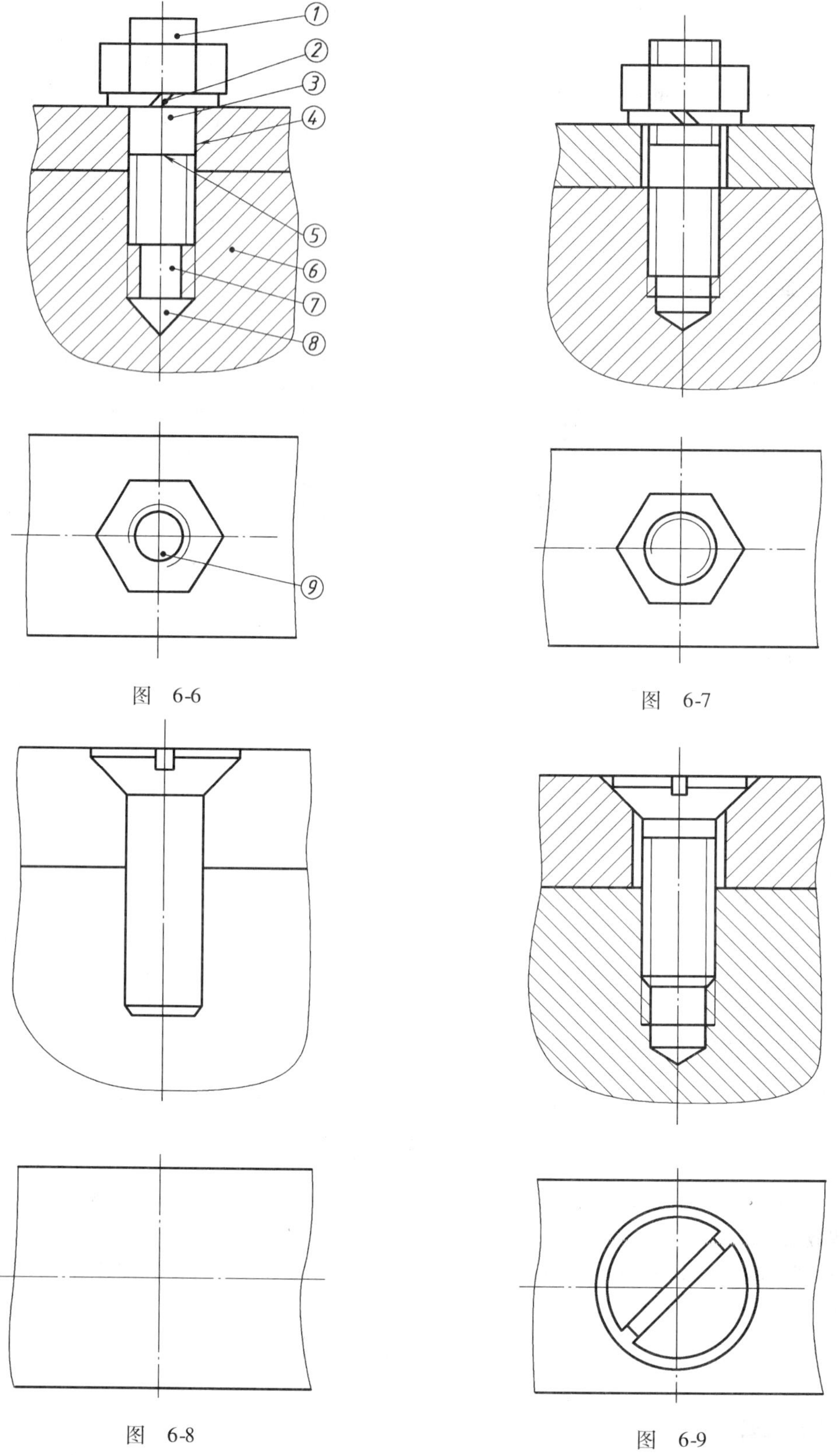

图 6-6

图 6-7

图 6-8

图 6-9

6-7　图 6-10 所示为四组螺钉联接图，画得正确的是（　　）。

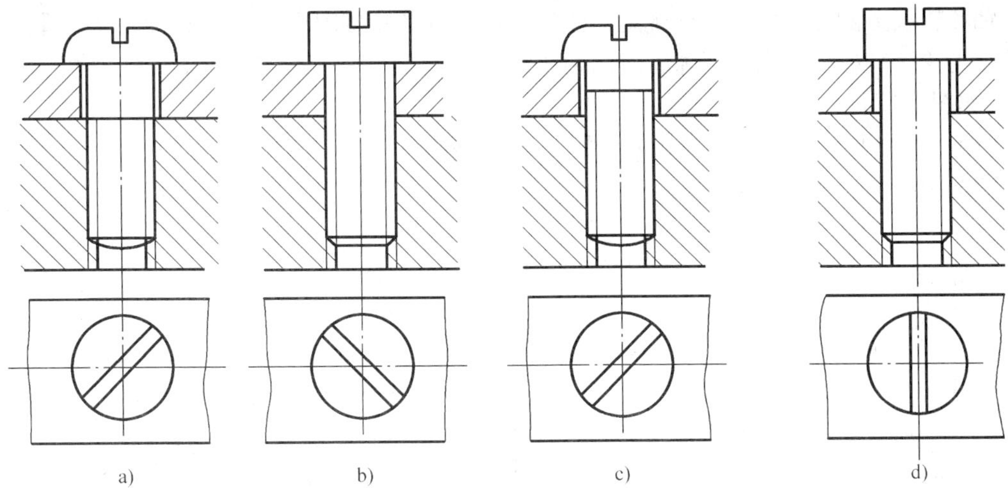

图　6-10

【答案】

画得正确的是（c）。

6.3.2　键联接

6-8　用 A 型普通平键来联接轴和轮子，轴孔直径为 40mm，键长为 40mm。

要求：

（1）在图 6-11 中写出键的规定标记。

（2）查表确定键和键槽的尺寸，用与图形相同的比例画全各视图和断面图，并标注键槽尺寸。

（3）作出用键来联接轴和轮子的联接图。

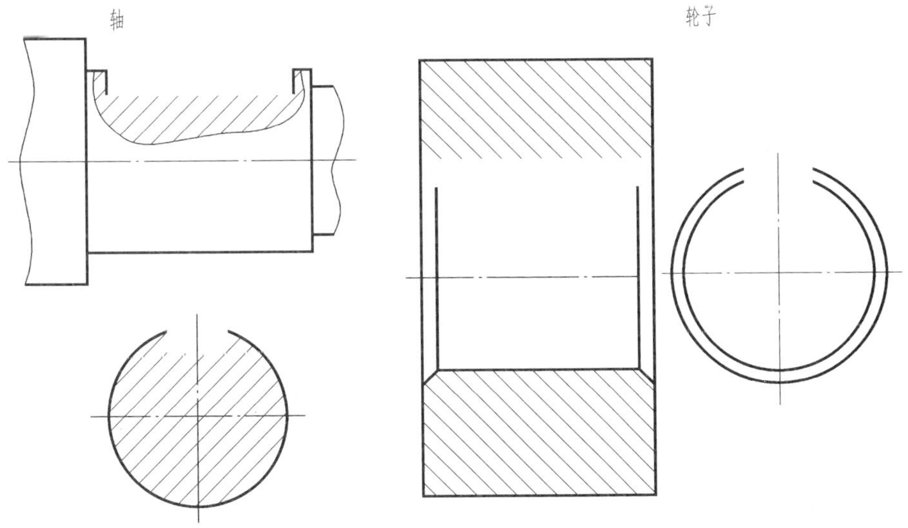

图　6-11

【解题分析】

轴和轮毂上的键槽尺寸要按规定的注法来标注，其联接图也要按规定画法来作图。如键的顶面与轮毂键槽的底面有间隙，应画两条线。

【作图步骤】

（1）键的规定标记：GB/T 1096　键　12 ×8 ×40。

（2）键槽尺寸如图 6-12 所示。

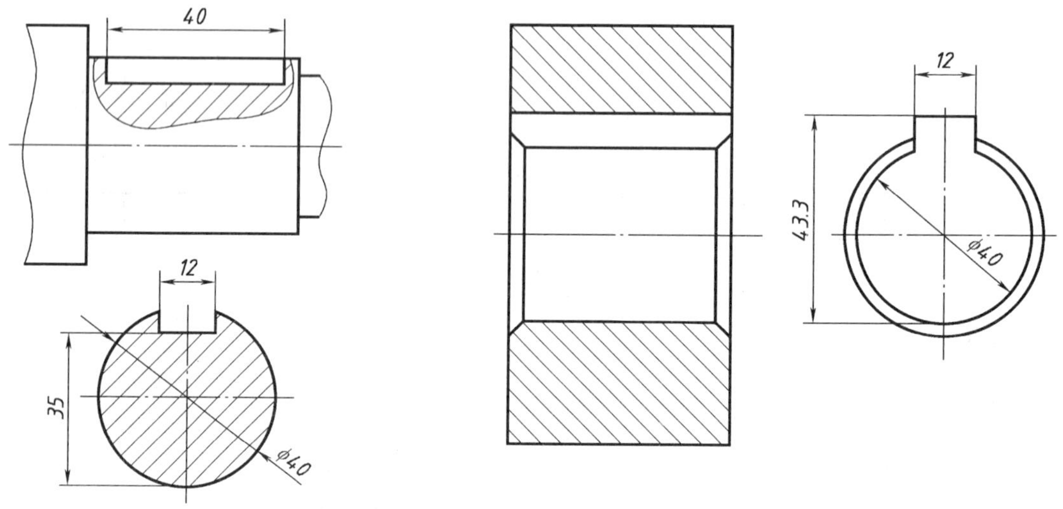

图　6-12

（3）联接图如图 6-13 所示。

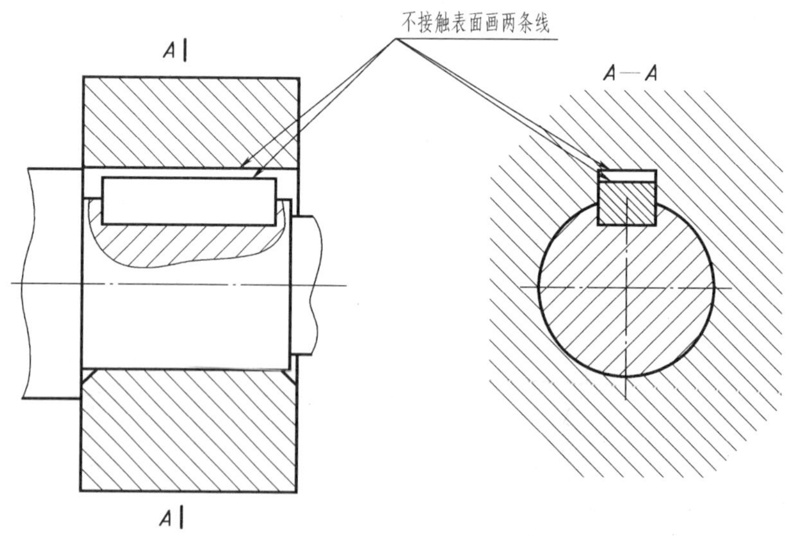

图　6-13

6.3.3　轴承与弹簧

6-9　在图6-14所示的两根阶梯轴上装有两个不同类型的滚动轴承，试用规定画法和特征画法画全滚动轴承视图。

【解题分析】

用国家标准规定的画法作图。

【作图步骤】

如图6-15所示。

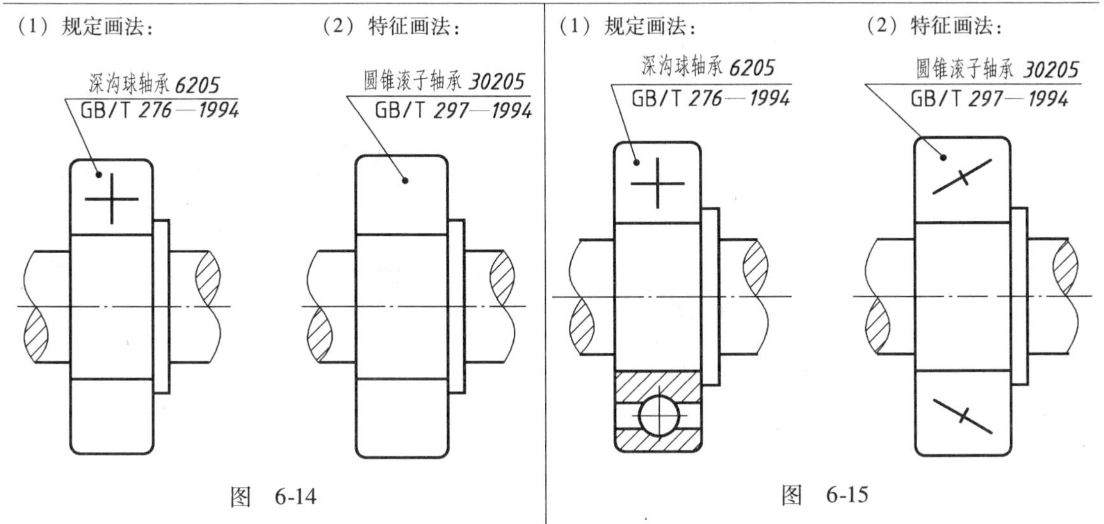

图　6-14　　　　图　6-15

6-10　已知圆柱螺旋压缩弹簧簧丝线径 $d=5\text{mm}$，弹簧外径 $D_2=45\text{mm}$，节距 $t=10\text{mm}$，有效圈数 $n=8$，支承圈数 $n_2=2.5$，右旋。试画出这个弹簧。

【解题分析】

先进行计算，然后作图。

（1）弹簧中径 $D=D_2-d=(45-5)\text{mm}=40\text{mm}$。

（2）自由高度 $H_0=nt+(n_2-0.5)d=[8\times10+(2.5-0.5)\times5]\text{mm}=90\text{mm}$。

【作图步骤】

（1）画出支承圈部分并根据节距 t 作簧丝断面。

（2）按右旋方向作簧丝断面的切线。校核，加深，画剖面线，如图6-16所示。

6.3.4　齿轮

6-11　补全图6-17所示的直齿圆柱齿轮的主、左两视图，并查表标注键槽尺寸。齿轮主要参数：模数 $m=3\text{mm}$，齿数 $z=33$，轮毂直径 $D=24\text{mm}$。

【解题分析】

该齿轮主要由轮缘、轮毂、辐板组成。轮缘上加工轮齿，轮毂上做有键槽，辐板联接轮缘、轮毂，为减轻重量加工出6个圆孔。运用形体分析法，按投影对应关系和齿轮的规定画法补全图样。

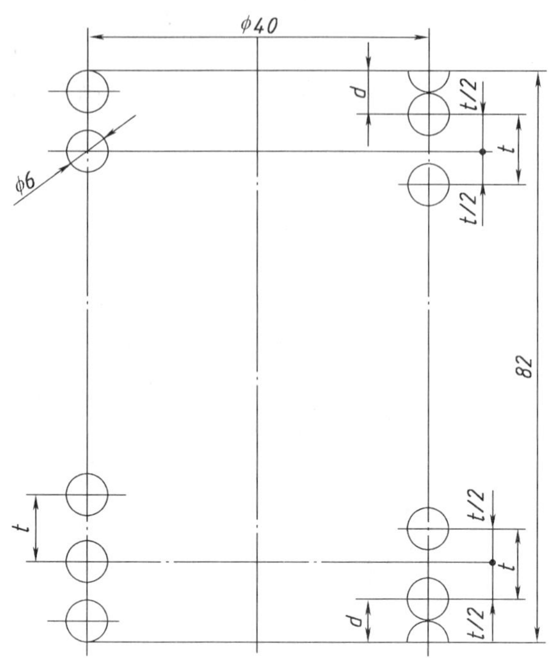

a）画出支承圈部分并根据节距 t 作簧丝断面

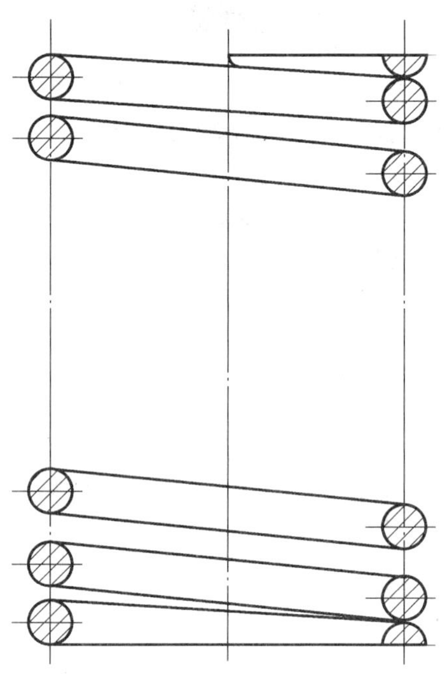

b） 按右旋方向作簧丝断面的切线。校核，加深，画剖面线

图 6-16

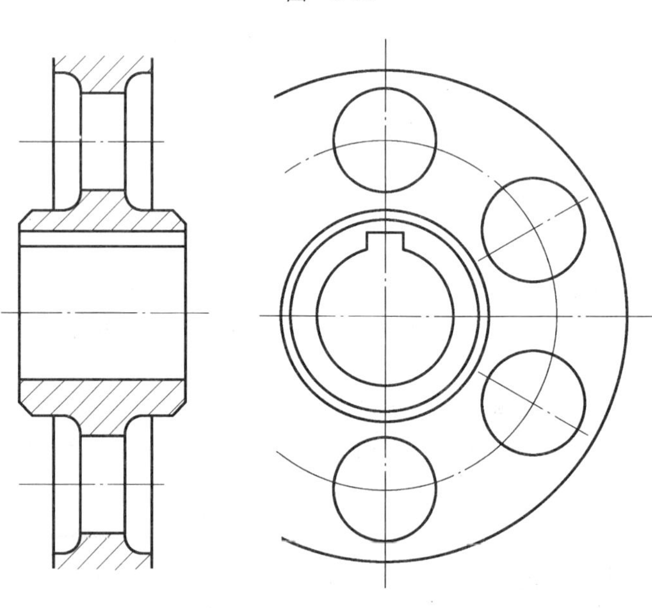

图 6-17

【作图步骤】

作图步骤如图 6-18 所示。

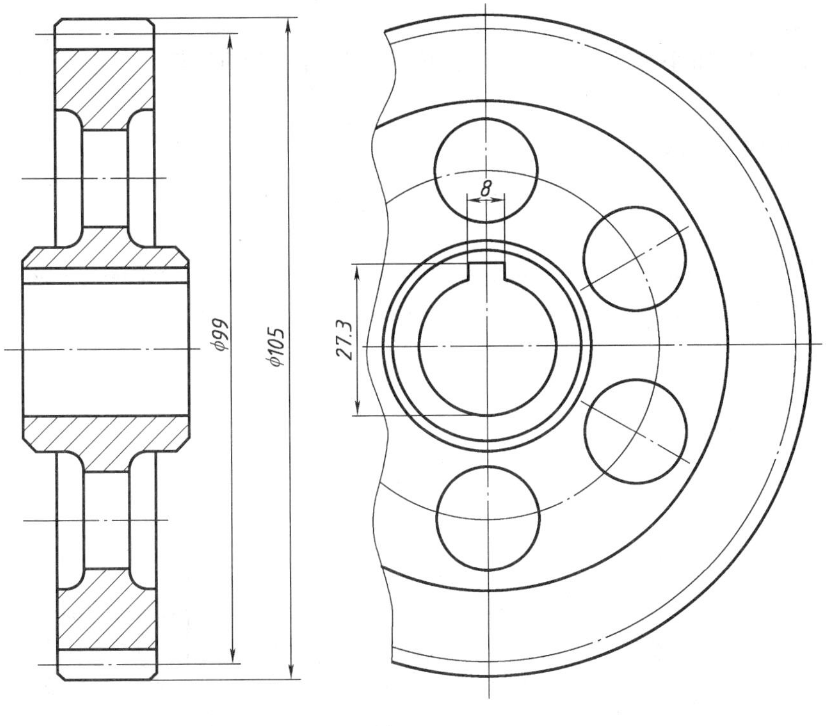

图 6-18

6-12 图6-19所示为一对互相啮合的直齿圆柱齿轮，大齿轮的模数 $m=4\text{mm}$，齿数 $z_2=38$，两齿轮的中心距 $a=110\text{mm}$。试计算大、小两齿轮分度圆、齿顶圆和齿根圆直径，并完成两齿轮的啮合图。

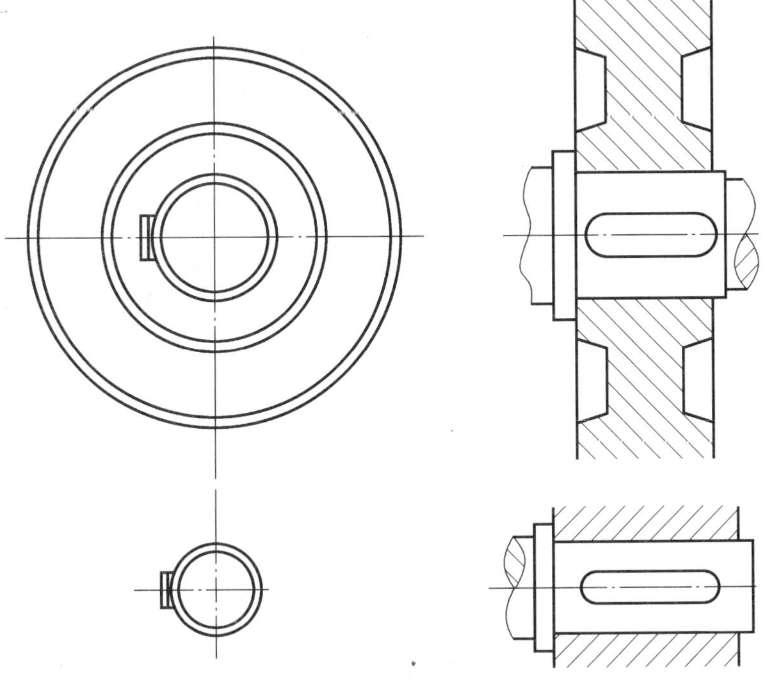

图 6-19

【解题分析】

先由已知条件算得小齿轮齿数，再进行齿轮各几何要素的计算。按齿轮的规定画法补全两齿轮啮合区和未啮合区的图形。

根据中心距计算公式：

$$a=(z_1+z_2)m/2=110\text{mm}$$

可得：

$z_1=(110-2\times z_2)/2=17$，$d_1=mz_1=4\times17\text{mm}=68\text{mm}$，$d_2=mz_2=4\times38\text{mm}=152\text{mm}$，$d_{a1}=m(z_1+2)=76\text{mm}$，$d_{a2}=m(z_2+2)=160\text{mm}$，$d_{f1}=m(z_1-2.5)=58\text{mm}$，$d_{f2}=m(z_2-2.5)=142\text{mm}$。

【作图步骤】

作图步骤如图 6-20 所示。

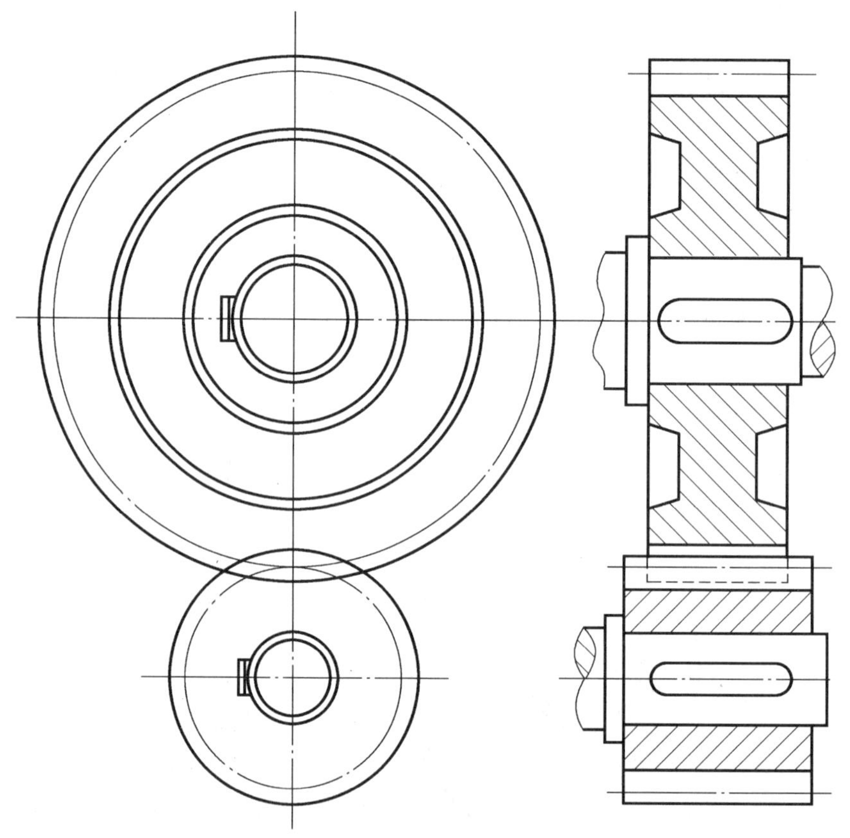

图 6-20

6.4 自测题

1. 螺纹要素有哪些？它们的含义是什么？
2. 内、外螺纹联接时，它们的要素应符合哪些要求？联接图的规定画法是什么？
3. 标注普通螺纹的尺寸时，尺寸界线从何处引出？螺纹规定标记的各项含义是什么？

4. 不通孔内螺纹的剖视图上，剖面符号线应如何画？螺孔底部锥角为什么画出一定角度？

5. 键联接时，如何确定键及键槽宽度、长度、高度及键槽深度？画键联接图时要注意哪些问题？

6. 圆柱直齿齿轮及其啮合的规定画法是什么？在啮合区内画图时应该注意什么？

7. 圆柱螺旋压缩弹簧的规定画法有哪些？

8. 常用的螺纹紧固件、普通平键、圆锥销、深沟球轴承等如何标记？它们在装配时的规定画法以及简化画法是什么？

第 7 章　零　件　图

7.1　内容要点

通过学习本章内容，要求学生能阅读和绘制常见的零件图；要求学生能综合运用各种表达方法，理解尺寸注法和有关技术要求，为后继课程的学习和在今后的工作中所必须具有的空间思维和图示能力打下坚实基础。

（1）了解零件图的作用与内容，熟练掌握各类典型零件的结构特点、表达方法，进一步提高视图选择的能力，特别是主视图的选择。

（2）掌握零件图的尺寸标注，能正确、完整、清晰和合理地标出所需尺寸，对选用基准有初步认识，对常见工艺结构，如倒角、退刀槽、沉孔以及螺孔等，应掌握其尺寸标注形式。

（3）掌握极限与配合、表面结构特征的基本知识，能正确查表及在图样上标注。

（4）能正确绘制和阅读零件图。

7.2　解题要领

本章的主要题型分为两类：画零件图和读零件图。

画零件图的第一步是对零件的内外结构形状、特征及它们之间的相对位置进行分析，在此基础上，根据零件的类型、加工方法、安装位置等选择最能反映零件特征的视图作为主视图，然后再选取其他视图，并用恰当的表达方法完整、清楚地表达该零件的所有结构形状、特征。

读零件图的关键是看懂零件的结构和形状。与组合体比较，零件上增加了一些工艺结构，如铸件上的铸造圆角、机械加工零件上的倒角和退刀槽等。另外，零件图中采用了多种表达方法，剖视图也较多，利用分析线框的方法有时也显得不够用。因此，读图时对于一些工艺结构可暂不作考虑，可先按组合体读图的方法（形体分析法和线面分析法）进行，首先想出零件的整体结构，再逐步把工艺结构加上。对于表达内腔较多的零件（即剖视图较多），先把内腔形状想象出来，再由内及外，想象出包含内腔的外部形状。

7.3　习题与解答

7.3.1　由轴测图画零件图

7-1　根据图 7-1 所示轴的立体图绘制其零件图。键槽深度查表确定，可不注写公差。

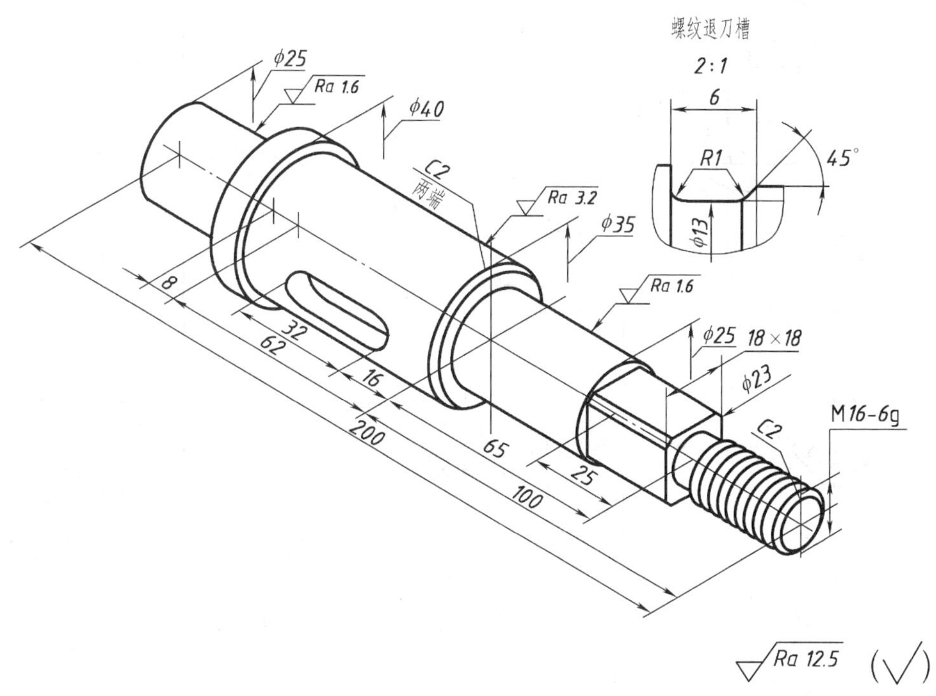

图 7-1

【解题分析】

表达零件的图样称为零件图。零件图的内容包括表达零件结构形状的一组视图，表示零件大小的全部尺寸，还有技术要求和标题栏。

图7-1所示的轴是由7个同轴圆柱体组成的，其中在ϕ23mm的圆柱上铣出方头18mm×18mm，M16-6g为粗牙普通螺纹，在ϕ35mm的圆柱上加工有平键槽。由于轴类零件加工位置明显。因此应根据加工位置选择主视图，即轴线水平放置。除主视图外，还需要采用两个断面图分别表达18mm×18mm方形结构和键槽的结构。

【作图步骤】

(1) 画主视图并标注尺寸，查表确定键槽尺寸。

(2) 画两个断面图和局部放大图，并标注尺寸。

(3) 标注表面粗糙度。作图结果如图7-2所示。

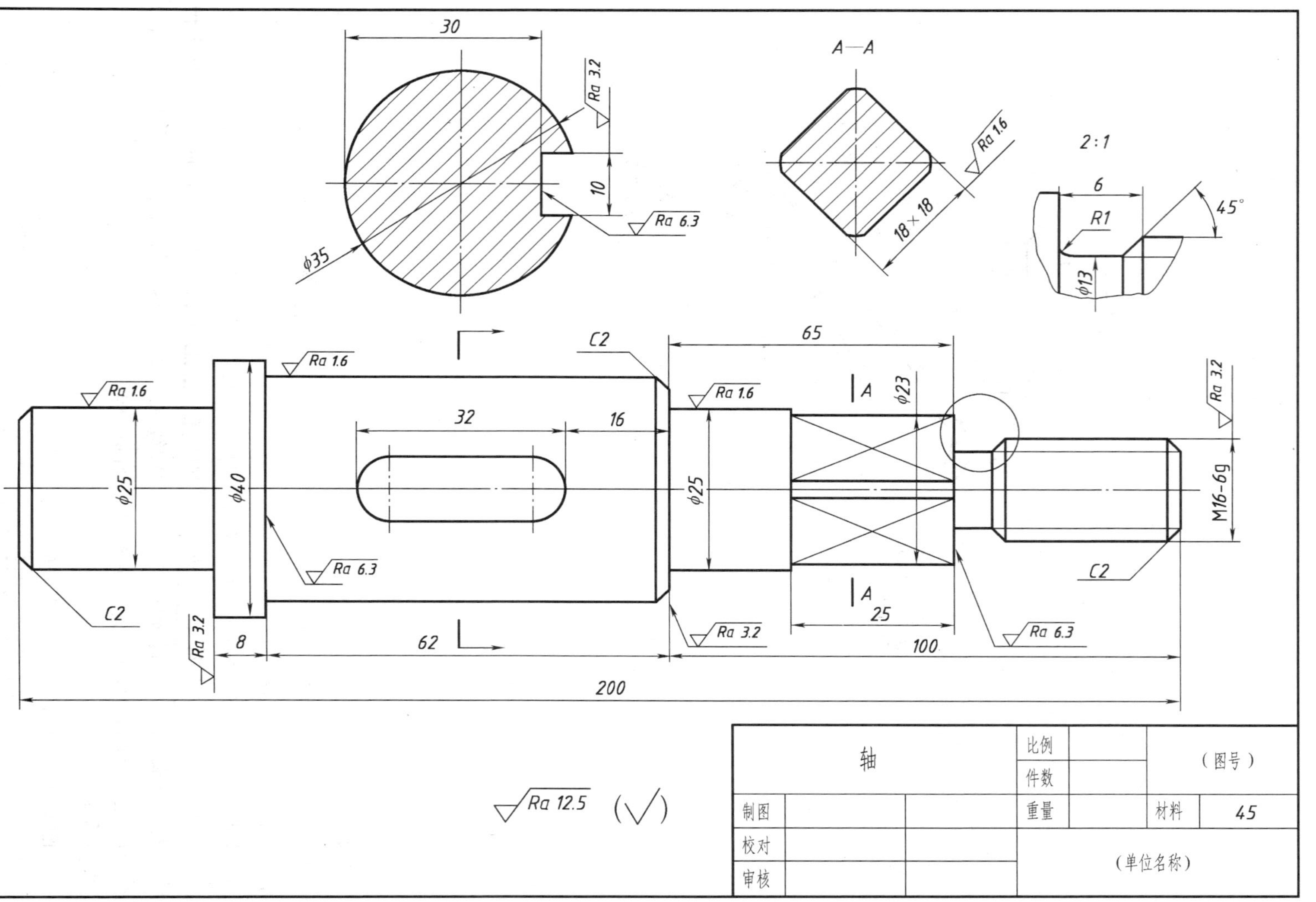

轴		比例		（图号）	
		件数			
制图		重量		材料	45
校对		（单位名称）			
审核					

图 7-2

7-2　根据图 7-3 所示的踏架轴测图画出它的零件图。材料为 HT200，未注明圆角 $R3\sim R5$。

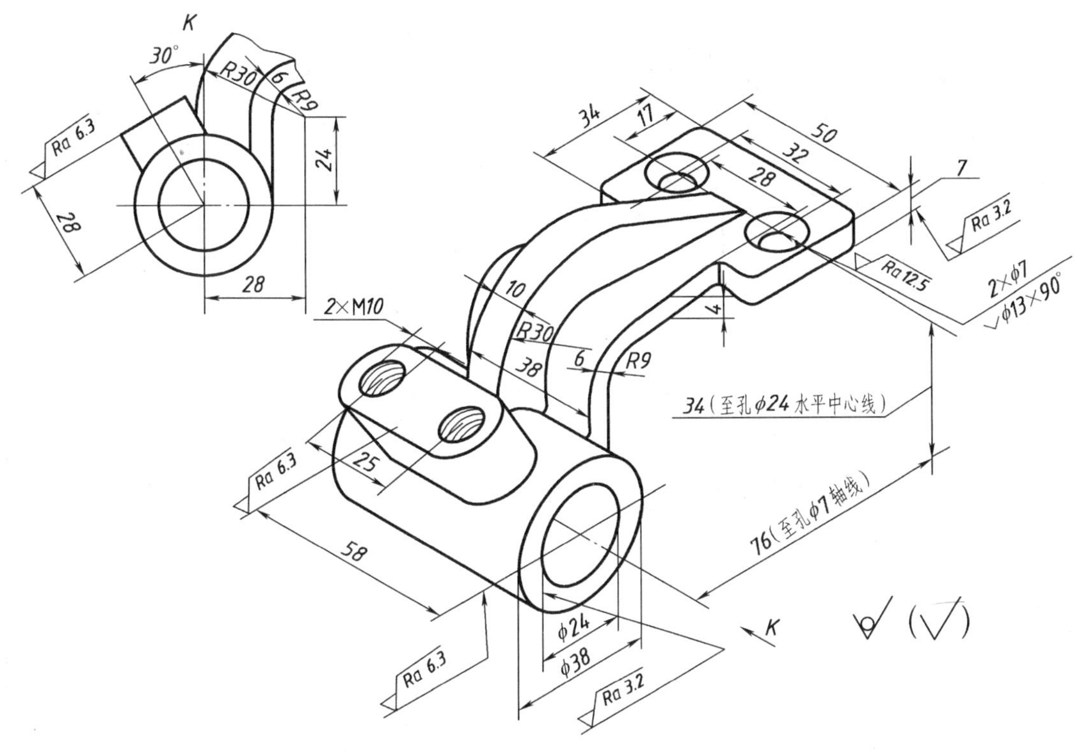

图　7-3

【解题分析】

（1）结构分析：踏架属于叉架类零件，主要由正垂圆柱筒和水平长方形板组成，其间由弧形丁字肋板连接。另外在圆柱筒上还有腰形凸台，凸台上钻有两个螺孔，长方形板上有两个沉孔。

（2）表达方法：主视图采用局部剖视，既保留了外部形状，又表达了螺孔和沉孔的结构。俯视图采用 *A* 向旋转的斜视图（局部剖视），表达了凸台的实形；还用 *B* 向局部视图反映了长方形板的实形及沉孔位置，断面图则表达了肋板的断面形状。注意铸件应画铸造圆角。

（3）尺寸标注：高度和长度方向以圆柱筒的轴线为基准，宽度方向以前、后对称的正平面为基准。

【作图步骤】

（1）选择主视图，确定表达方案。

（2）画图并作出必要的标注。作图结果如图 7-4 所示。

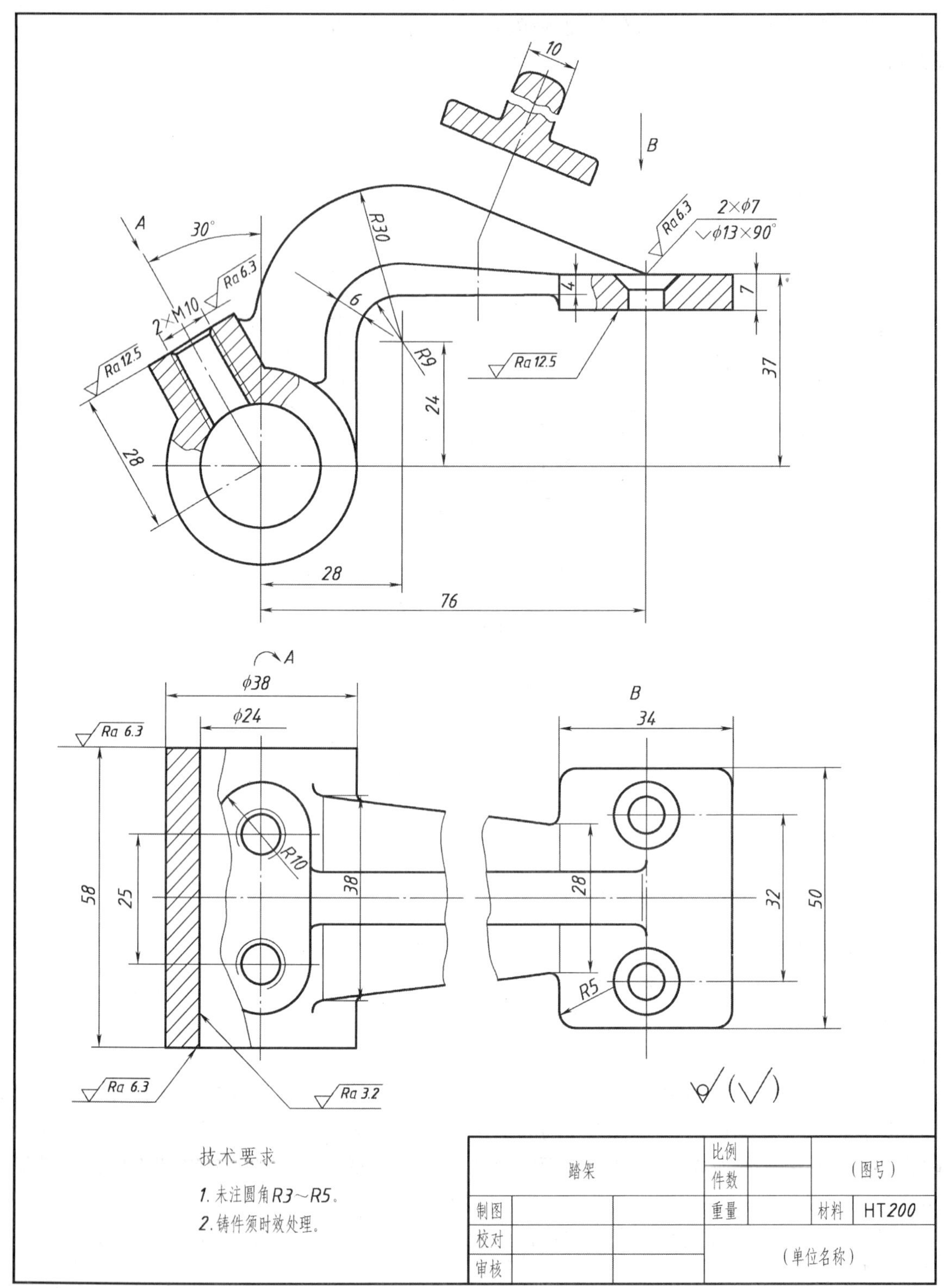

图 7-4

7-3 根据图7-5所示阀体的轴测图画出零件图。材料为HT200。

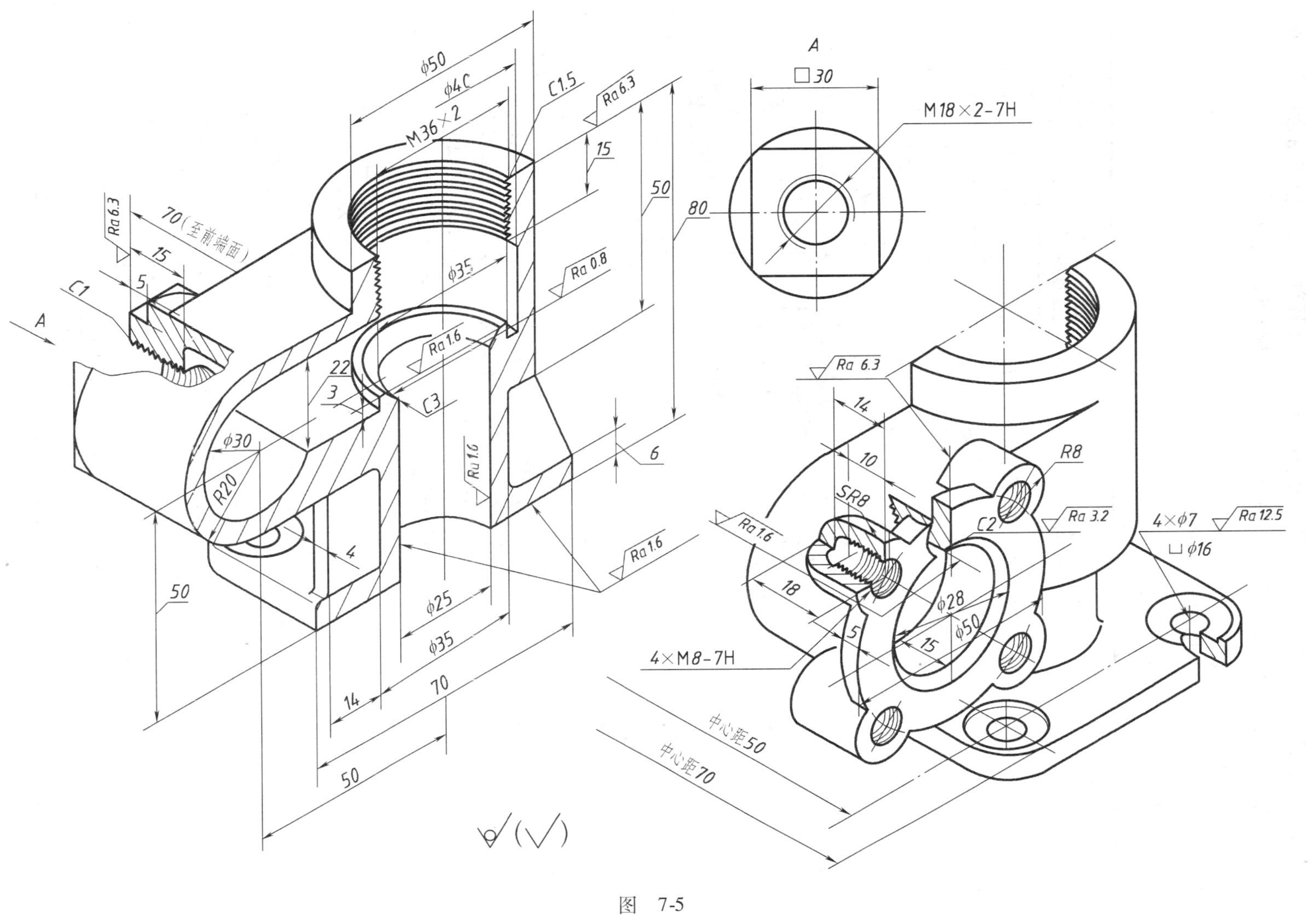

φ50
φ40
M36×2
C1.5
Ra 6.3
15
50
80
70（至前端面）
15
C1
5
A
φ35
Ra 0.8
Ra 1.6
22
3
C3
φ30
R20
6
4
50
φ25
φ35
14
70
50
A
□30
M18×2-7H
Ra 6.3
14
10
SR8
R8
C2
Ra 3.2
4×φ7
Ra 12.5
⌴φ16
18
φ28
φ50
15
5
4×M8-7H
中心距50
中心距70

图 7-5

【解题分析】

阀体为壳体类零件，主视图采用局部剖视以保留凸板耳部外形，俯视图采用多个相交和平行的剖切面剖切获得全剖视图，*A* 向局部视图表示左侧凸板后部外形。

【作图步骤】

作图步骤略。作图结果如图 7-6 所示。

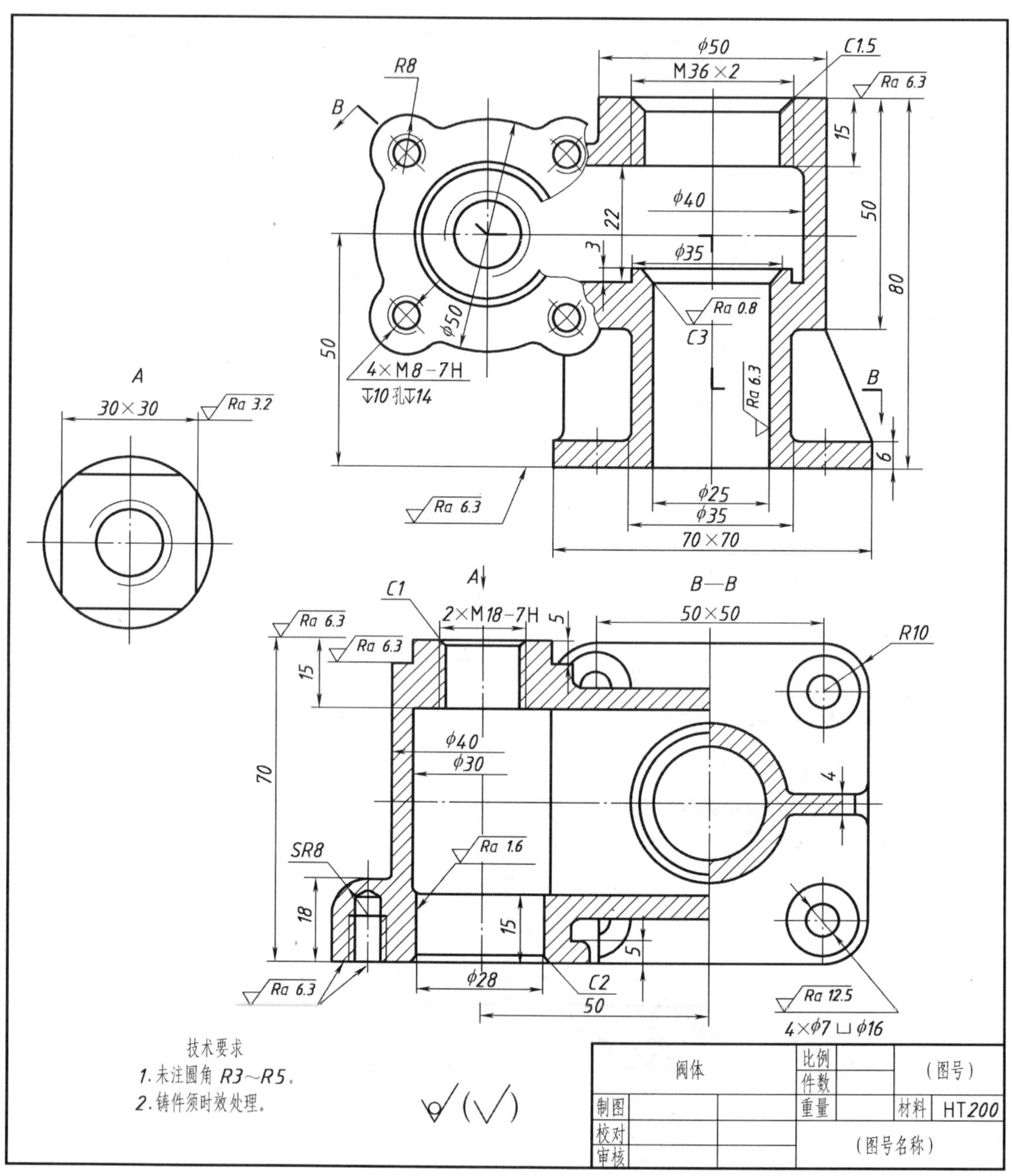

图 7-6

7.3.2 表面结构的表示法

7-4 将图 7-7 中指定的表面粗糙度用代号标注在图上。

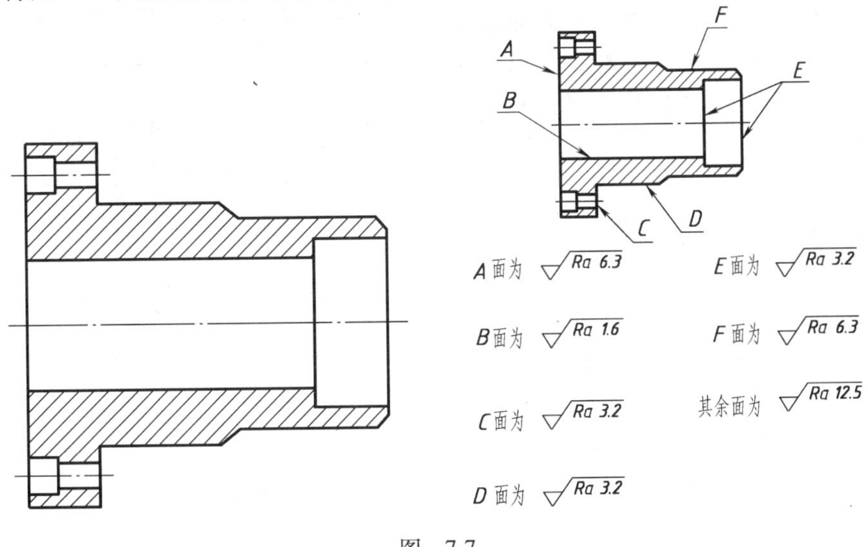

图 7-7

【解题分析】

表面粗糙度符号的尖端应从材料外指向被加工表面，数字的注写方向应与尺寸数字方向一致。

【作图步骤】

作图步骤略。作图结果如图 7-8 所示。

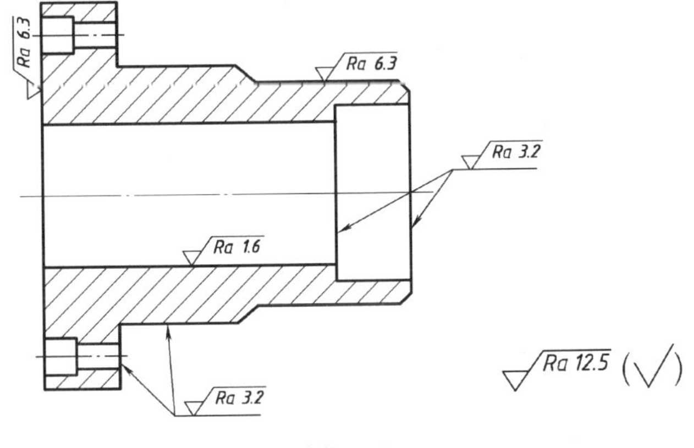

图 7-8

7.3.3 极限与配合

在机器装配中，将公称尺寸相同的、相互结合的孔和轴公差带之间的关系称为配合。配合种类有间隙配合、过盈配合和过渡配合。配合的基准制有基孔制和基轴制。

7-5 根据图 7-9 所示装配图的配合尺寸，在各零件图上注出公称尺寸和上、下极限偏差数值，并填空。

（1）齿轮和轴的配合采用___A___制，___B___配合，齿轮孔公差带代号___C___。

（2）销和轴的配合采用___D___制，___E___配合，销的公差带代号___F___。

【解题分析】

极限与配合是零件图重要的技术要求之一。本题已在装配图上标注有配合代号，以分数形式标注。分子为孔的公差带代号，分母为轴的公差带代号。上、下极限偏差数值查表确定，在零件图上注出。

【作图步骤】

（1）查表确定上、下极限偏差数值，并在零件图上注出。如图 7-10 所示。

（2）读懂装配图上的标注，并填写答案。

A：___基轴___，B：___间隙___，C：___G7___。

D：___基孔___，E：___过渡___，F：___n6___。

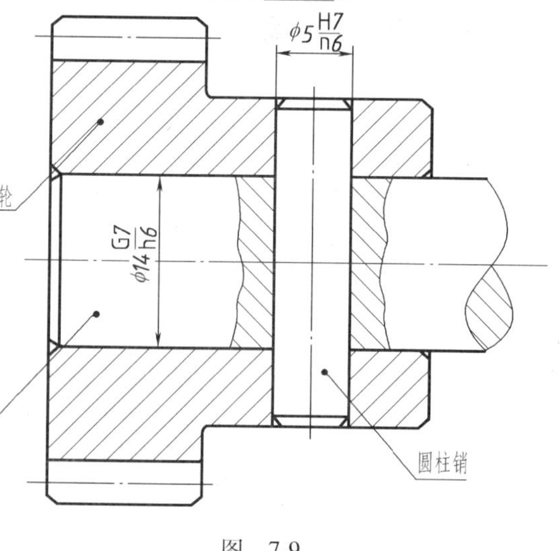

图 7-9

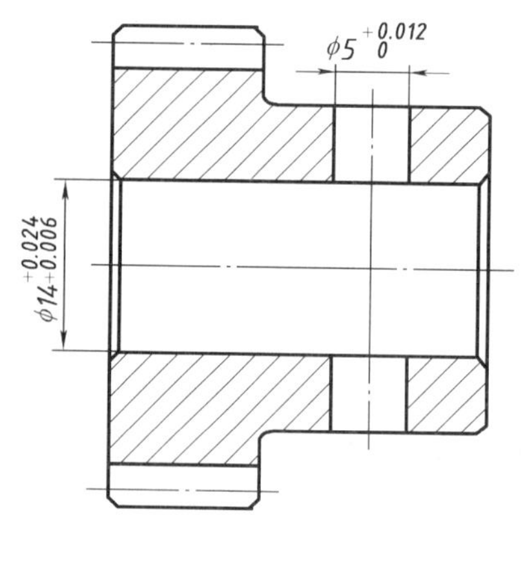

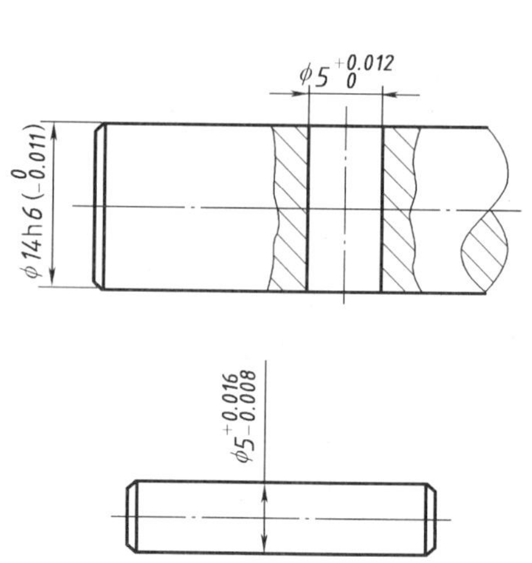

图 7-10

7.3.4 读零件图

读零件图就是根据已给的零件图，经过思考、分析，想象出零件图中所示的结构形状，弄清零件的尺寸大小和制造、检验的技术要求。

基准是指零件在机器中或在加工及测量时，用以确定其位置的一些面、线和点。

7-6 读图 7-11 所示的套筒零件图，在指定位置分别画出 *B* 向视图和移出断面图，并填空。

（1）该零件是___A___类的零件，其主视图上轴线一般应___B___放置。

（2）图中的尺寸（8 ±0.1）mm 的公差值为___C___。

（3）轴套左端面分布有___D___个螺孔，它们的定位尺寸是___E___。

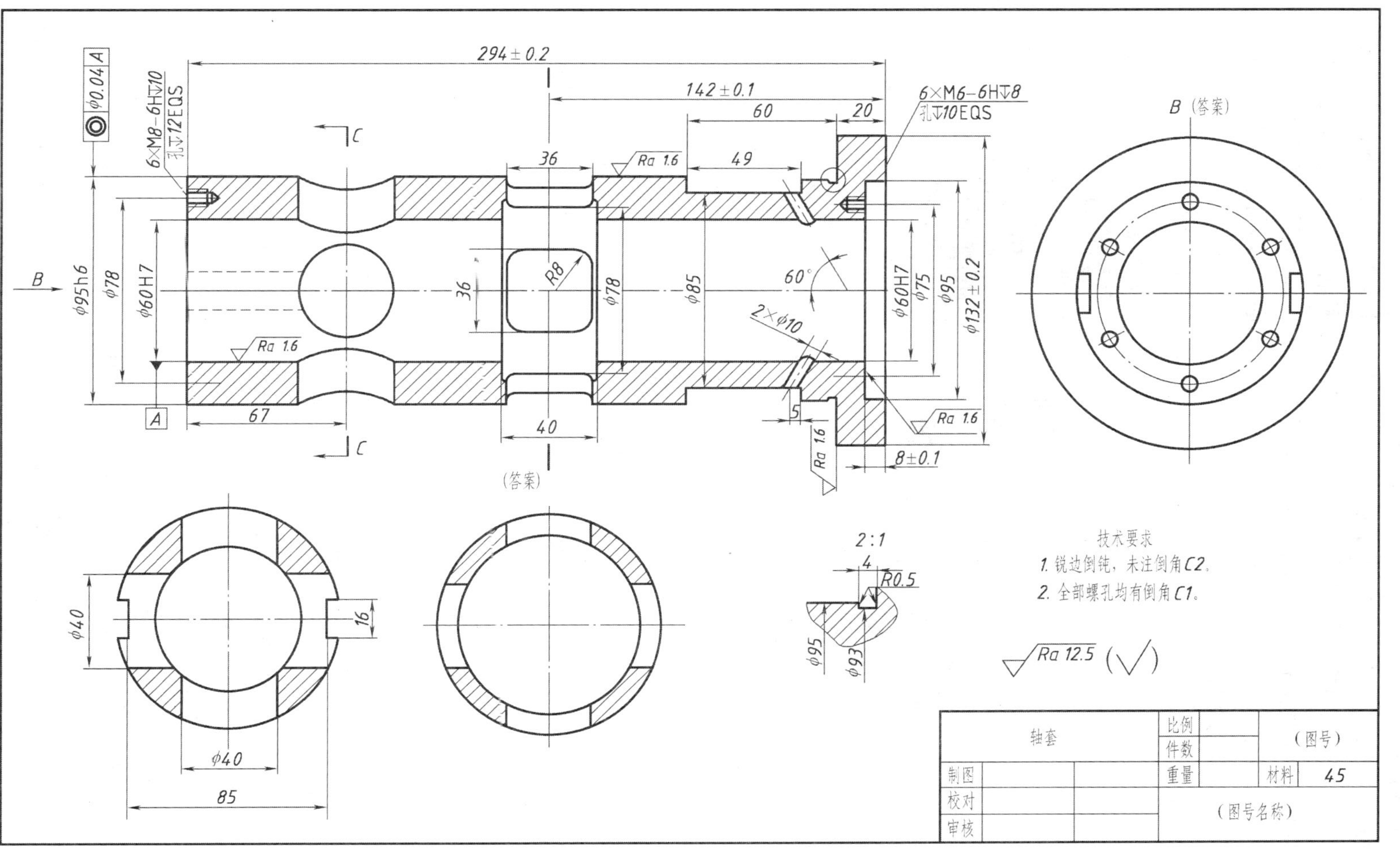

φ0.04 A
6×M8-6H↧10
孔↧12EQS
294±0.2
142±0.1
60
20
6×M6-6H↧8
孔↧10EQS
B（答案）
C
36
Ra 1.6
49
B
φ95h6
φ78
φ60H7
36
R8
φ78
φ85
60°
2×φ10
φ60H7
φ75
φ95
φ132±0.2
Ra 1.6
A
67
40
5
Ra 1.6
Ra 1.6
8±0.1
（答案）
2:1
4
R0.5
φ95
φ93
技术要求
1. 锐边倒钝，未注倒角C2。
2. 全部螺孔均有倒角C1。
Ra 12.5 (√)
φ40
16
φ40
85
轴套
比例
件数
重量
材料
45
（图号）
（图号名称）
制图
校对
审核

图 7-11

【解题分析】

套筒零件是以圆柱为主体的同轴回转体，立体图如图 7-12 所示。左端面上钻有六个 M8 的螺孔，其定位尺寸 ϕ78mm；从 *C*—*C* 断面看 ϕ95mm 圆柱前后各开了一个方槽，此处圆筒上有相互垂直贯通的圆孔（ϕ40mm）；中间断面是圆筒上有相互垂直贯通的方槽（36mm × 36mm）；右端面钻出一个 ϕ95mm 的水平圆柱孔，在 ϕ95mm 与 ϕ60mm 孔的分界面上还钻有六个 M6 的螺孔，其定位尺寸为 ϕ75mm。

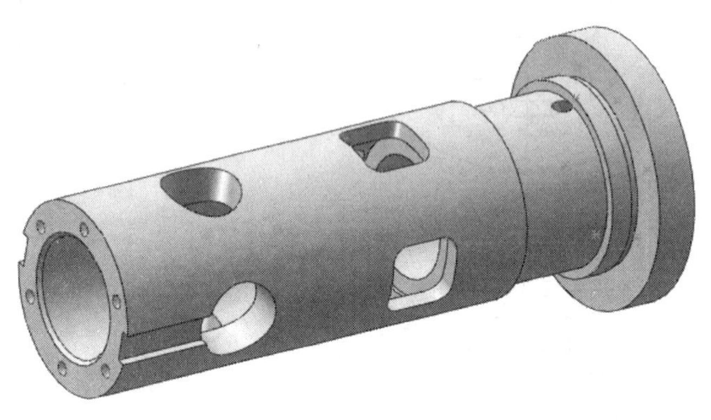

图 7-12

【作图步骤】

（1）读懂题给图形，画出 *B* 向视图和移出断面图。

（2）填写答案：

A：<u>轴套</u> B：<u>水平</u> C：<u>0.2mm</u> D：<u>6</u> E：<u>ϕ78mm</u>。

7-7 看懂图 7-13 所示的滑柱零件图，作出 *A*—*A*、*B*—*B* 移出断面和 *C* 向局部视图，并填空。

（1）标题栏中材料代号为 45，其含义是<u>A</u>。

（2）$\phi 32g6\left(\begin{smallmatrix}-0.009\\-0.025\end{smallmatrix}\right)$ 圆柱面的最大极限尺寸是：<u>B</u>，最小极限尺寸是：<u>C</u>。

（3）图中密封槽的尺寸 3 ×2 的含义：3 是<u>D</u>，2 是<u>E</u>。

（4）该零件左端小孔的直径尺寸是<u>F</u>，其定位尺寸是<u>G</u>。

（5）图中表面粗糙度要求最高的 *Ra* 值为<u>H</u>。

【解题分析】

滑柱零件是以圆柱为主体的同轴回转体，其立体图如图 7-14 所示。左端被两个水平面和侧平面切掉两个长 26mm 的弓形体，其上有一个距左端面 11mm 的 ϕ12mm 的孔，ϕ32mm 圆柱左端有一个长 39mm 的键槽。

【作图步骤】

（1）读懂题给图形，画出 *B* 向视图和移出断面图。

（2）填写答案：

A：<u>滑柱零件材料为 45 钢</u> B：<u>ϕ31.991mm</u> C：<u>31.975mm</u> D：<u>槽宽</u>
E：<u>槽深</u> F：<u>ϕ12mm</u> G：<u>11mm</u> H：<u>0.8μm</u>。

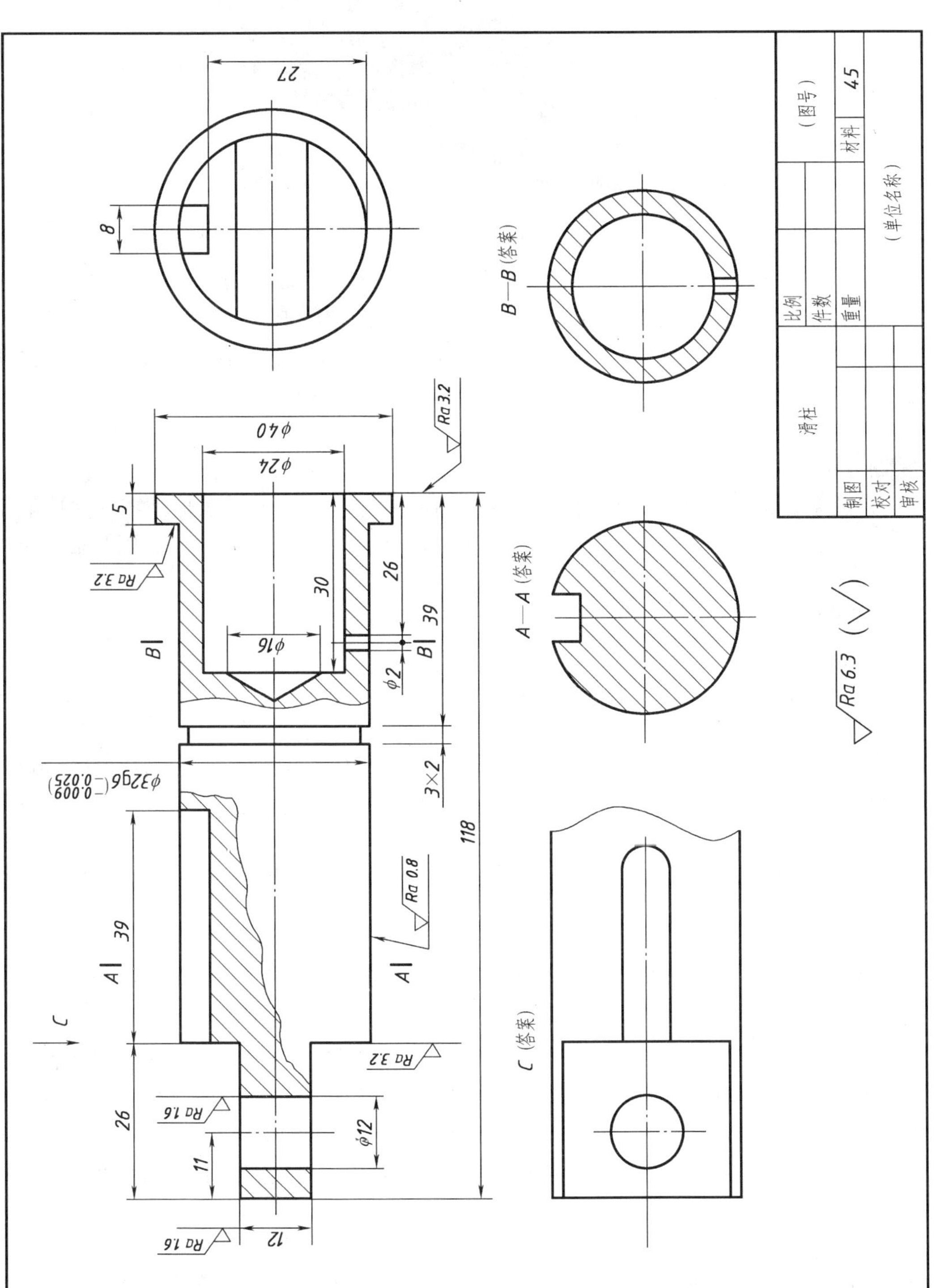

27
8
ϕ40
ϕ24
Ra 3.2
5
Ra 3.2
30
26
39
B
B
ϕ16
ϕ2
3×2
118
ϕ32g6(−0.009 −0.025)
Ra 0.8
A
A
39
C
Ra 3.2
26
Ra 1.6
ϕ12
11
12
Ra 1.6
B—B (答案)
A—A (答案)
C (答案)
Ra 6.3 (√)
滑柱
比例
件数
重量
(图号)
材料
45
(单位名称)
制图
校对
审核

图 7-13

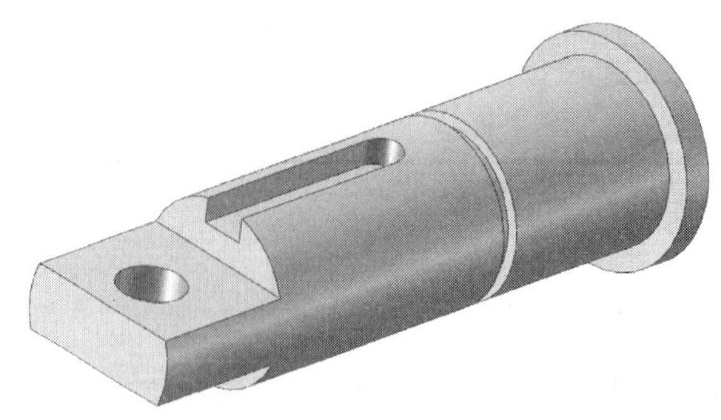

图 7-14

7-8 看懂图 7-15 所示的端盖零件图，想象其形状，补画出右视图，并填空。

（1）零件长度方向的主要基准在__A__侧，是长度尺寸为__B__的圆柱体的__C__侧。

（2）该零件左端面凸缘有__D__个螺孔，公称尺寸是__E__，螺纹长度是__F__，光孔尺寸是__G__。

（3）图中六个沉孔的定位尺寸是__H__。

【解题分析】

此仍为盘盖类零件，主体是回转体，其立体图如图 7-16 所示。为了保证零件间接触良好，零件上凡是与其他零件接触的表面一般都要加工，且主要在车床上加工，因此轴线应水平放置。

【作图步骤】

（1）画出右视图。

（2）填空：A：右侧　B：20mm　C：右侧　D：3　E：M5　F：13mm　G：16mm　H：ϕ72mm。

7-9 读图 7-17 所示的轴承盖零件图，在指定位置画出 *B—B* 剖视图（采用对称画法，画出前方的一半），并完成填空。

（1）ϕ70d11 写成有上、下极限偏差的注法为__A__。

（2）主视图的右端面有 ϕ54mm 深 3mm 的凹槽，这样的结构是考虑__B__零件的重量和__C__加工面积而设计的。

（3）说明$\frac{4\times\phi9}{\sqcup\ \phi20}$的含义；4 个 ϕ9mm 的孔是用于穿过公称直径为__D__的螺栓。

【解题分析】

此为盘类零件，主体仍为同轴回转体。该零件左边为外径 ϕ70，内径 ϕ54 的圆柱筒，其左端前后各开了一个方槽（30mm × 15mm），中间上、下各开了一个方槽（30mm × 14mm）；右端面上钻了四个 ϕ9mm 的小孔，用于穿过螺栓与其他零件联接所用。

B—B 为简化画法，答案如图 7-18 所示。由于图形对称，只画出一半，图中“=”为对称符号。

【作图步骤】

（1）该题要画 *B—B* 剖视图，剖切面通过左边 ϕ54mm 的圆柱孔及前后方槽，右边剖到 ϕ54mm 的圆柱孔和两个沉孔；还要画下方的方槽及圆柱的俯视图。

（2）填写答案。A：$\phi70^{-0.1}_{-0.29}$　B：减轻　C：减少　D：M8。

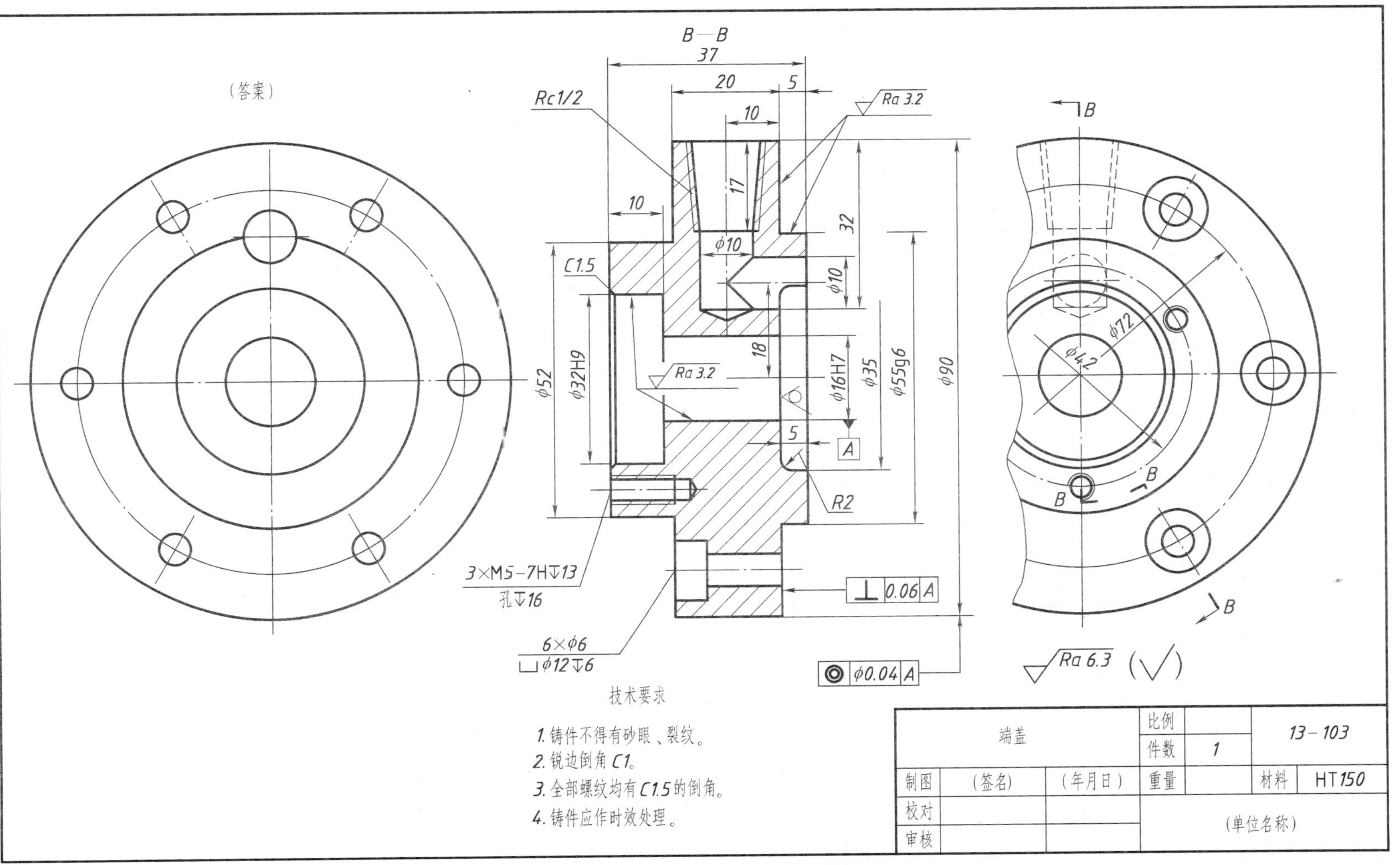

(答案)
B—B
37
20
5
10
Rc1/2
Ra 3.2
17
10
32
C1.5
ϕ10
ϕ10
18
ϕ52
ϕ32H9
Ra 3.2
ϕ16H7
ϕ35
ϕ55g6
ϕ90
5
A
R2
3×M5-7H↧13
孔↧16
⊥ 0.06 A
6×ϕ6
⌴ϕ12↧6
◎ ϕ0.04 A
B
ϕ72
ϕ42
B
B
B
Ra 6.3 (√)
技术要求
1. 铸件不得有砂眼、裂纹。
2. 锐边倒角 C1。
3. 全部螺纹均有 C1.5 的倒角。
4. 铸件应作时效处理。
端盖
比例
件数 1
13-103
制图 (签名) (年月日)
重量
材料 HT150
校对
审核
(单位名称)

图 7-15

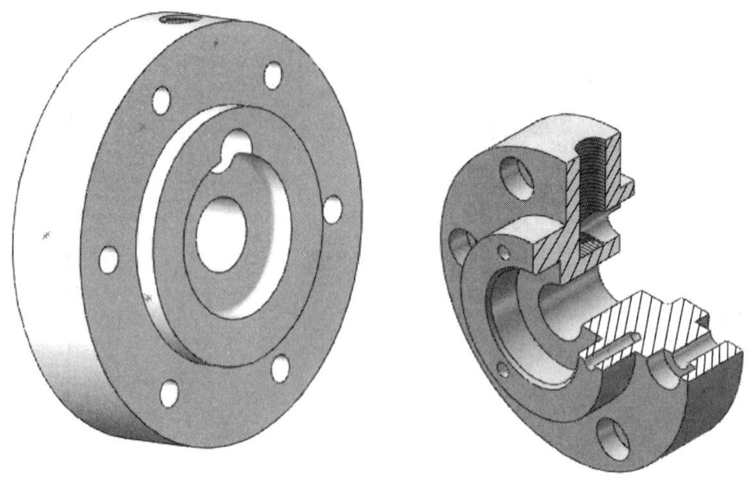

图 7-16

A—A

技术要求

1. 未注圆角 $R3$。

2. 铸件不得有气孔、裂纹等缺陷。

轴承盖			比例	1:1	(图号)	
			件数			
制图			重量		材料	HT200
校对			(单位名称)			
审核						

图 7-17

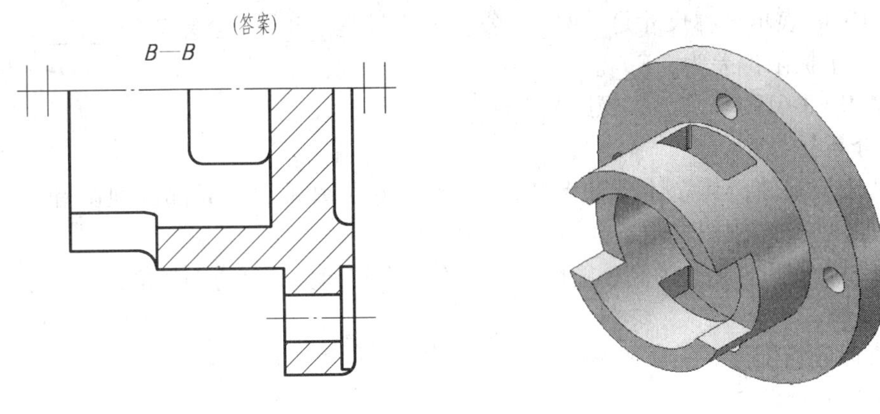

图 7-18

7-10 看图 7-19 所示的支架零件图，想象形状，补画俯视图，并完成填空。

(答案)

技术要求

1. 未注圆角 R3～R5。

2. 铸件不得有气孔、砂眼等缺陷。

3. 铸件应退火处理。

拨叉			比例		14－102	
			件数	1		
制图	(签名)	(年月日)	数量		材料	HT200
校对			(单位名称)			
审核						

图 7-19

（1）ϕ19H9 表示公称尺寸是__A__，公差带代号是__B__，公差等级__C__，基本偏差代号__D__，下极限偏差为__E__。

（2）M10×1-6H 是__F__，螺距是__G__。

【解题分析】

此为叉架类零件，其立体图如图 7-20 所示。主视图采用了局部剖视图和重合断面图（表达肋板厚度），左视图采用了全剖视图。

尺寸方面，ϕ18g8 轴线为高、宽度方向基准，右端面为长度方向基准。

【作图步骤】

（1）读懂题给图形，完成俯视图。

（2）填空：

A：__ϕ19mm__ B：__H9__ C：__9__ D：__H__ E：__0__ F：__细牙普通螺纹__ G：__1mm__。

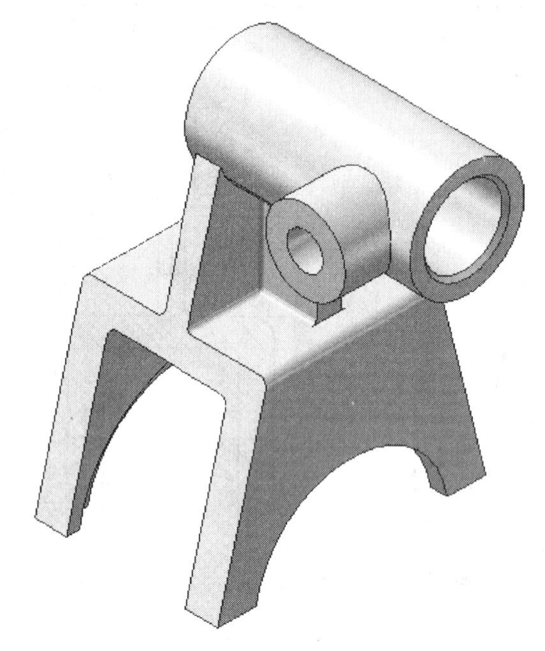

图 7-20

7-11 看懂图 7-21 所示的托脚零件图，想象出形状。补画左视图，并完成填空。

（1）零件的主视图采用了__A__视图，中间连接板处采用了__B__来表达，下方的图形是__C__视图。

（2）零件右侧有__D__螺孔，其公称直径为__E__，孔间距为__F__。

【解题分析】

此为叉架类零件，其立体图如图 7-22 所示。主视图采用了局部剖视图，俯视图为外形图，两图保留少数虚线，以显示连接板的厚度。另外还有 B 向局部视图表达凸台形状，移出断面图表示连接板正截面形状。补画左视图，可清楚看出各板的厚度，中部的截交线为椭圆弧。

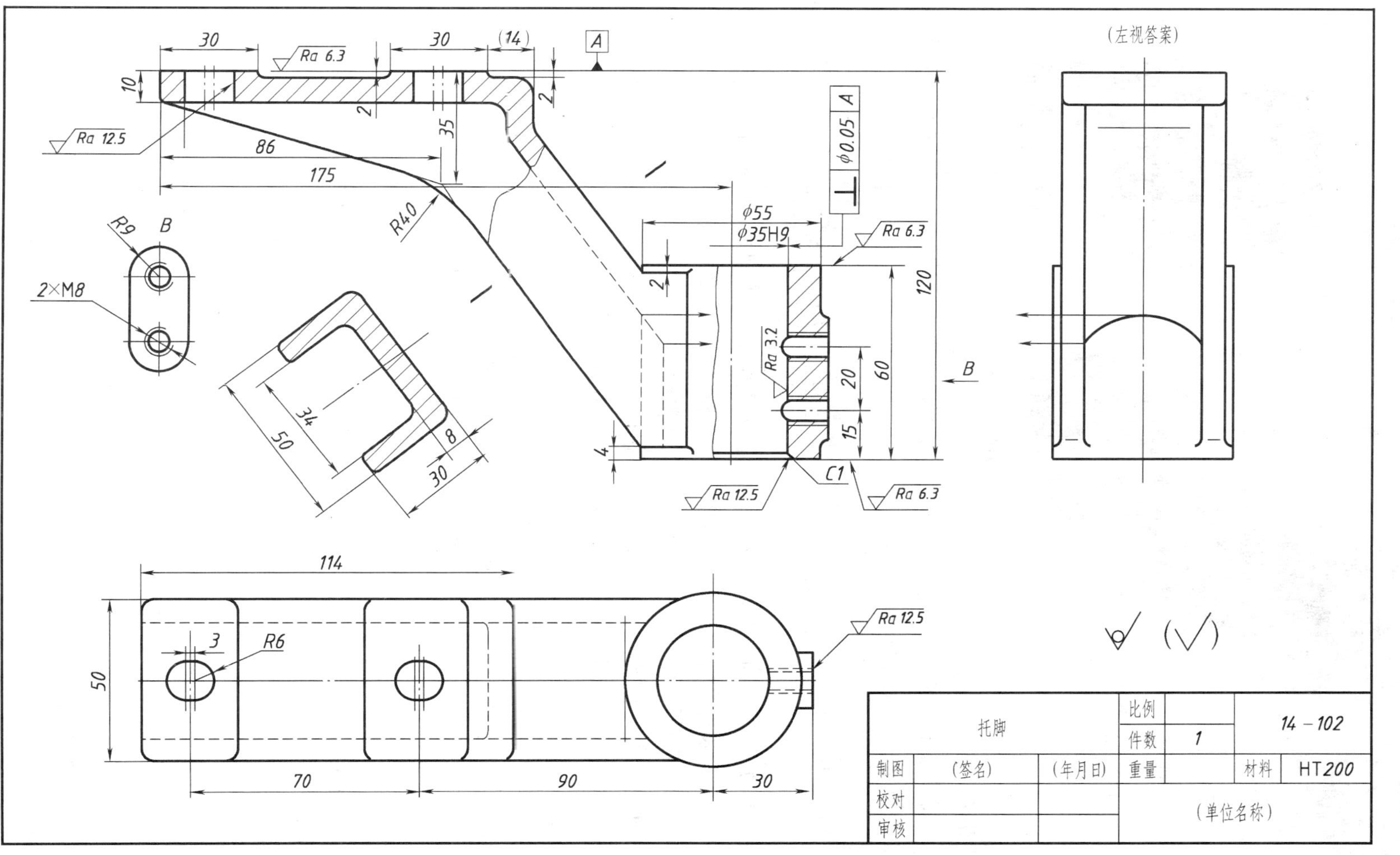

(左视答案)
托脚
比例
件数
1
重量
材料
HT200
14-102
制图
(签名)
(年月日)
校对
审核
(单位名称)
2×M8
R9
R40
R6
C1
A
B
φ55
φ35H9
φ0.05 A

图 7-21

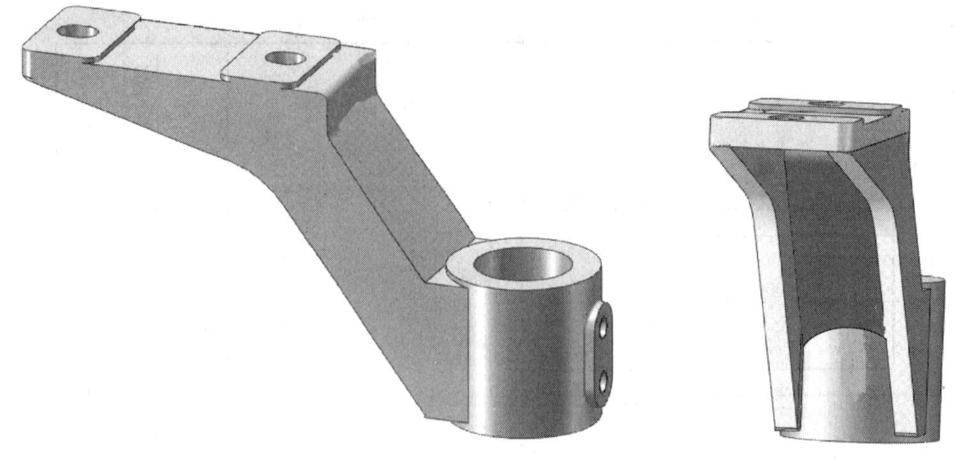

图 7-22

【作图步骤】

（1）先画点画线和前后连接板，再画上边方板和下边圆柱的外形，最后画连接板与圆柱的截交线—椭圆弧，完成左视图。

（2）填空

A：<u>局部剖</u> B：<u>移出断面</u> C：<u>局部</u> D：<u>两个</u> E：<u>M8</u> F：<u>20mm</u>。

7-12 读图 7-23 所示的支架零件图，在指定位置画出 *A*—*A* 剖视图，并在这张零件图中用符号“△”标出长度、宽度、高度方向的尺寸基准，最后完成填空题。

（1）Ⅰ面的表面粗糙度为<u>A</u>，Ⅱ面的表面粗糙度为<u>B</u>。

（2）$\phi27^{+0.021}_{0}$孔的上极限尺寸是<u>C</u>，下极限尺寸是<u>D</u>，标准公差值是<u>E</u>。

（3）连接板 70mm×80mm 上有 4 个螺孔，其定位尺寸是<u>F</u>。

【解题分析】

该零件为叉架类零件，主体由两个圆柱体组成，其中间由连接板及肋板相连接。左端面方板上钻有四个螺孔，ϕ30mm 圆柱上钻有一个 ϕ5mm 的沉孔，如图 7-24 所示。

尺寸基准：ϕ27mm 孔的轴线是长度基准，宽度基准是前后对称的正平面，高度基准是 ϕ60mm 的底部端面，如图 7-23 所示。

【作图步骤】

（1）该题要求作 *A*—*A* 剖视图，左边通过左端面方板上两个螺孔及连接板、肋板，右边由投影箭头确定竖放圆柱的俯视图。通过分析读懂题给图形，画出 *A*—*A* 剖视图。

（2）在图中标出长、宽、高的尺寸基准。

（3）填空

A：<u>$\sqrt{\ }$（去除材料符号，无数值）</u> B：<u>$\sqrt{Ra\ 6.3}$</u> C：<u>27.021mm</u> D：<u>ϕ27mm</u> E：<u>0.021mm</u> F：<u>50mm、60mm</u>。

7-13 看懂图 7-25 所示的泵体零件图，想象其形状。要求：

（1）分析尺寸基准。

（2）画出主视图外形；补画 *C* 向视图。

（3）试述 G1/8 的含义。

A—A (答案)

技术要求

1. 未注圆角为 R3～R5。

2. 铸件不允许有砂眼、缩孔、裂纹等缺陷。

支架		比例	1:2	(图号)	
		件数			
制图		重量		材料	HT200
校对		(单位名称)			
审核					

图 7-23

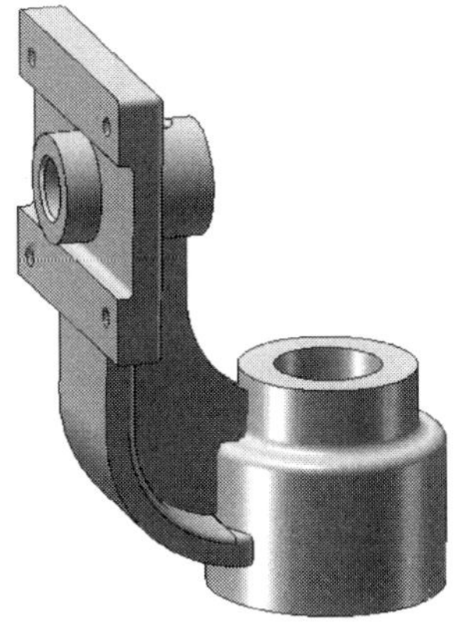

图 7-24

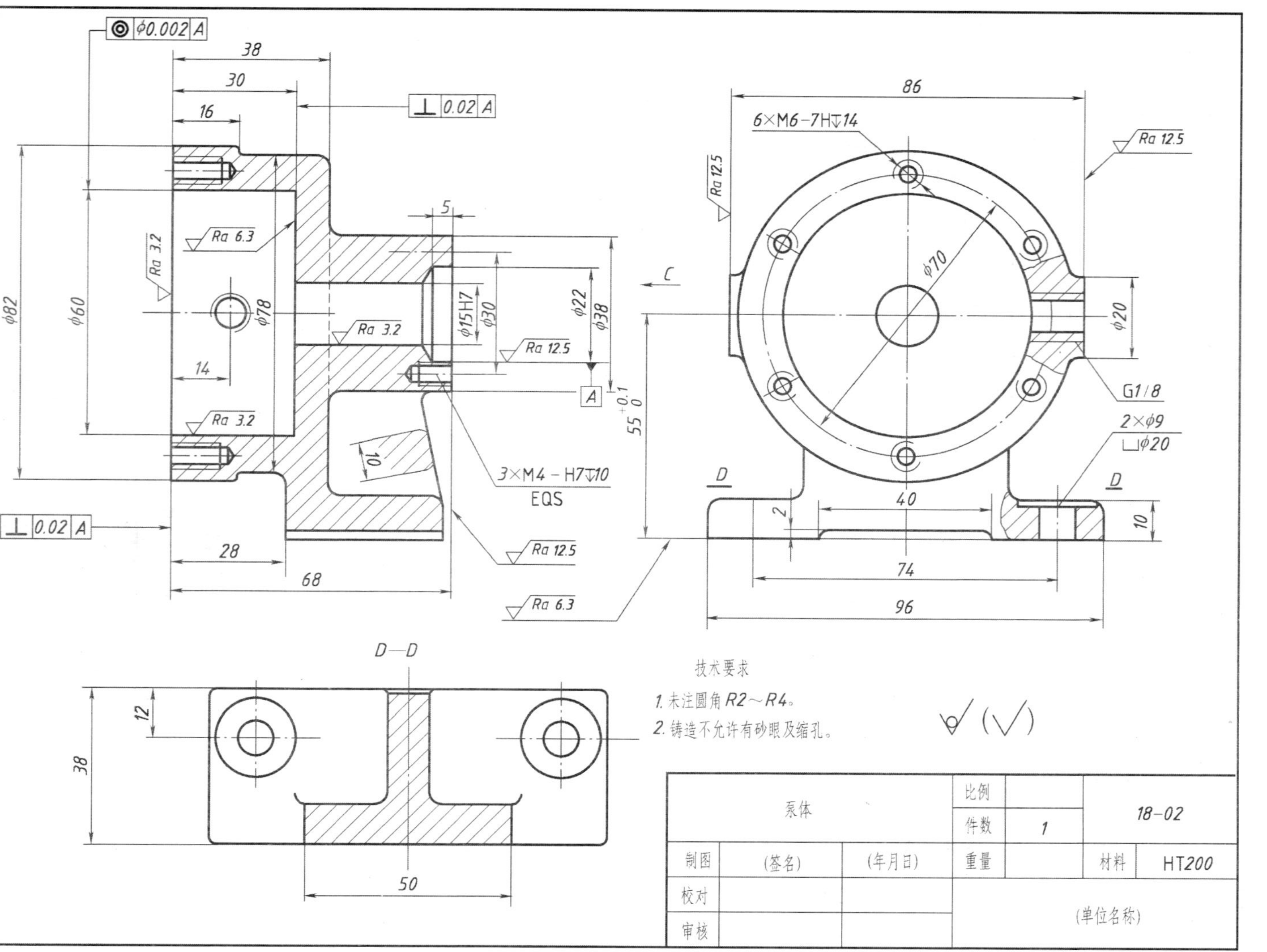

技术要求
1. 未注圆角R2～R4。
2. 铸造不允许有砂眼及缩孔。
泵体
比例
件数 1
重量
材料 HT200
18-02
制图 (签名) (年月日)
校对
审核
(单位名称)
D—D
6×M6-7H↧14
2×φ9 ⌴φ20
G1/8
3×M4-H7↧10 EQS
φ20
φ70
φ38
φ22
φ30
φ15H7
φ78
φ60
φ82
55 +0.1 0
86
96
74
40
10
68
28
38
30
16
14
50
12
38
Ra 12.5
Ra 6.3
Ra 3.2
⊥ 0.02 A
◎ φ0.002 A

图 7-25

【解题分析】

这是一个壳体类零件，主体是内形为 ϕ60mm 和 ϕ15H7 的两圆柱形空腔，这一部分的外形基本与内形一致，左边圆柱端面有六个螺孔，右边圆柱端面有 3 个螺孔。底板是带有两个 ϕ9mm 安装孔的长方体，泵体的中部是 T 形连接板，其立体图如图 7-27 所示。

【作图步骤】

（1）尺寸基准为：高度方向是 ϕ15H7 圆柱筒轴线；宽度是零件前后对称面；长度方向是右端面。

（2）读懂题给图形，完成泵体主视图外形（虚线不画）；画出 *C* 向视图，如图 7-26 所示。

（3）G1/8 的含义是：非螺纹密封的管螺纹，尺寸代号为 1/8（单位：in）。

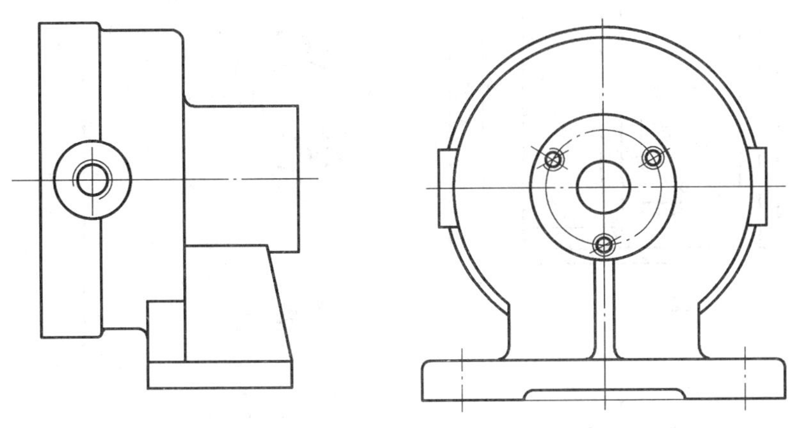

图　7-26

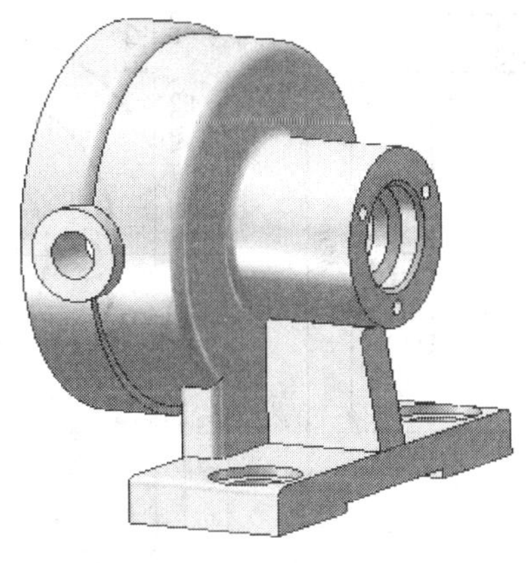

图　7-27

7-14　看懂图 7-28 所示的传动箱零件图，要求：补画 *A*—*A* 剖视图，完成填空题。

（1）该零件图采用的表达方法有：__A__。

（2）分析图中尺寸 ϕ66H7：ϕ66 表示__B__，H7 是__C__代号，H 是指__D__，7 是指__E__。

（3）该零件左侧长方体端面有 4 个螺孔，其定位尺寸是__F__。

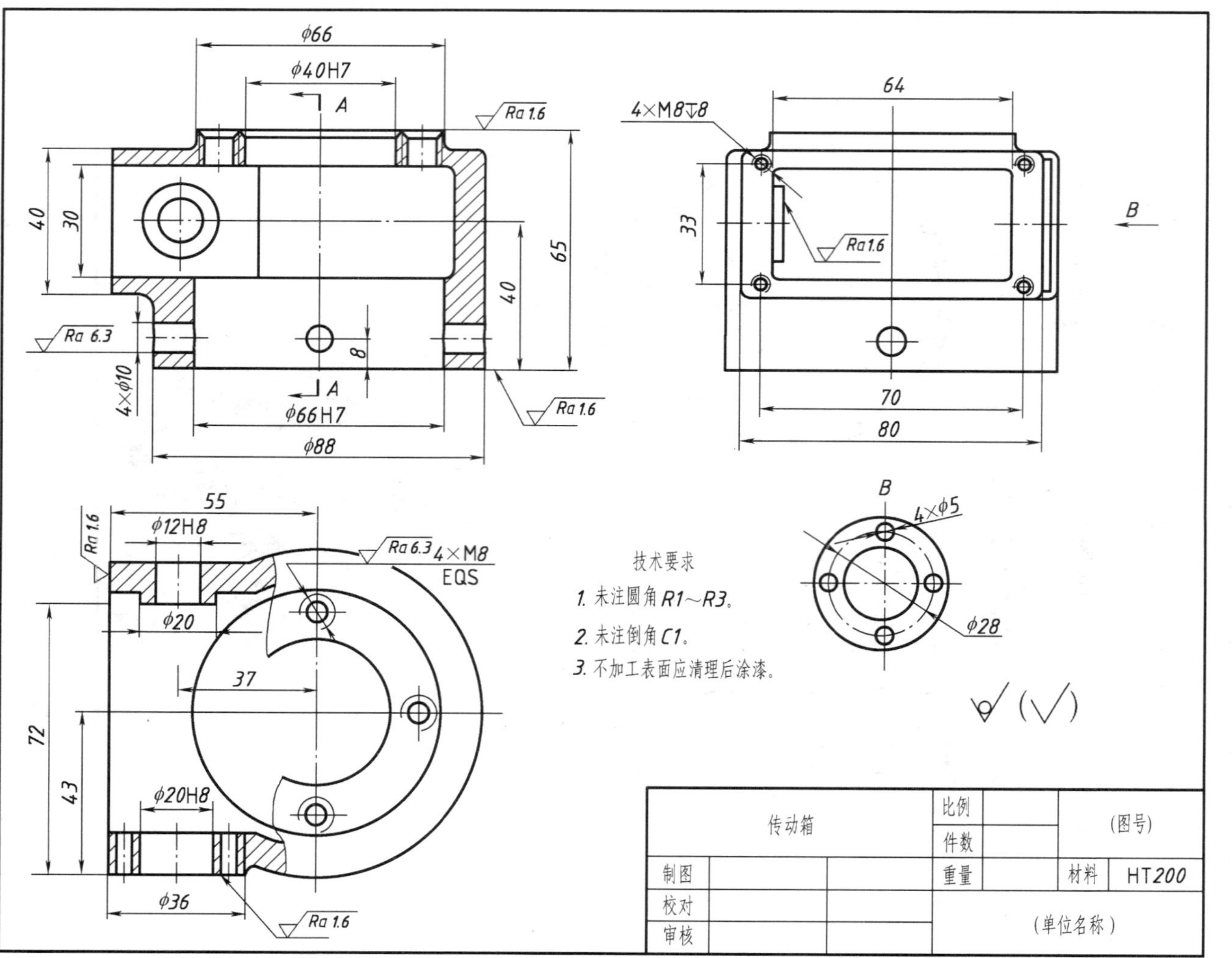

φ66
φ40H7
A
Ra1.6
40
30
65
40
Ra 6.3
8
4×φ10
A
φ66H7
Ra1.6
φ88
64
4×M8↧8
33
Ra1.6
B
70
80
55
Ra1.6
φ12H8
Ra6.3
4×M8
EQS
φ20
37
72
43
φ20H8
φ36
Ra1.6
技术要求
1. 未注圆角R1~R3。
2. 未注倒角C1。
3. 不加工表面应清理后涂漆。
B
4×φ5
φ28
传动箱
比例
件数
重量
(图号)
材料
HT200
(单位名称)
制图
校对
审核

图 7-28

【解题分析】

该箱体右边主体是圆柱形壳体，其上部有带有四个螺孔的圆柱形凸缘，下部有四个通孔。箱体的左上方内形是长方形壳体，其端面有四个螺孔，其立体图如图 7-30 所示。

【作图步骤】

（1）读懂题给图形，完成 *A*—*A* 剖视，如图 7-29 所示。

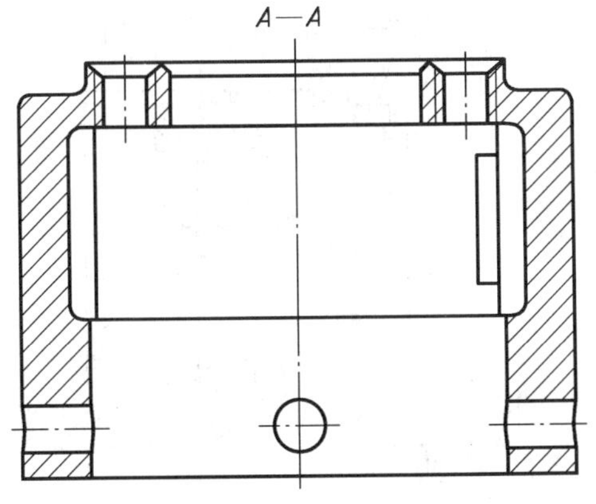

图 7-29

图 7-30

（2）完成填空题

A：<u>主视图为全剖视图、俯视图为局部剖视图、左视图</u>。

B：<u>公称尺寸</u> C：<u>孔的公差带</u> D：<u>基本偏差代号</u> E：<u>公差等级</u>。

F：<u>64mm、33mm</u>。

7-15 看懂图 7-31 所示的支座零件图，包括剖视图的剖切位置及局部视图。要求：（1）画出左视图外形。（2）画出 *A*—*A* 断面图。

【解题分析】

此箱体零件左右对称，上下、前后不对称，立体图如图 7-33 所示。主视图采用单一剖切面的半剖视图，左视图采用全剖加局部剖，还有俯视图和局部视图（表达 *B*、*C* 方向的外形）。

此零件上部为不同直径的回转体和长方形板，其中 ϕ50mm 端面钻有三个 M6 的螺孔，50mm×76mm 板上钻有四个 M6 的螺孔，中间为腰形的壳体，左右腰形凸台钻有 M10 的螺孔；下部后方是圆筒，ϕ52mm 端面钻有四个 M4 螺孔，其定位尺寸为 ϕ40mm。

读者自行分析一下尺寸基准。

【作图步骤】

（1）读懂题给的图形，完成左视图外形（虚线不画）。

（2）画 *A*—*A* 断面图，剖切面通过 ϕ17mm 的孔和 M6 的两个螺孔，断面的外形为 52mm×32mm。作图结果如图 7-32 所示。

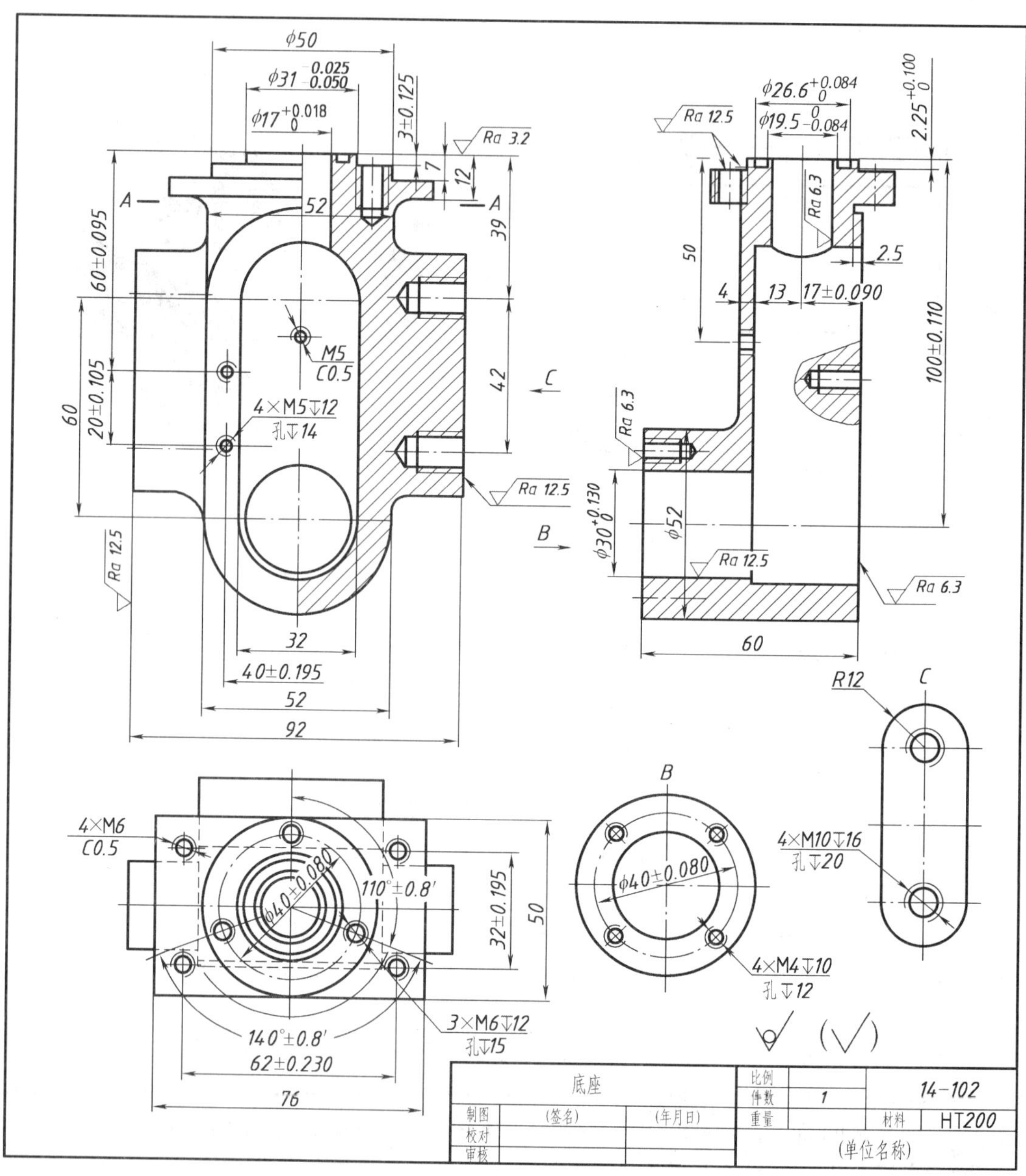

图 7-31

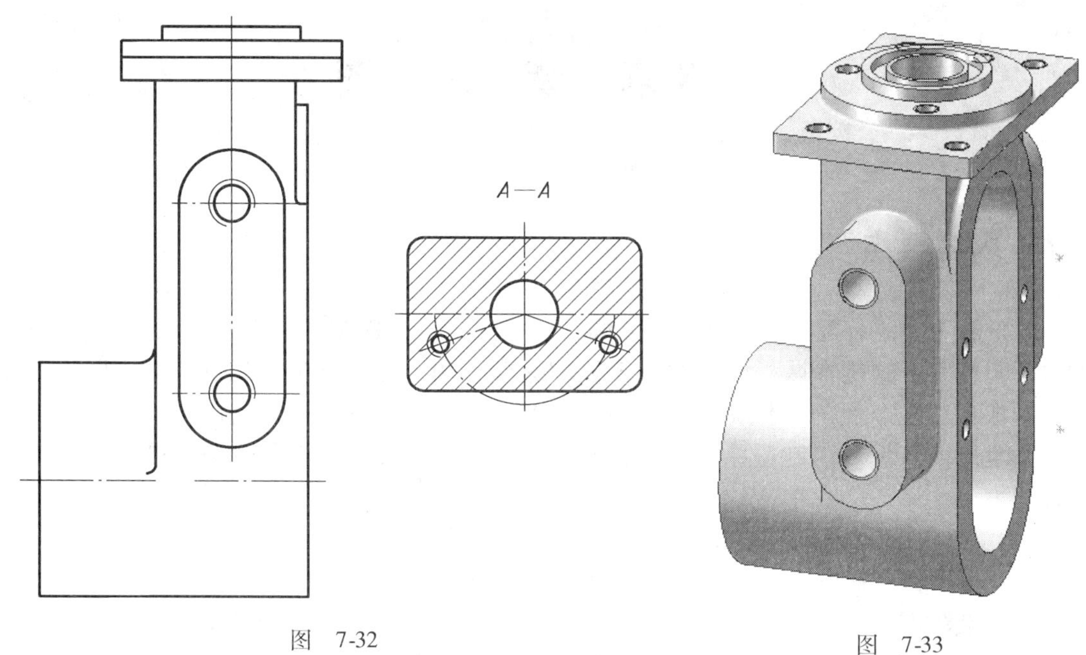

图 7-32

图 7-33

7.4 自测题

1. 零件图包括哪些内容?
2. 零件表达方案的选择应如何进行? 选择主视图时应考虑哪些要素?
3. 简述图 7-31 中底座零件图采用的表达方法。
4. 合理标注零件尺寸的方法与步骤是什么?
5. 什么是尺寸公差? 在尺寸 ϕ50H8 中, ϕ50 是什么尺寸? H8 的含义是什么?
6. 选择一种零件, 先徒手绘制出该零件的草图, 再用计算机绘制出该零件的零件图。要求完整地表达该零件的结构, 合理地标注出零件的所有尺寸, 提出技术要求并填写标题栏。

第 8 章　装　配　图

8.1　内容要点

本章着重介绍装配图的各种表达方法、尺寸标注、画装配图以及由装配图拆画零件图的方法与步骤。这是本课程前些章节知识的综合运用，是课程的实用部分，同时也是学习后继课程和在今后的工作中必备的基本技能。因此，学习装配图与学习零件图一样，要求学生应该从设计、制造原理出发，多看、多画、多想，以培养对图形的表达能力和设计能力。

（1）装配图的内容包括视图、尺寸、技术要求、明细表和标题栏。

（2）装配图表达方法的重点是规定画法和特殊画法。

（3）装配图的尺寸标注主要有性能（规格）尺寸、配合尺寸、安装尺寸、外形尺寸和其他重要尺寸。要求标注的尺寸正确、完整、清晰、合理。

（4）画装配图。

（5）读装配图。

8.2　解题要领

本章与第 7 章零件图的联系较为紧密。零件图侧重于表达零件的结构特点，而装配图侧重于表达多个零件的装配关系。学习这一章的重点是要理解和掌握装配图需要表达的内容、装配图的画法、装配图的各种表达方法，特别是装配图的特殊表达方法，以及看装配图的方法和步骤、如何拆画零件图等。常见的题型可分为两大类：

（1）由零件图和装配示意图拼画装配图，或者由装配体实物测绘，画出各零件草图，再根据装配体的装配关系，由零件草图拼画出装配体的装配图（简称画装配图）。这类题目一般的解题步骤是：先根据装配体的工作原理和各零件的装配关系，结合装配图的作用，确定表达方案，然后在读懂零件图或零件草图的基础上，将各零件按规定的尺寸比例，拼画到装配图的各个视图上。

（2）由装配图拆画零件图（简称拆图）。拆图必须是在看懂装配图的基础上进行，从装配图上先分离出待拆零件的视图，想出其结构形状及在机器中的作用，再选择合理的表达方案。在结构形状上，一要添补被遮盖的结构的投影；二要添补省略简化结构的投影，如倒角、退刀槽等；三要确定未给出的零件结构。在尺寸上要做好抄、查、量、算、估的工作，使尺寸标注完整、合理，并能根据功能确定其技术要求。值得注意的是，由装配图拆画出的零件图应完全符合第 7 章零件图中所述的要求。

8.3 习题与解答

8.3.1 由零件图拼画装配图

8-1 根据图8-1～图8-4所示的G1/2阀的立体图、装配示意图及零件图，用1∶1的比例拼画阀的装配图。

工作原理：阀是用来控制管道中液体、气体流量大小的开关。要全部打开阀门（即让管道进、出口全部接通），需要旋转阀杆，使阀杆上ϕ15mm的孔与阀体上ϕ15mm的孔完全对正。由两孔对正的程度，来控制管道中流量大小。

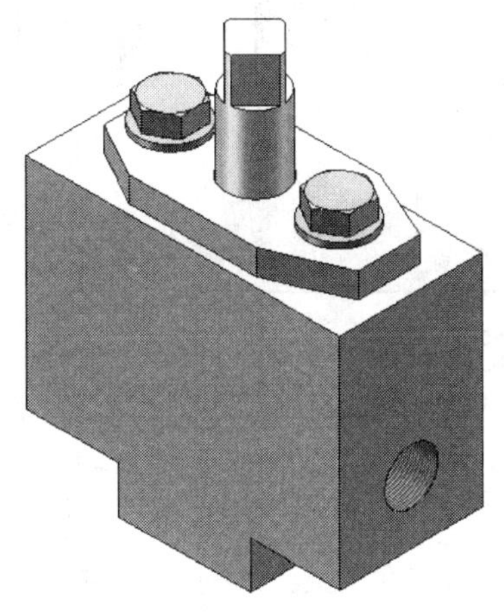

图8-1 G1/2阀立体图

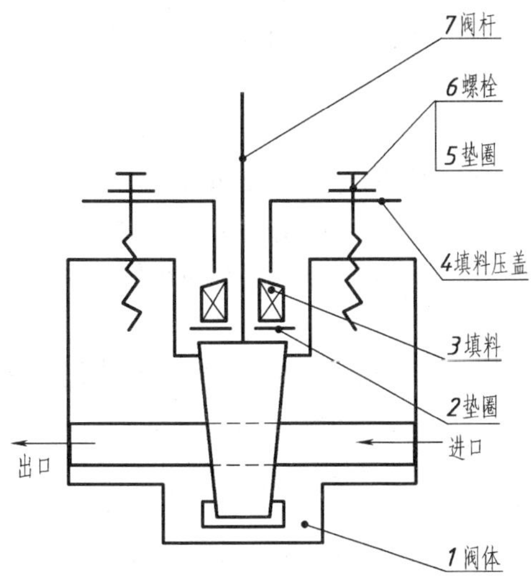

图8-2 G1/2阀装配示意图

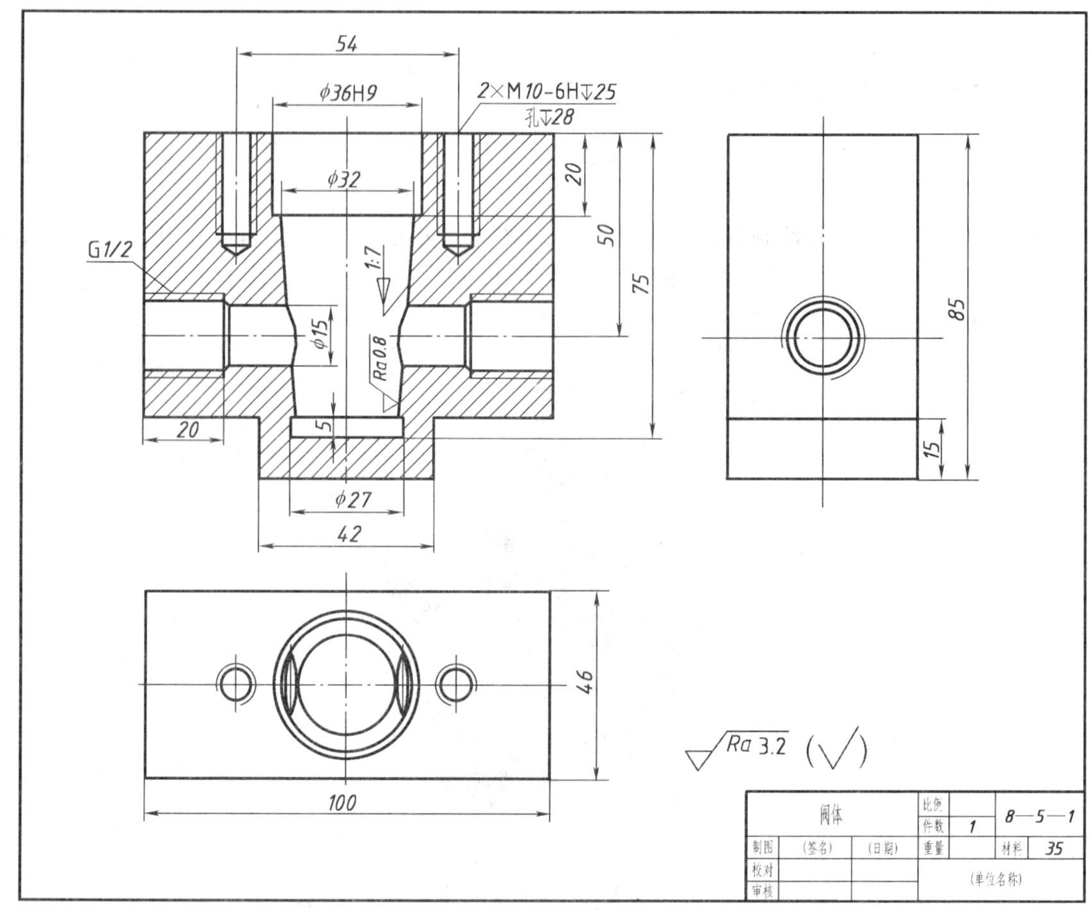

图 8-3 G1/2 阀零件图（1）

【解题分析】

根据 G1/2 阀的工作原理和结构形状，G1/2 阀的装配主干线是阀杆，主视图的投射方向选择垂直于阀体的阀杆轴线的方向，主视图采用全剖的形式来表达 G1/2 阀的装配路线和配合形式。由于其结构简单，除了主视图外，再有一个俯视图便可以表达清楚了。

【作图步骤】

（1）确定表达方案（见上述分析），选择合适的图样比例和图幅。

（2）画底稿。先画出各视图的主要轴线（装配干线）、对称中心线和作图基线，再按照"先主后次"的原则，沿装配干线依次画出阀体、阀杆、垫圈、填料、填料压盖、垫圈、螺栓零件。

（3）标注尺寸。如性能（规格）尺寸 ϕ15mm、G1/2，配合尺寸 ϕ36H9/f9，外形尺寸 100mm、46mm、131mm 等。

（4）编写零件序号、技术要求，填写明细表和标题栏。

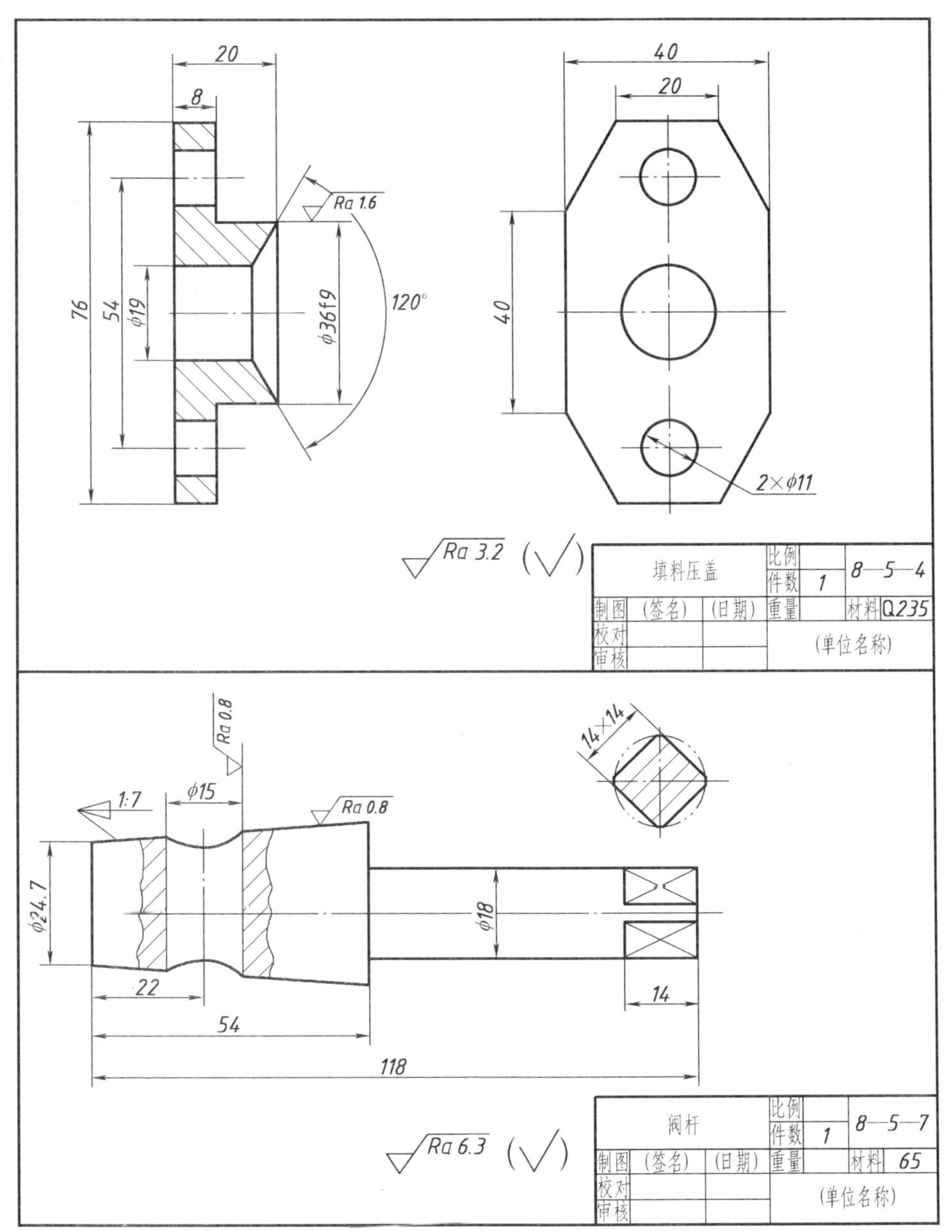

图8-4 G1/2 阀零件图（2）

（5）检查加深。检查、校核无误后，清洁图面，加深线条，完成全图，如图8-5所示。

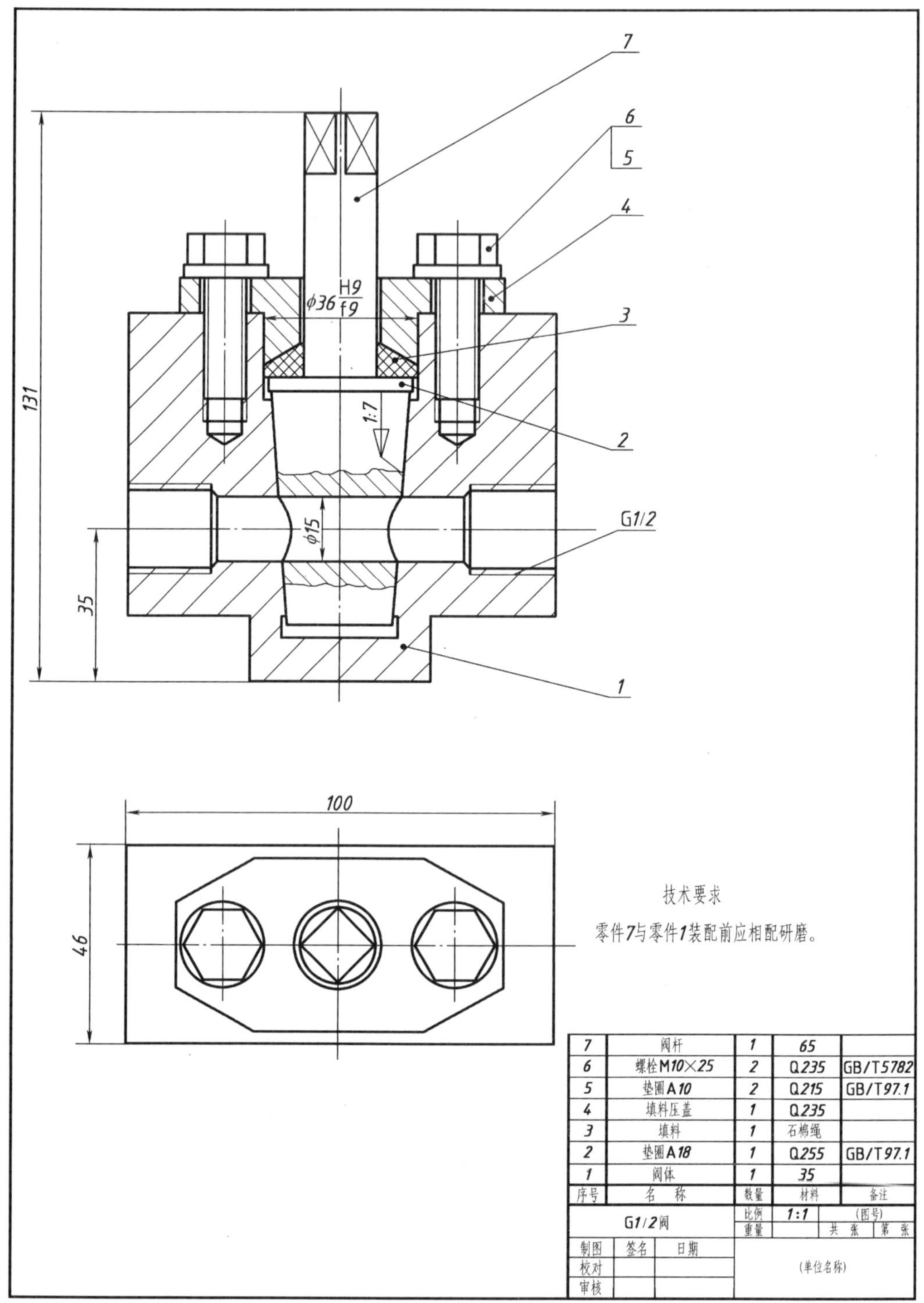

7
6
5
4
3
2
1
G1/2
131
35
100
46
φ36 H9/f9
1:7
φ15
技术要求
零件7与零件1装配前应相配研磨。
7 阀杆 1 65
6 螺栓M10×25 2 Q235 GB/T5782
5 垫圈A10 2 Q215 GB/T97.1
4 填料压盖 1 Q235
3 填料 1 石棉绳
2 垫圈A18 1 Q255 GB/T97.1
1 阀体 1 35
序号 名称 数量 材料 备注
G1/2阀
比例 1:1
重量
(图号)
共 张 第 张
制图 签名 日期
校对
审核
(单位名称)

图 8-5 G1/2 阀装配图

8-2 根据图 8-6 ~ 图 8-10 所示的机用虎钳立体图及零件图，用 1∶1 比例拼画装配图。

工作原理：机用虎钳是一种在机床工作台上用来夹持工件，以便进行加工的夹具。它由钳座（6）、护口板（9）、活动钳口（11）、螺杆（5）和方块螺母（4）等组成。

当用扳手转动螺杆时，螺杆带动方块螺母，使活动钳口沿钳座作直线运动。方块螺母与活动钳口用螺钉（10）连成一体，这样使钳口闭合或开放，便于夹紧或卸下零件。两块护口板用沉头螺钉（8）紧固在钳座上，以便磨损后更换。

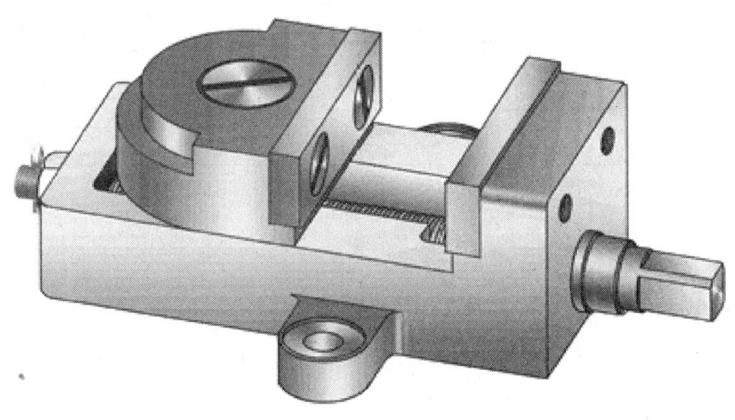

图 8-6 机用虎钳立体图

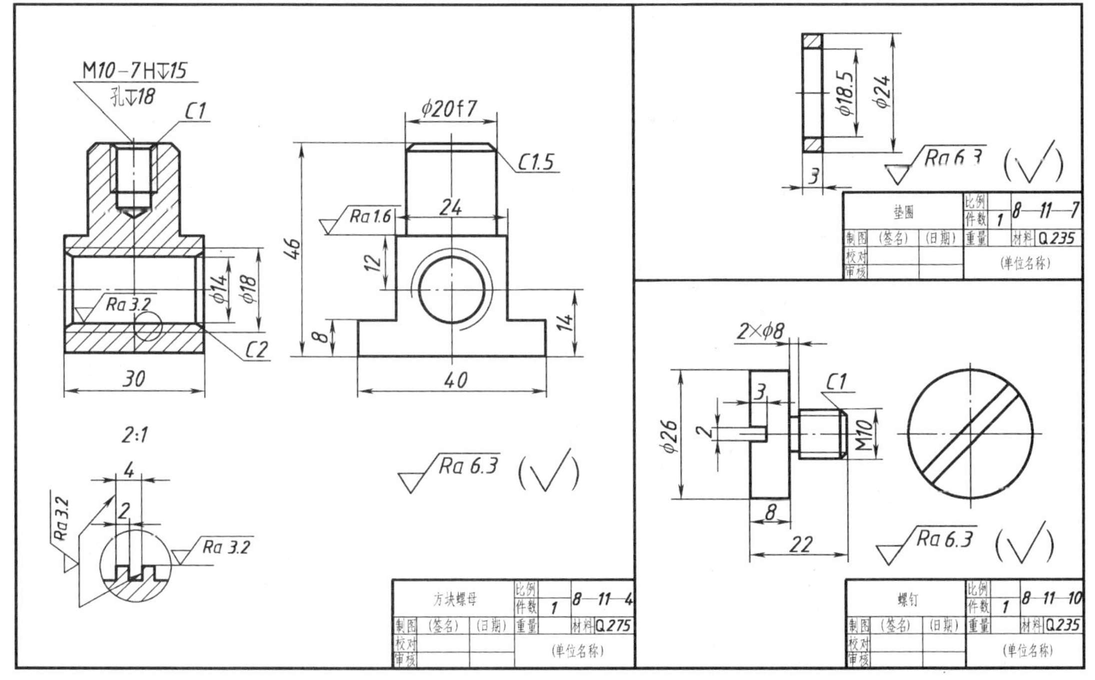

图 8-7 机用虎钳零件图（1）

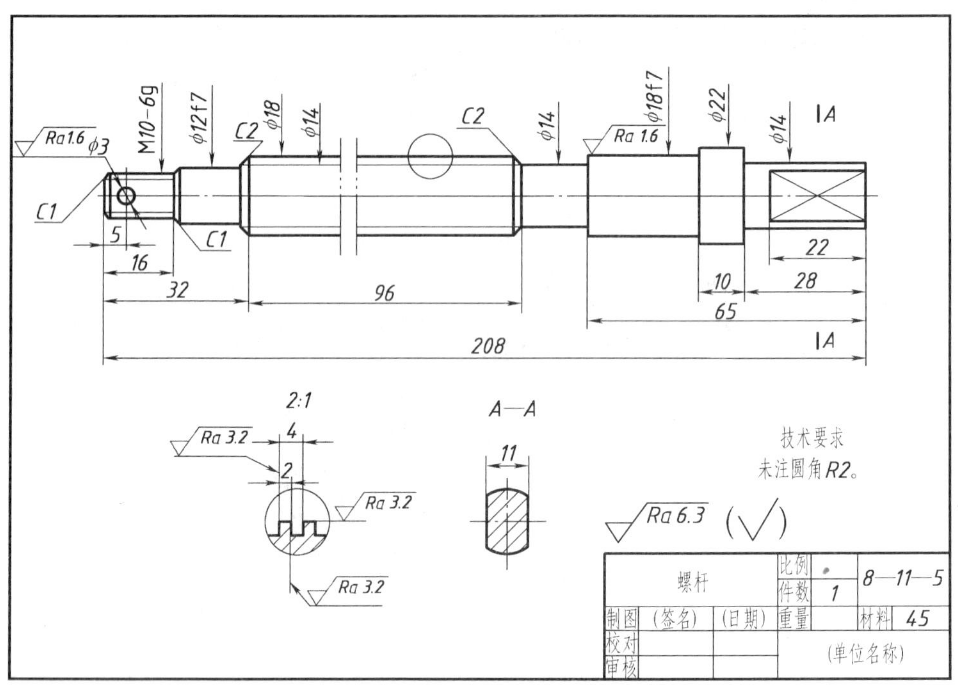

图 8-8　机用虎钳零件图（2）

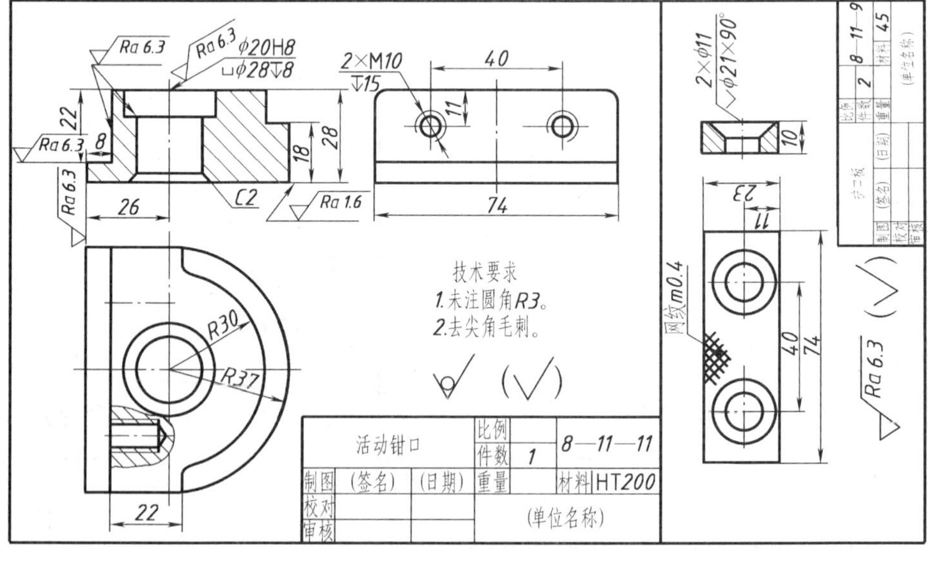

图 8-9　机用虎钳零件图（3）

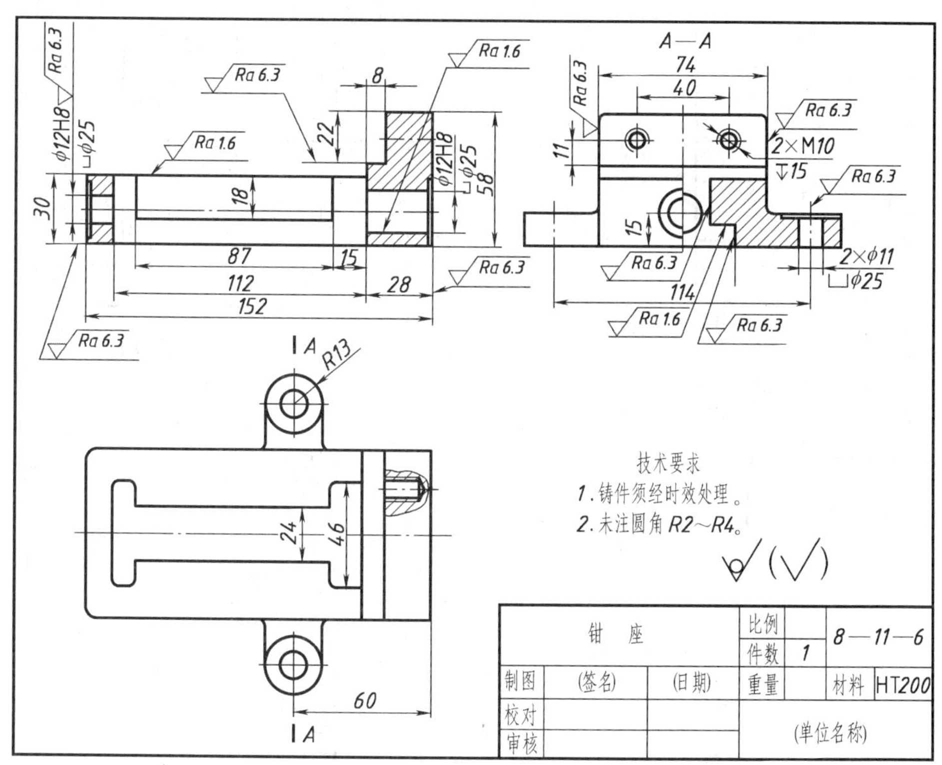

图 8-10 机用虎钳零件图（4）

【解题分析】

由工作原理可知，机用虎钳的装配主干线是螺杆，为了清楚地表达机用虎钳内外部装配结构，应选图 8-6 所示的工作位置为主视图，由此决定了其他视图。其中主、左视图用全剖和半剖。另外，为表达螺钉（8）的联接情况和方块螺母与钳座的配合结构，这两处采用局部剖视较好。

【作图步骤】

（1）先充分了解装配体的工作原理，根据立体图掌握各零件间的装配关系，确定表达方案。见解题分析。

（2）画底稿。先画出各视图的主要轴线（装配干线）、对称中心线和作图基线，再按照“先主后次”的原则，由里向外，依次画出螺杆、方块螺母、钳座、活动钳身等零件。

（3）标注尺寸。如性能（规格）尺寸 ϕ18mm、ϕ14mm、4mm、0～62mm，配合尺寸 ϕ20H8/f7、ϕ18H8/f7，ϕ12H8/f7 外形尺寸 208mm、140mm、59mm 等。

（4）编写零件序号、技术要求，填写明细表和标题栏。

（5）检查加深。检查校核无误后，清洁图面，加深线条，完成全图，如图 8-11 所示。

11	活动钳口	1	HT200	
10	螺钉	1	Q235	
9	护口板	2	45	
8	螺钉M10×20	4	Q235	GB/T 68
7	垫圈	1	Q275	
6	钳座	1	HT200	
5	螺杆	1	45	
4	方块螺母	1	Q275	
3	垫圈10	1	Q235	GB/T 97.2
2	螺母M10	1	Q235	GB/T 6170
1	销3×6	1	Q235	GB/T 91
序号	名称	数量	材料	备注

机用虎钳		比例		(图号)	
		重量		共 张	第 张
制图	(签名)	(日期)	(单位名称)		
校对					
审核					

图 8-11 机用虎钳装配图

8.3.2 由装配图拆画零件图

8-3 读懂图 8-12 所示的定位器装配图，解答问题。

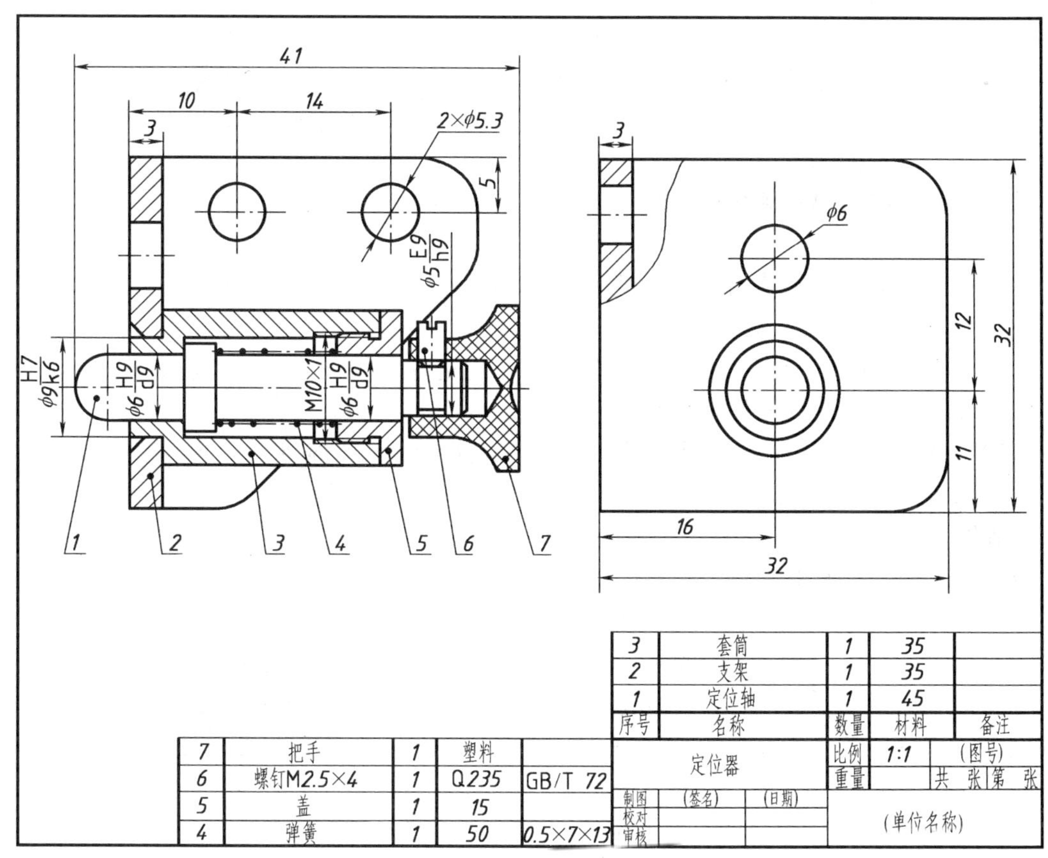

图 8-12 定位器装配图

工作原理：定位器安装在仪器的机箱内壁上。工作时定位轴（1）的一端插入被固定零件的孔中，当该零件需要变换位置时，应拉动把手（7），将定位器从该零件的孔中拉出，松开把手后，弹簧（4）使定位轴恢复原位。

1. 填空

（1）该装配体的名称是__A__，共有__B__个零件组成，其中标准件有__C__个。

（2）该图中有__D__处有配合尺寸的要求，其中 ϕ9H7/k6 的公称尺寸是__E__，其配合为__F__制__G__配合，孔的公差带代号是__H__，其基本偏差是__I__。

（3）定位器的外形尺寸：总长是__J__，总宽是__K__，总高是__L__。

（4）该装配图所采用的绘图比例是__M__。

2. 拆画出支架（2）和套筒（3）的零件工作图

1. 填空

【解题分析】

从标题栏和明细栏中可知该装配体的名称、零件的数量和绘图比例等，分析装配体所标的尺寸，搞清图上各个尺寸的类型和作用，可找出配合尺寸和外形尺寸，便可完成填空题。

答案：A：<u>定位器</u>，B：<u>7</u>，C：<u>1</u>，D：<u>4</u>，E：<u>ϕ9</u>，F：<u>基孔</u>，G：<u>过渡</u>，H：<u>H7</u>，I：<u>0</u>，J：<u>41mm</u>，K：<u>32mm</u>，L：<u>32mm</u>，M：<u>1:1</u>。

2. 拆画出支架（2）和套筒（3）的零件工作图

【解题分析】

拆画零件图时一定要考虑零件的视图选择，不可简单照搬装配图中视图方案，要把未表达完全的结构形状补全。

（1）支架零件属于叉架类零件，应按工作位置选择主视图，为了表达支架的形状共采用了两个视图，全剖的主视图和局部剖的左视图。

（2）套筒零件属于轴套类零件，加工位置为主视图，轴线应水平放置，套筒形状简单，用一个全剖的主视图就能表达清楚了。

【作图步骤】

以支架为例，说明拆画零件图的一般步骤：

（1）读懂装配体，即读懂装配体的工作原理、装配关系、结构特点等。

（2）区分不同的零件，想象每一个零件的形状。区分时先根据零件编号和明细表，查出零件的名称、数量、材料等，并找出零件在装配图中的位置；再根据装配图中各零件间剖面符号“同同异异”的特点，按照投影对应关系，找出支架在各视图中的投影轮廓，即从相邻零件剖面线的边界处予以分离。

（3）画零件图。画图之前，要确定好合适的表达方案，一般应根据零件的结构特点及零件图的视图选择原则来确定，表达方案可以参考装配图，但不强求与装配图一致。

（4）标注尺寸。由装配图拆画零件图，有特定的尺寸标注方式：先把装配图中已有的尺寸照抄，如 ϕ9H7、2×ϕ5.3mm、14mm、32mm，再从装配图中直接量取，按图中比例换算，填写其他部位尺寸。

（5）标注表面结构、极限与配合，编写技术要求。根据定位器的装配关系和各配合面的配合制度，确定各加工面的加工精度（表面结构）和尺寸公差。技术要求一般按照抄、类比以及设计确定的方法来注写。

（6）检查加深，完成支架零件图，如图 8-13 所示。套筒零件图如图 8-14 所示。

8-4 读懂图 8-15 所示的蝴蝶阀装配图，解答问题。

工作原理：蝴蝶阀是用于管道上截断气流或液流的闸门装置，它是由齿轮、齿条机构来实现截流的。当外力带动齿杆（13）左右移动时，与齿杆啮合的齿轮（10）就带动阀杆（3）转动，使阀门（2）开启或关闭。图示阀门为开启位置，齿杆向右移动时，即关闭。齿杆靠紧固螺钉（11）周向定位，只能左右移动，不能转动。阀门用锥头铆钉（4）固定在阀杆上，盖板（8）和阀盖（12）用三个螺钉（6）固定在阀体（1）上。

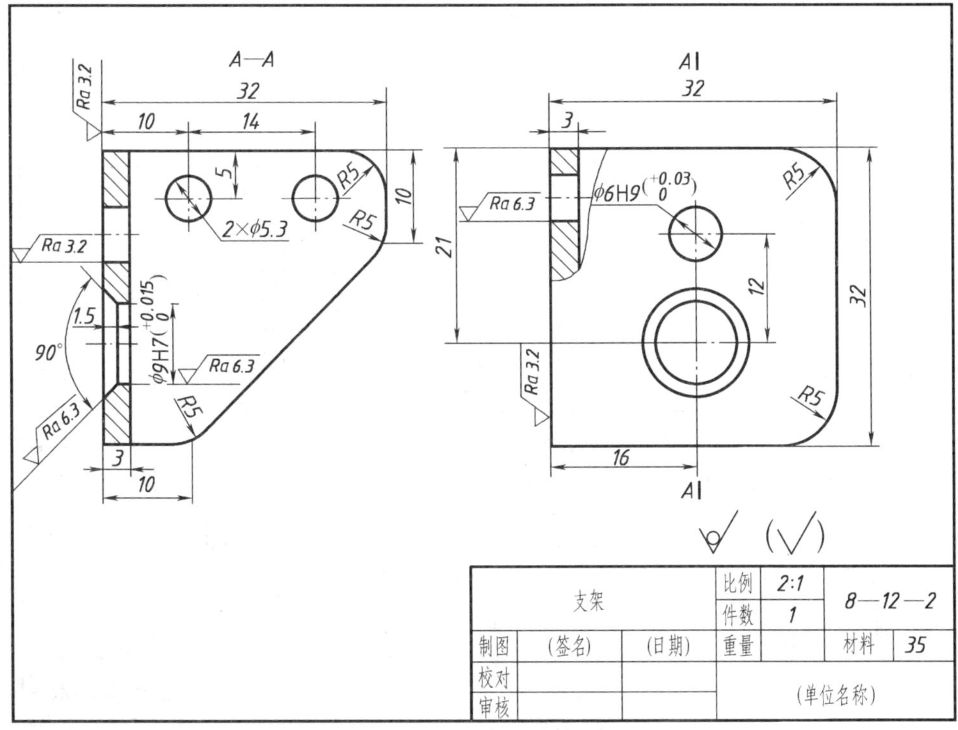

图 8-13 支架零件图

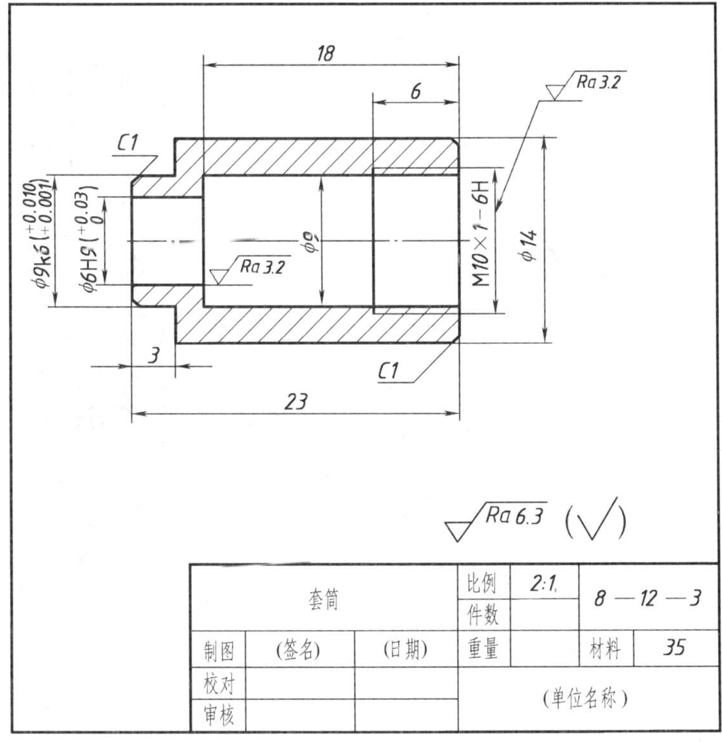

图 8-14 套筒零件图

序号	名称	数量	材料	备注
13	齿杆$m=1.5, z=10$	1	45	
12	阀盖	1	HT200	
11	紧定螺钉M5×10	1	35	GB/T 75
10	齿轮$m=1.5, z=16$	1	45	
9	螺母M10	1	35	GB/T 6170
8	盖板	1	Q235A	
7	半圆键4×13	1	45	GB/T 1099
6	螺钉M5×55	3	35	GB/T 67
5	垫片	1	工业用纸	
4	锥头铆钉 ϕ4×12	2	ML2	GB/T 868
3	阀杆	1	45	
2	阀门	1	Q235A	
1	阀体	1	HT200	

蝴蝶阀		比例	1:1	(图号)
		重量		共 张 第 张
制图	(签名)	(日期)	(单位名称)	
校对				
审核				

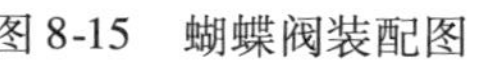

图 8-15 蝴蝶阀装配图

1. 填空

（1）零件6的作用是__A__，零件11的作用是__B__。

（2）下列尺寸各属于装配图中的何种尺寸？

ϕ55属于__C__尺寸；ϕ30H7/h6属于__D__尺寸；158属于__E__尺寸；2×ϕ12属于__F__尺寸。

（3）说明ϕ16H8/f7的含义：该配合属于__G__制，__H__配合，ϕ16是__I__尺寸，H8是__J__代号，f7是__K__代号。

2. 拆画出阀体（1）和阀盖（12）的零件工作图。

1. 填空

【解题分析】

根据蝴蝶阀的装配图和工作原理，分析各零件的装配关系和各种尺寸类型，便可完成填空题。

答案：A：把盖板（8）和阀盖（12）固定在阀体（1）上，B：限制齿杆只能左右移动，不能转动，C：规格，D：装配，E：外形，F：安装，G：基孔，H：间隙，I：公称，J：孔的公差带，K：轴的公差带。

2. 拆画出阀体（1）和阀盖（12）的零件工作图。

【解题分析】

根据蝴蝶阀的装配图和工作原理，分析各零件的装配关系和形状特征，由此确定视图表达方案。

（1）阀体是该装配体中的一个重要零件，它属于箱体类零件，其主体结构形状是一个带通道的ϕ55mm的圆筒体，大致形状为蝶形参见图8-16所示的阀体立体图。按照工作位置原则和形状特征原则并参照装配图来确定表达方案。采用三个基本视图，其中主视图采用局部剖，主要反映端面外形；俯视图主要反映上部柱体的端面形状，采用局部剖剖开了ϕ12mm的通孔；左视图采用全剖，把主通道及装阀杆的竖孔表达清楚。

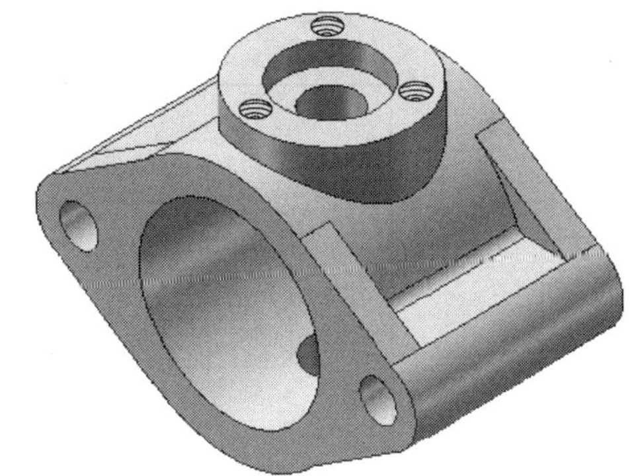
图8-16 阀体立体图

（2）阀盖零件也属于箱体类零件，内腔主要容纳齿轮、齿杆和阀杆的上段，应选用工作位置为主视图。主视图采用局部剖，主要反映阀盖外形；俯视图采用全剖，主要表达ϕ20mm的孔和ϕ6mm三个孔的分布情况；左视图采用全剖，把ϕ16mm的通孔、M5的螺孔及装阀杆和齿轮的阶梯孔表达清楚。

【作图步骤】

作图步骤略。作图结果如图8-17和图8-18所示。

8-5 读懂图8-19所示的柱塞泵装配图，解答问题。

工作原理：柱塞泵是用于以一定的高压供油的部件。当柱塞（5）在外力作用下向右移动时，腔体由于体积增大而形成低压区，油箱中的油在大气压的作用下推开下阀瓣（14）进入腔体，而上阀瓣（10）被压紧关闭；当柱塞左移时，腔体由于体积减小而使油压升高，但不能顶开下阀瓣，只能顶开上阀瓣，而输出高压油。

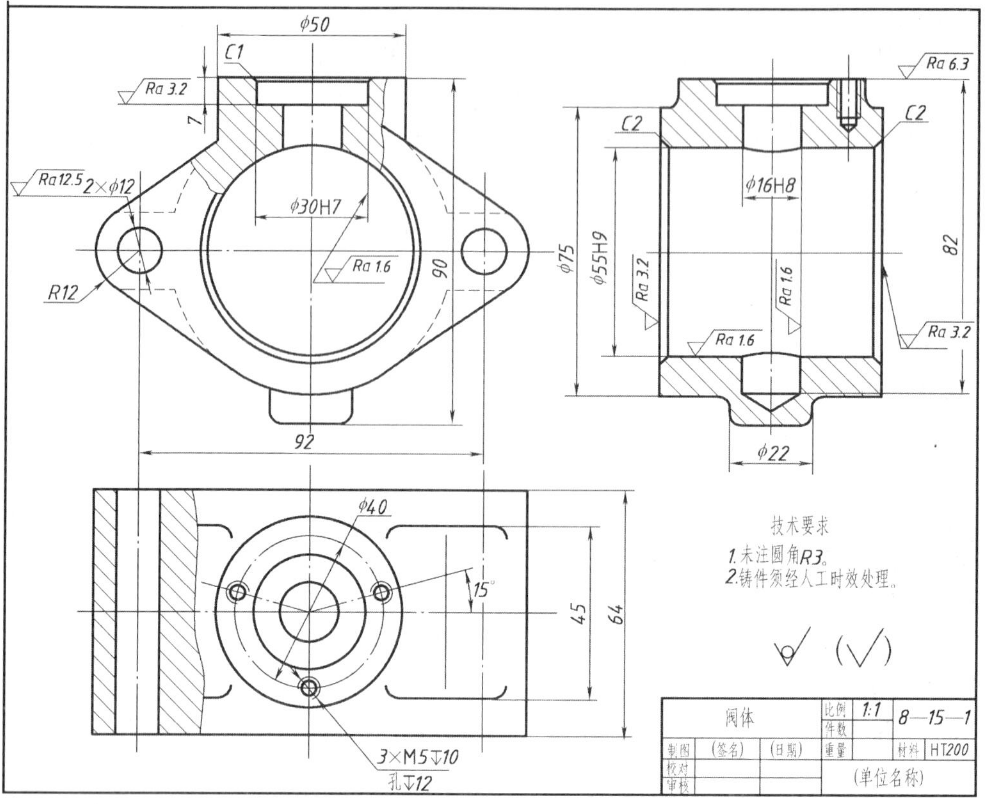

图 8-17 阀体零件图

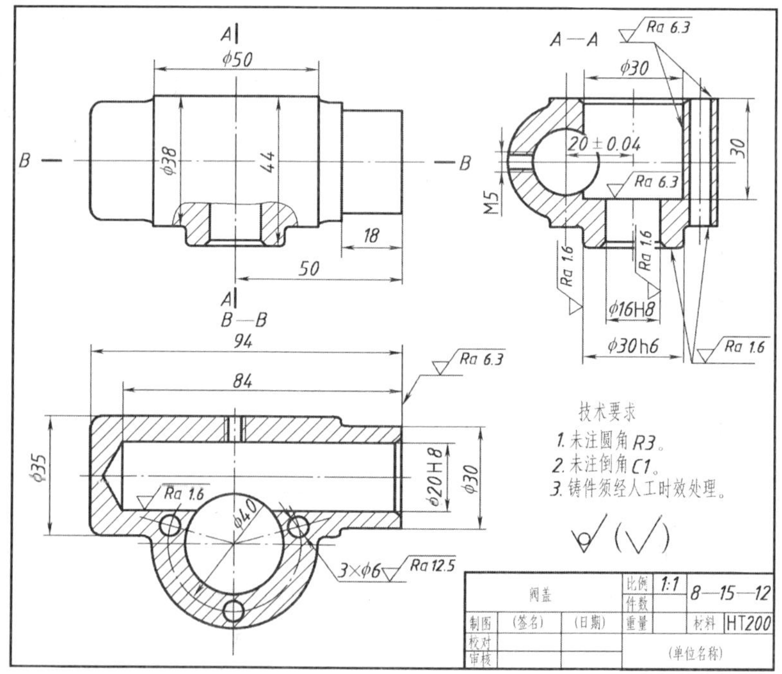

图 8-18 阀盖零件图

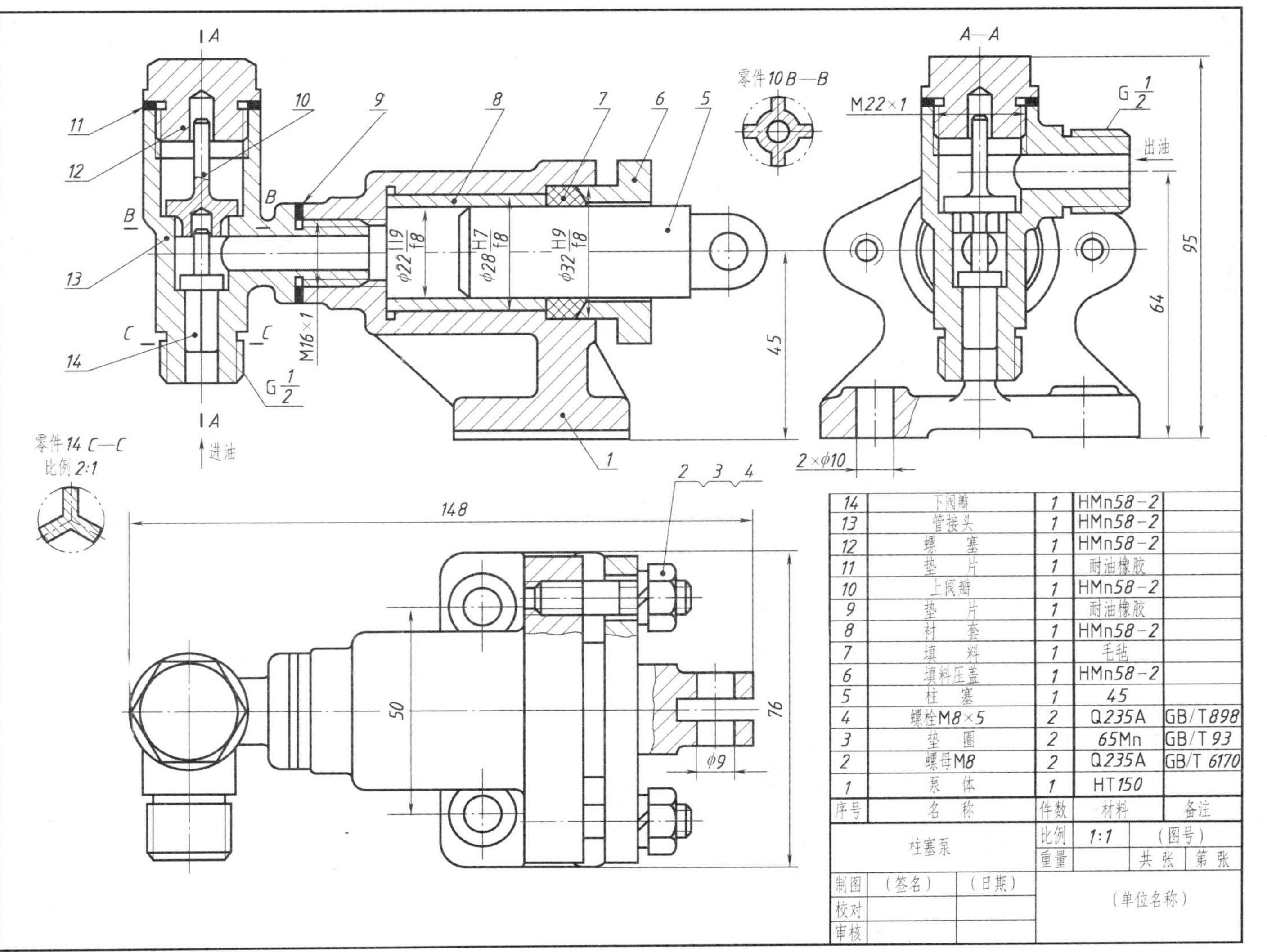

序号	名称	件数	材料	备注
14	下阀瓣	1	HMn58-2	
13	管接头	1	HMn58-2	
12	螺塞	1	HMn58-2	
11	垫片	1	耐油橡胶	
10	上阀瓣	1	HMn58-2	
9	垫片	1	耐油橡胶	
8	衬套	1	HMn58-2	
7	填料	1	毛毡	
6	填料压盖	1	HMn58-2	
5	柱塞	1	45	
4	螺栓M8×5	2	Q235A	GB/T 898
3	垫圈	2	65Mn	GB/T 93
2	螺母M8	2	Q235A	GB/T 6170
1	泵体	1	HT150	

柱塞泵		比例	1:1	(图号)
		重量		共 张 第 张
制图	(签名)	(日期)	(单位名称)	
校对				
审核				

图 8-19 柱塞泵装配图

1. 填空

(1) 该装配体共由__A__种零件组成，有__B__个标准零件，其中零件 1 的名称是__C__材料是__D__。

(2) 柱塞泵装配图主视图主要采用了__E__视图来表达，其中零件 9 采用了__F__画法来表达。

(3) 该装配图的__G__处配合尺寸，其中 ϕ22H8/f8 是__H__制的__I__配合。

(4) 柱塞泵安装尺寸为__J__，__K__；外形尺寸是__L__，__M__，__N__。

2. 拆画出泵体 1、填料压盖（6）和管接头（13）的零件工作图。

1. 填空

【解题分析】

根据柱塞泵的装配图和工作原理，读懂标题栏和明细栏，分析表达方法和各种尺寸类型，便可完成填空题。

答案：A：__14__，B：__6__，C：__泵体__，D：__铸铁__，E：__全剖__，F：__夸大__，G：__3__，H：__基孔__，I：__间隙__，J：__50__，K：__2 × ϕ10__，L：__148mm__，M：__76mm__，N：__95mm__。

2. 拆画零件工作图。

【解题分析】

根据柱塞泵的装配图和工作原理，分析各零件的装配关系和形状特征，由此确定视图表达方案。

(1) 泵体它是柱塞泵的重要零件，结构较复杂，其形状参见图 8-20 所示的泵体立体图，加工位置变化多，故应按工作位置选择主视图，由此决定了其他视图。

(2) 在分析填料压盖零件的形状时，要结合装配图的三个视图，按照投影对应关系，得出它的外形与泵体左视图所示的形状一致（蝶形）。拆画时，以轴线水平放置作为主视图（全剖），左视图表达外形。

(3) 管接头零件形状较为特殊，类似于三通管，由于管道内部结构基本相同，只是通管的位置不同，选择如图 8-23 所示的表达方案，主视图采用局部剖，既表达了内部结构，又表达了管接头的外形；为了表达清楚内部结构的连通情况，故左视图采用全剖。

下面来分析如何从装配图中拆出这三个零件。

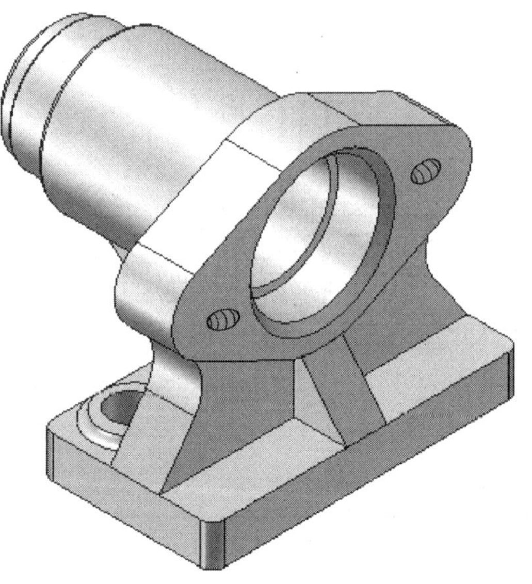

图 8-20 泵体立体图

(1) 泵体为 1 号零件，它的右端面与垫片相配合，内部从左到右依次与管接头、衬套、填料、填料压盖相邻。区分的关键是将泵体内部的各配合零件依次拆出，如管接头与泵体是以螺纹联接，拆画时要先根据螺纹的规定画法，将泵体在该处画成内螺纹；再根据相邻零件剖面符号不同的特点，顺次拆出衬套、填料、填料压盖等，注意补出泵体内部几个阶梯孔的投影和左右两端倒角的投影。

（2）填料压盖为6号零件，与之相邻的零件有填料和柱塞。注意它的左端有120°的倒角，中部圆孔的直径比柱塞的直径稍大，为不接触表面。

（3）管接头为13号零件，它的上方内部与螺塞以螺纹联接，右方外部与泵体也以螺纹联接，因此，管接头在这两处应该分别是内螺纹和外螺纹；另外，管接头的内部又分别与上阀瓣和下阀瓣相配合，可以直接从剖面线的边界处予以分离。

【作图步骤】

作图步骤略。作图结果如图8-21～图8-23所示。

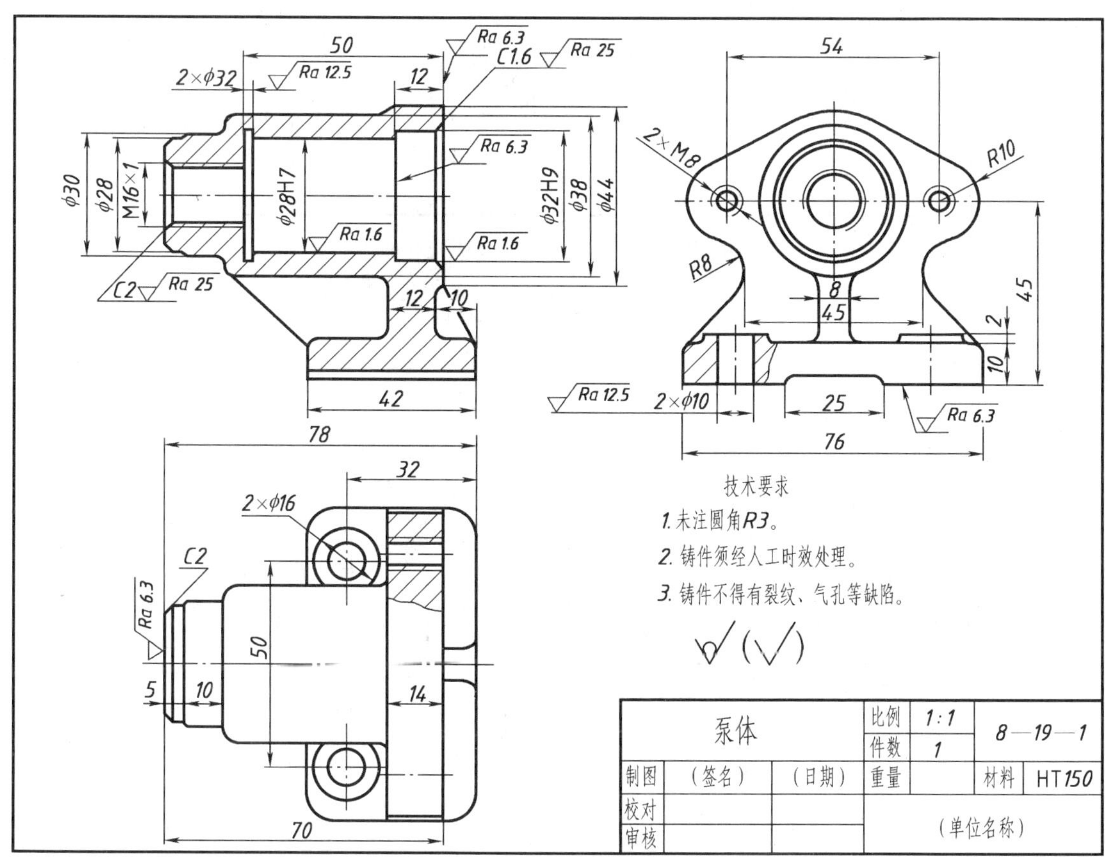

图8-21　泵体零件图

8-6　读懂图8-24所示的仪表车床尾座体装配图，解答问题。

工作原理：该尾座是用于仪表车床上加工轴类零件时作顶紧工件用的部件。其中顶尖（4）装在轴套（2）中，螺母（6）用两个螺钉与轴套连接，螺钉M10×22用于限制轴套只作轴向移动；当转动手轮（10）时，则带动螺杆（7）转动，并带动螺母、轴套及顶尖作轴向移动；当移动到需要位置时，再旋转手柄（5）及螺杆（13），用光孔夹紧套（12）及（14）将轴套锁紧，尾座用导向定位键（15）嵌入床身的T形槽中来定位，以纵向滑动来调节尾座与主轴箱的距离。调整好后，用螺栓固定在床身上。(图中未画出)。

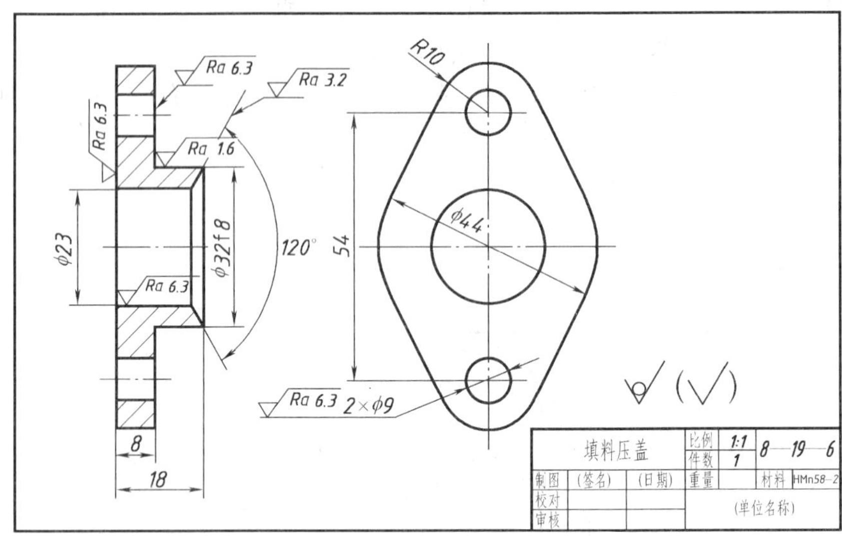

图 8-22 填料压盖零件图

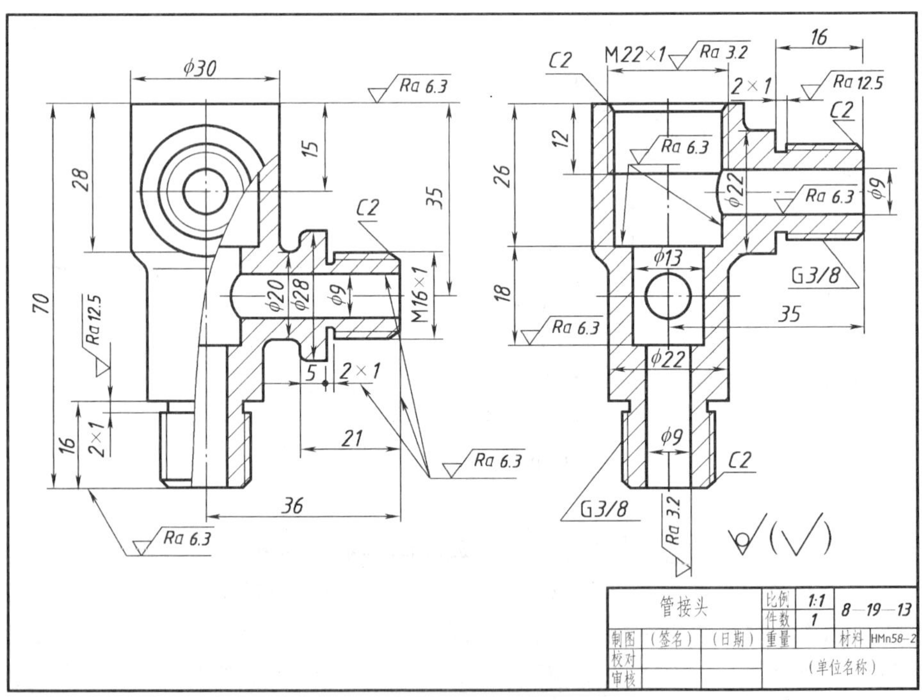

图 8-23 管接头零件图

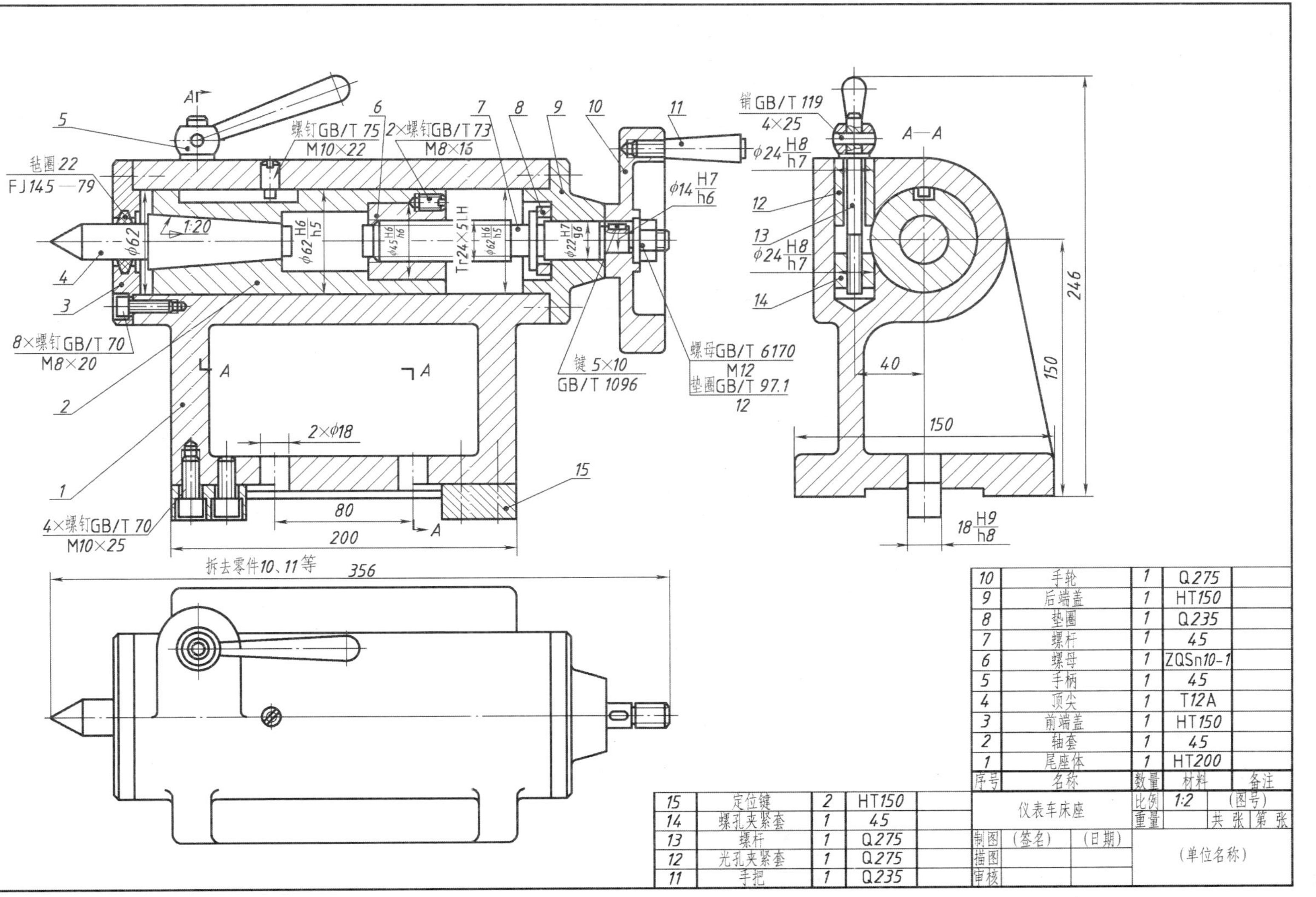

图 8-24 仪表车床尾架装配图

1. 填空

（1）螺钉 M10×22 主要作用是__A__，零件定位键（15）的作用是__B__。

（2）下列尺寸各属于装配图中的何种尺寸？

356 属于__C__尺寸；150 属于__D__尺寸；2×ϕ18 和 80 属于__E__尺寸。

（3）简要说明零件顶尖（4）的拆卸顺序：__F__。

1. 填空

【解题分析】

根据尾座的装配图和工作原理，读懂标题栏和明细栏，分析表达方法和各种尺寸类型，便可完成填空题。

答案：A：<u>限制轴套只作轴向移动</u>，B：<u>导向与定位</u>，C：<u>外形</u>，D：<u>性能</u>，E：<u>安装</u>，F：<u>先拧下 M8×20 的 4 个螺钉，再卸下前端盖和毡圈，便可拆下零件顶尖（4）</u>。

2. 拆画零件工作图。

【解题分析】

由尾座的装配图和工作原理，可分析得出以轴套所在的轴线为装配主干线，根据零件的装配关系和形状特征，确定尾座体和轴套的视图表达方案。

（1）尾座体是该装配体的主体部分，按照工作位置原则和形状特征原则并参照装配图来确定表达方案。主视图采用全剖，表达内部结构；左视图采用了两个平行的剖切面进行剖切获得的全剖视图，以便表达尾架体上部夹紧套孔的结构；俯视图表达外形，同时增加一个 *B* 向局部视图，用来表达 8×M8 孔的位置。

（2）轴套零件与轴相似，主要在车床上加工，因此，根据加工位置原则，选择轴线水平放置为主视图（全剖），另外增加一个断面图和一个右向视图，主要为了表达限位槽和半个螺孔的结构。

【作图步骤】

作图步骤略。作图结果如图 8-25～图 8-27 所示。

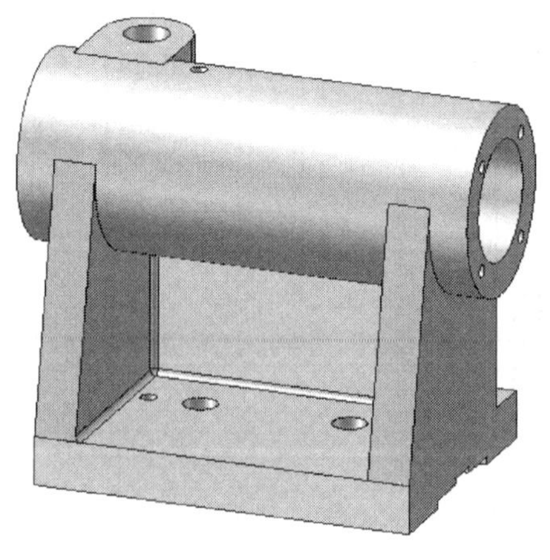

图 8-25　尾座体立体图

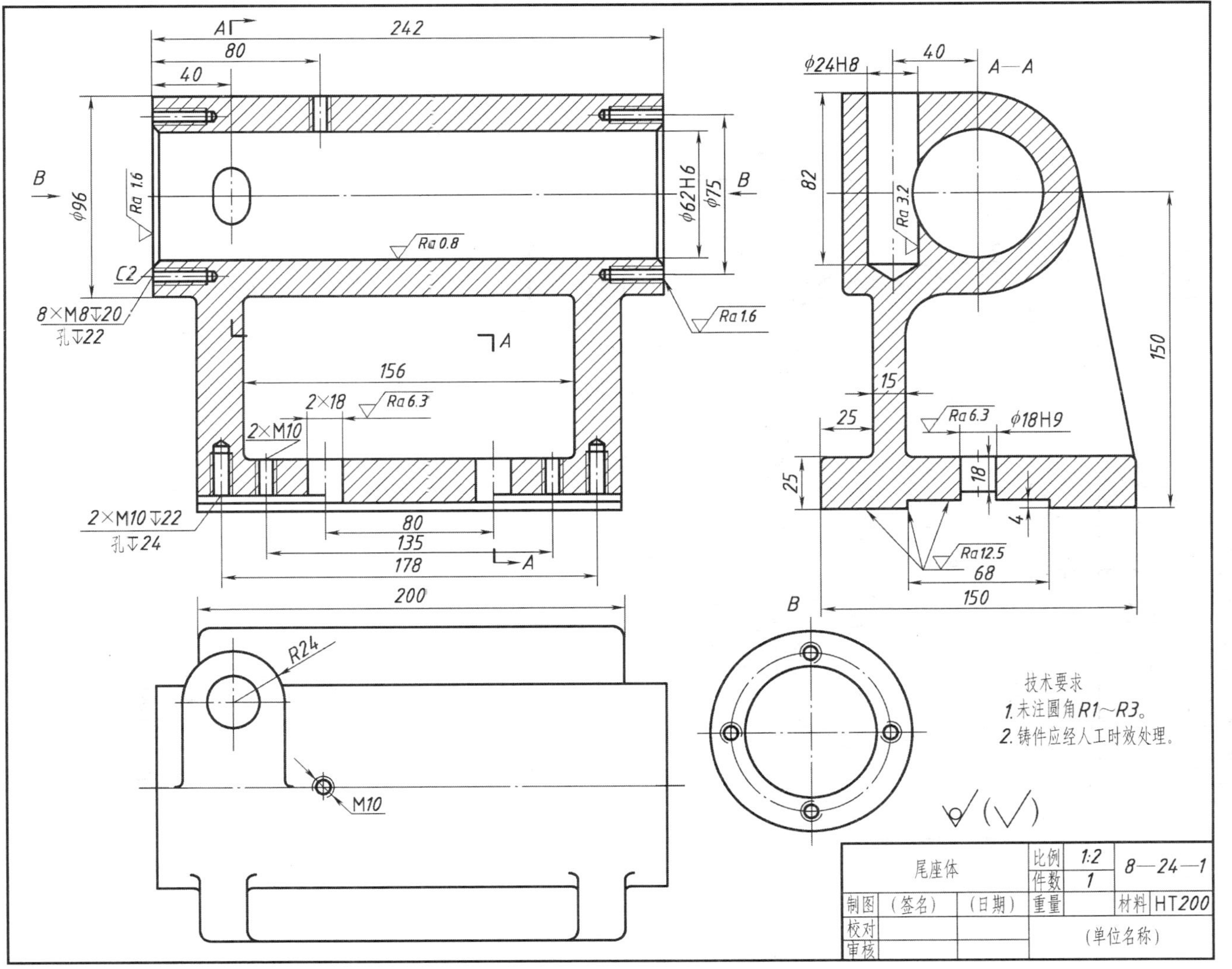

A
242
80
40
B
φ96
Ra 1.6
Ra 0.8
φ62H6
φ75
B
C2
8×M8↧20
孔↧22
Ra 1.6
A
156
2×18
Ra 6.3
2×M10
2×M10↧22
孔↧24
80
135
178
A
200
R24
M10
φ24H8
40
A—A
82
Ra 3.2
150
15
25
Ra 6.3
φ18H9
25
18
4
Ra 12.5
68
150
B
技术要求
1.未注圆角R1~R3。
2.铸件应经人工时效处理。
尾座体
比例 1:2
件数 1
8—24—1
制图 （签名） （日期）
重量
材料 HT200
校对
审核
（单位名称）

图 8-26 尾座体零件图

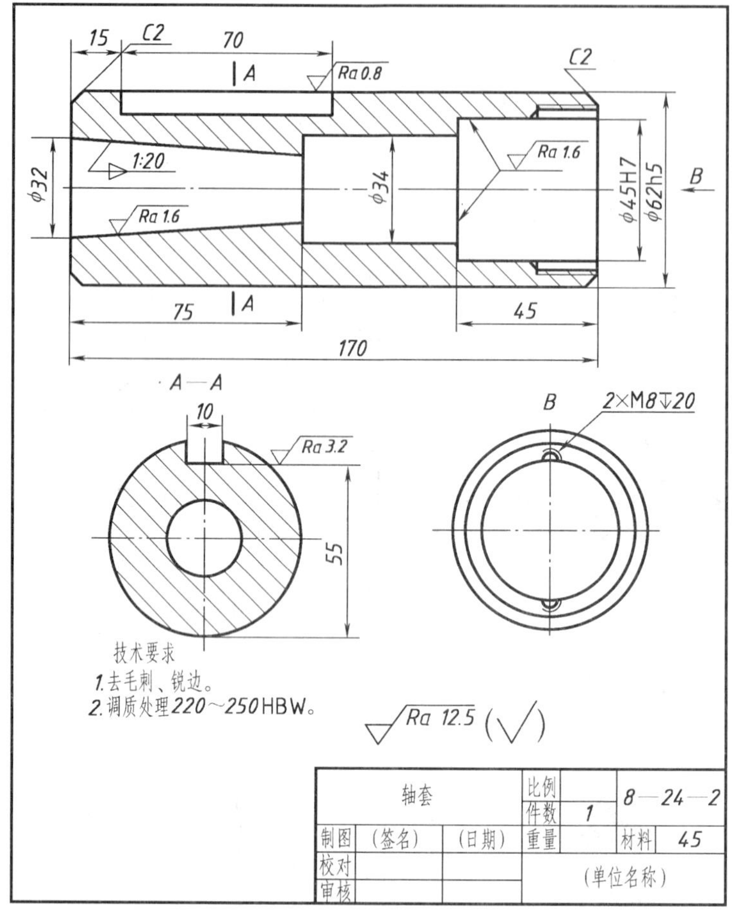

图 8-27 轴套零件图

8.4 自测题

1. 简述装配图的一些规定画法和特殊表达方法。

2. 装配图中需标注哪几类尺寸？试分析蝴蝶阀装配图中的各类尺寸。

3. 装配图中明细栏的填写和零件编号要注意哪些事项？

4. 试述读装配图的方法和步骤。简述机用虎钳螺杆的拆卸顺序。

5. 试述由装配图拆画零件工作图的方法和步骤。试拆画题 8-5 中柱塞泵的 12 号零件（螺塞）。

第 9 章　计算机绘图基础

9.1　内容要点

计算机绘图是利用计算机及其输入/输出设备，应用绘图软件完成工程图样的设计与绘制的一门学科。

从 20 世纪 70 年代到 90 年代，计算机图形学从理论到应用技术及设备等方面都得到了快速发展。进入 21 世纪，计算机图形学主要向着标准化、集成化、智能化和网络化方向发展。当前它在科研及生产实践中的主要应用可归结在以下几个方面：

（1）CAD—CG—CAM 的一体化和自动化。这是一个很令人感兴趣的应用领域，例如设计并生产一种产品，可以利用计算机帮助人们进行资料收集、方案比较和数据计算等，进行人—机交互式的设计（CAD）及绘图（CG），并进而由计算机控制加工（CAM），生产产品。

（2）科学计算、技术工程及事务管理。

（3）系统模拟及动画技术。

（4）计算机辅助教学（CAI）。

（5）在艺术及商业广告方面的应用。

（6）在办公室自动化方面的应用。

（7）在计算机用户界面上的应用。

（8）网上信息交流。

本章主要介绍如何使用计算机绘图软件绘制工程图样。

9.2　解题要领

计算机图形绘制的基本过程是：信息输入→计算机处理信息并生成图形输出信息→输出图形或图形信息。

输入的信息可能包括设计思路、构思的草图、数据等，收集完信息后，就是要将这些信息正确地输入至计算机，也就是如何使用软件将收集的信息传输给计算机进行处理。

软件包括系统软件和应用软件（绘图软件）。当前应用最为广泛的通用绘图软件是美国 Autodesk 公司于 20 世纪 80 年代推出的 AutoCAD 软件。该软件具有功能强大、人机界面友好、适应面广等优点，在众多的绘图软件中备受青睐。本章题目的求解所采用的软件即是基于 Windows 平台的 AutoCAD 2010 中文版。

工程图样主要是由一些基本对象（例如点、直线、圆、圆弧、多线、样条曲线及图案等）所组成的，AutoCAD 提供了一系列绘制这些基本对象的命令。并且，在绘图过程中，用户可能经常需要对整个图形或某些对象进行修改、重组及查看、调整信息特性等操作。这种操作通常称为图形编辑。AutoCAD 软件提供了强大的图形编辑功能，具有多条图形编辑命令。用户可以随时根据需要调用这些命令，进行图形绘制并进行编辑。对于这些命令的使用，主要要掌握三点：

（1）命令的功能。

（2）命令的位置，即激活命令的方法。

（3）命令的操作过程。

下面对图形绘制过程中经常用到的绘图命令和编辑命令进行简要介绍。

1. 绘图命令

绘图工具栏如图 9-1 所示。

1）POINT 命令——绘制点。可通过给定点的坐标或鼠标选取的方法得到点，并可指定点的样式。

2）LINE 命令——绘制直线。可采取绝对坐标和相对坐标两种形式指定直线两端点坐标的方法绘制直线。

3）CIRCLE 命令——绘制圆。默认的绘制方法是通过指定圆的圆心和半径的方法绘制圆。还有其他几种方法。

4）ARC 命令——绘制圆弧。默认方法是指定三个点，即起点、第二点和端点。用这种方法绘制的圆弧将通过这些点。绘制圆弧的方法还有多种，用户可从下拉菜单“绘图”命令下的“圆弧”选择绘制圆弧的方式。

5）RECTANG 命令——绘制矩形。默认的绘制方法是指定矩形的对角点，所绘制的矩形平行于当前用户坐标系。

6）POLYGON 命令——绘制正多边形。在 AutoCAD 系统中，正多边形是由最少 3 条至最多 1024 条长度相等的边组成的封闭的多线段对象。绘制正多边形有两种方式，分别是内接于圆和外切于圆。AutoCAD 系统默认的方式是内接于圆。

7）MLINE 命令——绘制多线。多线是指多条平行线，其绘制方法与直线绘制方法相似，所不同的是，一条多线可以由一条或多条平行直线段组成。

—直线
—参照线
—多线段
—多边形
—矩形
—圆弧
—圆
—云线
—样条曲线
—椭圆
—椭圆弧
—插入块
—创建块
—点
—图案填充
—面域
—多行文字

图 9-1 绘图工具栏

8）PLINE 命令——绘制多线段。多线段是作为单个对象创建的相互连接的序列线段，可以创建直线段、弧线段或两者的组合线段。用户可以用任何线型样式绘制多线段，它可以是固定不变的宽度，也可以在其长度范围内任意改变绘制的宽度。

9）SPLINE 命令——绘制样条曲线。AutoCAD 使用“非一致有理 B 样条（NURBS）”曲线的特殊样条曲线类型，它在控制点间产生一条光滑的曲线。样条曲线可通过指定各控制点得到。

2. 编辑命令

编辑工具栏如图 9-2 所示。

1）ERASE 命令——删除对象。从图形中删除选择的对象。

2）OOPS 命令——恢复对象。当删除对象有误时，可用该命令恢复刚删除的对象。

3）MOVE 命令——移动对象。通过指定位移的方法移动选择对象，位移可由指定两点得到。

4）ROTATE 命令——旋转对象。使对象绕指定基点旋转。需要指定旋转基点和旋转角度。

5）COPY 命令——复制对象。将对象复制一个或多个副本，需指定基点和位移点。

6）MIRROR 命令——镜像对象。创建对象的镜像副本。在选择镜像对象后，指定镜像线的第一点和第二点，然后选择保留或删除原镜像对象。

7）OFFSET 命令——偏移对象。创建同心圆、平行线和等距曲线。先选择或输入偏移的距离，然后选择偏移对象，再指定偏移的方向。

8）ARRAY 命令——阵列对象。可以通过环形或矩形阵列复制对象。对于环形阵列，可以控制副本对象的数目和决定是否旋转对象；对于矩形阵列，可以控制行和列的数目以及它们之间的距离。

9）SCALE 命令——缩放对象。可在 X、Y 和 Z 三个方向放大或缩小对象。在选择缩放对象后，指定基点，然后输入比例因子。输入数值大于 1 时为放大对象，小于 1 时为缩小对象。

10）TRIM 命令——修剪对象。用其他对象定义的剪切边界修剪对象。修剪时，首先选择作为剪切边的对象或直接按 <Enter> 键选择所有对象作为剪切边，然后选择对象中要被修剪的部分。

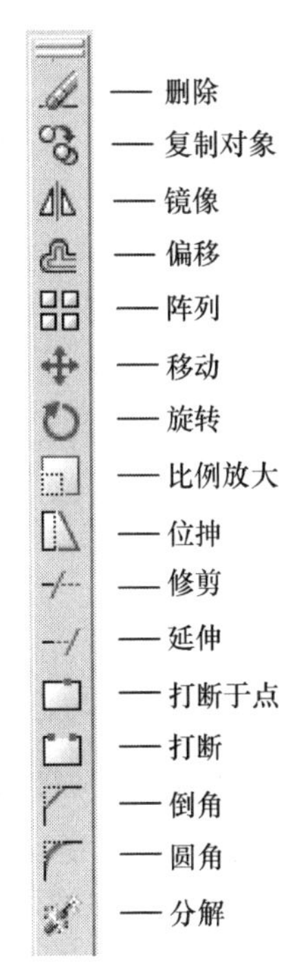

图 9-2　编辑工具栏

11）EXTEND 命令——延伸对象。把指定的图形延伸到指定的边界。使用该命令时，首先指定要延伸到的边界，然后指定要延伸的对象。

12）BREAK 命令——打断对象。用来删除对象的一部分或将对象在给定的两点间打断，如果两个断点不重合则将删除对象的一部分，如果两个断点重合则将对象打开。

13）CHAMFER 命令——倒角。用于在两条相交的直线间绘制一个斜角。斜角的大小由给定的第一个和第二个倒角的距离确定。

14）FILLET 命令——圆角。使用一段指定半径的圆弧为两段圆弧、圆、椭圆弧、直线、多线段、射线、样条曲线加圆角。使用该命令时，首先应指定圆角的半径，然后选择需要圆角的对象。

9.3　习题与解答

9.3.1　工程图样的计算机绘制

9-1　绘制图 9-3 所示的图形。

【作图步骤】

（1）使用向导中的高级设置建立新图。

下拉菜单：文件→新建→向导→高级设置

将测量精度设为 0.0；宽度设为 297，长度设为 210；其余默认。

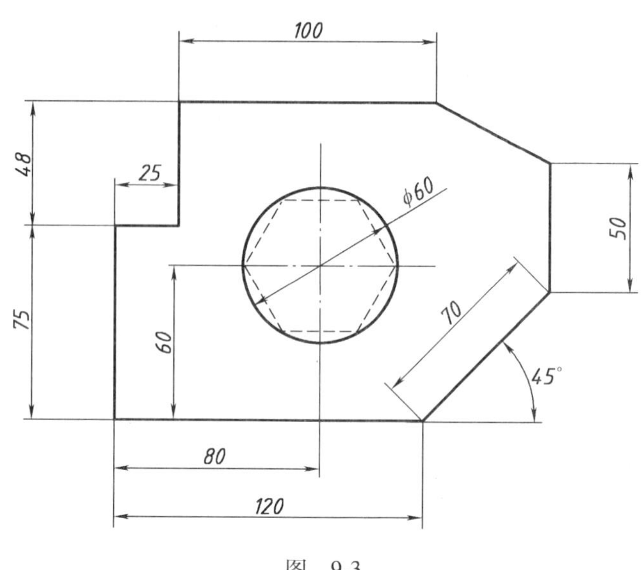

图 9-3

（2）用图层属性管理器对话框建立图层。

下拉菜单：格式→图层，建立粗实线、细实线、尺寸、点画线、虚线图层。

（3）将文件另存为样板文件。

下拉菜单：文件→另存为“样板 1. dwt”。

（4）绘图。

1）建立用户坐标系

下拉菜单：新建 UCS→原点，在屏幕中间任取一点作为原点。

2）绘粗实线，将粗实线层作为当前层。下面是以图形的左下角点为坐标原点的参考作图命令。

命令：LINE↙

指定第一点：0，0↙

指定下一点或［放弃（u）］：120，0↙

指定下一点或［放弃（u）］：@70 <45↙

指定下一点或［闭合（c）/放弃（u）］：@0，50↙

指定下一点或［闭合（c）/放弃（u）］↙

命令：↙

指定第一点：0，0↙

指定下一点或［放弃（u）］：0，75↙

指定下一点或［放弃（u）］：@25，48↙

指定下一点或［闭合（c）/放弃（u）］：@100，0↙

指定下一点或［闭合（c）/放弃（u）］：（用鼠标移动到长度为 50 的垂直线端点处单击，画出外轮廓的最后条线）↙

指定下一点或［闭合（c）/放弃（u）］↙

命令：CIRCLE↙
指定圆的圆心或［三点（3P）/两点（2P）/相切、相切、半径（T）］：80，60↙
指定圆的半径或［直径（D）］：30↙
将虚线层置为当前层，画正六边形：
命令：POLYGON↙
输入边的数目，<当前值>：6↙
指定多边形的中心或［边（E）］：80，60↙
输入选项［内接于圆（I）/外切于圆（C）］：I↙
指定圆的半径：30↙
将点画线层置为当前层，画圆的中心线
命令：LINE↙
指定第一点：50，60↙
指定下一点或［放弃（u）］：@60，0↙
指定下一点或［放弃（u）］：↙
命令：↙
指定第一点：80，30↙
指定下一点或［放弃（u）］：@0，60↙
指定下一点或［放弃（u）］：↙
完成全图
（5）保存图形。
9-2　绘制图9-4所示的图形。

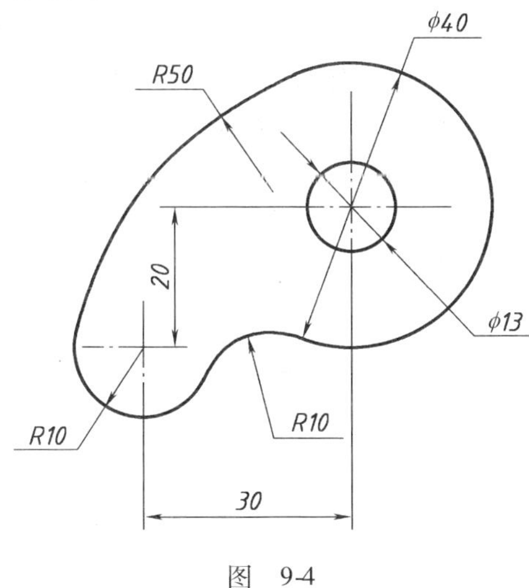

图　9-4

【作图步骤】
（1）使用样板建立新图。样板文件名为“样板1”（如上题）。
下拉菜单：文件→新建→样板→样板1
（2）新建用户坐标系。

下拉菜单：工具→新建 UCS→原点

在屏幕中间用鼠标任意定一点作为原点

(3) 设置对象捕捉模式

下拉菜单：工具→草图设置→对象捕捉

设置“中点、端点、交点、象限点”等捕捉方式

(4) 绘制中心线。将中心线层置为当前层，画出所有的中心线。先绘制左边两条中心线。

命令：LINE↙

指定第一点：单击鼠标左键确定点↙

指定下一点或［放弃（u）］：@40，0↙

指定下一点或［放弃（u）］：↙

用同样方法画铅垂方向的中心线。

命令：copy↙

选择上述两条中心线↙

指定第一点：单击鼠标左键确定点↙

指定下一点或［放弃（u）］：@30，@20↙

指定下一点或［放弃（u）］：↙

绘出右边两条中心线。

(5) 将粗实线层置为当前层，画出所有的粗实线。

1）绘制 ϕ13mm、ϕ40mm、R10mm（左边）。

命令：CIRCLE↙

指定圆的圆心或［三点（3P）/两点（2P）/相切、相切、半径（T）］：（先将光标移动到左边的轮廓线处，捕捉到中点后稍作停留，继续移动光标到下方的轮廓线处捕捉到中点，继续移动光标直到出现“垂足 < 90°，垂足 < 0°”时，单击左键确定圆心）↙

指定圆的半径或［直径（D）］：10↙

同理，捕捉右边的圆心，绘制 ϕ13mm、ϕ40mm 的圆。

2）绘制 ϕ50mm、R10mm（右边）。

命令：CIRCLE↙

指定圆的圆心或［三点（3P）/两点（2P）/相切、相切、半径（T）］：T↙

指定对象与圆的第一个切点：移动光标，捕捉到 R10（左边）圆上一点（切点附近）↙

指定对象与圆的第二个切点：移动光标，捕捉到 ϕ40 圆上一点（切点附近）↙

指定圆的半径：50↙

同理绘制 R10mm（右边）的圆。

3）修剪多余的线。

命令：trim↙

选择对象或 <全部选择>：（移动光标，捕捉到 ϕ40 圆）↙

选择对象：（移动光标，捕捉到 R10 半圆）↙

选择对象：↙

选择要修剪的对象：(移动光标，捕捉到 $R50$ 半圆) ↙
选择要修剪的对象：↙
同理修剪其他多余的线段。
(6) 保存图形。

9.3.2 尺寸标注

9-3 绘制图 9-5 所示组合体的三视图，尺寸自定。

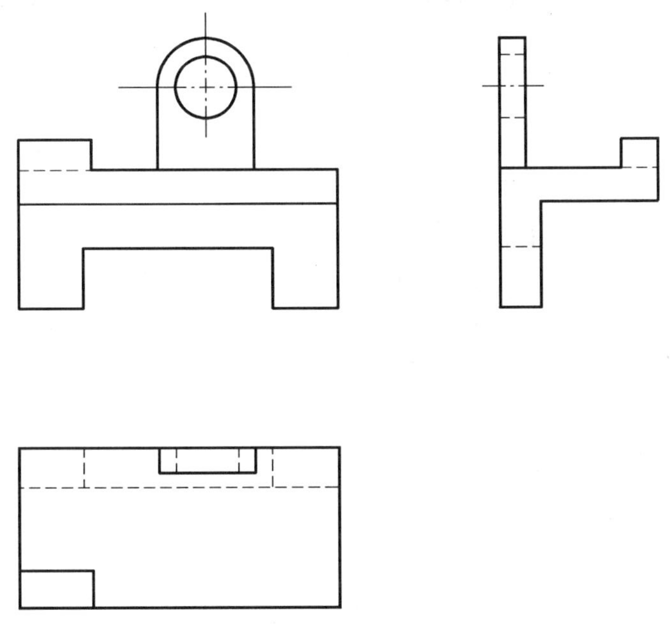

图 9-5

【作图步骤】

(1) 使用样板建立新图。

(2) 设置对象捕捉模式：设置“中点、端点、交点、垂足”等捕捉方式，打开对象追踪。

(3) 画主视图。

使用“直线”命令，在屏幕上任取一点作为主视图的左下角点，运用相对坐标在粗实线层画轮廓线，在细虚线层和细点画线层画圆孔和中心线。

(4) 画左视图。

使用“直线”命令，运用对象追踪的方法，在粗实线层画轮廓线，在细虚线层和细点画线层画中心线。

(5) 画俯视图。

使用“直线”命令，运用对象追踪的方法，在粗实线层画轮廓线，在细虚线层画出图中细虚线。

（6）保存图形。

9-4 绘制图 9-6 所示组合体的三视图。

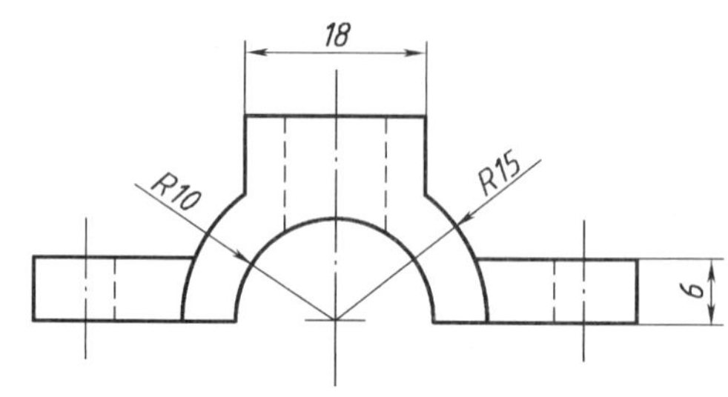

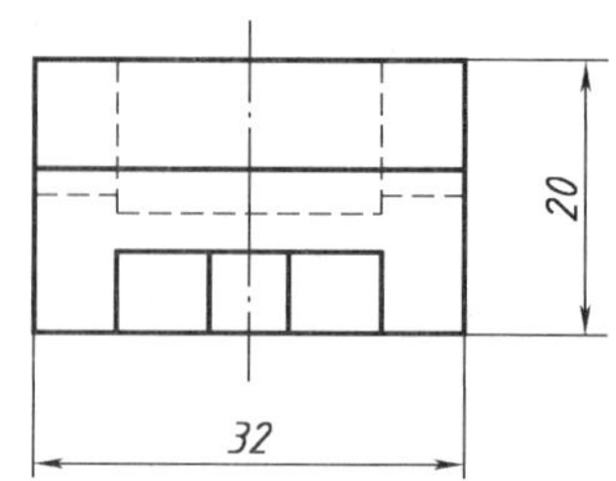

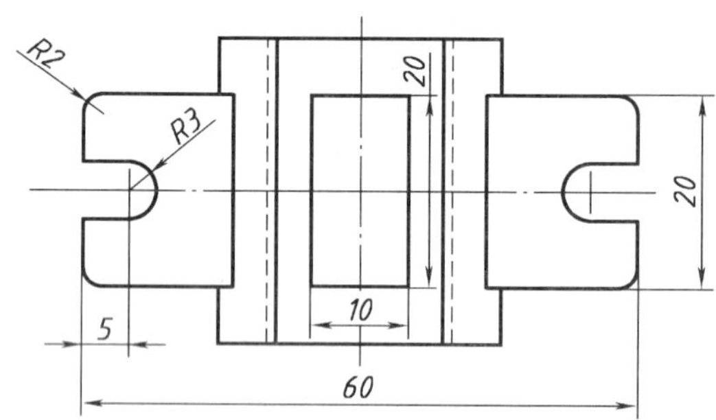

图 9-6

【作图步骤】

（1）使用样板建立新图。

（2）设置对象捕捉模式：设置“中点、端点、交点、垂足”等捕捉方式。打开对象追踪。

（3）画主视图。

1）使用“直线”命令，画对称中心线。

2）使用“圆弧”命令，画半圆。

3）使用“直线”命令，采用相对坐标画左侧轮廓线，然后镜像得到右轮廓线；圆上方轮廓线使用偏移中心线的方法得到。

（4）画俯视图。

1）使用“直线”命令，运用对象追踪，采用相对坐标画中间大矩形，然后通过“偏移”命令偏移矩形的边得到内部的线和小矩形。

2）使用“直线”命令，通过捕捉中点，画中心线；通过“偏移”和“修剪”命令得到两侧小矩形。

3）使用“偏移”、“修剪”和“圆”命令，画两侧小矩形上挖去部分的轮廓线。

（5）画左视图。

1）使用“直线”命令，运用对象追踪和相对坐标画轮廓线。

2）使用“偏移”和“修剪”命令，运用对象追踪画内部轮廓线。

（6）保存图形。

9-5　绘制图 9-7 所示的螺栓联接，d = M20，δ_1 = 28mm，δ_2 = 35mm。

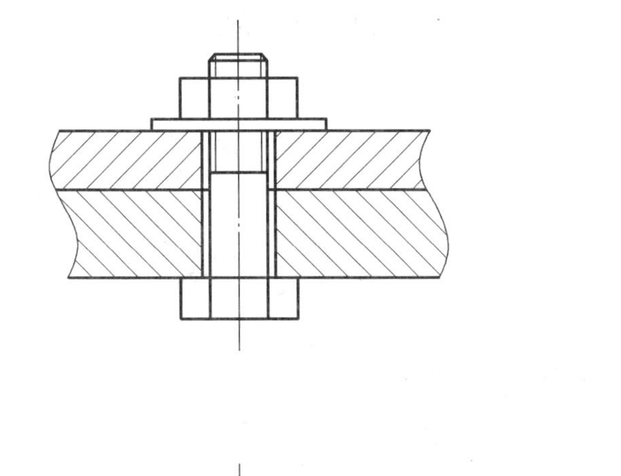

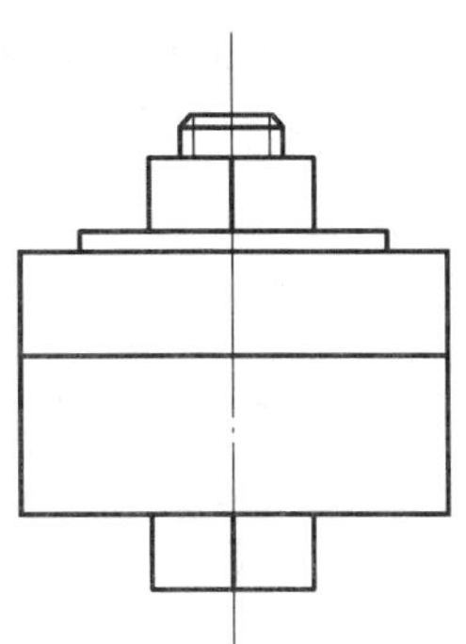

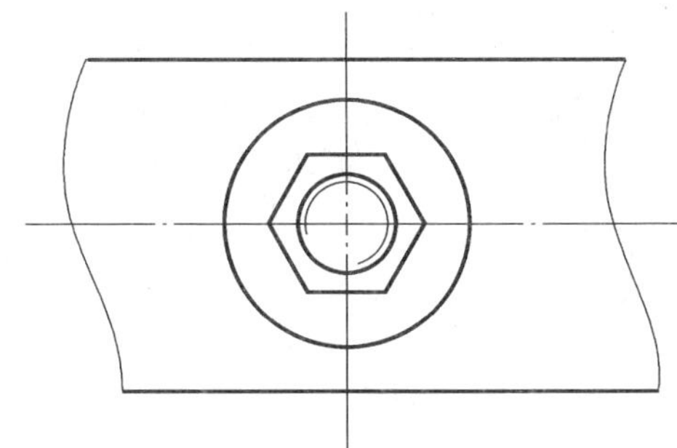

图　9-7

【作图步骤】

（1）使用样板建立新图。

（2）设置对象捕捉模式：设置“中点、端点、交点、垂足”等捕捉方式，打开对象追踪。

（3）画中心线。使用“直线”命令，在屏幕上预定位置画三个视图的中心线。

（4）画轮廓线。使用“直线”和“圆”命令，画三个视图的轮廓线。

（5）画断裂边界线。使用“样条曲线”命令，画俯视图中断裂处的边界线。

（6）图案填充。使用“图案填充”命令，画主视图中的剖面线。

（7）保存图形。

9-6　补全图 9-8 所示的直齿圆柱齿轮的主、左两视图。齿轮主要参数：模数 m = 3mm，齿数 z = 33，轮毂 D = 24mm。

【作图步骤】

（1）使用样板建立新图。

（2）设置对象捕捉模式：设置“中点、端点、交点、垂足”等捕捉方式，打开对象追踪。

（3）画中心线。使用“直线”命令，在屏幕上画主、左两个视图的中心线。

（4）画轮廓线。使用“直线”和“圆”命令，画两个视图的轮廓线。

（5）画断裂边界线。使用“样条曲线”命令，画左视图中断裂处的边界线。

（6）图案填充。使用“图案填充”命令，画主视图中的剖面线。

（7）保存图形。

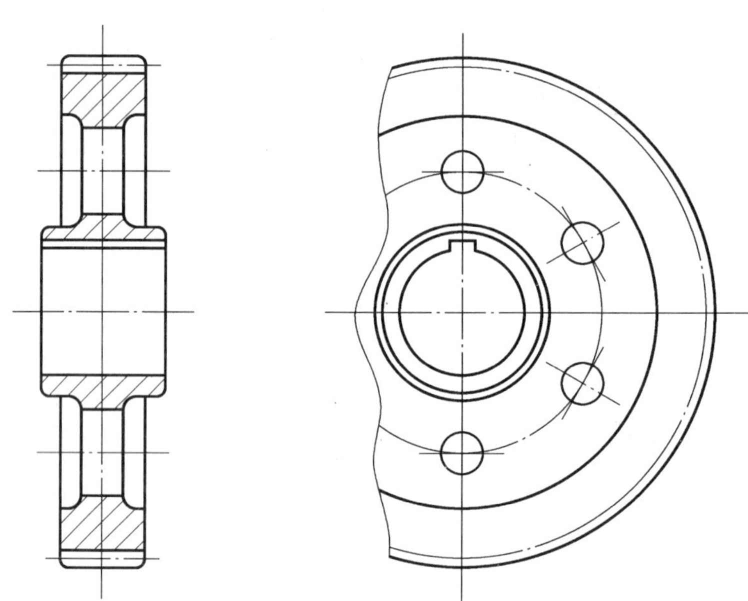

图 9-8

9.3.3 工程图样中的文本注释

9-7 绘制图9-9所示齿轮轴的零件图。

【作图步骤】

（1）建立图形文件，设置绘图环境。

1）在图形样板中选择“Gb-a4”作为图形样板。

2）新建图层并设置图层的相关特性。

3）设置对象追踪。

（2）绘制齿轮轴的主视图、局部视图和断面图。

1）绘制主视图。

①首先在细点画线层使用“直线”命令画轴中心线，然后使用“偏移”命令，分别输入轴相对于线的相对位移，完成各段轮廓线的绘制，最后使用“修剪”命令修剪各段偏移线，得到各段轴的轮廓线。

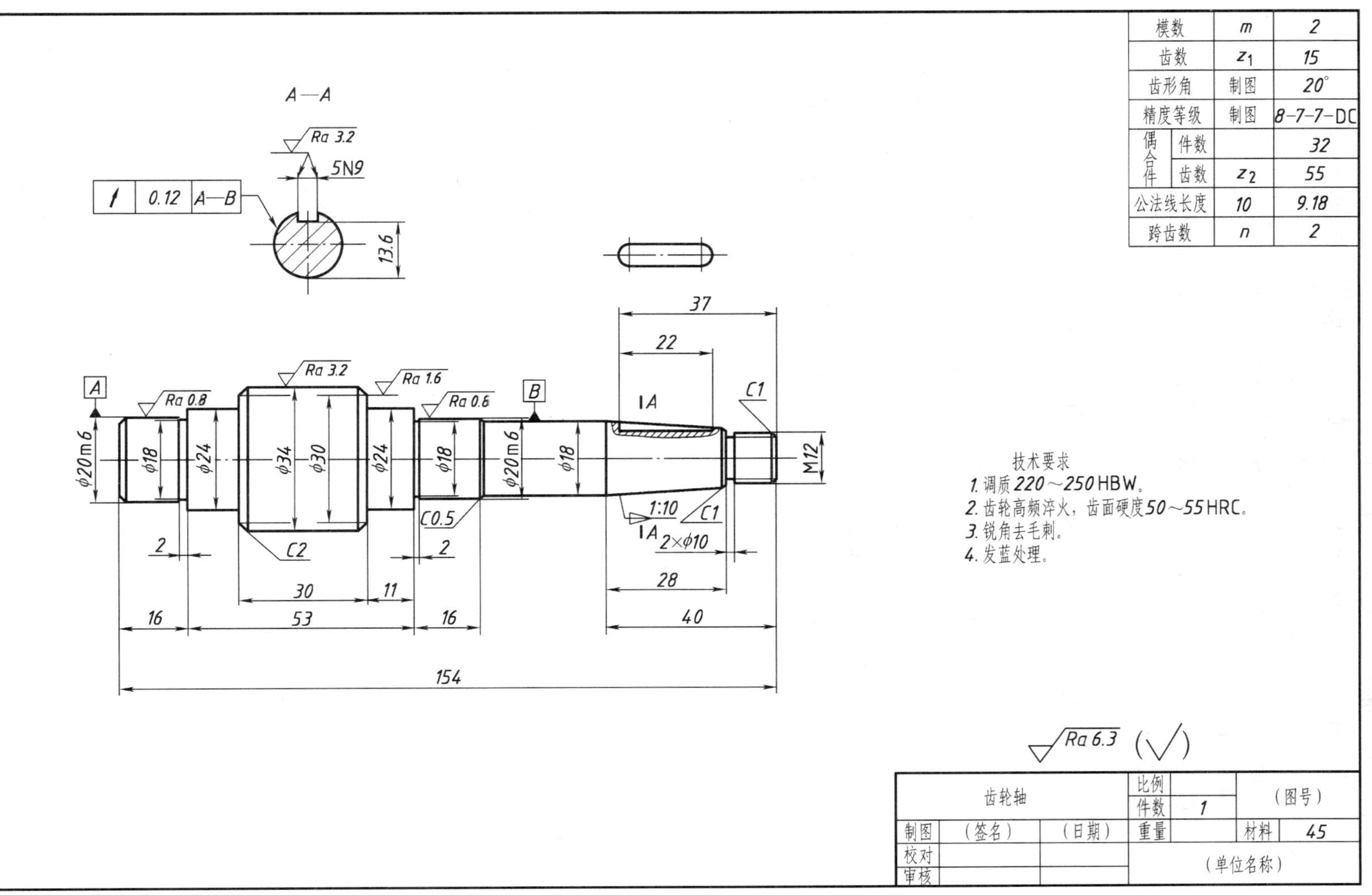

A—A
Ra 3.2
5N9
0.12 A—B
13.6
模数 m 2
齿数 z_1 15
齿形角 制图 20°
精度等级 制图 8-7-7-DC
偶合件 件数 32
齿数 z_2 55
公法线长度 10 9.18
跨齿数 n 2
37
22
A
Ra 0.8
Ra 3.2
Ra 1.6
Ra 0.6
B
1A
C1
φ20m6
φ18
φ24
φ34
φ30
φ24
φ18
φ20m6
φ18
M12
C0.5
1:10
C1
1A 2×φ10
C2
2
2
30
11
28
16
53
16
40
154
技术要求
1. 调质220~250HBW。
2. 齿轮高频淬火，齿面硬度50~55HRC。
3. 锐角去毛刺。
4. 发蓝处理。
Ra 6.3 (√)
齿轮轴
比例
件数 1
(图号)
制图 (签名) (日期)
重量
材料 45
校对
审核
(单位名称)

图 9-9

②在得到单侧轴轮廓线后，通过“镜像”命令得到另一侧的轮廓线。

③使用“样条曲线”命令，画出轴上键槽局部剖的分界线；然后使用“图案填充”命令，在预绘制剖面线的区域拾取点。注意，设置图案为 ANSI31。

2）绘制键槽的局部视图。使用“直线”和“圆”命令，在图形上方与键槽投影对应的位置绘制键槽的局部视图。

3）绘制键槽的断面图。通过“直线”、“圆”、“偏移”和“修剪”命令绘制断面图的轮廓线，然后使用“图案填充”命令画剖面线。

（3）标注尺寸。

1）使用“线性标注”命令，标注长度尺寸及非圆视图直径尺寸。

2）使用“快速引线”命令，标注倒角尺寸。

（4）标注表面粗糙度。

1）使用“直线”命令，绘制表面粗糙度符号，并将其定义为“块”。

2）用“捕捉”的方法，插入表面粗糙度符号。

（5）标注几何公差。使用“快速引线”命令，选择“注释类型”为公差，在几何公差对话框选择“圆跳动”选项，输入基准。

（6）填写标题栏和技术要求。使用下拉菜单的“文字→单行文字”命令，指定文字的起始位置、字高后，输入文本，需要换行处，按回车键。

9-8 绘制图 9-10 所示的阀盖零件图。

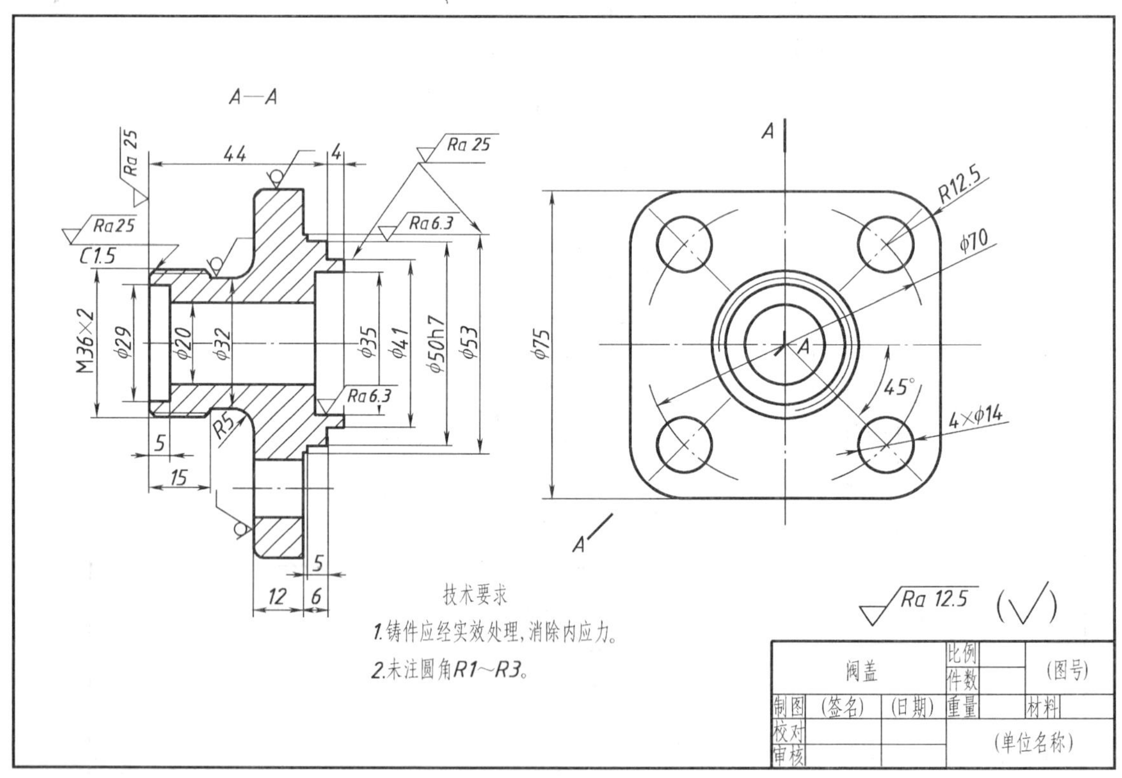

图 9-10

【作图步骤】

（1）建立图形文件，设置绘图环境。

1）在图形样板中选择“Gb-a4”作为图形样板。

2）新建图层并设置图层的相关特性。

3）设置对象追踪。

（2）绘制主视图、左视图。

1）绘制阀盖的主视图。

①在细点画线层使用“直线”命令画轴中心线，并在粗实线层画垂直于中心线的直线段；然后使用“偏移”命令，分别输入阀盖各段轮廓线相对于中心线的相对位移，完成各段轮廓线的绘制；最后使用“修剪”命令修剪各段偏移线，得到轮廓线。在得到单侧轴轮廓线后，通过“镜像”命令得到另一侧的轮廓线。注意另一侧轮廓线增加了圆孔的轮廓。

②使用“圆角”命令，对需要倒圆角的部分绘制圆角。

③使用“图案填充”命令，在预绘制剖面线的区域拾取点，设置图案为ANSI31。

2）绘制阀盖的左视图。

①使用“直线”命令，绘制左视图的正方形轮廓线，使用“圆角”命令，对正方形的四个顶点倒圆角。使用“直线”命令，采用“对象捕捉”和“对象追踪”的方法在细点画线层绘制中心线。

②使用“圆”命令，捕捉到中心线的交点，绘制中心圆。

③使用“直线”和“圆”命令，采用相对坐标法，绘制正方形四个角小圆的中心线，然后使用“圆”命令，捕捉到圆心，画圆。

（3）标注尺寸。

1）使用“线性标注”命令，标注长度尺寸。

2）使用“直径标注”命令，标注圆视图直径尺寸；使用“半径标注”命令，标注圆角半径尺寸。

（4）标注表面粗糙度。

1）使用“直线”命令，绘制表面粗糙度符号，并将其定义为属性“块”。

2）利用插入块来标注表面粗糙度。

（5）填写标题栏和技术要求。使用下拉菜单的“文字→单行文字”命令，指定文字的起始位置、字高后，输入文本。需要换行处，按回车键。

9.4 自测题

1. 绘制图9-11所示的图形，尺寸按照图中直接量取。
2. 绘制图9-12所示组合体的三视图。
3. 绘制图9-13所示底座的零件图。

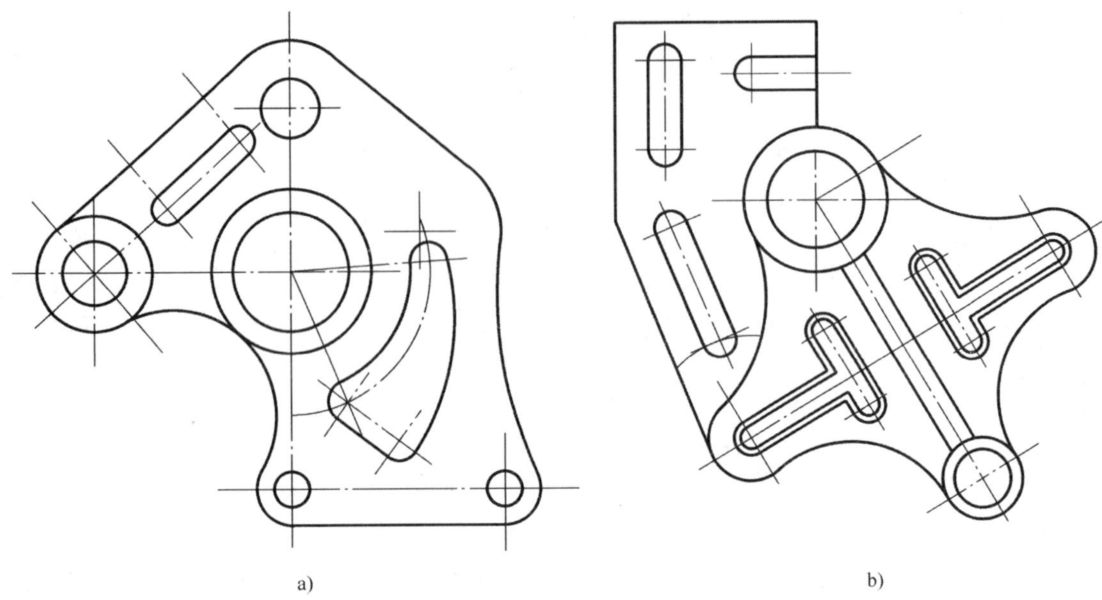

a) b)

图 9-11

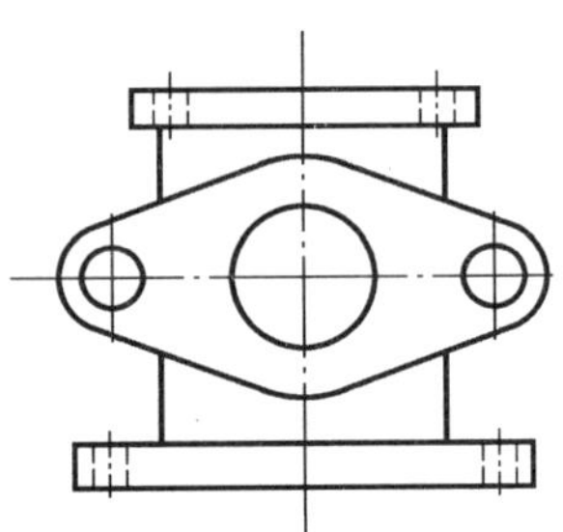

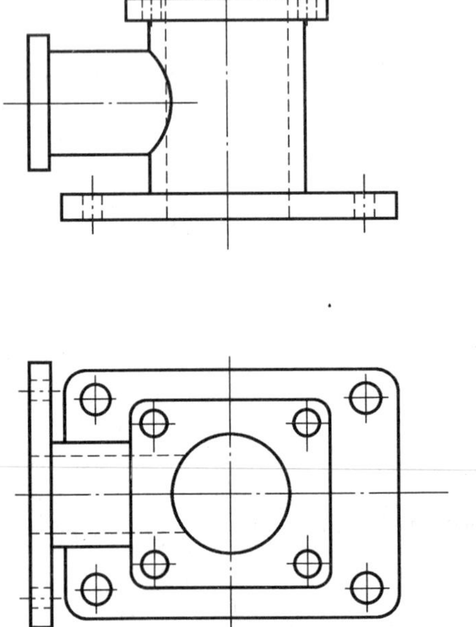

图 9-12

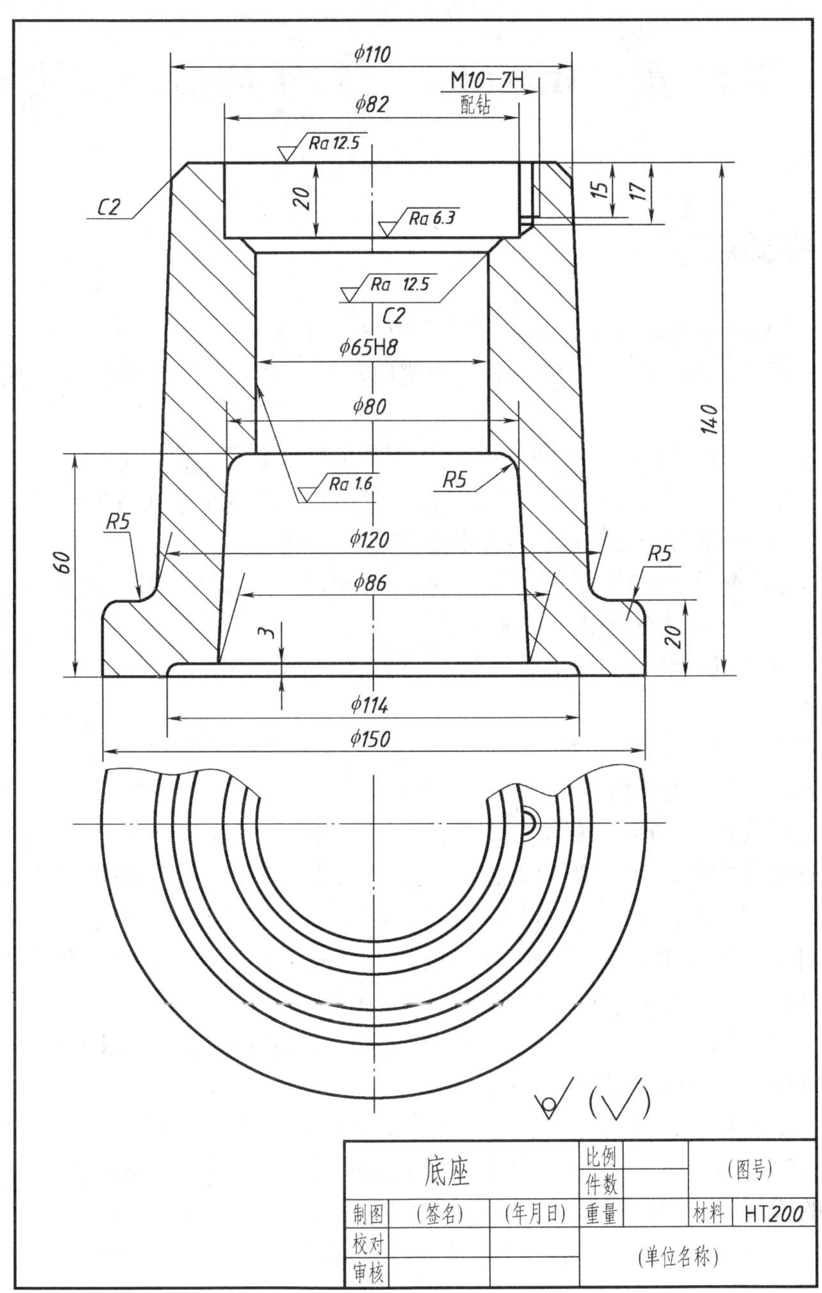

ϕ110
M10—7H
配钻
ϕ82
Ra 12.5
C2
20
Ra 6.3
15
17
Ra 12.5
C2
ϕ65H8
ϕ80
140
60
Ra 1.6
R5
R5
ϕ120
R5
ϕ86
3
20
ϕ114
ϕ150
(√)
底座
比例
件数
(图号)
制图
(签名)
(年月日)
重量
材料
HT200
校对
审核
(单位名称)

图　9-13

第 10 章　Inventor 三维实体造型方法

10.1　内容要点

Autodesk Inventor 是美国 Autodesk 公司于 1999 年底推出的三维参数化特征设计软件。与其他同类产品相比，操作简便，易于学习和使用，具有多样化的显示选项及强大的拖放功能。

Autodesk Inventor 与 3DStudio 和 AutoCAD 等其他软件兼容性强，其输出文件可直接或间接转化成为快速成形 STL 文件和 STEP 等文件。在基本的实体零件和装配模拟功能之上，Inventor 提供了一系列更为深化的模拟技术和工程图的功能。

Inventor 2008 本身主要的文件格式有：零件文件、部件文件、工程图文件、表达视图文件、设计元素文件、设计视图和项目文件。

（1）零件文件以 . ipt 为后缀名，文件中只包含单个模型的数据，可分为标准零件和钣金零件。

（2）部件文件以 . iam 为后缀名，文件中包含多个模型的数据，也包含其他部件的数据，即部件中不仅可包含零件，也可包含子部件。

（3）工程图文件以 . idw 为后缀名，可包含零件文件的数据，也可包含部件文件的数据。

（4）表达视图文件以 . ipn 为后缀名，可包含零件文件的数据，也可包含部件文件的数据。表达视图文件的主要功能是表现部件装配的顺序和位置关系。

（5）设计元素文件以 . ide 为后缀名，包含了特征、草图或子部件中创建的“iFeature”信息，用户可打开特征文件来观察和编辑“iFeature”。

（6）设计视图以 . idv 为后缀名，它包含了零部件的各种特性，如可见性、选择状态、颜色和样式特性、缩放以及视角等信息。

（7）项目文件以 . ijp 为后缀名，包含项目的文件路径和文件之间的链接信息。

Inventor 在创建文件时，每一个新文件都是通过模板创建的。可根据自己的具体设计需求选择对应的模板，如创建标准零件可选择标准零件模板（Standard. ipt），创建钣金零件可选择钣金零件模板（SheetMetal. ipt）等。用户可修改任何预定义的模板，也可创建自己的模板。

与 Inventor 兼容的文件类型包括：AutoCAD 文件、Autodesk MDT 文件、STEP 文件、SAT 文件以及 IGES 文件等。

10.2　解题要领

Inventor 2008 有二维草图模块、特征模块、部件模块、工程图模块、表达视图模块、应力分析等多个功能模块，每一个模块都拥有自己独特的菜单栏、工具栏、工具面板和浏览器，并且由此组成了独特的工作环境。用户最常接触的 6 种工作环境是：草图环境（图 10-1）、零件（特征）环境（图 10-2）、钣金特征环境、部件（装配）环境（图 10-3）、工程图环境（图 10-4）和表达视图环境。

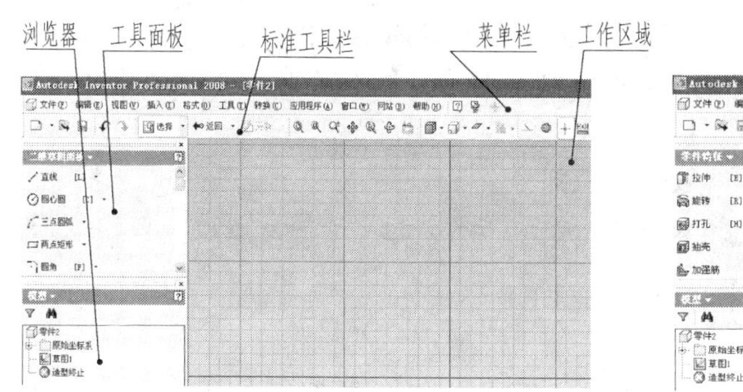

图 10-1　草图环境

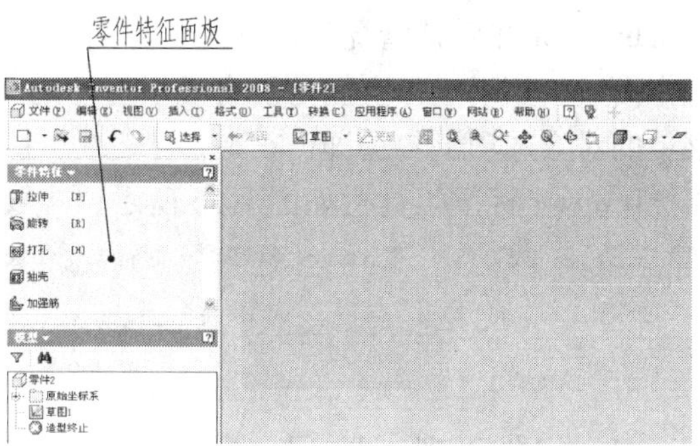

图 10-2　零件（特征）环境

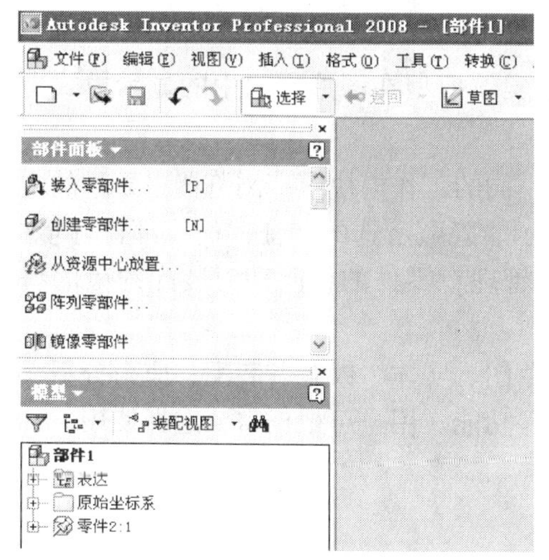

图 10-3　部件环境

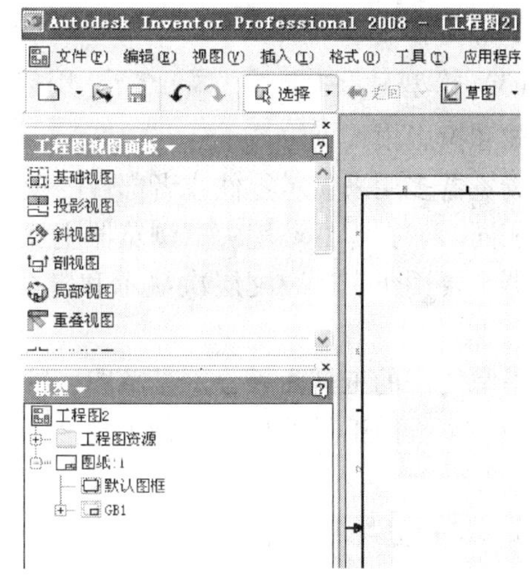

图 10-4　工程图环境

Inventor 中的菜单栏的布局和设置具有 Windows 应用软件的标准格式，如图 10-5 所示。但菜单中的具体项目和内容随着绘图模块的变化而变化。

文件(F)　编辑(E)　视图(V)　插入(I)　格式(O)　工具(T)　转换(C)　应用程序(A)　窗口(W)　网站(B)　帮助(H)

图 10-5　Inventor 的菜单栏

其中某些菜单的作用如下：

【视图】菜单：用来设置零部件及工程图的平移、缩放视图和窗口以及对象的可见性等。

【格式】菜单：通过样式编辑器把颜色、光源、材料特性应用到零部件中去。

【工具】菜单：提供参数的测量、参数化造型和装配以及系统设置等功能。

Inventor 具有强大的右键关联菜单功能。在关联菜单中包含了普通菜单中的大部分选项。很多关联菜单还具有工具栏和菜单栏里不存在的命令选项，从而减少了多余的点击动作，提高了工作效率。

Inventor 在默认情况下，在工作界面上显示工具栏以及工具面板标准工具栏、浏览器和工作面板。如果工作空间内没有显示对应的工具栏，则可在工具栏上单击右键，在【打开】菜单的对应选项上勾选即可。

Inventor 标准工具栏如图 10-6 所示，主要分为三部分。

选择 返回 更新

图 10-6 Inventor 标准工具栏

（1）文件管理工具 选择 用于文件的读取、存盘和选择对象等。

（2）视图显示工具 用来改变三维实体模型、二维工程图和草图的显示视角和显示范围。

（3）模型显示工具 用来改变三维实体模型在图形空间中的显示模式、观察模式和投影模式。

浏览器多用来显示零件或者部件的模型树，在不同的工作模块中，浏览器中显示的内容也不相同。如在零件环境中，浏览器主要记录、显示、隐藏所选的特征；而在部件环境中，浏览器主要用于表达装配层次显示和隐藏零部件、管理对零件的访问和对装配约束的编辑等。

最常使用的工具面板分别是草图、特征、三维草图、实体、钣金、装配、应力分析、表达视图和工程图工具面板。每种工具都有特定的操作功能，用户可根据需要选择使用。

10.3 习题与解答

10.3.1 草图的创建与编辑

10-1 在 Inventor 的草图环境下按照所给尺寸要求绘制虎头钩，如图 10-7 所示。

【解题分析】

在 Inventor 的三维造型中，草图是创建零件的基础，绘制草图也是使用 Inventor 的一项基本技巧。新建一个零件文件后，会自动转换到草图环境。本例题主要熟悉 Inventor 的草图工具面板。

【作图步骤】

（1）启动 Inventor，选择“新建”→“默认”→“Standard. ipt”，单击“确定”按钮进入草图工作界面。

（2）绘制中心线。单击“中心线”和“直线”命令，绘制三条中心线。

（3）以竖直中心线与上水平线的交点为圆心绘制圆，用“通用尺寸”约束其大小为

$\phi26$ 和 $\phi52$。

（4）以竖直中心线与下水平线的交点为圆心绘制圆，用“通用尺寸”约束其大小为 $R24$。

（5）以向左偏移8的竖直中心线与下方水平线的交点为圆心绘制圆，用“通用尺寸”约束其大小为 $R60$。

（6）以同样的交点为圆心，绘制半径为20的辅助圆（$R60$ 和 $R40$ 相内切），该辅助圆与右偏移的竖直中心线的下交点即为 $R40$ 的圆心，以该点为圆心，绘制半径为40的圆弧。

（7）寻找 $R12$ 的圆心。

（8）在“草图”工具面板中，单击“修剪”命令修剪辅助圆和多余线段。

（9）画 $R20$ 的弧。

（10）绘制 $R158$ 的弧。

（11）绘制 $R20$ 的圆弧。$R20$ 的圆弧与 $\phi52$、$R158$ 的圆弧相外切。先绘制一个圆，运用“二维草图面板”中的“添加约束”命令为其添加“相切”约束，使该圆分别与 $\phi52$、$R158$ 的圆弧相外切，然后运用“通用尺寸”约束其大小为 $R20$。

（12）绘制 $R10$ 的圆弧。将竖直中心线向右偏移40，将上方水平中心线向下偏移64，交点为圆心，绘制 $R10$ 的圆弧。

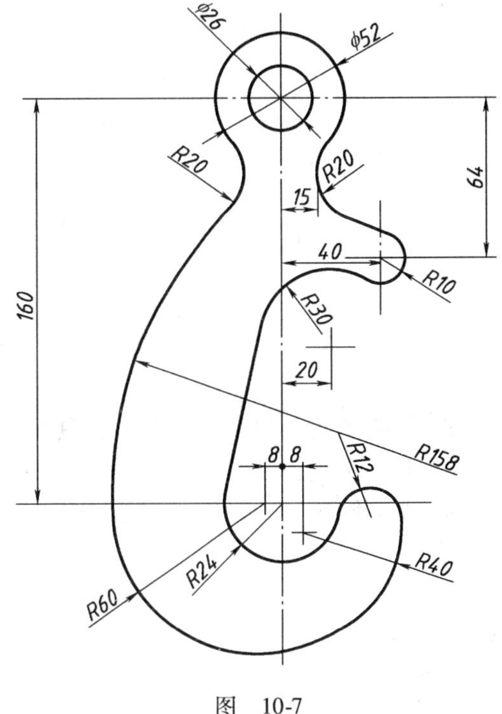

图 10-7

（13）绘制 $R20$ 与 $R10$ 的公切线。单击“直线”命令，按住<Shift>键的同时，在 $R20$ 的圆上，拾取一点，并在 $R10$ 的圆上拾取另一点。当直线两头均出现“相切”图标的时候，表示直线与两个圆都相切，单击即可完成公切线绘制。

（14）绘制 $R30$ 的圆弧。找出圆心，绘制 $R30$ 的圆弧。

（15）绘制切线。该直线一端为 $R24$ 与下方水平中心线的交点，另一个端点与 $R30$ 圆弧相切。

（16）修剪多余线段，完成绘制，保存该文件。

10-2 在Inventor的草图环境下按照所给尺寸要求绘制图10-8所示的平面图形。

【解题分析】

本例题主要熟悉Inventor的草图工具面板。

【作图步骤】

（1）启动Inventor，选择“新建”→“默认”→“Standard. ipt”，单击“确定”按钮进入草图工作界面。

（2）先绘制矩形。运用“两点矩形”命令绘制矩形，运用“通用尺寸”将矩形的长、宽分别约束为62和38。再绘制中心线，单击“中心线”和“直线”命令，绘制矩形的中心线。

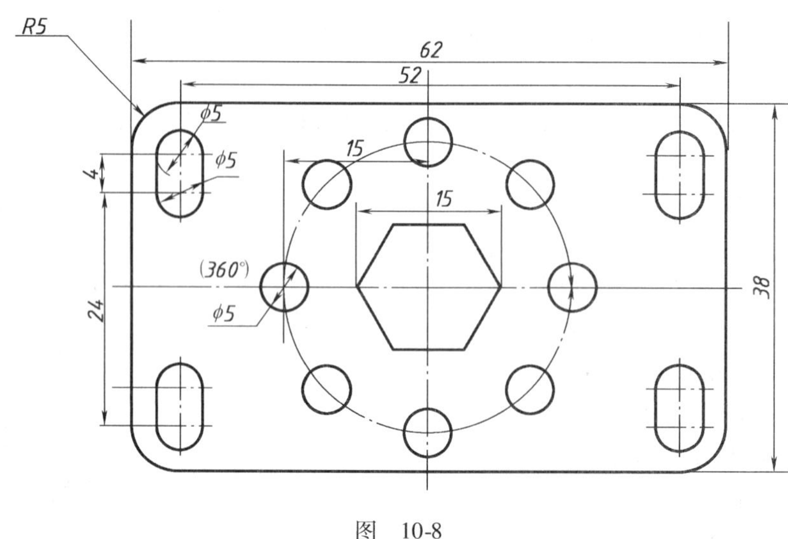

图 10-8

(3) 绘制圆角。利用“草图”工具面板上的“圆角”命令将其圆角半径设置为 5，分别单击圆角的两边，完成圆角的创建。

(4) 绘制圆槽。以圆角的圆心为圆心、5 为直径绘制一个圆，并将该圆的中心向下偏移 4，再绘制一个直径为 5 的圆，作两圆的公切线，修剪多余的线段，完成圆槽的绘制。

(5) 矩形阵列圆槽。单击“草图”工具面板上的“矩形阵列”按钮，首先，选中上一步建立的槽和它的中心线，然后在“矩形阵列”对话框中“方向 1”拾取矩形的水平线，输入距离 52（如果方向相反，单击“反向”按钮），“方向 2”拾取矩形的竖直线，输入距离 24（如果方向相反，单击“反向”按钮）。确认无误，单击“确定”按钮，完成圆槽阵列。

(6) 设置中心点。单击“草图”工具面板上的“点、中心点”命令，设置中心线的交点为中心点。

(7) 绘制正六边形。以上一步设置的中心点为中心，绘制正六边形，使用“通用尺寸”使该正六边形内接于一个 $\phi15$ 的圆。

(8) 绘制 $\phi5$ 的圆。将正六边形圆心向左偏移 15，作为圆心，绘制一个圆，使用“通用尺寸”将其约束为 $\phi5$。

(9) 环形阵列圆。利用“草图”工具面板上的“环形阵列”按钮，绘制 $8\times\phi5$ 环形阵列圆，并添加各个圆的中心线。

(10) 保存该文件。

10.3.2 特征的创建与编辑

10-3 创建轴类零件模型，按照标注的尺寸绘制，如图 10-9 所示。

【解题分析】

此例题是熟练运用 Inventor 各种零件的特征工具，运用“拉伸”、“旋转”等方法创建曲面立体。

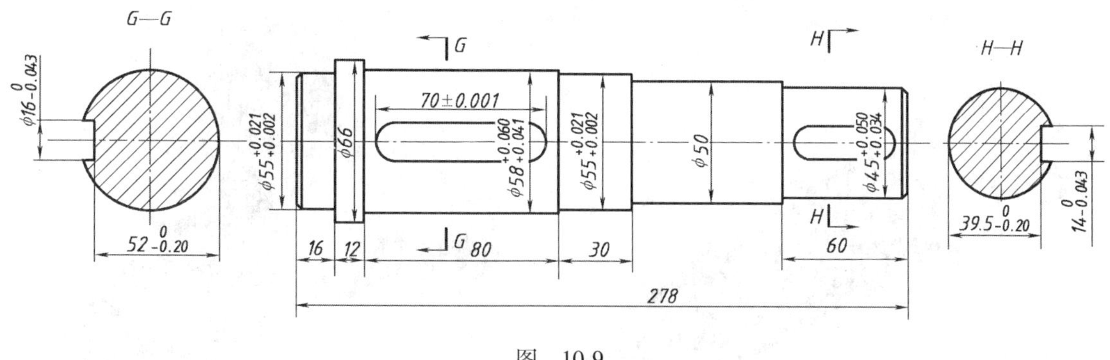

图 10-9

【作图步骤】

（1）启动 Inventor，选择“新建”→“默认”→“Standard. ipt”，单击“确定”按钮进入草图工作界面。

（2）绘制中心线。单击“中心线”和“直线”命令，绘制一条水平中心线。

（3）绘制外形线。在水平中心线上方，按照题目提供的尺寸，运用“草图”工具面板上的“直线”命令勾画出轴的半边外形。

（4）约束尺寸。运用“草图”工具面板上的“通用尺寸”命令，按照提供的尺寸，将轴的外形线约束至要求的尺寸。

（5）修剪外形线。运用“草图”工具面板上的“修剪”命令，将多余的外形线修剪掉。

（6）结束草图绘制。单击右键，在快捷菜单中选择“结束草图”命令。

（7）旋转。单击“零件特征”工具面板中的旋转按钮，自动将草图生成绕中心线旋转的实体预览。单击“确定”完成轴零件的造型。

（8）倒角。使用“零件特征”工具面板中的“等距”倒角，拾取倒角的边，倒角距离设为 3，单击“确定”完成倒角。

（9）创建工作平面。首先，设置工作平面，将 *XZ* 平面通过捕捉的方式移到 ϕ45 的圆柱表面。

（10）绘制右边键槽草图面。以该工作面为草图面，创建草图。首先将圆柱 ϕ45 的面投影到草图面上，然后根据投影面定位，绘制键槽的外形，约束尺寸后结束草图。

（11）拉伸切除右键槽。使用“零件特征”工具面板的“拉伸”命令，选择“差”方式，生成键槽，深度为 5. 5。

（12）绘制左边键槽草图面。以该工作面为草图面，创建草图。首先将圆柱 ϕ58 的面投影到草图面上，然后根据投影面定位，绘制键槽的外形，约束尺寸后结束草图。

（13）拉伸切除左键槽。使用“零件特征”工具面板的“拉伸”命令，选择“差”方式，生成键槽，深度为 6。

（14）在浏览器中，右键单击步骤（9）创建的工作平面，在弹出的快捷菜单中，将其“可见性”去掉，则完成轴类零件的创建，保存该文件。立体如 10-10 所示。

10-4　绘制如图 10-11 所示的组合体，尺寸自拟。

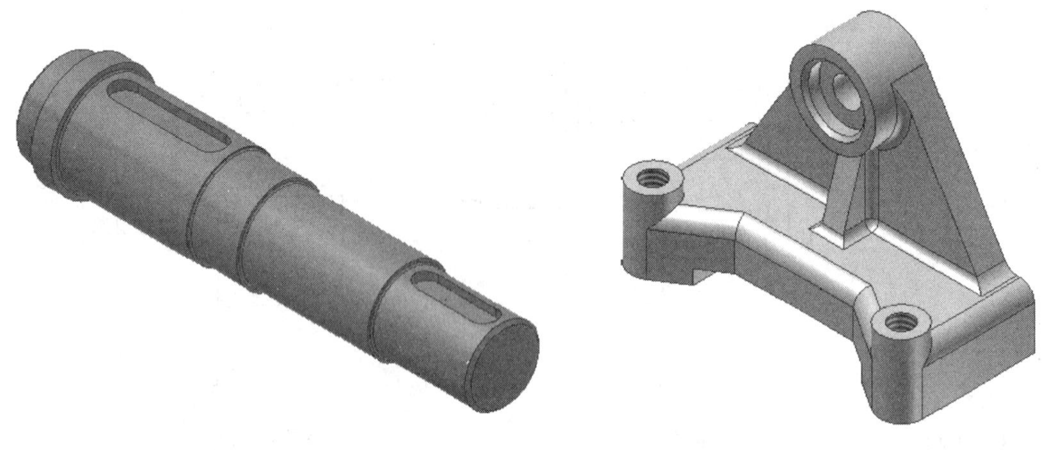

图 10-10　　图 10-11

【解题分析】

此例题主要是熟悉 Inventor 三维建模的基本方法，包括掌握草图的绘制、熟悉“拉伸”、“圆角”、“倒角”等命令以及创建加强筋、沉头孔、螺纹孔等内容。

【作图步骤】

（1）启动 Inventor，选择“新建”→“默认”→“Standard. ipt”，单击“确定”按钮进入草图工作界面。

（2）绘制草图。运用“直线”、“圆角”和“镜像”命令，绘制底板的草图。

（3）拉伸。拉伸基本草图。

（4）新建草图。选定拉伸零件的顶面，按快捷键 <S>，使用“新建草图”命令和“投影几何图元”命令对两个圆弧的角进行投影，绘制同样的圆，这两个圆与圆角同心且等半径。

（5）将这两个圆拉伸。

（6）拉伸切除。在底面新建一个草图，并使用“拉伸切除”命令，在底面“铣”出一个凹槽。

（7）在零件的背面新建一草图面，运用“投影几何图元”、“直线”、“圆角”等命令，并绘制背板，该背板相对于零件中心对称。使用“拉伸”命令拉伸后的草图。

（8）以新建的背板为草图面，使用“投影几何图元”命令确定该圆弧的圆心，绘制一个等半径的圆并拉伸。

（9）打沉头孔。运用“同心”命令确定孔的圆心。确定圆心时，首先在孔所在的平面上单击，然后单击圆柱面即可确定。在“打孔”对话框中的“孔口类型”选择“沉头孔”，输入孔的尺寸，终止方式选择“贯通”即可。此时，零件上能够预览生成孔的形状。单击“确定”按钮完成沉头孔特征的创建。

（10）添加加强筋。以该零件的镜像面为草图面，勾画出筋板的外形，利用“零件特征”工具面板中的“加强筋”命令，创建筋板，拾取草图面中筋板的外形轮廓，将以高亮显示，单击“确定”完成筋板的创建。

（11）打螺纹孔。同样运用“同心”命令来确定孔的圆心。在“打孔”对话框中选择“直孔”，输入孔的尺寸，终止方式选择“贯通”即可。“孔类型”选择“螺纹孔”，选择“GB Metric Profile”，输入螺纹孔大小，创建 M3 大小的螺纹孔。此时，零件上能够预览生成孔的形状，单击“确定”，完成直孔特征的创建。运用同样的方法，完成两个直孔的创建。

（12）倒圆角。运用“倒圆角”命令，拾取圆角所在的边并输入圆角半径，绘制圆角。选择边后马上就能看到预览。单击“倒圆角”对话框的“确定”按钮完成倒圆角操作。重复几次，完成所有不同倒圆角半径的圆角。

（13）倒角。将沉头孔倒角，运用“倒角”命令，拾取沉头孔的外圆轮廓，以高亮显示，在“倒角”对话框中选择“等距离”倒角方式，并输入距离，单击“确定”，完成倒角。

（14）保存。完成组合体绘制，保存文件。

10.3.3　部件装配

10-5　利用图 10-12 给定创建好的零件装配出自适应剪刀。

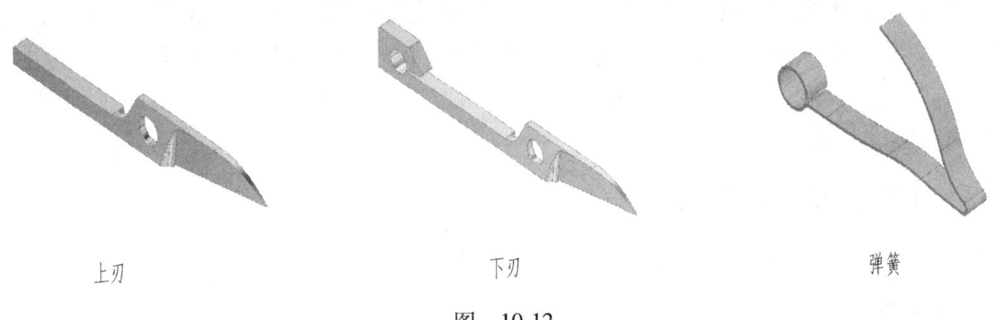

图　10-12

【解题分析】

在 Inventor 中，可以将现有的零部件按一定约束条件装配成一个部件，同时这个部件也可以作为子部件装配到其他的部件中，最后零件和子部件构成一个符合设计构想的整体部件。启动 Inventor，在新建文件选项中选择部件，进入 Inventor 的部件环境。

【作图步骤】

（1）选择【部件面板】上的【装入零部件】工具按钮，弹出对话框，选择上刃打开，将该零件添加到部件文件中。

（2）将上刃和下刃装配在一起。选择【部件面板】上的【添加约束】工具按钮，则打开【添加装配约束】对话框，选择【插入】装配约束，选择默认的 0mm 偏移量，单击【确定】完成装配。

（3）进行弹簧的装配，首先装配弹簧的一端，选择【部件面板】上的【添加约束】工具按钮，则打开【添加装配约束】对话框，选择【插入】装配约束，将弹簧的一端卡入下刃零件的对应孔中，单击【确定】完成装配。

（4）固定弹簧。此时弹簧可随意被鼠标拖动而转动，且与下刃之间可能发生干涉，所以必须将弹簧固定在一个正确位置。选择【约束】工具，打开【放置约束】对话框，选择【对准角度】装配约束，单击【确定】完成装配。

（5）弹簧另一端的安装。选择【约束】工具，打开【放置约束】对话框，选择【相切】装配约束，选择剪刀上刃体的装配表面和弹簧的一个相切表面作为装配选择元素，并进行相关设置，单击【确定】完成装配。装配好的图形如图 10-13 所示。

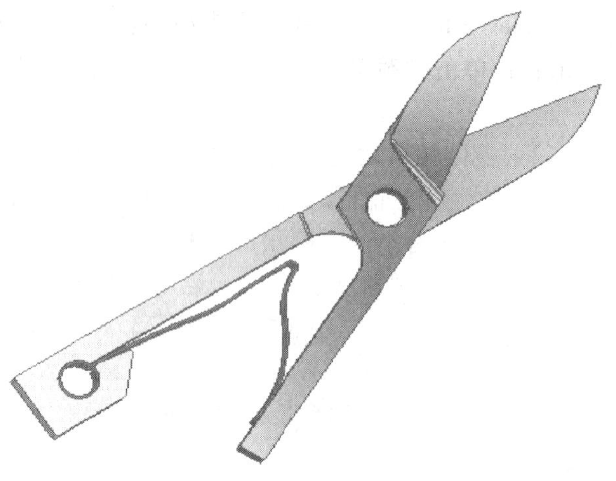

图 10-13

（6）设置弹簧为自适应。在浏览器中选择弹簧，单击右键，选择打开菜单中的【自适应】选项，则弹簧变为自适应零件。

（7）观察弹簧自适应效果。选择【约束】工具，打开【放置约束】对话框，选择【对准角度】装配约束，单击【确定】完成装配约束添加。在浏览器中选择【对准角度】装配约束，单击右键，选择打开菜单中的【驱动约束】，打开【驱动约束】对话框，设定起始位置和终止位置为 20°和 45°，单击【正向】开始播放，则可以看到弹簧随着剪刀张开角度变化而变化的动态过程。

10.3.4 工程图和表达视图

10-6 将例题 10-3 所绘制的传动轴生成零件图。

【解题分析】

Inventor 可以自动由三维零部件生成二维工程图，而且，由实体生成的二维图也是参数化的，在 Inventor 中，可以通过自带的文件模板来快捷地创建工程图。

【作图步骤】

（1）选择菜单【文件】中的【新建】选项，在打开的【新建文件—选择一个模板来创建新文件】对话框中，选择【默认】选项的【Standard. idw】选项来使用默认模板新建一个工程图文件。

（2）创建传动轴的基本视图。选择【工程图视图面板】上的【基础视图】按钮，则打开【工程视图】对话框，在【文件】选项中选择传动轴零件文件，在【方向】选项中选择【主视图】方向，当【工程视图】中所有的参数都已经设定完毕以后，单击【确定】按钮完成基础视图的创建。

（3）创建剖视图，用于表达键槽的深度。选择【工程图视图面板】上的【剖视图】工具按钮，选择刚才创建的主视图，然后在键槽长度的大约一半处绘制一条竖直的直线作为剖切线，接着绘制一条水平向右的直线作为投影方向线。单击右键在打开菜单中选择【继续】选项，此时打开【剖视图】对话框，设置视图名称、比例、显示方式等参数，在确定好视图位置以后，单击左键或者单击【剖视图】对话框中的【确定】按钮完成剖视图的创建。

（4）尺寸标注。通过【工程图标注面板】上的【通用尺寸】工具按钮，依次选择几何图元的组成要素标注长度、直径及半径等。需要编辑的尺寸，双击该尺寸，弹出编辑尺寸对话框，修改精度及添加偏差值。

（5）技术要求标注。使用【工程图标注面板】上的【表面粗糙度符号】工具来为零件表面添加表面粗糙度要求；使用【工程图标注面板】上的【几何公差符号】按钮创建几何公差；选择【工程图草图面板】上的【文本】或【指引线文本】工具按钮，然后在草图区域或者工程图区域双击鼠标打开【文本格式】对话框，设置好文本的特性、样式等参数后，在下面的文本框中输入要添加的文本。

（6）填写标题栏。使用【文本】工具进行标题栏填写。

（7）保存文件，如图 10-14 所示。

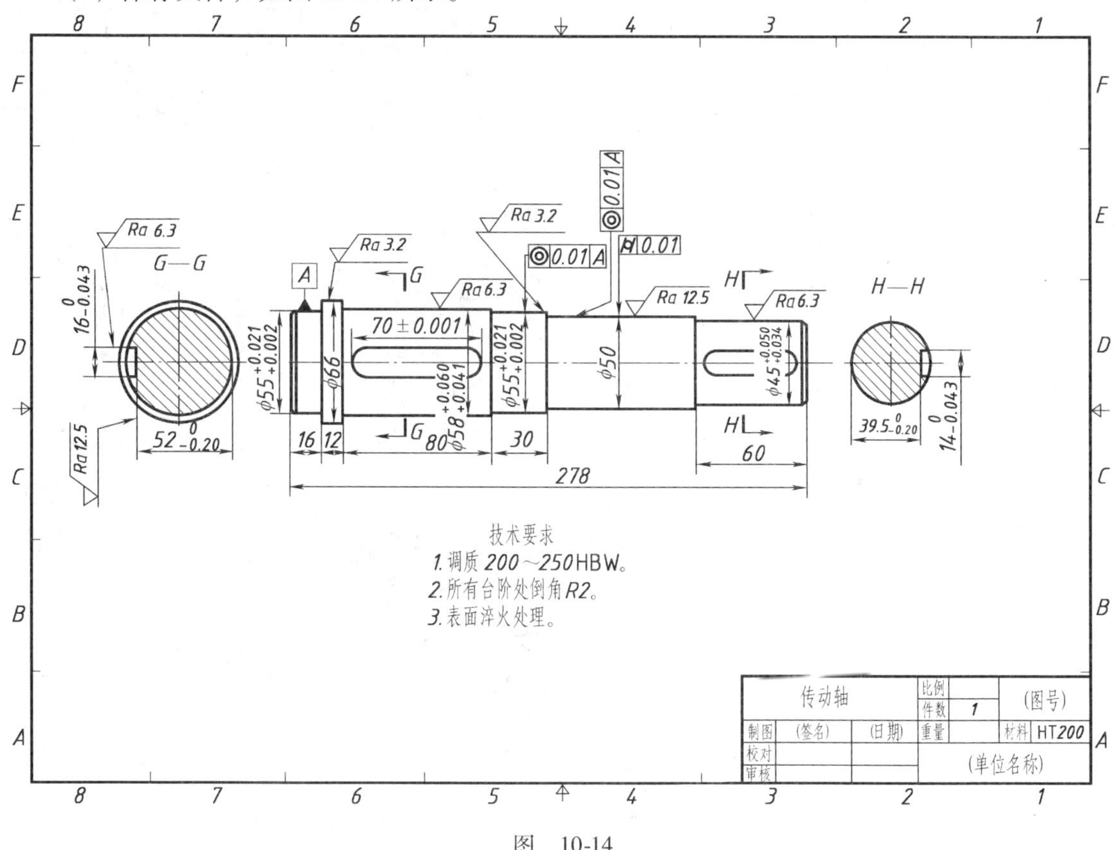

图　10-14

10.4　自测题

1. 在 Inventor 的草图环境下按照所给尺寸，绘制图 10-15 所示的草图。

2. 根据图 10-16 所示的轴测图，创建盖类零件模型，按照标注的尺寸绘制，并生成零件图。

3. 创建长为 60mm，宽为 40mm，厚度分别为 30mm、40mm 的两个长方体，并利用螺栓 GB/T 5782—M20 × 100，螺母　GB/T 6170—M20，垫圈　GB/T 97. 1—20 将其联接起来，将上述零件进行装配。

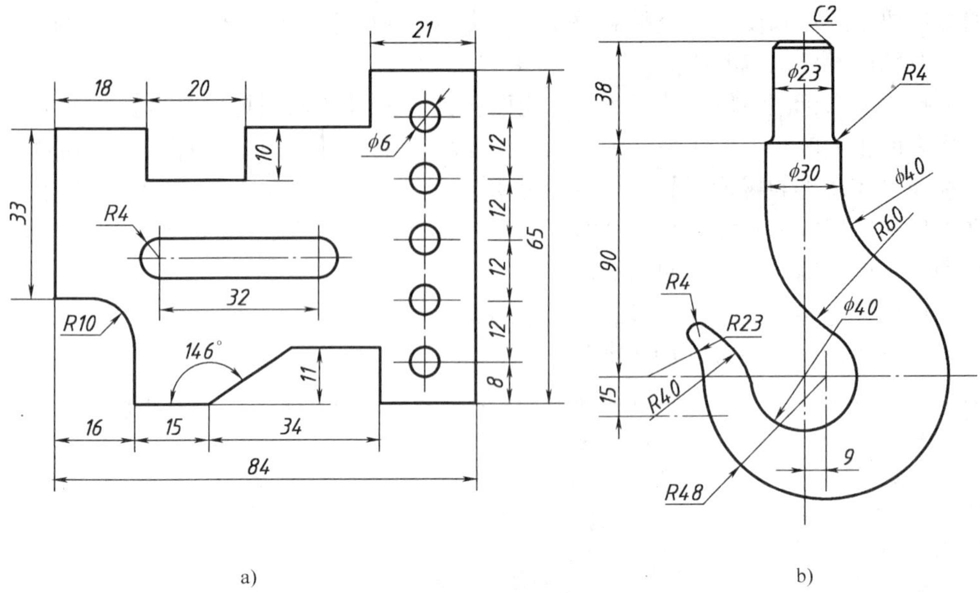

a) b)

图 10-15

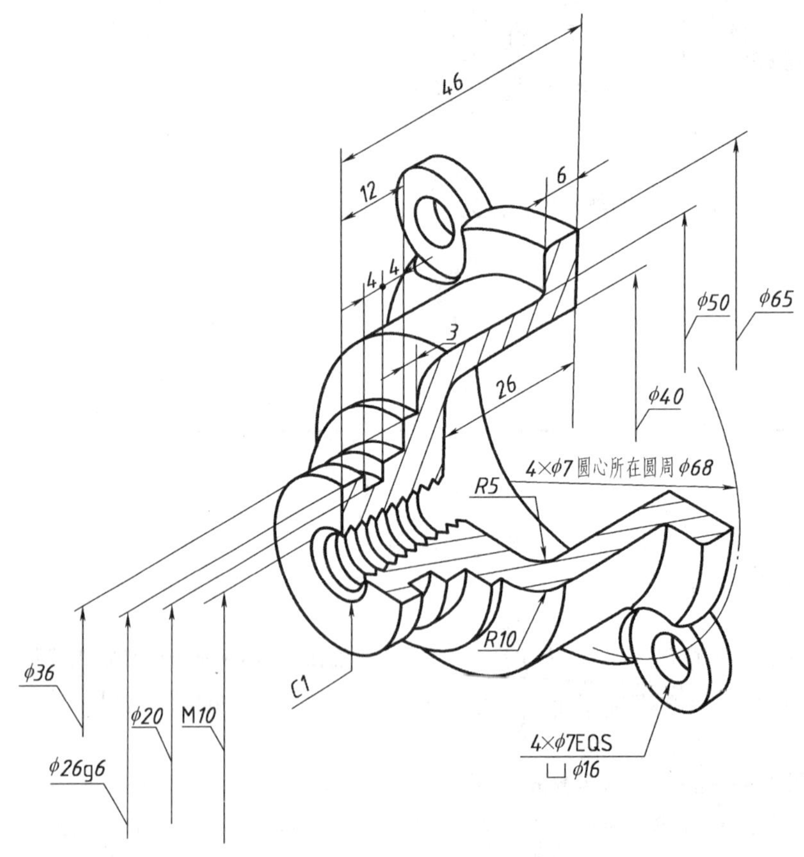

图 10-16

第 11 章　考题范例和试卷浅析

主要讲解了各种类型的工程图学考试试题。

11.1　工程图学试卷 A 与分析

11.1.1　试卷 A

1. 完成平面的侧面投影，并填空（10 分）

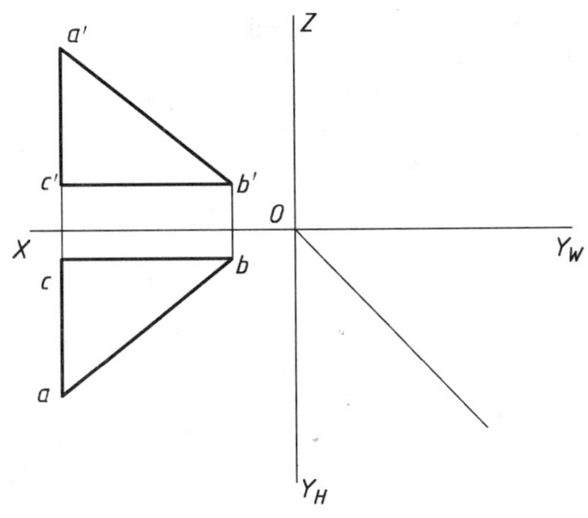

AB 是____线；*AC* 是____线；*BC* 是____线；*ABC* 是____面。

2. 已知直线 *DE* 在平面 *ABC* 上，求作 *DE* 的水平投影（10 分）

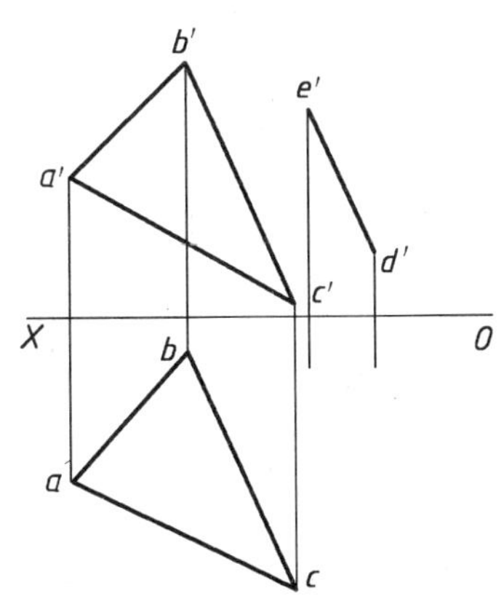

3. 求作两平面的交线，并判断可见性（8 分）

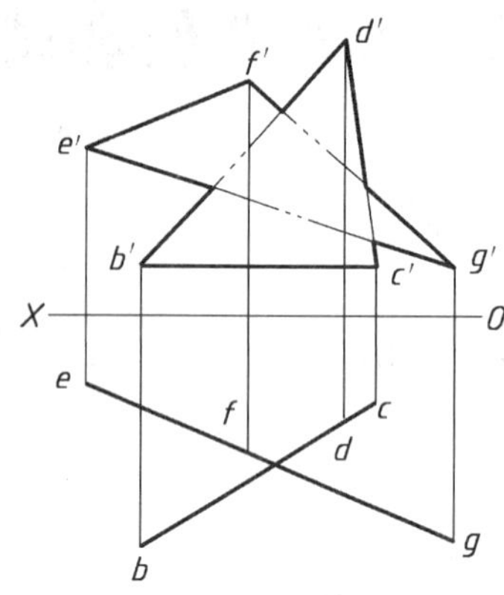

4. 求作 *A* 点到 *BC* 的距离（利用换面法作图）（12 分）

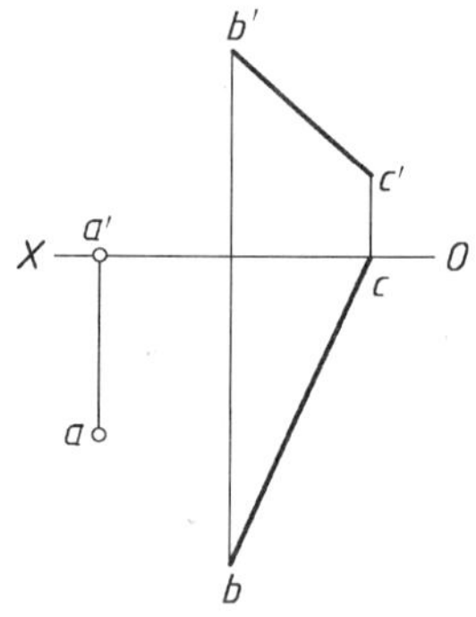

5. 补画出左、俯视图中的截交线（10 分）

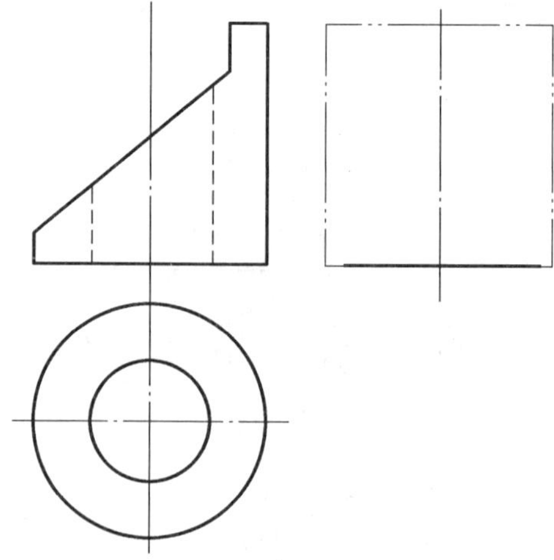

6. 补画组合体的俯视图（10 分）

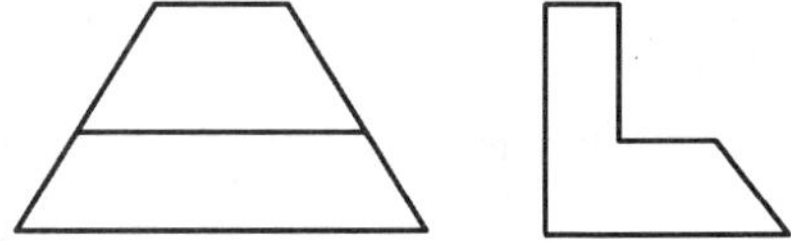

7. 画出斜支架的 *A* 向斜视图（8 分）

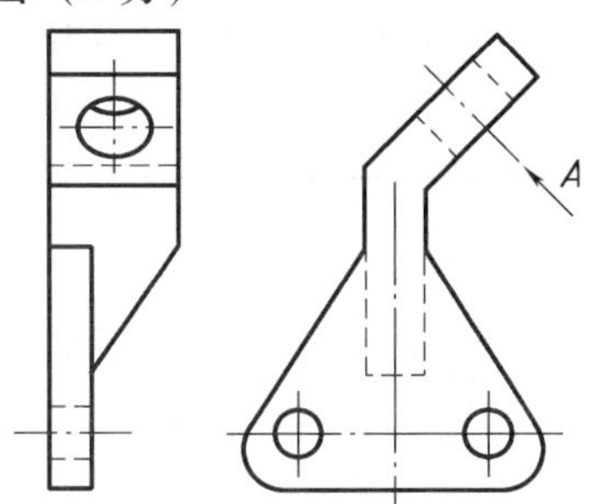

8. 补画主视图中的相贯线（10 分）

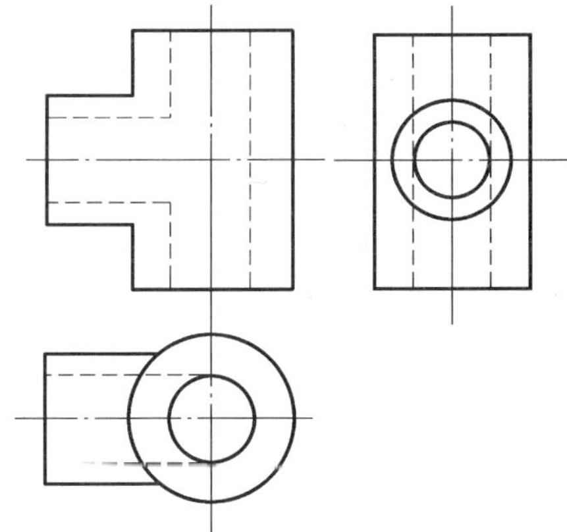

9. 补画图中的漏线（10 分）

（1）补画主视图中的漏线（6 分）

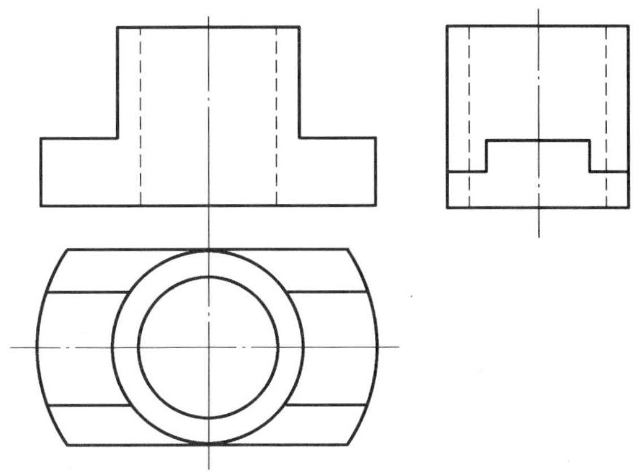

（2）补画主视图（全剖视图）中的漏线（4 分）

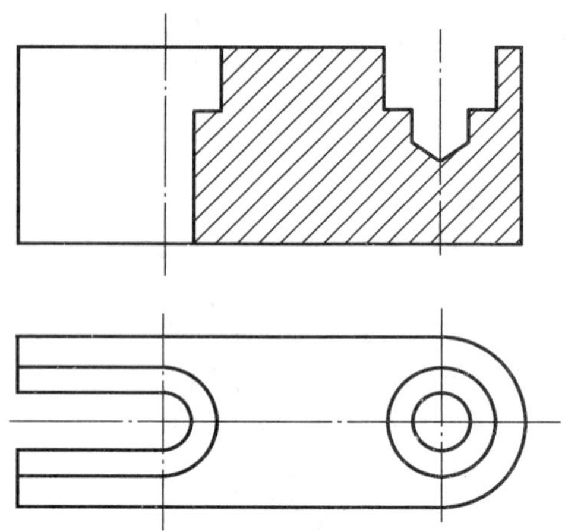

10. 在指定位置作 *A—A*、*B—B*、*C—C* 移出断面图（12 分）

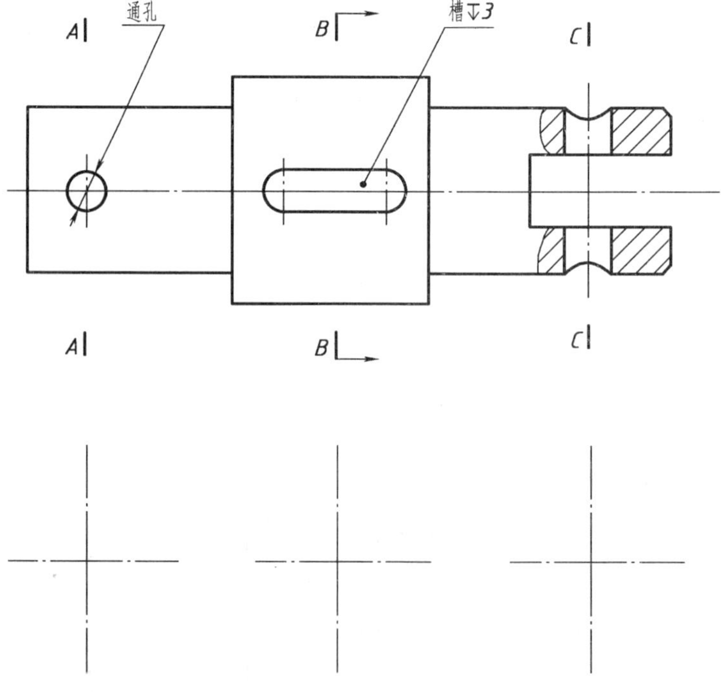

11.1.2 试卷 A 浅析

《现代机械工程图学》主要面向机械类工程和近机械类工程学生，学时数较多，因此一般分为两个学期进行。试卷 A 为第一学期的考查内容，试卷 B 为第二学期的考察内容。第一学期讲授的内容主要有：点、线、面的投影及相对应位置关系；立体的投影及截交线、相贯线的求法；机械制图国家标准基本规定；组合体的三视图；机件表达方法的部分内容等。

试卷 A 以点、线、面和基本体的投影图以及组合体三视图等内容为主。

点、线、面部分包括：线与线、线与面、面与面之间的相对位置关系的解释，求线面交点、面面交线等作图方法，平面的投影表示和作图方法，垂直问题的投影表达和作图特点以及运用换面法求解实型、距离、角度等。

基本立体的相贯、截交部分，突出以圆柱为主的各种相贯线、截交线的做法。组合体分切割、叠加两种组合方式。这一部分内容要求学生能绘制组合体的三视图，反过来要能根据组合体的三视图，想象出组合体的形状结构特点，即读懂形体。这是学习机件的表达方法、零件图和读零件图等后续内容的基础。补画第三个视图或补画三视图中漏画的图线，是学习和掌握组合体的绘制，读懂组合体三视图最常用的练习题型。尺寸标注也有个别题目涉及，同样需要读懂组合体视图。

11.1.3　试卷 A 参考答案

1. 完成平面的侧面投影，并填空（10 分）

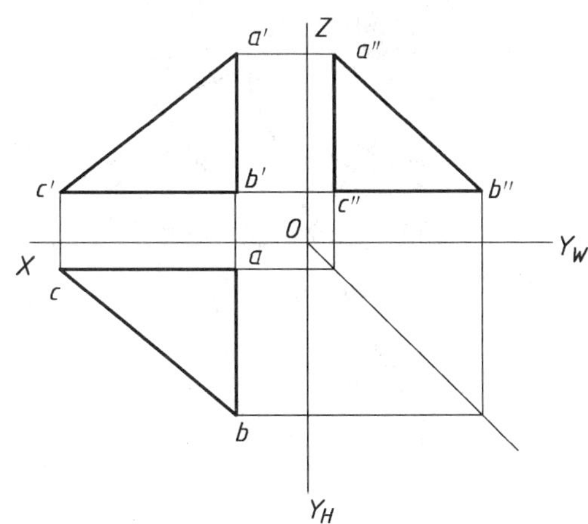

AB 是＿侧平＿线；*AC* 是＿正平＿线；*BC* 是＿水平＿线；*ABC* 是＿一般＿面。

2. 已知直线 *DE* 在平面 *ABC* 上，求作 *DE* 的水平投影（10 分）

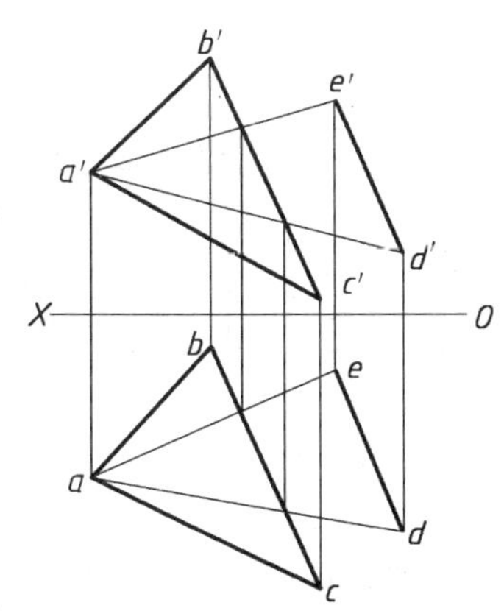

3. 求作两平面的交线，并判断可见性（8 分）

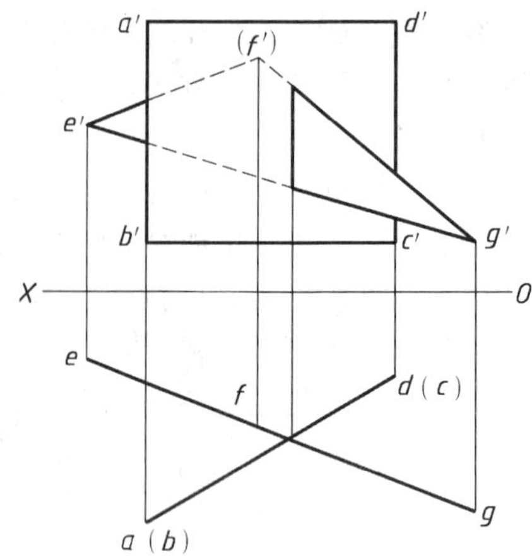

4. 求作 *A* 点到 *BC* 的距离（利用换面法作图）（12 分）

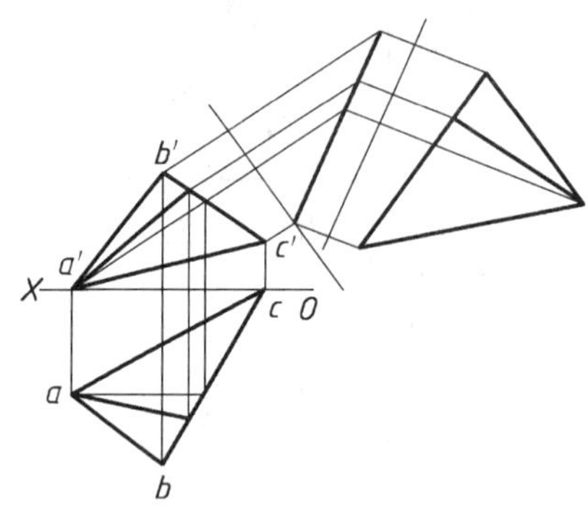

5. 补画出左、俯视图中的截交线（10 分）

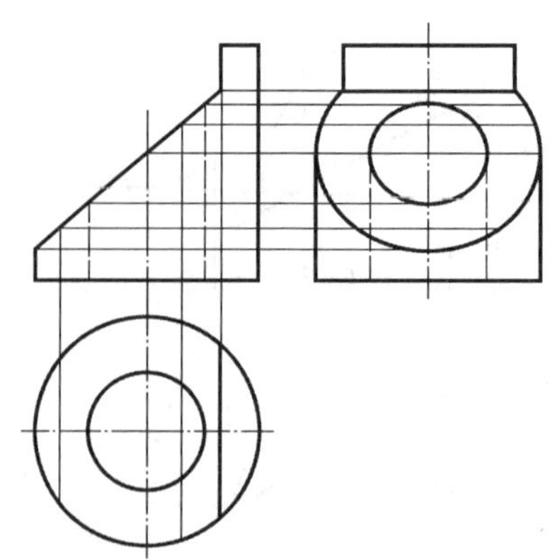

6. 补画组合体的俯视图（10 分）

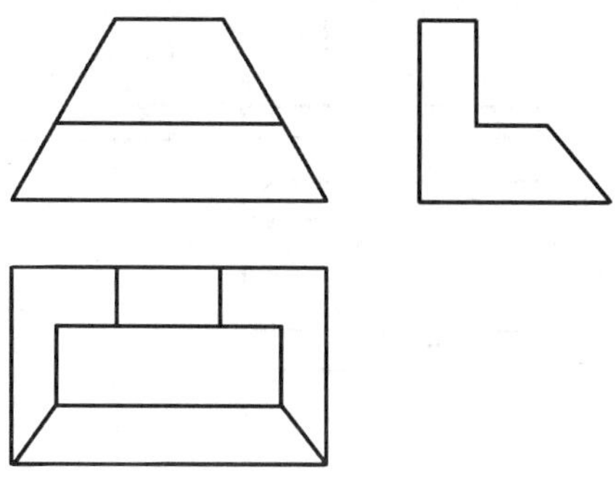

7. 画出斜支架的 *A* 向斜视图（8 分）

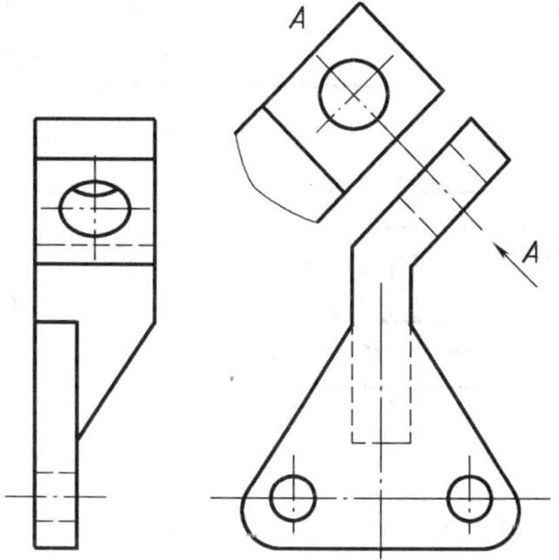

8. 补画主视图中的相贯线（10 分）

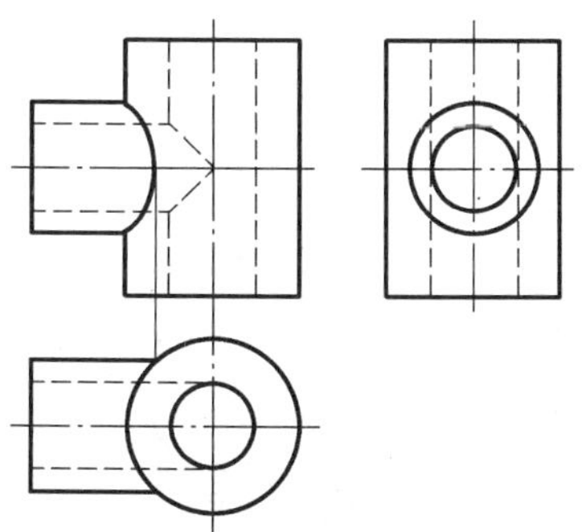

9. 补画图中的漏线（10 分）

（1）补画主视图中的漏线（6 分）

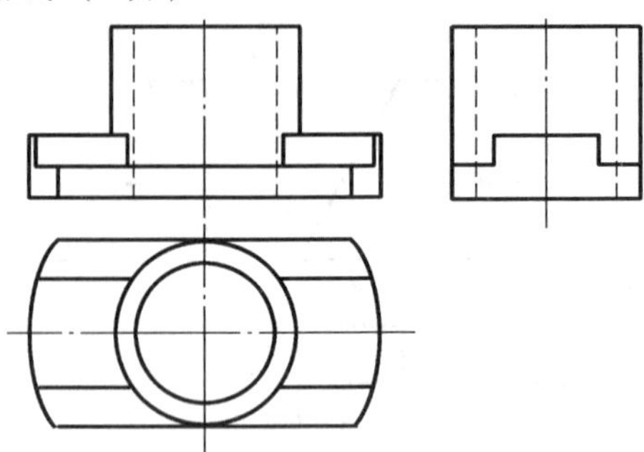

（2）补画主视图（全剖视图）中的漏线（4 分）

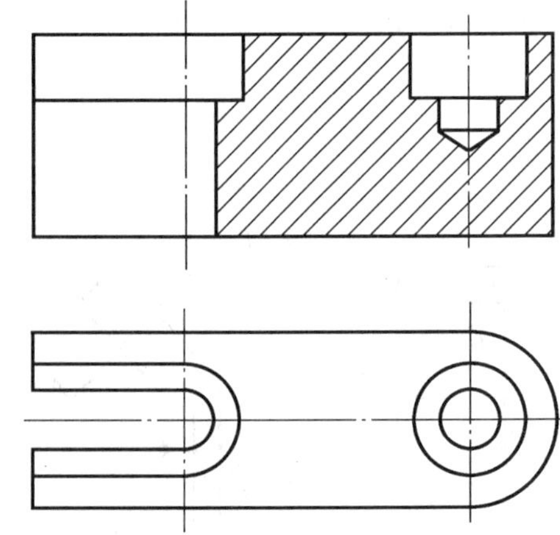

10. 在指定位置作 *A*—*A*、*B*—*B*、*C*—*C* 移出断面图（12 分）

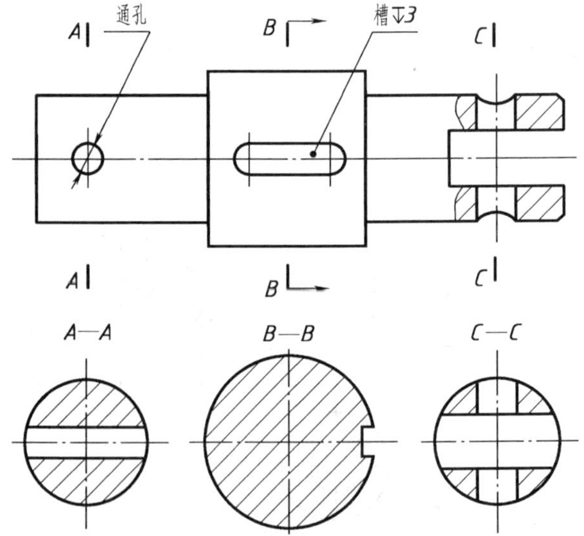

11.2　工程图学试卷 B 与分析

11.2.1　试卷 B

1. 按图中给定的剖切平面位置，在中间框图内重新画全 *A—A* 两平行平面的剖视图（10 分）

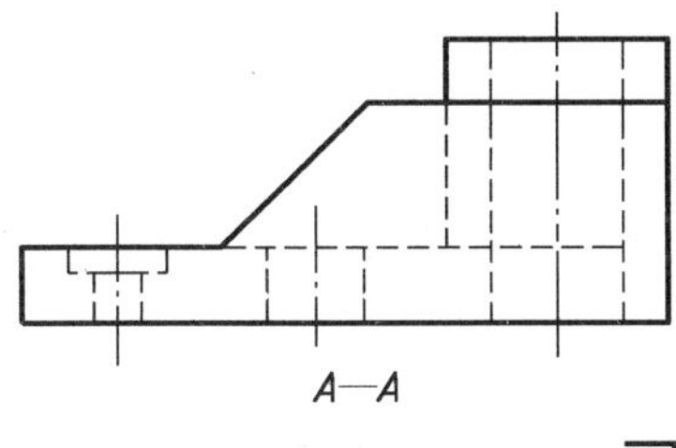

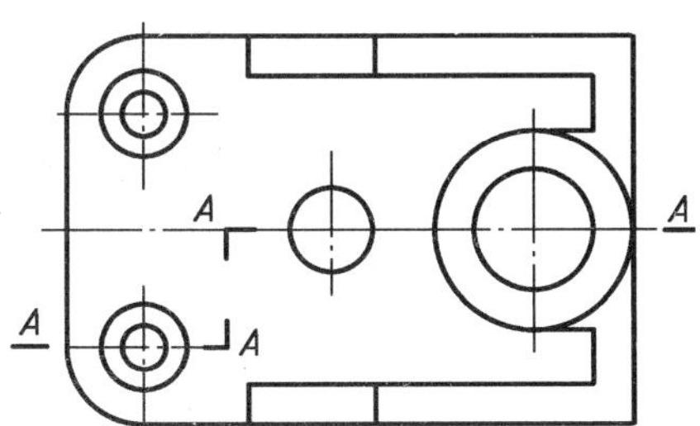

2. 作 *A—A*、*B—B* 断面图（10 分）

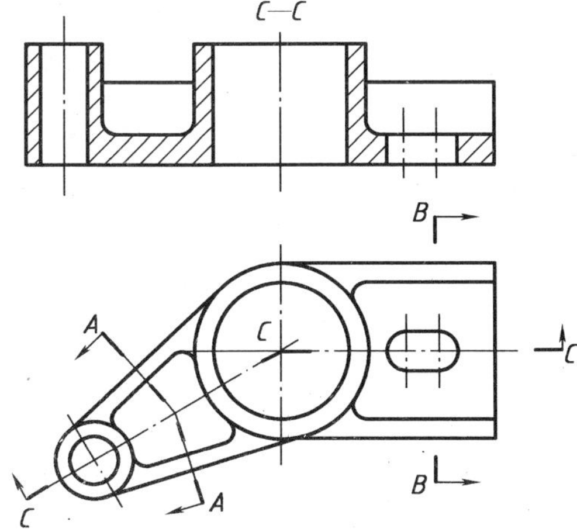

3. 图示为螺柱联接，零件 2 上螺孔深 25mm，孔深 30mm，完成联接后的主、俯视图（10 分）

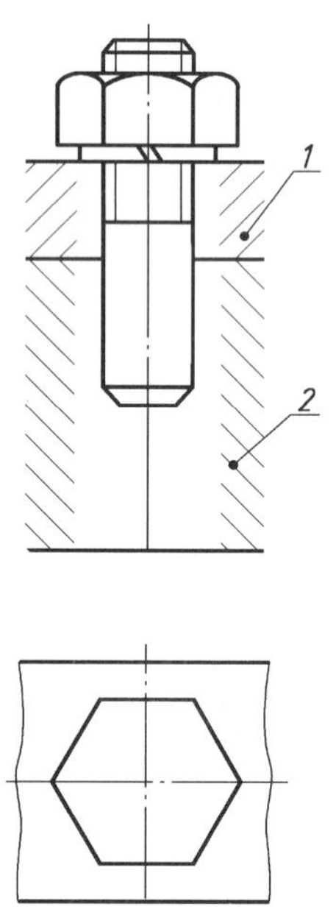

4. 改正下图中有关错误（不要的线打“×”，或用文字说明）（15 分）

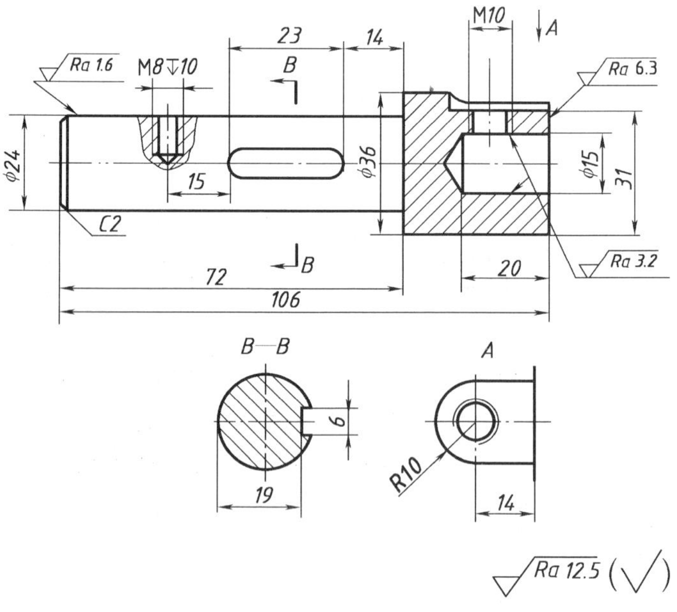

5. 下图中为键联接，键标记：GB/T 1096　键　5×5×16，在指定位置作出键联接的剖视图（6分）

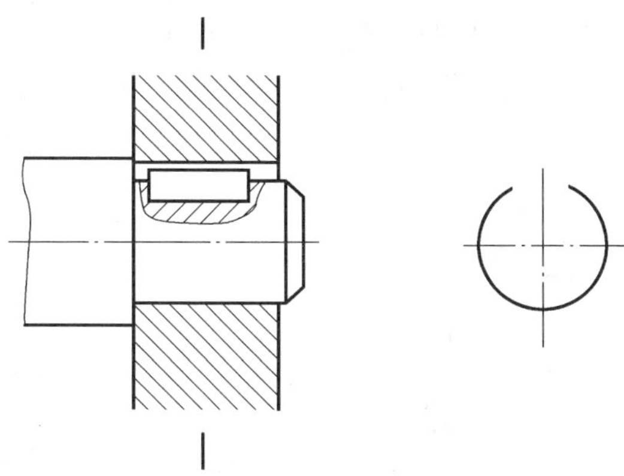

6. 看懂轴承座零件图，回答下面一些问题（25分）

（1）零件图中代号为2×M6↧10，其含义是________________。

（2）图中 $\phi20$ 圆柱孔的上极限尺寸是________，下极限偏差是________，公差是________。

（3）图中表面粗糙度要求最高的 *Ra* 值是________，要求最低的代号是________。

（4）图中 *R*3 圆孔的定位尺寸有________；________。

（5）在主视图中标有 a、b、c、d 四个面距观察者最近的面是________，距观察者最远的面是________。

（6）画出俯视图。

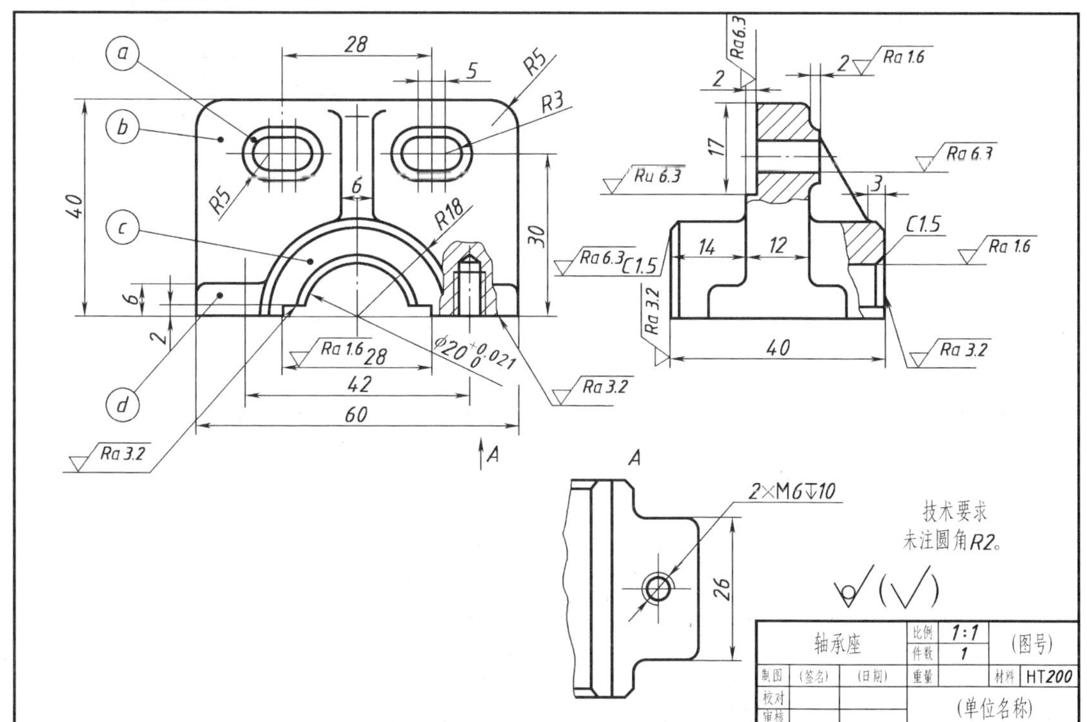

7. 看懂装配图，完成下列问题（24 分）

微动机构的工作原理：当转动手轮 1 时，通过紧定螺钉 2 带动螺杆 4 转动，螺杆因受轴套 3 限制不能作轴向移动，导杆（螺母）7 便可作轴向移动，且通过 M10 螺孔安装其他物体，同时带动其移动，螺钉 5 既可限制导杆转动，又可限制导杆在一定范围内轴向移动。

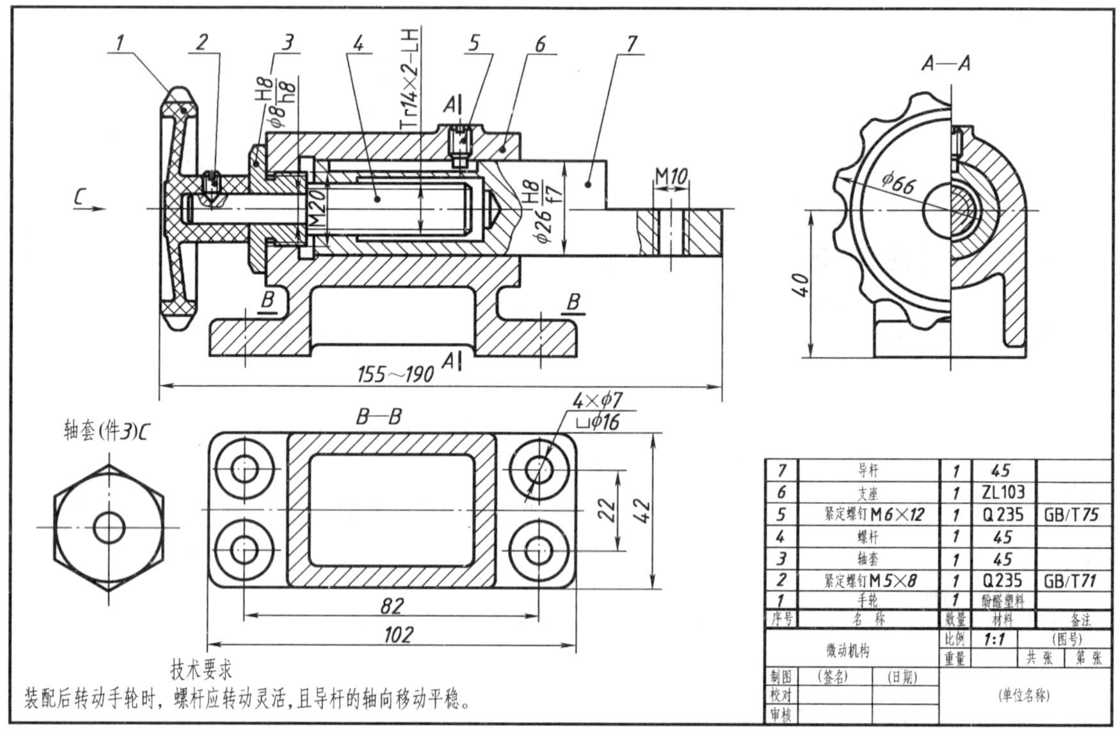

（1）简述该装配图的表达方法。

（2）零件 5 起什么作用？

（3）要安装该机器需买公称直径是多大的螺栓？

（4）写出拆卸零件 4 的步骤。

（5）ϕ26H8/f7 是基______制，__________配合。

（6）拆画零件 6 的零件图（注意：尺寸从图上直接量取，零件图只标注装配图已有的尺寸，不标注表面粗糙度）。

11.2.2　试卷 B 浅析

试卷 B 内容有：机件表达方法中单个、多个剖切面的剖切所得到的剖视图的画法、断面画法以及简化图的画法；螺纹联接件的连接画法；齿轮的参数的计算，单个齿轮的画法以及啮合画法；零件图和装配图的识读以及由装配图拆画零件图等。在零件图的读图中，要求能够想象出零件的形体，了解零件的结构特点，能找出尺寸基准和进行合理标注，并注写表面粗糙度，同时根据题目的要求画出该零件的其他视图。在装配图的识读中，必须了解装配体的工作原理，各零件的装配关系和装拆顺序，装配图的表达方法尤其是特有的表达方法以及各零件间的配合尺寸。在拆画零件图时，要能把零件从装配体中区分出来，并按照零件图的表达方法加以表达。标注该零件的尺寸时，会正确标上装配图上已有的和与标准件相关的各种尺寸，装配图中没有的其他尺寸会从图中量取并经比例变换，如实标注。

试卷 B 内容较多，主要是围绕国家标准规定的表达方法来出题，考题直截了当。有些题目可能结合平时作业中的问题，出一些画法和标注问题的错误改正题；本试卷出了一些选择题，将正确的和错误的画法混在一起，让考生选择。应试者除了要熟悉规定的画法、标注和有关概念之外，最主要的还是要能看得懂、想得出零件或装配体的形状，了解其结构特点，考试的重点、难点均在这里。作图时要能熟练地由图形想象出机件形状，再根据题意作出相应的解答。改错题和选择题中的问题并不复杂，但常被大家忽视，平时学习和作业时往往因为极其简单而没有真正掌握，或者根本就没有在意，甚至于作业中出现的错误，考试中同样出现。因此，考试是对大家学习态度、知识是否真正掌握等方面的综合检查，只有平时辛勤劳动，才能获得考试的丰硕成果。具体各题的求解，请结合前面各章的解题分析和作图步骤，自行练习。

11.2.3　试卷 B 参考答案

1. 按图中给定的剖切平面位置，在中间框图内重新画全 *A—A* 两平行平面的剖视图（10 分）

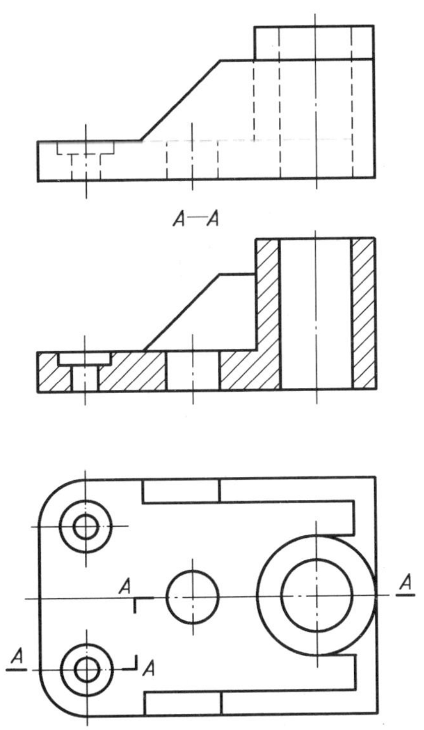

2. 作 ***A—A***、***B—B*** 断面图（10 分）

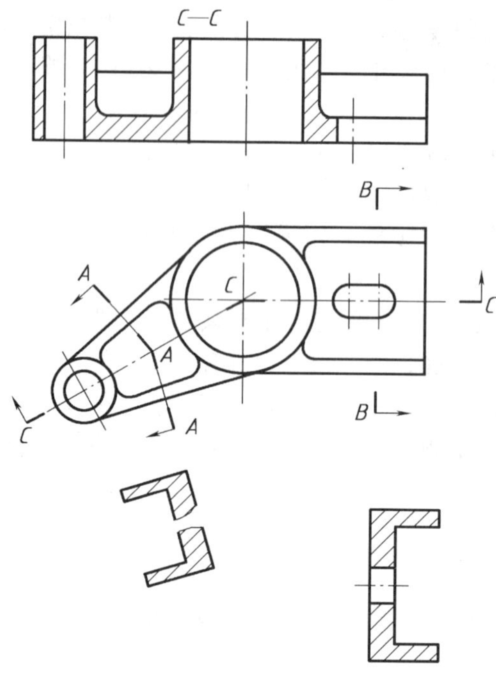

3. 图示为螺柱联接，零件 2 上螺孔深 25mm，孔深 30mm，完成联接后的主、俯视图（10 分）

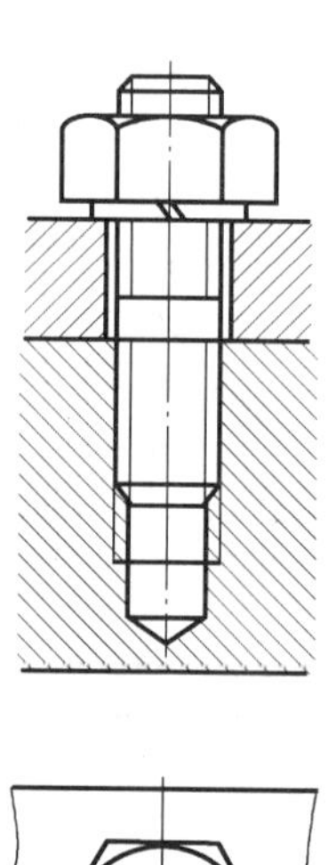

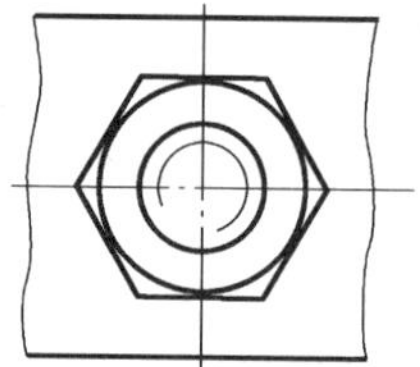

4. 改正下图中有关错误（不要的线打“×”，或做些文字说明）（15 分）

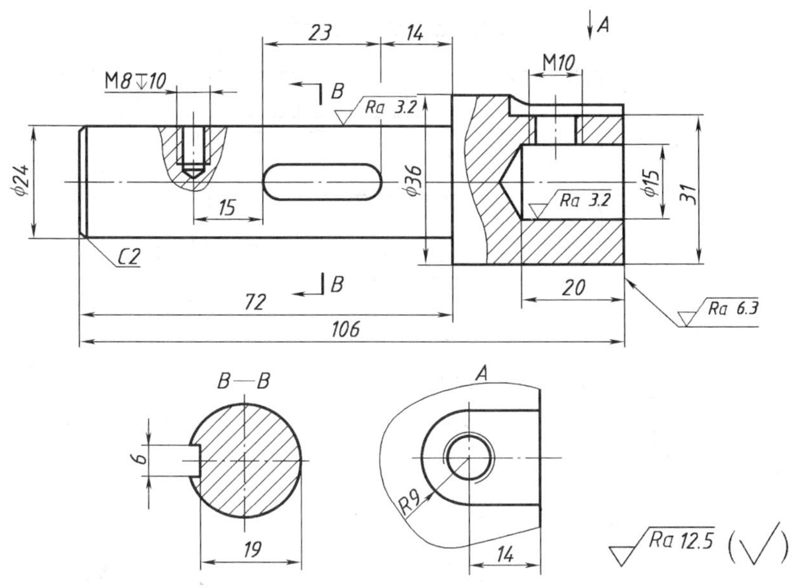

5. 下图中为键联接，键标记：GB/T 1096　键　5 × 5 × 16，在指定位置作出键联接的剖视图（6 分）

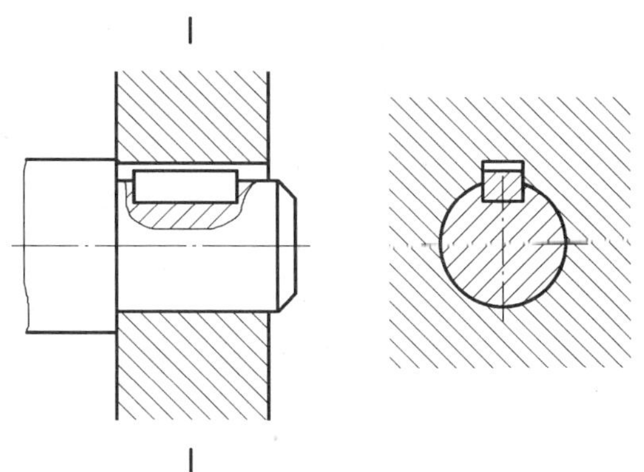

6. 看懂轴承座零件图，作出下面一些问题（25 分）

（1）零件图中代号为 2 × M6 ↧ 10，其含义是 2 个普通粗牙螺纹，公称直径为 6mm，深 10mm。

（2）图中 ϕ20 圆柱孔的上极限尺寸是 20.021mm，下极限偏差是 0，公差是 0.021mm。

（3）图中表面粗糙度要求最高的 *Ra* 值是 1.6，要求最低的代号是 √。

（4）图中 *R*3 圆孔的定位尺寸有 28mm；30mm。

（5）在主视图中标有 *a*、*b*、*c*、*d* 四个面距观察者最近的面是 *c*，距观察者最远的面是___b___。

（6）俯视图如下图所示。

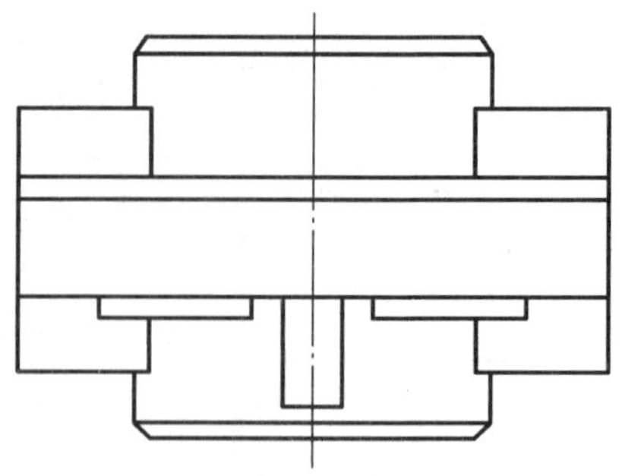

7. 看懂装配图，完成下列问题（24 分）

（1）采用 3 个视图外加一个单独零件的向视图来表达的，其中主、俯视图采用全剖，左视图采用半剖。

（2）零件 5 起导向和限位作用。

（3）4 × M6

（4）2—1—3—4。

（5）ϕ26H8/f7 是基___孔___制，___间隙___配合。

（6）零件 6 的零件图见下图所示。

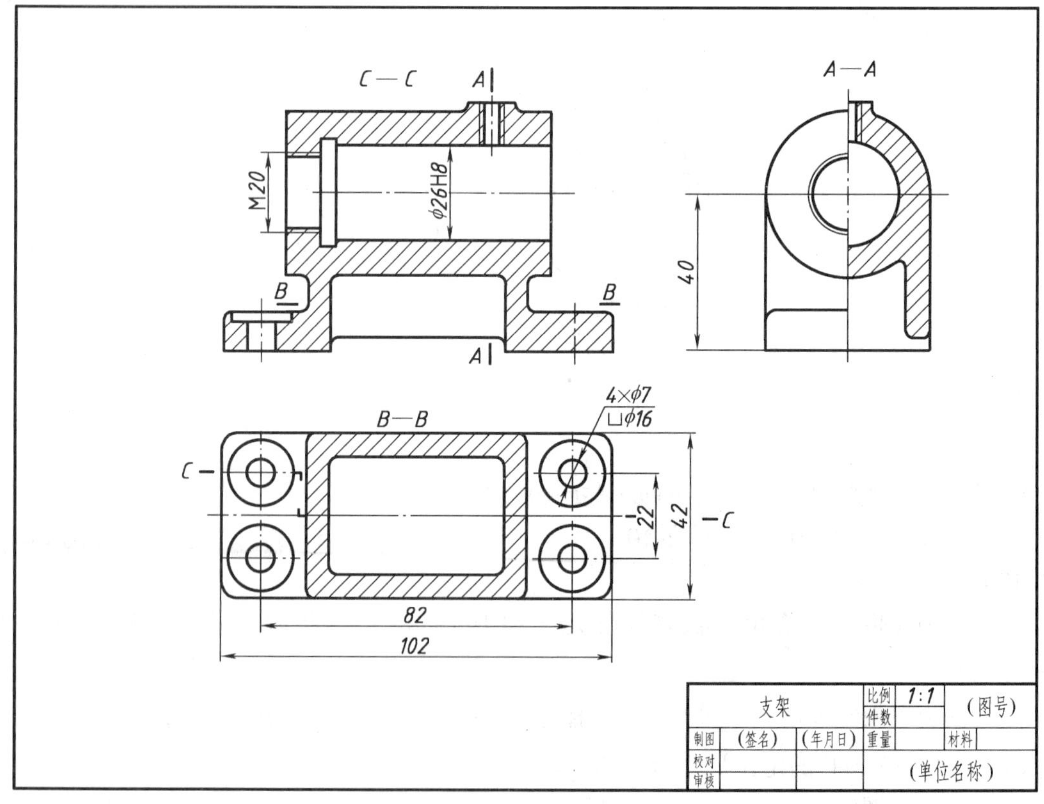

11.3　工程图学试卷C与分析

11.3.1　试卷C

1. 补全平面图形*ABCDE*的两面投影（6分）

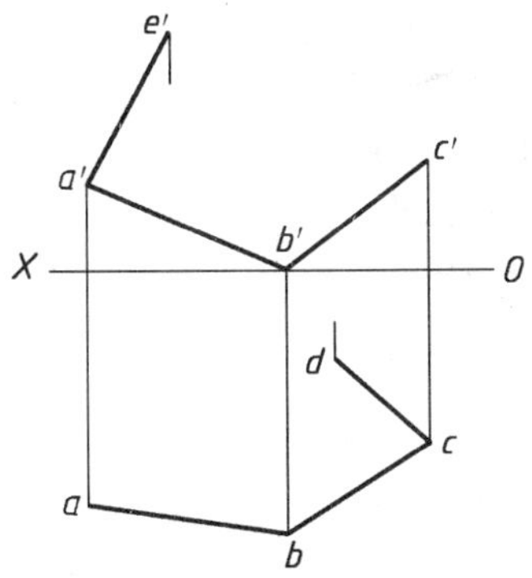

2. 求△*ABC*与四边形*DEFG*两平面的交线*MN*，并判断可见性（8分）

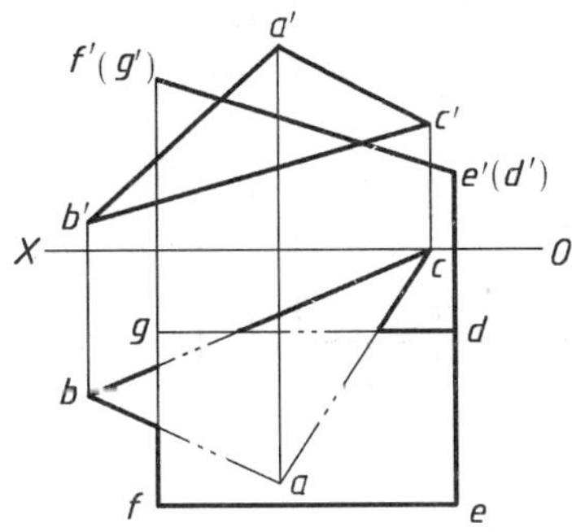

3. 补全带缺口圆柱被正垂面和水平面截切后的水平投影（10分）

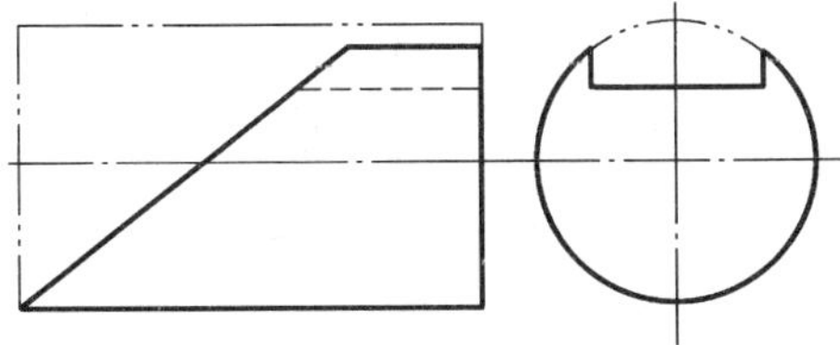

4. 分析图中的相贯，完成正面投影（8 分）

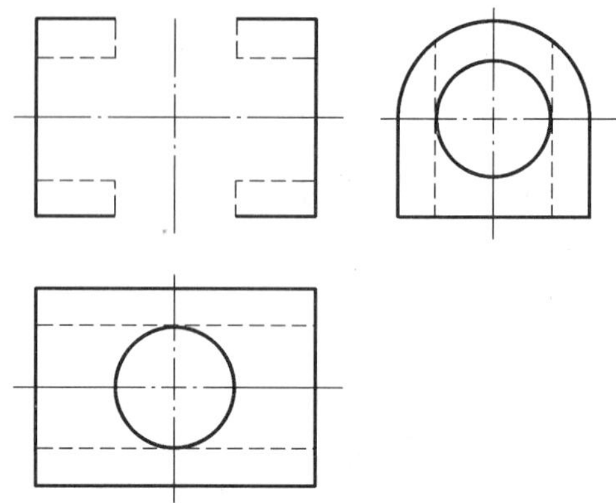

5. 补画组合体的左视图（10 分）

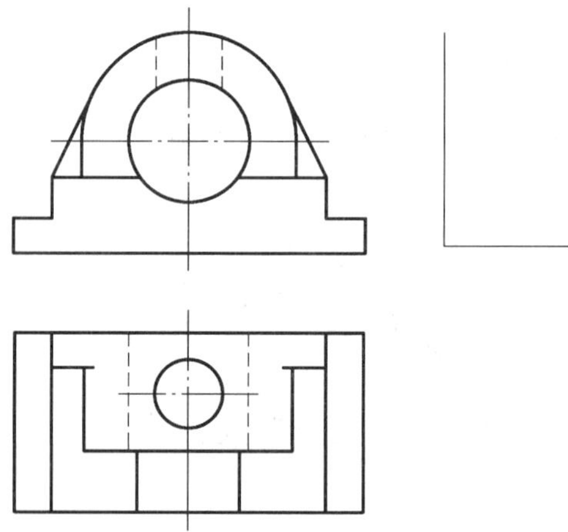

6. 补画组合体的俯视图（10 分）

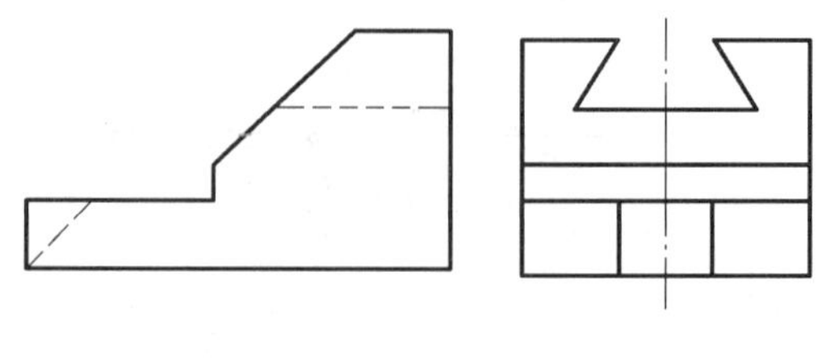

7. 看懂组合体的两视图，在指定位置将主视图改画成半剖视图，并补画出全剖左视图(12 分)

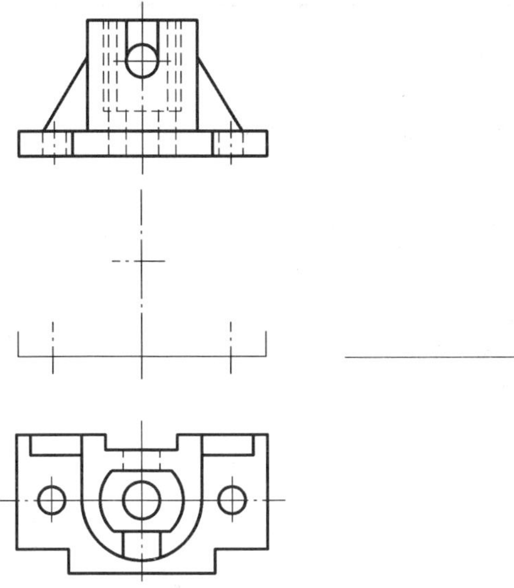

8. 在指定位置上作出 ***A—A***、***B—B*** 断面图（8 分）

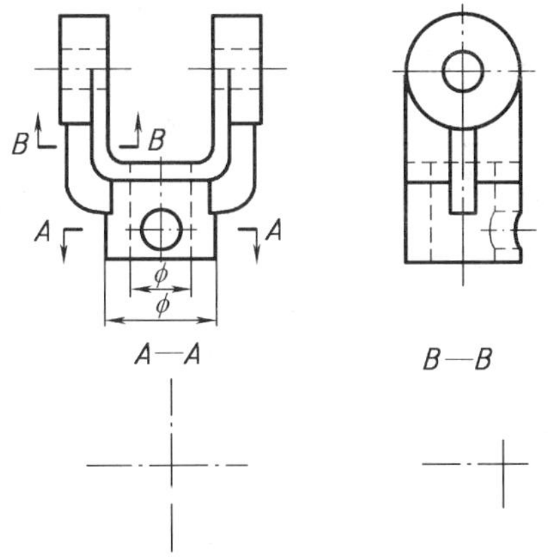

9. 用双头螺柱联接两个零件，画全其主视剖视图，并补画左视图中的漏线（左视图画外形图）（10 分）

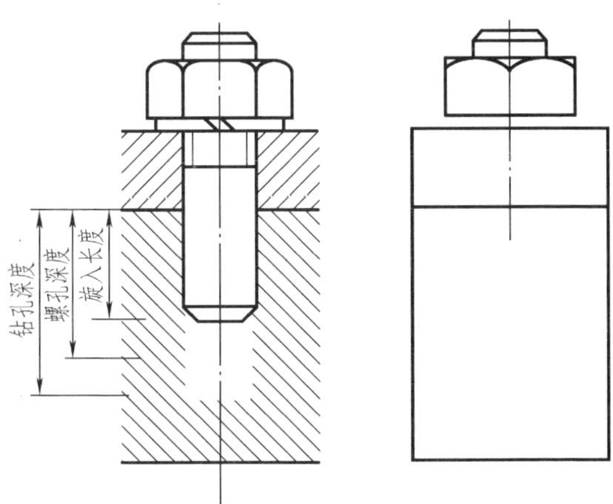

10. 读泵体的零件图（18 分）

（1）填空（8 分）

1）该零件图主视图采用了__________,俯视图采用了__________,A 为________视图。

2）该零件上 4 × ϕ7 孔的定位尺寸是________和________。

3）$\phi 27^{+0.039}_{0}$孔的公称尺寸是________，上极限尺寸是________，该孔的表面粗糙度是________。

（2）在指定的位置补画出左视外形图（10 分）

11.3.2 试卷 C 浅析

非机械类和电器类工程制图课程的要求是，学生通过学习本门课程能读懂各类零件图和一些简单的装配图，并能绘制中等复杂的零件图。因此，涉及面较广，但都为基本内容，考试围绕基本内容出题。主要有：

（1）点、直线、面和基本体部分。点、直线、平面、立体的投影表示，线、面相对位置（相交、平行）的表示和作图，换面法的应用，基本体被截切和两回转体相贯时截交线和相贯线的画法。

（2）组合体和表达方法部分。识读视图表达，要求补线、补图，掌握基本表达方法，作剖视图和断面图。

(3) 标准件和常用件部分。螺纹画法及标注，螺纹联接件的联接图画法，键的联接画法，齿轮的视图表达及啮合画法。

(4) 零件图和装配图部分。读懂零件图或简单的装配图，能回答零件图或装配图的表达方法，说明尺寸基准和进行尺寸标注，尺寸公差和配合尺寸的识读，表面粗糙度的标注等，要求能想象出零件的形体并画出该零件的任意一个视图，或在装配体上进行零件的装拆并能从装配体上拆画一个零件图。在众多的内容中，应抓住组合体读图这一重要和关键内容。组合体读图既是点、直线、面、体投影表示的延伸，又是机件表达，零件图、装配图读图的基础，是工程制图考试的重要内容。

作图时要理解题意,看懂题图,按题目要求逐步作图。在求解点、直线、平面各题时要注意投影对应关系准确,如 C 卷第 2 题,平面缺口的投影位置不能搞反;在进行截交线、相贯线的作图时,构成交线的各点要一一准确找出。组合体读图要理清图线、线框的对应关系,分清图线、线框所代表的不同形体或各不同表面,从而想象出形体的形状。机件表达重点在于剖视图的画法,除有关剖视图的概念、剖面线的画法、规定画法除外,基础知识仍然是组合体视图的识读。螺纹及其他标准件、常用件的绘制和标注,要遵循国家标准规定的方式进行。零件图或装配图的识读要有相关的知识作为基础。当然,改错题、选择题也会出现在试题中。

11.3.3　试卷 C 参考答案

1. 补全平面图形 *ABCDE* 的两面投影（6 分）

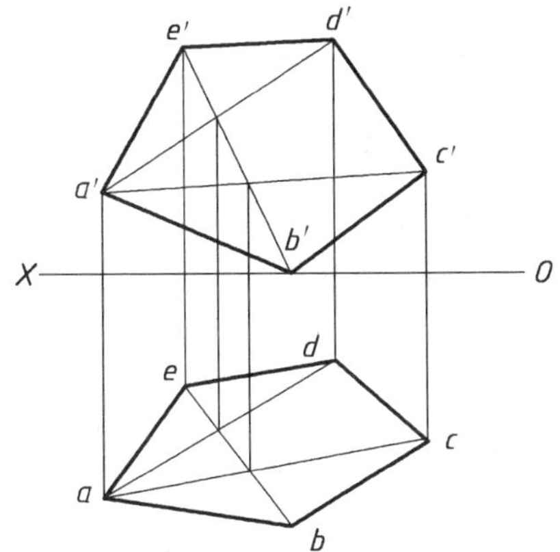

2. 求△*ABC* 与四边形 *DEFG* 两平面的交线 *MN*，并判断可见性（8 分）

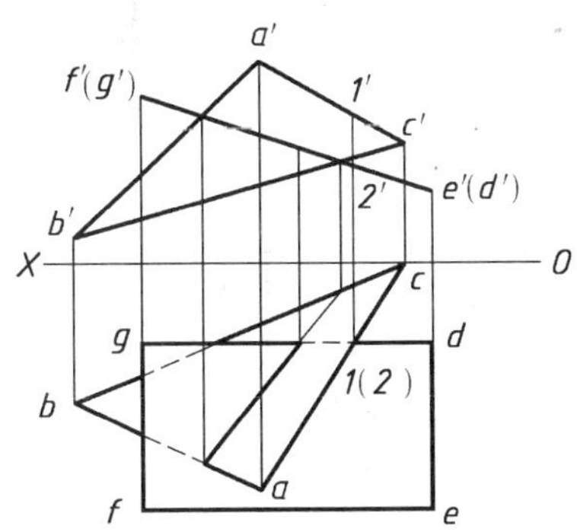

3. 补全带缺口圆柱被正垂面截切后的水平投影（10 分）

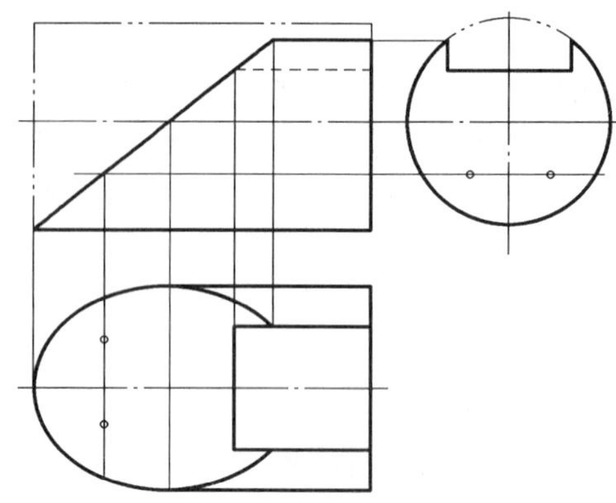

4. 分析图中的相贯，完成正面投影（8 分）

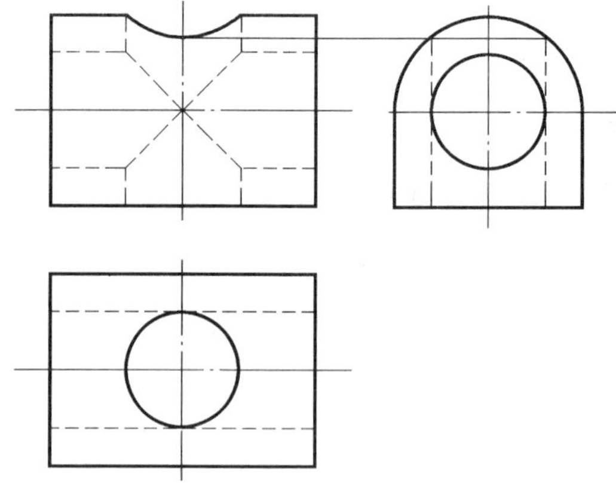

5. 补画组合体的左视图（10 分）

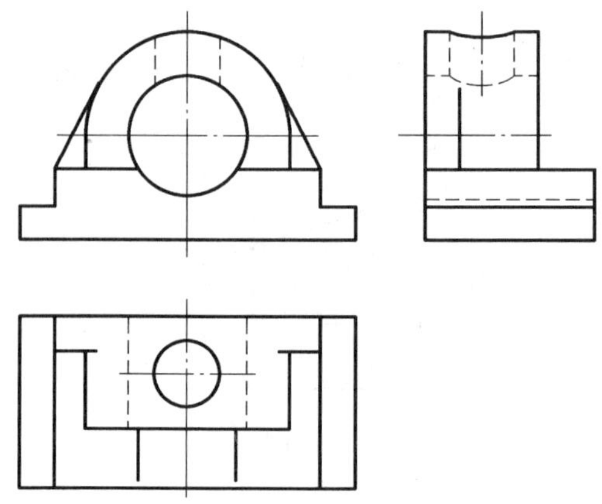

6. 补画组合体的俯视图（10 分）

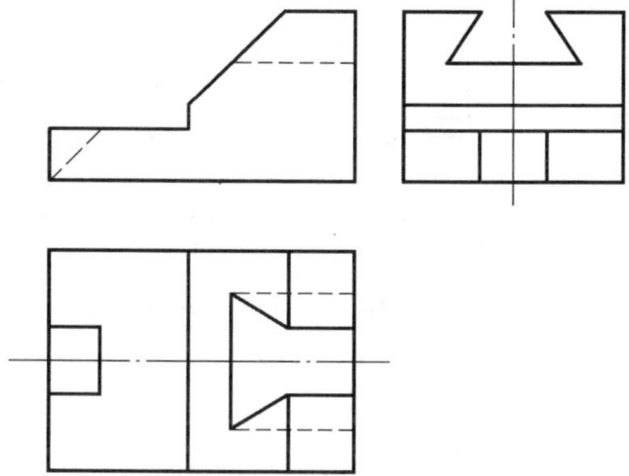

7. 看懂组合体的两视图，在指定位置将主视图改画成半剖视图，并补画出全剖左视图（12 分）

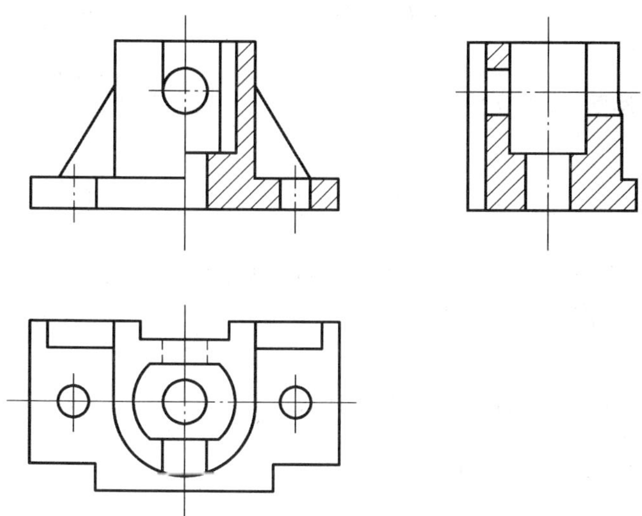

8. 在指定位置上作出 ***A—A***、***B—B*** 断面图（8 分）

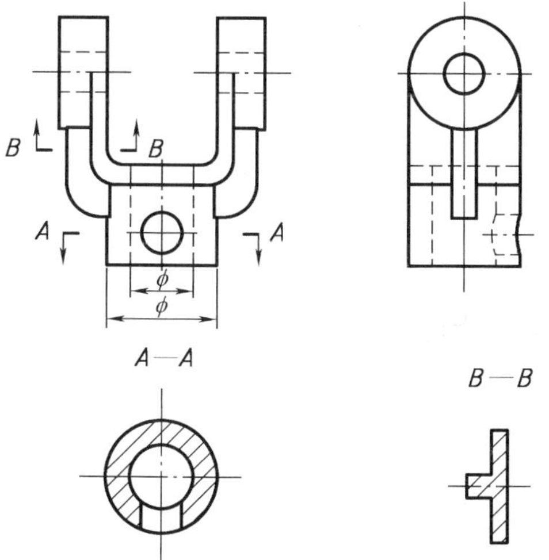

9. 用双头螺柱联接两个零件，画全其主视剖视图，并补画左视图中的漏线（左视图画外形图）（10 分）

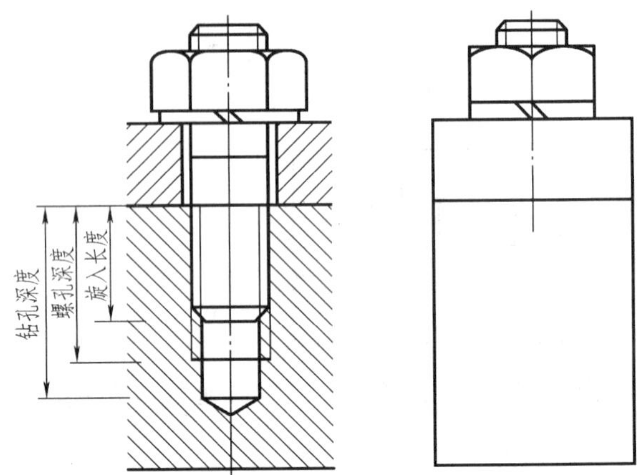

10. 读泵体的零件图（18 分）

（1）填空（8 分）

1）该零件图主视图采用了__局部剖视__，俯视图采用了__全剖视__，*A* 为__局部__视图。

2）该零件上 4 × ϕ7 孔的定位尺寸是__38mm__和__56mm__。

3）$\phi27^{+0.039}_{0}$孔的公称尺寸是__ϕ27mm__，上极限尺寸是__ϕ27.039mm__，该孔的表面粗糙度是__$\sqrt{Ra\ 1.6}$__。

（2）在指定的位置补画出左视外形图（10 分）

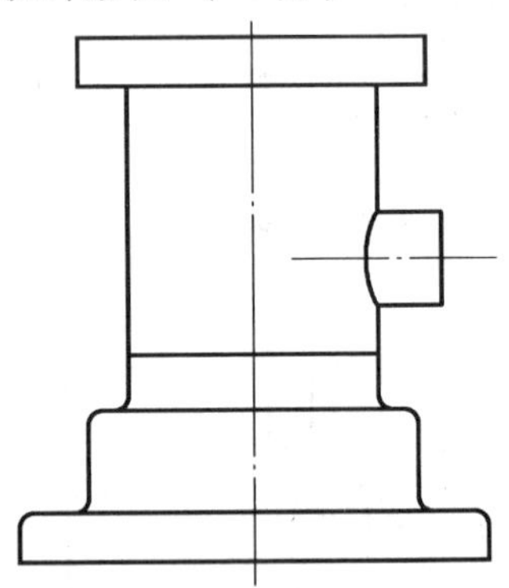

11.4 工程图学试卷 D 与分析

11.4.1 试卷 D

1. 已知点 *A* 的坐标是（20，15，25），**点 *B* 在点 *A* 的正下方 10mm 处，求 *A*、*B* 两点的三面投影，并判别可见性**（10 分）

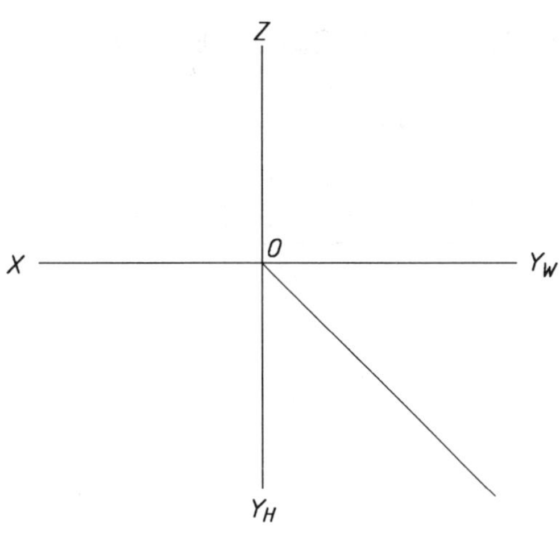

2. 补五棱锥的侧面投影，并填空（15 分）

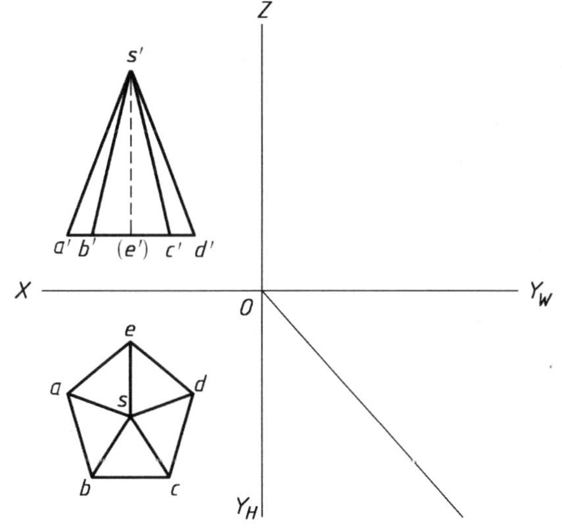

ABCDE 面是________面，*SBC* 面是________面，*SA* 线是________线，*BC* 线是________线，*AB* 线是________线。

3. 补全水平投影（10 分）

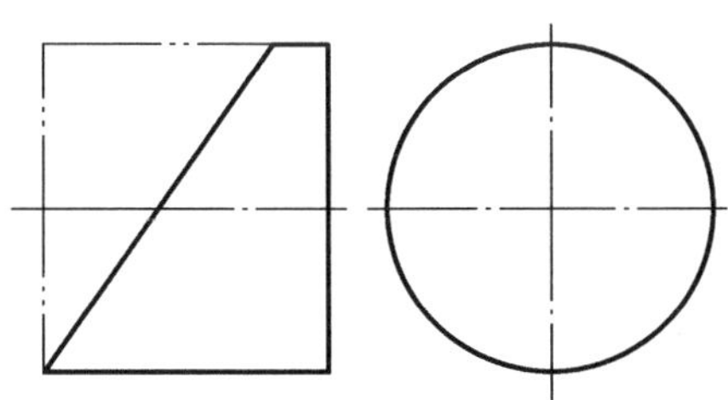

4. 下列螺纹联接画法有错误，请在指定的位置画出正确的图（10 分）

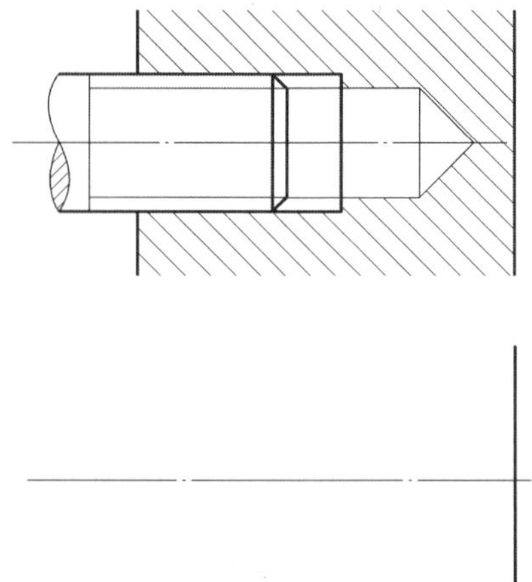

5. 根据轴测图画组合体的三视图（按轴测图的大小直接量取尺寸，并取整）（15 分）

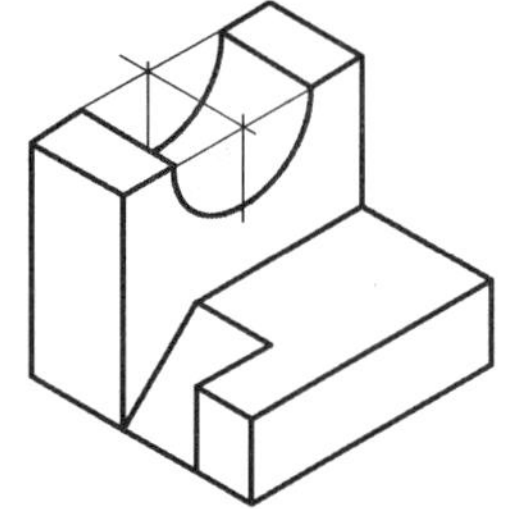

6. 根据轴测图补全视图中所缺的图线（5 分）

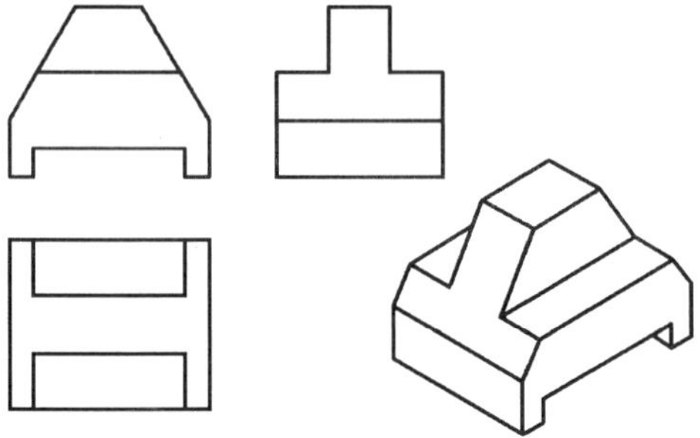

7. 补左视图（10 分）

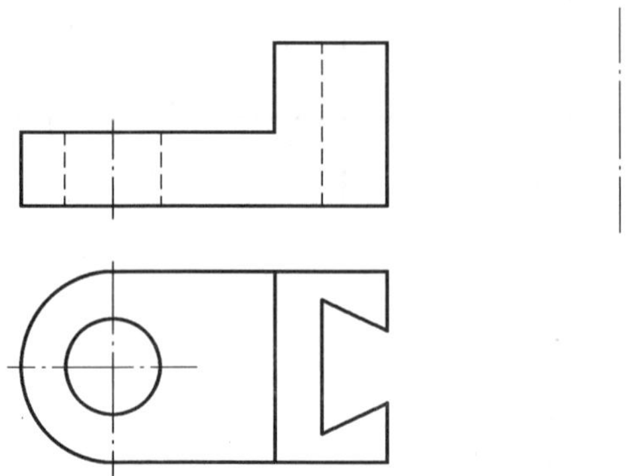

8. 将主视图改画成半剖视图，并补画左视图（15 分）

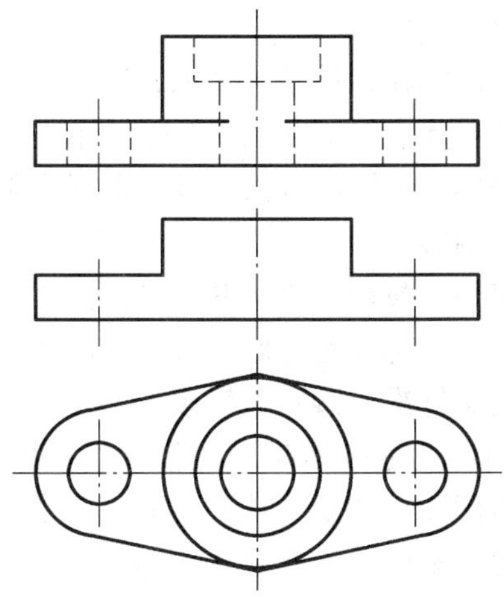

9. 读零件图，回答下列问题（10 分）

模数	m	2
齿数	z	18
齿形角	α	20°
精度等级	8-7-7-DC	
齿厚	3.142	
配对齿数	图号	6503
	齿数	25

技术要求

1.调质处理200～250HBW。

2.锐边倒钝。

齿轮轴		比例	1:1	(图号)	
		件数			
制图		重量		材料	45
校对		(单位名称)			
审核					

（1）完整的零件图一般由________、________、________和技术要求四部分组成。

（2）此零件名称为________，采用________材料，比例是________。

（3）图中尺寸 C2 的含义是________________。

（4）Ⅰ的表面粗糙度是________，Ⅱ的表面粗糙度是________，Ⅲ的表面粗糙度是________。

11.4.2 试卷 D 浅析

管理类及电子类制图基础的考察内容仅包括基础知识，即点、直线、平面及基本体的投影作图，直线、平面位置关系（相交、平行）及投影作图，回转体（以圆柱为准）的截切、相交以及交线、相贯线的画法，组合体三视图的画法，补画漏线和补画视图，机件各种表达方法等。其中，组合体的图仍是重点内容。

由于课时少，上述基础内容也仅突出投影理论、基本作图法以及规定画法等方面。题目的文字叙述和题图均明白易懂。改错题和选择题一般围绕规定画法和规定标注等容易混淆和出错的内容来出题，要求考生熟悉国家标准。试题分量较多的是体的投影，不管是作截切或相贯的立体投影图或补画第三个视图，还是补画漏线（包括剖切以后的漏线）或补画合适的剖视图，最基础的知识就是组合体读图。如果能从所给的视图中想象出组合体或机件的形状，则不管是补线、补图还是作剖视图都能顺利作好。具体题目的分析和作图，请结合前面各章的题解，自行理解。

11.4.3 试卷 D 参考答案

1. 已知点 *A* 的坐标是（20，15，25），**点 *B* 在点 *A* 的正下方 10mm 处，求 *A*、*B* 两点的三面投影，并判别可见性**（10 分）

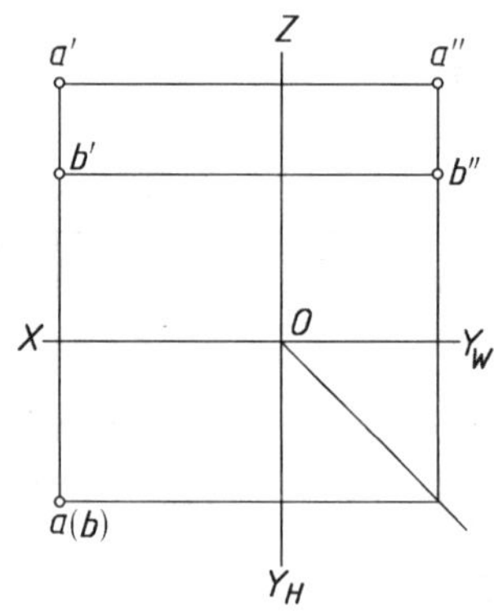

2. 补五棱锥的侧面投影，并填空（15 分）

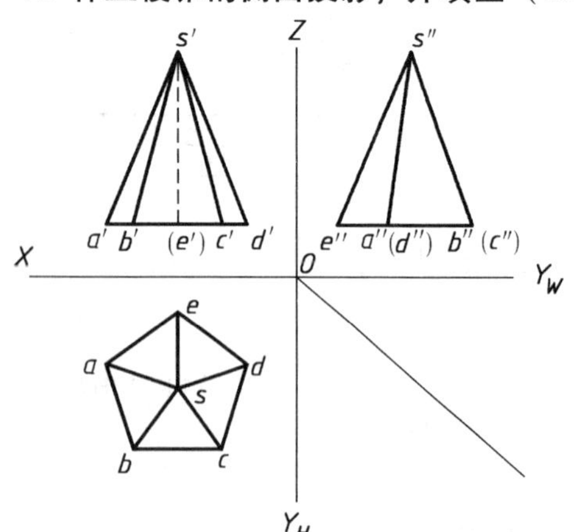

ABCDE 面是＿水平＿面，*SBC* 面是＿侧垂＿面，*SA* 线是＿一般位置直＿线，*BC* 线是＿侧垂＿线，*AB* 线是＿水平＿线。

3. 补全水平投影（10 分）

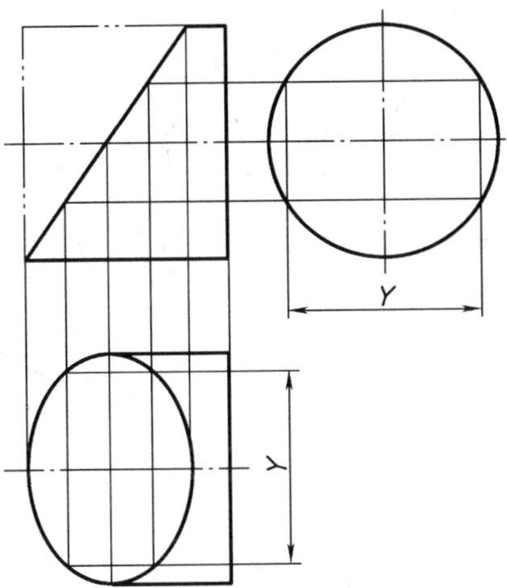

4. 下列螺纹联接画法有错误，请在指定的位置画出正确的图（10 分）

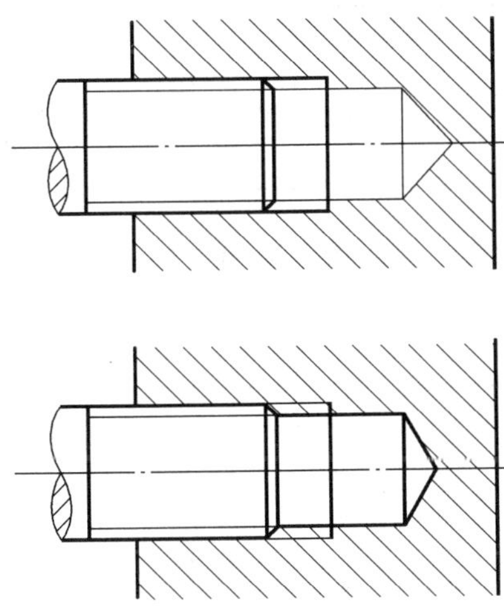

5. 根据轴测图画组合体的三视图（按轴测图的大小直接量取尺寸，并取整）（15 分）

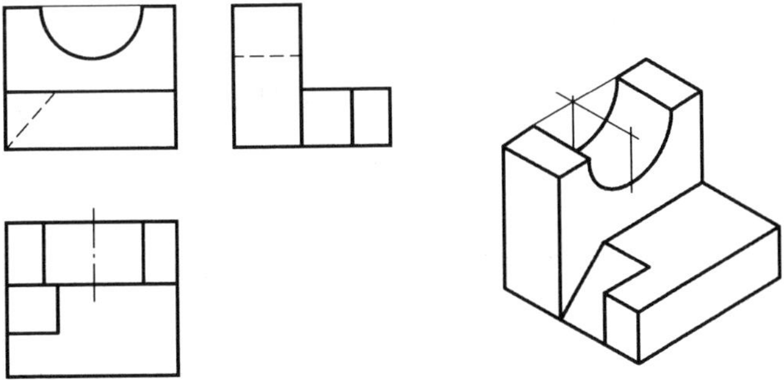

6. 根据轴测图补全视图中所缺的图线（5 分）

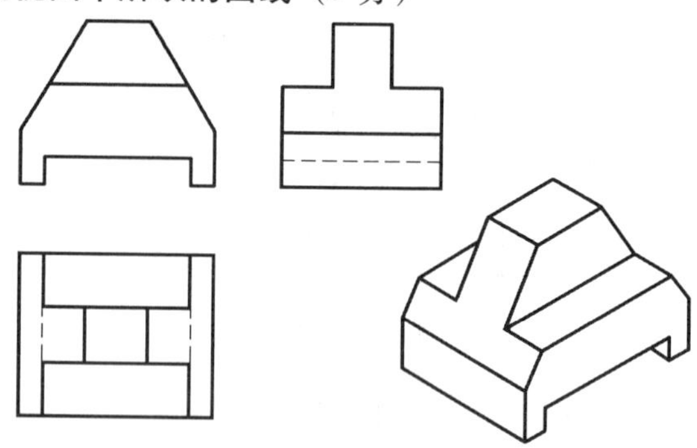

7. 补画左视图（10 分）

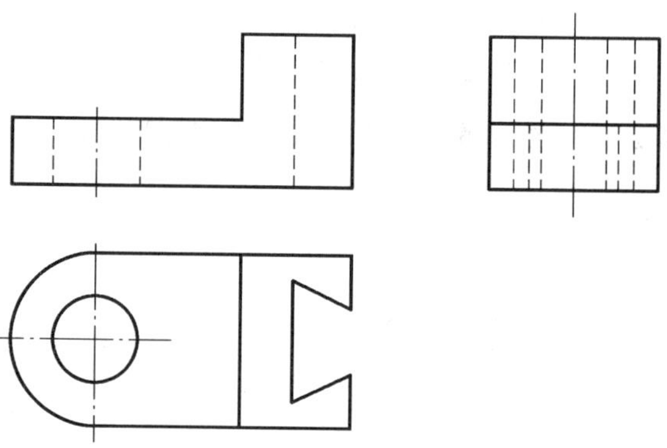

8. 将主视图改画成半剖视图，并补画左视图（15 分）

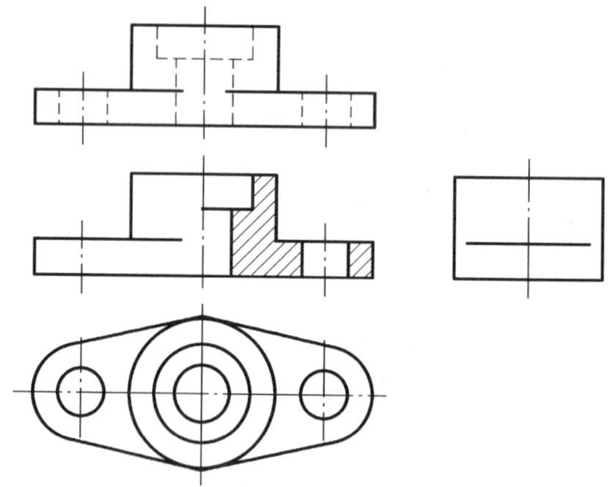

9. 读零件图，回答下列问题（10 分）

（1）完整的零件图一般由＿一组视图＿、＿完整的尺寸＿、＿标题栏＿和技术要求四部分组成。

（2）此零件名称为＿齿轮轴＿，采用＿45 钢＿材料，比例是＿1∶1＿。

（3）图中尺寸 C2 的含义是＿45°的倒角，轴向尺寸是 2mm＿。

（4）Ⅰ的表面粗糙度是＿▽Ra 3.2＿，Ⅱ的表面粗糙度是＿▽Ra 1.6＿，Ⅲ的表面粗糙度是＿▽Ra 12.5＿。

参 考 文 献

[1] 王永智，李学京．画法几何及机械制图解题指导［M］．北京：机械工业出版社，1998.

[2] 章毓文，刘虹，何秀娟．工程图学题解指导［M］．北京：机械工业出版社，2003.

[3] 黄皖苏，黄笑梅．工程图学解题指导［M］．合肥：中国科学技术大学出版社，2006.

[4] 焦永和，张京英，徐昌贵．工程制图习题集［M］．北京：高等教育出版社，2008.

[5] 王美兰，殷昌贵．画法几何及工程制图［M］．北京：机械工业出版社，2007.

[6] 程久平．工程制图［M］．合肥：中国科学技术大学出版社，2010.

[7] 林启迪．简明工程图学［M］．合肥：中国科学技术大学出版社，2010.

[8] 大连理工大学工程图学教研室．机械制图［M］．北京：高等教育出版社，2007.

[9] 胡仁喜，董永进，郑娟．Inventor 10 机械设计高级应用实例［M］．北京：机械工业出版社，2006.

[10] 刘静华，唐科，杨民．计算机工程图学实训教程（Inventor 2008 版）［M］．北京：北京航空航天大学出版社，2008.

[11] Autodesk，Inc. Autodesk Inventor 2008-2009 培训教程［M］．北京：化学工业出版社，2009.

[12] 陈伯雄，董仁扬，张云飞．Autodesk Inventor Professional 2008 机械设计实战教程［M］．北京：化学工业出版社，2008.

《现代机械工程图学解题指导》

刘虹　主编

读者信息反馈表

尊敬的老师：

您好！感谢您多年来对机械工业出版社的支持和厚爱！为了进一步提高我社教材的出版质量，更好地为我国高等教育发展服务，欢迎您对我社的教材多提宝贵意见和建议。另外，如果您在教学中选用了本书，欢迎您对本书提出修改建议和意见。

一、基本信息

姓名：__________　性别：_____　职称：_____　职务：________________

邮编：__________　地址：________________________________

工作单位：__________　校/院__________　系　任教课程：__________

学生层次、人数/年：__________　电话：___—__________(H)__________(O)

电子邮件：__________________________　手机：________________

二、您对本书的意见和建议

（欢迎您指出本书的疏误之处）

三、您对我们的其他意见和建议

请与我们联系：

100037　北京百万庄大街22号·机械工业出版社·高等教育分社　舒恬　收

Tel：010－88379730（O）　　Fax：010－68997455

E-mail：shutiancmp@gmail.com